浙江省普通高校“十三五”新形态教材

大学物理学教程

(第2版)

黄 敏　鲍世宁　编著

·杭州·

图书在版编目(CIP)数据

大学物理学教程 / 黄敏，鲍世宁编著. -- 2版. --
杭州 : 浙江大学出版社，2025.1
ISBN 978-7-308-22622-6

Ⅰ. ①大… Ⅱ. ①黄… ②鲍… Ⅲ. ①物理学－高等
学校－教材 Ⅳ. ①O4

中国版本图书馆CIP数据核字(2022)第080309号

大学物理学教程(第2版)
黄 敏 鲍世宁 编著

责任编辑 徐素君(sujunxu@zju.edu.cn)
责任校对 丁佳雯
封面设计 杭州林智广告有限公司
出版发行 浙江大学出版社
(杭州市天目山路148号 邮政编码:310007)
(网址:http://www.zjupress.com)
排 版 杭州林智广告有限公司
印 刷 浙江全能工艺美术印刷有限公司
开 本 889mm×1194mm 1/16
印 张 16.5
字 数 500千
版 印 次 2023年1月第2版 2025年1月第2次印刷
书 号 ISBN 978-7-308-22622-6
定 价 99.00元

浙江大学出版社市场运营中心联系方式:0571-88925591;http://zjdxcbs.tmall.com

前 言

物理学研究的是物质的基本结构以及物质运动的普遍规律，它是一门严格的、精密的基础学科。物理学基础的厚薄直接影响到大学本科生以后的工作适应能力和发展。随着科学技术的发展，学科的方向日趋综合，新型的交叉学科不断出现并迅速发展。近代物理学的概念、研究方法和实验技术，在各研究领域得到了广泛的应用。物理学，尤其是近代物理学，已经深入多个微观领域，成为各类人才所必须具备的基础知识。

《大学物理学教程》是为非物理类的理、工、医、农专业本科生所编写，涵盖了这些专业本科生应该掌握的物理学知识。本教程从现代科学技术的发展以及各学科人才培养的需求出发，对物理学课程的框架做了相应的调整。在内容上，不论是普通物理学、经典物理学的内容还是近代物理学的内容，只要是当今大学生应该掌握的物理学基础内容，都经过精心选择、重新组织和整理后，编在本教程中。

《大学物理学教程》包括了力学、热学、电磁学、光学和近代物理学五个部分，共计二十五章。鲍世宁编写热学篇和光学篇，黄敏编写力学篇、电磁学篇和近代物理学篇；鲍世宁负责全书的插图制作和修改，黄敏负责全书的思考题、习题内容。本教程在大学物理学基本要求的基础上，结合科学技术的发展，全面系统并简明扼要地反映了物理学的主要进展。研读本书的读者不仅可以学到比较系统、完整的物理知识，还将在科学的思维方法与研究方法方面得到训练与启迪。

由于我们学识有限，书中难免存在错误和疏漏，欢迎读者给予批评指正。

作者

2022年12月

目录

第3篇 电磁学

第1篇

力　学

在物质多种多样的运动形式中，最简单、最基本的运动形式是物体之间或物体各部分之间相对位置随时间的改变，称为**机械运动**。例如，天体的运动、机器的运转、河水的流动、车辆的行驶等，都是机械运动。研究物体机械运动及其规律的学科称为**力学**。力学的发展已有几百年的历史，目前已形成了许多独立的分支。本篇我们主要介绍17世纪以来以牛顿定律和守恒定律为基础的**经典力学**，亦称**牛顿力学**。它适用于物体速度远小于光速的情况。当物体速度接近光速时，牛顿力学不再适用，而必须用相对论力学(见本教材第5篇第1章和第2章)；在亚原子领域，则需用量子力学(见本教材第5篇第4章)或量子场理论。从运动形态来看，可以把力学分为静力学、运动学和动力学三部分，静力学在一些工程类力学书中有详尽的介绍，本教材不做讨论。我们仅对牛顿力学中的运动学和动力学问题，采用微积分和矢量代数这两个数学工具重新进行解析。

第1章　质点运动学

§1-1 质点运动的描述

视频 1-1-1

质点　参考系

研究具体的物理问题时，常常需要抓住事物的主要因素，忽略次要因素，把复杂的研究对象简化成理想化模型，这是物理学的一种重要的研究方法。质点，就是力学中第一个重要的理想模型。

实际物体均有形状及大小，但在有些问题中，物体的形状及大小对问题的讨论影响不大，可以忽略，这时便可将物体视为一个只有质量而无形状、大小的几何点（又称为物理点），叫做质点。在如下情况下我们就可以把运动物体当做质点来处理。

（1）物体做平动时，物体内各点具有相同的速度和加速度，我们可以把它当做一个质点来研究其运动。通常把物体的质心当做此质点的位置，想象物体全部的质量都集中在这一点上。

（2）如果物体的线度比它运动的空间范围小很多，这时也可把物体看做质点。例如，当研究地球绕太阳的公转时，由于地球半径 $\left(6.37\times10^{6}\ \mathrm{m}\right)$ 比地球到太阳的距离 $\left(1.50\times10^{11}\ \mathrm{m}\right)$ 小得多，便可将地球视为质点；但若研究地球自转，显然就不能将地球视为质点了。

如图 1.1.1 所示，一个物体在相对地面匀速直线前进的车厢中自由落下，车厢中的观察者看到物体在做直线运动；但是，地面上的观察者却看到物体在做抛体运动。大量此类观察表明，我们在描述一物体的运动时，必须选择另一物体或一组彼此相对静止的物体做参考。选做参考的物体，称为**参考系**或**参照系**。

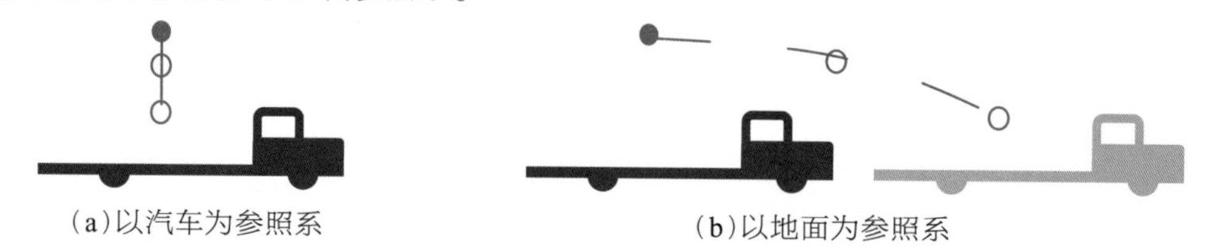

图 1.1.1　运动描述的相对性

选取不同的参考系，对同一物体运动的描述将是不同的。宇宙中所有的物体都处于永不停息的运动中，称为**运动的绝对性**。但是，对于同一物体运动的描述，在不同参照系中会得到不同的结果，这被称为**运动描述的相对性**。**一切物体的运动，既是绝对的，也是相对的。**“绝对”是指运动本身，“相对”是指对运动的描述。

坐标系是参照系的数学表述，亦即选定了原点、轴线及刻度后被数学化了的参照系。最常用的坐标系有：笛卡儿直角坐标系、自然坐标系（见§1-3）、极坐标系和球面坐标系等。

运动学中，参照系和坐标系的选择是任意的，视问题的性质和研究的方便，一般选地面为参照系。

位置矢量　运动方程

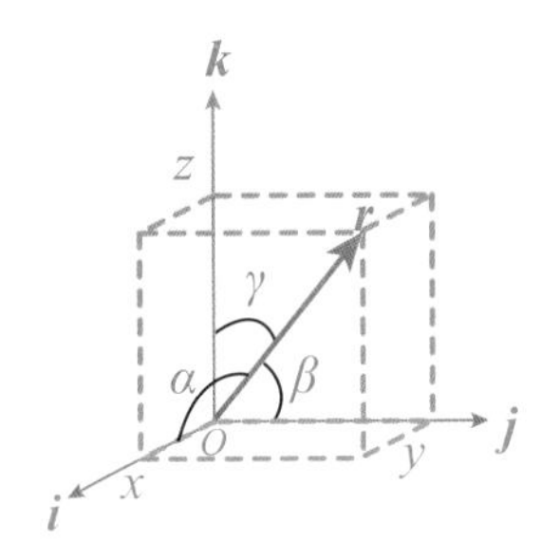

图 1.1.2　位置矢量

物体的运动大体上可分为平动、转动和振动三种类型。相对而言，对物体平动的描述最为简单，所以我们从描述物体的平动开始，将对物体转动和振动的描述留在第5章和第6章再讨论。

为了描述一运动质点的位置，我们选定一直角坐标系，$\boldsymbol{i}$，$\boldsymbol{j}$，$\boldsymbol{k}$ 分别表示 x，y，z 三个方向的单位矢量，如图1.1.2所示。坐标原点 O 指向质点的矢量 $\boldsymbol{r}$，称为位置矢量，简称位矢或矢径。坐标 x，y，z 就是位矢 $\boldsymbol{r}$ 在三个坐标轴上的投影，因而有

$$\boldsymbol{r}=x\,\boldsymbol{i}+y\,\boldsymbol{j}+z\,\boldsymbol{k} \tag{1.1.1}$$

位置矢量的大小即 $\boldsymbol{r}$ 的模，为

$$r=|\boldsymbol{r}|=\sqrt{x^2+y^2+z^2} \tag{1.1.2}$$

位置矢量的方位可用方向余弦来确定，即

$$\cos\alpha=\frac{x}{r},\quad \cos\beta=\frac{y}{r},\quad \cos\gamma=\frac{z}{r} \tag{1.1.3}$$

式中的 α，β，γ 分别是位矢 $\boldsymbol{r}$ 与 x 轴、y 轴、z 轴之间的夹角，且有 $\cos^2\alpha+\cos^2\beta+\cos^2\gamma=1$。

位置矢量随时间变化的函数关系称为运动方程，即 $\boldsymbol{r}=\boldsymbol{r}(t)$，其分量式可写成

$$\begin{cases}x=x(t)\\ y=y(t)\\ z=z(t)\end{cases} \tag{1.1.4}$$

运动质点在空间经过的路径称为轨道（或轨迹）。从运动方程分量表达式(1.1.4)中消去时间参数 t，可得到 (x,y,x) 之间的函数关系，即 $f(x,y,z)=0$，称为轨道方程或轨迹方程。

位移矢量

位移的概念是为了描述质点空间位置的变化而引入的。如图1.1.3所示，设 t 时刻质点位于 P_1 点，其位置矢量为 $\boldsymbol{r}_1(t)$，经过时间 Δt 后，即 $t+\Delta t$ 时刻，质点沿图中曲线运动到 P_2 点，相应的位置矢量为 $\boldsymbol{r}_2(t+\Delta t)$。那么，在 Δt 时间内质点空间位置的变化可用矢量 $\Delta\boldsymbol{r}$ 表示，称为质点的位移矢量，简称位移。在图中是由起始点 P_1 指向终止点 P_2 的一段有向线段。

由矢量的减法运算法则，有

$$\Delta\boldsymbol{r}=\boldsymbol{r}_2(t+\Delta t)-\boldsymbol{r}_1(t)=\boldsymbol{r}_2-\boldsymbol{r}_1 \tag{1.1.5}$$

若 P_1，P_2 两点的位置矢量分别为

$$\boldsymbol{r}_1(t)=\boldsymbol{r}_1=x_1\,\boldsymbol{i}+y_1\,\boldsymbol{j}+z_1\,\boldsymbol{k}\,,\quad \boldsymbol{r}_2(t+\Delta t)=\boldsymbol{r}_2=x_2\,\boldsymbol{i}+y_2\,\boldsymbol{j}+z_2\,\boldsymbol{k}$$

则位移 $\Delta\boldsymbol{r}$ 可表示为

$$\Delta\boldsymbol{r}=\boldsymbol{r}_2-\boldsymbol{r}_1=(x_2-x_1)\,\boldsymbol{i}+(y_2-y_1)\,\boldsymbol{j}+(z_2-z_1)\,\boldsymbol{k}=\Delta x\,\boldsymbol{i}+\Delta y\,\boldsymbol{j}+\Delta z\,\boldsymbol{k} \tag{1.1.6}$$

在国际单位制（SI）中，位置和位移的单位都为米(m)。

位移不同于位置矢量。在质点运动过程中，位置矢量表示某个时刻质点的位置，它描述了该时刻质点相对于坐标原点的位置状态，是描述状态的物理量。位移则表示某段时间内质

点位置的变化，它描述该段时间内质点状态的变化，是与运动过程对应的物理量。

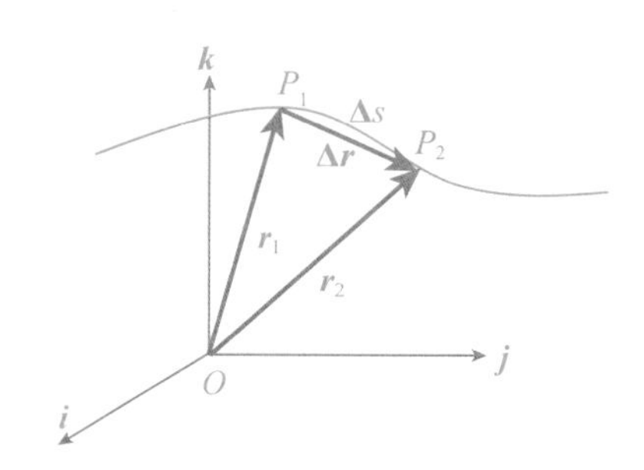

图 1.1.3 位移矢量

位移也不同于质点所经历的路程。质点从 P_1 运动到 P_2 所经历的路程 Δs，是图 1.1.3 中轨道上从 P_1 到 P_2 的一段曲线的长度，路程是标量，恒为正。在一般情况下，路程 Δs 与位移的大小 $|\Delta \boldsymbol{r}|$（图 1.1.3 中 P_1 和 P_2 之间的弦长）并不相等。只有当质点做单方向的直线运动时，路程与位移的大小才是相等的。此外，在时间间隔 $\Delta t \to 0$ 的极限情况下，P_2 无限靠近 P_1，弦 P_1P_2 与曲线 P_1P_2 的长度很难区分，这时，路程 $\mathrm{d}s$ 与位移的大小 $|\mathrm{d}\boldsymbol{r}|$ 相等，即 $\mathrm{d}s=|\mathrm{d}\boldsymbol{r}|$。

速度矢量

速度的概念是为了描述质点位置变化的快慢程度而引入的。设 $\bar{\boldsymbol{v}}$ 为平均速度，有

$$\bar{\boldsymbol{v}}=\frac{\Delta \boldsymbol{r}}{\Delta t}=\frac{\boldsymbol{r}(t+\Delta t)-\boldsymbol{r}(t)}{\Delta t} \tag{1.1.7}$$

实际上，平均速度只是质点运动快慢程度的一种粗略描述方法。参看图 1.1.4，观察时间 Δt 越短，平均速度越能逼真地反映质点在 t 时刻的运动快慢程度。当 $\Delta t \to 0$ 时，比值 $\dfrac{|\Delta \boldsymbol{r}|}{\Delta t}$ 将无限接近于一确定的极限值，这一极限值就是质点在 t 时刻运动快慢的确切描述，定义为质点在 t 时刻的瞬时速度，简称速度，用 $\boldsymbol{v}$ 表示，即

$$\boldsymbol{v}=\lim_{\Delta t\to 0}\frac{\Delta \boldsymbol{r}}{\Delta t}=\frac{\mathrm{d}\boldsymbol{r}}{\mathrm{d}t} \tag{1.1.8}$$

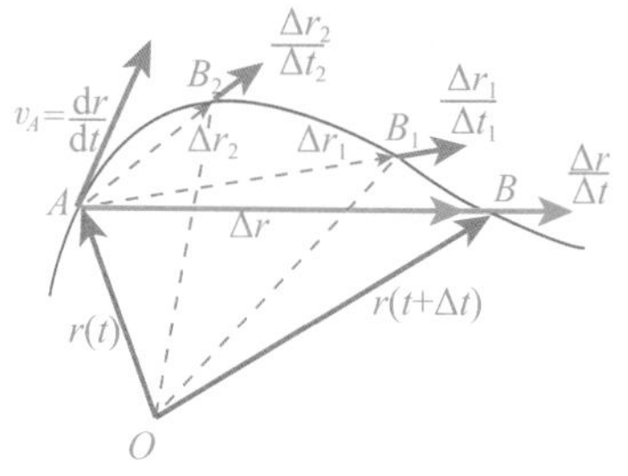

图 1.1.4 速度矢量

速度 $\boldsymbol{v}$ 等于位置矢量 $\boldsymbol{r}$ 对时间 t 的一阶导数。速度是矢量，其方向与 $\mathrm{d}\boldsymbol{r}$ 的方向相同，为运动轨迹上相应点的切线方向，并指向运动的前方。速度的单位为米每秒 (m/s)。

另外，我们定义质点所走路程对时间的导数为质点的瞬时速率（简称速率），即

$$v=\lim_{\Delta t\to 0}\frac{\Delta s}{\Delta t}=\frac{\mathrm{d}s}{\mathrm{d}t} \tag{1.1.9}$$

因为 $\mathrm{d}s=|\mathrm{d}\boldsymbol{r}|$，所以 $|\boldsymbol{v}|=\left|\dfrac{\mathrm{d}\boldsymbol{r}}{\mathrm{d}t}\right|=\dfrac{|\mathrm{d}\boldsymbol{r}|}{\mathrm{d}t}=\dfrac{\mathrm{d}s}{\mathrm{d}t}=v$，即质点速度矢量的大小等于速率。今后，我们对速率和速度的大小这两个概念不再区分。

在直角坐标系中有

$$\boldsymbol{v}=\frac{\mathrm{d}\boldsymbol{r}}{\mathrm{d}t}=\frac{\mathrm{d}x}{\mathrm{d}t}\boldsymbol{i}+\frac{\mathrm{d}y}{\mathrm{d}t}\boldsymbol{j}+\frac{\mathrm{d}z}{\mathrm{d}t}\boldsymbol{k}=v_x\boldsymbol{i}+v_y\boldsymbol{j}+v_z\boldsymbol{k} \tag{1.1.10}$$

加速度矢量

当质点做曲线运动时，一般来讲，速度的大小和方向总是在不断地变化的。为了定量描述各时刻速度变化的快慢程度，我们引入加速度的概念。

设质点沿曲线轨道运动，t 时刻到达 P 点，速度为 $\boldsymbol{v}(t)$，$t+\Delta t$ 时刻到达 Q 点，速度为 $\boldsymbol{v}(t+\Delta t)$。如图 1.1.5 所示，在 Δt 时间内速度的增量为 $\Delta\boldsymbol{v}=\boldsymbol{v}(t+\Delta t)-\boldsymbol{v}(t)$，与平均速度的定义相似，定义 $\frac{\Delta\boldsymbol{v}}{\Delta t}$ 为 Δt 时间内的平均加速度 $\bar{\boldsymbol{a}}$，即

$$\bar{\boldsymbol{a}}=\frac{\Delta\boldsymbol{v}}{\Delta t} \tag{1.1.11}$$

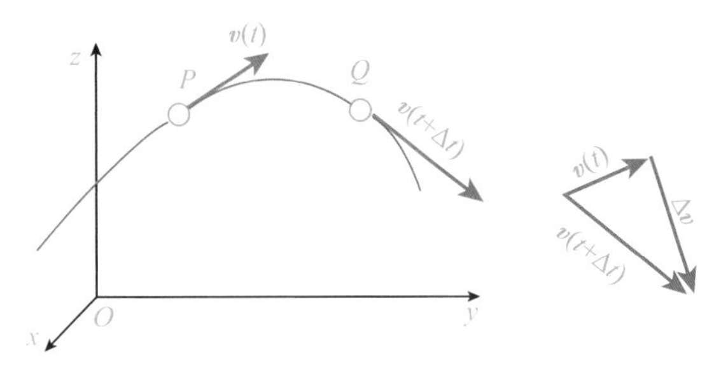

图 1.1.5 加速度矢量

平均加速度只反映了 Δt 时间内速度的平均变化率。

当 $\Delta t\to 0$ 时，平均加速度的极限值叫做瞬时加速度，简称加速度，用 $\boldsymbol{a}$ 表示，有

$$\boldsymbol{a}=\lim_{\Delta t\to 0}\frac{\Delta\boldsymbol{v}}{\Delta t}=\frac{\mathrm{d}\boldsymbol{v}}{\mathrm{d}t}=\frac{\mathrm{d}^2\boldsymbol{r}}{\mathrm{d}t^2} \tag{1.1.12}$$

可见，加速度 $\boldsymbol{a}$ 是速度矢量对时间的一阶导数，或等于位置矢量对时间的二阶导数。加速度也是矢量，其方向与速度增量 $\mathrm{d}\boldsymbol{v}$ 的方向相同，国际单位为米每平方秒 $(\mathrm{m/s^2})$。

在直角坐标系中，加速度可表示为

$$\boldsymbol{a}=\frac{\mathrm{d}\boldsymbol{v}}{\mathrm{d}t}=\frac{\mathrm{d}}{\mathrm{d}t}\left(v_x\boldsymbol{i}+v_y\boldsymbol{j}+v_z\boldsymbol{k}\right)=\frac{\mathrm{d}v_x}{\mathrm{d}t}\boldsymbol{i}+\frac{\mathrm{d}v_y}{\mathrm{d}t}\boldsymbol{j}+\frac{\mathrm{d}v_z}{\mathrm{d}t}\boldsymbol{k}=\frac{\mathrm{d}^2x}{\mathrm{d}t^2}\boldsymbol{i}+\frac{\mathrm{d}^2y}{\mathrm{d}t^2}\boldsymbol{j}+\frac{\mathrm{d}^2z}{\mathrm{d}t^2}\boldsymbol{k} \tag{1.1.13}$$

加速度是一个很重要但又较难掌握的概念，在牛顿力学的发展过程中发挥了重要的作用，为此有必要做进一步的说明。

（1）加速度反映的是速度的变化。因此，它只与 $\Delta\boldsymbol{v}$ 有关，而与速度 $\boldsymbol{v}$ 本身并无关系。也就是说，无论速度多大，只要它不发生变化，加速度总等于零；反之，无论速度多么小（甚至为零），只要它发生变化，就一定有加速度，并且加速度还可能很大！

（2）速度是矢量，包含大小和方向两个因素，只要任一因素发生变化，都表明速度发生了变化，都会有加速度产生。

至此，我们已引入了四个物理量——位置、位移、速度和加速度来描述质点的运动，并且我们可以看到这四个物理量都具有矢量性、瞬时性、相对性和独立性。

§1-2 质点运动学的两类基本问题

视频 1-1-2

一般可以把质点运动学所研究的问题分为两类。

1. 已知质点的运动方程（即位矢），求质点在任意时刻的速度和加速度，称为运动学第一类问题。求解这一类问题的基本方法是求导。

【例 1.1.1】 已知一质点的运动方程为 $\boldsymbol{r}=2t\,\boldsymbol{i}+\left(2-t^2\right)\boldsymbol{j}$ (SI)，求：(1)质点在 $t=1$ s 时的位置矢量及 0~1 s 内的位移；(2)质点运动的轨道方程；(3)第 1 秒末质点的速度及加速度。

解 (1) $\boldsymbol{r}_{(t=1\,\mathrm{s})}=2\boldsymbol{i}+\boldsymbol{j}\,(\mathrm{m})$，$\boldsymbol{r}_{(t=0\,\mathrm{s})}=2\boldsymbol{j}\,(\mathrm{m})$，0~1 s 内的位移 $\Delta\boldsymbol{r}=\boldsymbol{r}_{(1)}-\boldsymbol{r}_{(0)}=2\boldsymbol{i}-\boldsymbol{j}\,(\mathrm{m})$

(2)由运动方程知 $\begin{cases}x=2t\\ y=2-t^2\end{cases}$，消去 t 得 $y=2-\dfrac{x^2}{4}$，为该质点运动的轨道方程

（3）$\boldsymbol{v}=\frac{\mathrm{d}\boldsymbol{r}}{\mathrm{d}t}=2\boldsymbol{i}-2t\boldsymbol{j}$ ，则 $t=1\,\mathrm{s}$ 时，$\boldsymbol{v}\big|_{t=1\mathrm{s}}=2\boldsymbol{i}-2\boldsymbol{j}(\mathrm{m/s})$

$\boldsymbol{a}=\frac{\mathrm{d}\boldsymbol{v}}{\mathrm{d}t}=-2\boldsymbol{j}$ ，则 $t=1\,\mathrm{s}$ 时，$\boldsymbol{a}\big|_{t=1\mathrm{s}}=-2\boldsymbol{j}(\mathrm{m/s^2})$

2. 已知质点的加速度（或速度）及初始条件（ $t=0$ 时的速度或位矢），求质点在任意时刻的速度或运动方程，称为运动学第二类问题。求解这一类问题的基本方法是积分。

【例1.1.2】 一质点沿 x 轴运动，其加速度随时间的变化关系为 $a=3+2t$ (SI)，如果初始时质点的速度 $v_0=5\,\mathrm{m/s}$ ，求 $t=3\,\mathrm{s}$ 时，质点速度的大小。

解 由加速度的定义，有

$$a=\frac{\mathrm{d}v}{\mathrm{d}t}=3+2t$$

分离变量求积分，得

$$\int_5^v \mathrm{d}v=\int_{t=0}^{t=3}(3+2t)\mathrm{d}t=\left(3t+t^2\right)\Big|_{t=0}^{t=3}=18$$

所以

$$v-5=18\text{，即 }v=23\,\mathrm{m/s}$$

【例1.1.3】 一质点沿 x 轴做直线运动，其加速度 a 与位置坐标 x 的关系为：$a=4+3x^2$ (SI)。若质点在原点处的速度为零，试求其在任意位置处的速度。

解 由已知条件及加速度的定义，得

$$a=\frac{\mathrm{d}v}{\mathrm{d}t}=\frac{\mathrm{d}v}{\mathrm{d}x}\frac{\mathrm{d}x}{\mathrm{d}t}=\frac{\mathrm{d}v}{\mathrm{d}x}v=4+3x^2$$

分离变量得

$$v\mathrm{d}v=\left(4+3x^2\right)\mathrm{d}x$$

两边取定积分

$$\int_0^v v\mathrm{d}v=\int_0^x\left(4+3x^2\right)\mathrm{d}x \to \frac{1}{2}v^2=4x+x^3$$

由此得质点在任意位置处的速度

$$v=\sqrt{8x+2x^3}$$

§1-3 圆周运动

视频1-1-3

在描述质点的圆周运动及更一般的曲线运动时，加速度分别用切向加速度和法向加速度表示，不仅简单，而且物理意义明确。

下面先给出自然坐标系的概念，然后以圆周运动为例，给出适用于一般曲线运动的切向加速度和法向加速度的表达式。

我们把沿着质点的运动轨道所建立的坐标系称为**自然坐标系**。同时规定两个正交的随质点位置变化而改变方向的单位矢量，一个是指向质点运动方向的切向单位矢量，用 $\boldsymbol{e}_t$ 表示，另一个是垂直于切向并指向轨道凹侧的法向单位矢量，用 $\boldsymbol{e}_n$ 表示。

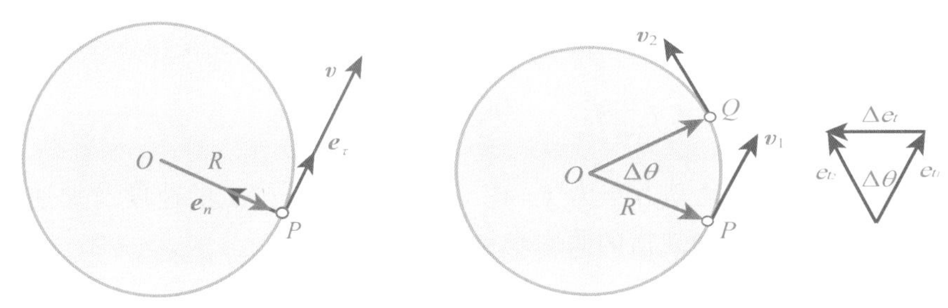

图 1.1.6　自然坐标系　　　　图 1.1.7　自然坐标系中的速度

如图 1.1.6 所示，一质点沿半径为 R 的圆周运动，某一时刻质点的速度为 $\boldsymbol{v}$，可表示为

$$\boldsymbol{v}=v\boldsymbol{e}_t \tag{1.1.14}$$

一般来讲，做圆周运动时质点速度的大小和方向均可发生变化，于是有

$$\boldsymbol{a}=\frac{\mathrm{d}\boldsymbol{v}}{\mathrm{d}t}=\frac{\mathrm{d}\left(v\boldsymbol{e}_t\right)}{\mathrm{d}t}=\frac{\mathrm{d}v}{\mathrm{d}t}\boldsymbol{e}_t+v\frac{\mathrm{d}\boldsymbol{e}_t}{\mathrm{d}t}$$

从上式看出，加速度 $\boldsymbol{a}$ 可用两个矢量来表示。

第一项 $\frac{\mathrm{d}v}{\mathrm{d}t}\boldsymbol{e}_t$ 是由于速度大小变化引起的，其方向为 $\boldsymbol{e}_t$ 的方向，指向切线方向，故称为**切向加速度**，用 $\boldsymbol{a}_t$ 表示，即

$$\boldsymbol{a}_t=\frac{\mathrm{d}v}{\mathrm{d}t}\boldsymbol{e}_t\,,\quad a_t=\left|\boldsymbol{a}_t\right|=\frac{\mathrm{d}v}{\mathrm{d}t} \tag{1.1.15}$$

第二项中 $\frac{\mathrm{d}\boldsymbol{e}_t}{\mathrm{d}t}$ 是切向单位矢量对时间的变化率，由图 1.1.7 可以看出，当 $\Delta t\to 0$ 时，矢径 $\boldsymbol{R}$ 转过的角度 $\Delta\theta\to 0$，这时 $\mathrm{d}\boldsymbol{e}_t$ 的方向与 $\boldsymbol{e}_t$ 垂直并指向圆心，故与 $\boldsymbol{e}_n$ 方向一致。由矢量关系得：$\left|\mathrm{d}\boldsymbol{e}_t\right|=\left|\boldsymbol{e}_t\right|\mathrm{d}\theta$，因 $\boldsymbol{e}_t$ 是单位矢量，有 $\left|\boldsymbol{e}_t\right|=1$，则 $\left|\mathrm{d}\boldsymbol{e}_t\right|=\mathrm{d}\theta$，于是

$$\mathrm{d}\boldsymbol{e}_t=\mathrm{d}\theta\,\boldsymbol{e}_n$$

所以

$$\frac{\mathrm{d}\boldsymbol{e}_t}{\mathrm{d}t}=\frac{\mathrm{d}\theta}{\mathrm{d}t}\boldsymbol{e}_n=\frac{R\mathrm{d}\theta}{R\mathrm{d}t}\boldsymbol{e}_n=\frac{1}{R}\frac{\mathrm{d}s}{\mathrm{d}t}\boldsymbol{e}_n=\frac{v}{R}\boldsymbol{e}_n$$

至此第二项可表示为：$v\frac{\mathrm{d}\boldsymbol{e}_t}{\mathrm{d}t}=\frac{v^2}{R}\boldsymbol{e}_n$，由于这个加速度的方向指向圆心，故称为**法向加速度**，用 $\boldsymbol{a}_n$ 表示。

$$\boldsymbol{a}_n=\frac{v^2}{R}\boldsymbol{e}_n\,,\quad a_n=\left|\boldsymbol{a}_n\right|=\frac{v^2}{R} \tag{1.1.16}$$

法向加速度是由于速度方向的变化引起的。

质点做一般圆周运动的加速度表示为

$$\boldsymbol{a}=\boldsymbol{a}_t+\boldsymbol{a}_n=\frac{\mathrm{d}v}{\mathrm{d}t}\boldsymbol{e}_t+\frac{v^2}{R}\boldsymbol{e}_n \tag{1.1.17}$$

$$a=\left|\boldsymbol{a}\right|=\sqrt{a_t^{\,2}+a_n^{\,2}}=\sqrt{\left(\frac{\mathrm{d}v}{\mathrm{d}t}\right)^2+\left(\frac{v^2}{R}\right)^2} \tag{1.1.18}$$

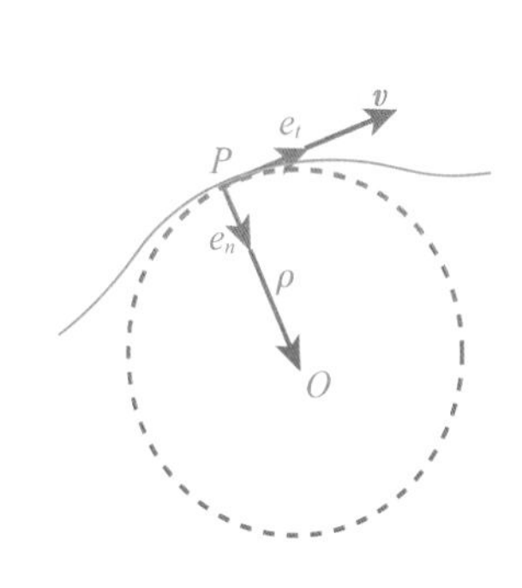

图 1.1.8　任意的曲线运动

加速度的自然坐标表示法具有鲜明的物理意义：**切向加速度**反映了**速度大小**的变化，而**法向加速度**反映了**速度方向**的变化。

尽管切向加速度和法向加速度是从变速圆周运动中得出的，但可以证明，任意的曲线运动都可以理解为曲率半径变化的圆周运动（如图 1.1.8 所示），式（1.1.15）、式（1.1.16）仍然适用，只要用曲线的

曲率半径 ρ 来代替圆周半径 R 即可，即

$$\boldsymbol{a}_t=\frac{\mathrm{d}v}{\mathrm{d}t}\boldsymbol{e}_t,\qquad \boldsymbol{a}_n=\frac{v^2}{\rho}\boldsymbol{e}_n \tag{1.1.19}$$

【例 1.1.4】 已知一质点运动方程为 $x=4t,\ y=6t^2$。求：(1)质点的速度及加速度；(2)质点的切向加速度、法向加速度；(3)轨道的曲率半径。

解 (1) $\boldsymbol{v}=\dfrac{\mathrm{d}\boldsymbol{r}}{\mathrm{d}t}=\dfrac{\mathrm{d}x}{\mathrm{d}t}\boldsymbol{i}+\dfrac{\mathrm{d}y}{\mathrm{d}t}\boldsymbol{j}=4\boldsymbol{i}+12t\boldsymbol{j},\qquad \boldsymbol{a}=\dfrac{\mathrm{d}\boldsymbol{v}}{\mathrm{d}t}=12\boldsymbol{j}$

(2)任一时刻速率 $v=|\boldsymbol{v}|=\sqrt{{v_x}^2+{v_y}^2}=\sqrt{4^2+(12t)^2}=4\sqrt{1+9t^2}$

切向加速度 $a_t=\dfrac{\mathrm{d}v}{\mathrm{d}t}=\dfrac{\mathrm{d}}{\mathrm{d}t}\left(4\sqrt{1+9t^2}\right)=\dfrac{36t}{\sqrt{1+9t^2}}$

法向加速度 $a_n=\sqrt{a^2-{a_t}^2}=\sqrt{12^2-\dfrac{1296t^2}{1+9t^2}}=\dfrac{12}{\sqrt{1+9t^2}}$

(3)轨道的曲率半径 $\rho=\dfrac{v^2}{a_n}=\dfrac{16\left(1+9t^2\right)}{12/\sqrt{1+9t^2}}=\dfrac{4}{3}\left(1+9t^2\right)^{\frac{3}{2}}$

§1-4 相对运动

视频 1-1-4

在§1-1 节中曾指出，运动是绝对的，而运动的描述是相对的。选择不同的物体作为参照系来描述同一物体的运动，所观测到的运动状态是不相同的。

下面我们来讨论同一质点相对于两个不同参照系的位矢、运动速度及加速度之间的关系。

如图 1.1.9 所示，参考系 S' 相对于参考系 S 以速度 $\boldsymbol{u}$ 平动。固定在这两参考系中的坐标系分别为 O-xyz 和 O'-$x'y'z'$。

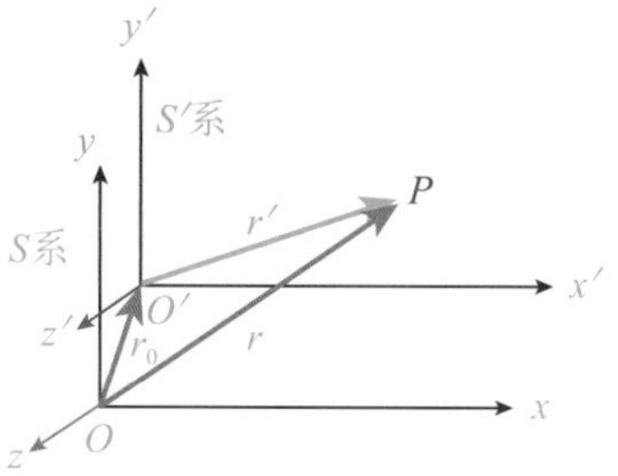

图 1.1.9 相对运动

设一质点在空间运动，当它位于 P 点时，相对 O 点的位置矢量为 $\boldsymbol{r}$，相对 O' 点的位置矢量为 $\boldsymbol{r}'$，两者间的关系为

$$\boldsymbol{r}=\boldsymbol{r}_0+\boldsymbol{r}' \tag{1.1.20}$$

将式(1.1.20)两边分别对时间 t 求一阶导数

$$\frac{\mathrm{d}\boldsymbol{r}}{\mathrm{d}t}=\frac{\mathrm{d}\boldsymbol{r}_0}{\mathrm{d}t}+\frac{\mathrm{d}\boldsymbol{r}'}{\mathrm{d}t},\ \text{即}\ \boldsymbol{v}=\boldsymbol{u}+\boldsymbol{v}' \tag{1.1.21}$$

式中，$\boldsymbol{v}=\dfrac{\mathrm{d}\boldsymbol{r}}{\mathrm{d}t}$ 为质点在 S 系中的速度，习惯上称为绝对速度；$\boldsymbol{v}'=\dfrac{\mathrm{d}\boldsymbol{r}'}{\mathrm{d}t}$ 为质点在 S' 系中的速度，称为相对速度；$\boldsymbol{u}=\dfrac{\mathrm{d}\boldsymbol{r}_0}{\mathrm{d}t}$ 为 S 系相对于 S' 系的速度，称为牵连速度。式(1.1.21)称为相对平动参考系中的速度变换式。它可表述为绝对速度等于牵连速度和相对速度的矢量和。

再将式(1.1.21)两边分别对 t 求导数

$$\frac{\mathrm{d}\boldsymbol{v}}{\mathrm{d}t}=\frac{\mathrm{d}\boldsymbol{u}}{\mathrm{d}t}+\frac{\mathrm{d}\boldsymbol{v}'}{\mathrm{d}t},\ \text{即}\ \boldsymbol{a}=\boldsymbol{a}_0+\boldsymbol{a}' \tag{1.1.22}$$

式中，$\boldsymbol{a}=\frac{\mathrm{d}\boldsymbol{v}}{\mathrm{d}t}$ 为质点在 S 系中的加速度，习惯上称为绝对加速度。$\boldsymbol{a}'=\frac{\mathrm{d}\boldsymbol{v}'}{\mathrm{d}t}$ 为质点在 S' 系中的加速度，称为相对加速度。$\boldsymbol{a}_0=\frac{\mathrm{d}\boldsymbol{u}}{\mathrm{d}t}$ 为 S 系相对于 S' 系的加速度，称为牵连加速度。式(1.1.22)称为相对平动参考系中的加速度变换式。它可表述为绝对加速度等于牵连加速度和相对加速度的矢量和。

若 S' 系相对于 S 系做匀速直线运动，$\boldsymbol{u}=$ 常量，则 $\boldsymbol{a}_0=\frac{\mathrm{d}\boldsymbol{u}}{\mathrm{d}t}=0$，$\boldsymbol{a}=\boldsymbol{a}'$，即在两个相对做匀速直线运动的参考系中，质点具有相同的加速度。

本章小结

1. 描述质点运动的四个物理量

   位置矢量 $\boldsymbol{r}=\boldsymbol{r}(t)=x\,\boldsymbol{i}+y\,\boldsymbol{j}+z\,\boldsymbol{k}$

   位移矢量 $\Delta\boldsymbol{r}=\boldsymbol{r}_2(t+\Delta t)-\boldsymbol{r}_1(t)=(x_2-x_1)\,\boldsymbol{i}+(y_2-y_1)\,\boldsymbol{j}+(z_2-z_1)\,\boldsymbol{k}$

   速度矢量 $\boldsymbol{v}=\frac{\mathrm{d}\boldsymbol{r}}{\mathrm{d}t}=\frac{\mathrm{d}x}{\mathrm{d}t}\boldsymbol{i}+\frac{\mathrm{d}y}{\mathrm{d}t}\boldsymbol{j}+\frac{\mathrm{d}z}{\mathrm{d}t}\boldsymbol{k}$

   加速度矢量 $\boldsymbol{a}=\frac{\mathrm{d}\boldsymbol{v}}{\mathrm{d}t}=\frac{\mathrm{d}^2\boldsymbol{r}}{\mathrm{d}t^2}=\frac{\mathrm{d}^2x}{\mathrm{d}t^2}\boldsymbol{i}+\frac{\mathrm{d}^2y}{\mathrm{d}t^2}\boldsymbol{j}+\frac{\mathrm{d}^2z}{\mathrm{d}t^2}\boldsymbol{k}$

   研究质点运动要特别注意各物理量的矢量性、瞬时性、相对性和独立性。

2. 质点运动学的两类基本问题

   第一类问题：已知运动学方程 $\boldsymbol{r}=\boldsymbol{r}(t)$，通过求导得到速度和加速度；

   第二类问题：已知加速度(或速度)及初始条件($t=0$ 时的速度或位矢)，通过积分求得速度或运动方程(位矢)。

3. 质点做圆周运动时的加速度

   分别用切向加速度和法向加速度表示，不仅简单，而且物理意义明确。

$$\boldsymbol{a}=\boldsymbol{a}_t+\boldsymbol{a}_n=\frac{\mathrm{d}v}{\mathrm{d}t}\boldsymbol{e}_t+\frac{v^2}{R}\boldsymbol{e}_n$$

$$a=|\boldsymbol{a}|=\sqrt{a_t{}^2+a_n{}^2}=\sqrt{\left(\frac{\mathrm{d}v}{\mathrm{d}t}\right)^2+\left(\frac{v^2}{R}\right)^2}$$

   对于一般的曲线运动，仍可以把加速度表征为切向加速度和法向加速度的矢量和，只不过在表示法向加速度时要用曲线的曲率半径 ρ 来代替圆周半径 R，即

$$\boldsymbol{a}=\boldsymbol{a}_t+\boldsymbol{a}_n=\frac{\mathrm{d}v}{\mathrm{d}t}\boldsymbol{e}_t+\frac{v^2}{\rho}\boldsymbol{e}_n$$

4. 运动是绝对的，但对运动的描述具有相对性

   绝对速度等于牵连速度和相对速度的矢量和，即 $\boldsymbol{v}=\boldsymbol{u}+\boldsymbol{v}'$。

   绝对加速度等于牵连加速度和相对加速度的矢量和，即 $\boldsymbol{a}=\boldsymbol{a}_0+\boldsymbol{a}'$。

思考题

1. 什么是理想化模型？它们在研究问题时有何实际意义？写出物理学中你所知道的理想化模型。
2. 为什么在研究物体运动时要引入参考系和坐标系？
3. 位移和路程有何区别？在什么情况下，位移大小与路程相等？
4. 速度与速率有何区别？物体能否具有恒定的速率而有变化的速度？如果物体具有恒定的速度，是否可能仍有变化的速率？
5. 质点的加速度越大，质点的速度也越大，这句话是否正确？
6. 汽车仪表盘的速度仪显示的速度是什么速度？试分析。
7. 一人站在地面上用枪瞄准挂在树上的木偶，当扣动扳机使子弹从枪口射出时，木偶恰好从树上由静止自由落下，试说明为什么子弹总能射中木偶？
8. 物体做曲线运动时，加速度通常可分为法向加速度 $\boldsymbol{a}_t$ 和切向加速度 $\boldsymbol{a}_n$，它们分别反映速度哪方面的变化？什么样的运动只有 $\boldsymbol{a}_t$ 而没有 $\boldsymbol{a}_n$？什么样的运动只有 $\boldsymbol{a}_n$ 而没有 $\boldsymbol{a}_t$？
9. 下列说法是否正确？(1)质点做圆周运动时的加速度指向圆心；(2)匀速圆周运动的加速度为常量；(3)只有法向加速度的运动一定是圆周运动；(4)只有切向加速度的运动一定是直线运动。
10. 曲线运动中，速度方向沿轨道切线方向，故加速度方向也沿轨道切线方向，对吗？

习 题

1. 一质点做直线运动，其运动方程为 $x=1+4t-t^2$，其中 x 以 m 计，t 以 s 计。求：(1)第3秒末质点的位置；(2)前3秒内的位移大小；(3)前3秒内经过的路程(注意质点在何时速度方向发生变化)；(4)通过以上计算，试比较位置、位移、路程三个概念的差别。
2. 一质点沿 x 轴做直线运动，位置与时间的函数关系式为 $x=At^2+B$，其中 $A=2.10\text{m/s}^2$，$B=2.80\text{ m}$。求：(1)从 $t=3\text{ s}$ 到 $t=5\text{ s}$ 的位移；(2)从 $t=3\text{ s}$ 到 $t=5\text{ s}$ 的平均速度；(3) $t=5\text{ s}$ 时的速度和加速度。
3. 已知一质点运动方程为：$\boldsymbol{r}=2t\boldsymbol{i}+\left(2-t^2\right)\boldsymbol{j}$ (SI)。求：(1)该质点轨迹方程；(2)质点从 $t=1\text{ s}$ 到 $t=2\text{ s}$ 的位移矢量；(3)质点分别在 $t=1\text{ s}$ 和 $t=2\text{ s}$ 时的速度和加速度矢量。
4. 一质点在 $x-y$ 平面上运动，运动方程为：$\begin{cases}x=2t\\y=19-2t^2\end{cases}$，式中 x，y 的单位是 m，t 的单位是 s。试求：(1) $t=2\text{ s}$ 时的位置矢量；(2) $t=1\text{ s}$ 至 $t=2\text{ s}$ 之内的位移 $\Delta\boldsymbol{r}$ 及平均速度；(3) $t=2\text{ s}$ 时的速度与加速度。
5. 已知一质点的运动学方程为：$\boldsymbol{r}=t\boldsymbol{i}+t^2\boldsymbol{j}$(SI)。求：(1) $t=10\text{ s}$ 时的位置矢量及 0~10 s 内的位移矢量；(2)质点运动的轨迹方程；(3)第5秒末质点的速度和加速度。
6. 一质点沿 x 轴方向做一维直线运动，其加速度随时间的变化关系为：$a=3+2t$ (SI)，如果 $t=0$ 时质点的速度 $v_0=5\text{m/s}$，求 $t=3\text{ s}$ 时，质点的速度。

7. 一质点沿 x 轴做直线运动，任一时刻速度 $v=\frac{dx}{dt}=3t^2+1\ (m/s)$。若 $t=0$ 时，$x_0=5\ m$。求质点的运动方程。
8. 一质点沿 x 轴运动，已知加速度与速度的关系为 $a=-kv$（k 为常数），初始位置 x_0，初始速度 v_0，试求质点的速度方程和运动方程。
9. 某物体做直线运动，其加速度 $a=-kv^2t$，k 为大于零的常系数，当 $t=0$ 时，初速度为 v_0，求质点的速度方程。
10. 已知一质点沿 x 轴做一维直线运动时的速度函数为：$v=kx^2$，式中 k 为正的常量。若 $t=0$ 时，质点位于 $x=x_0$，求质点的运动方程。
11. 一汽车沿半径为 50 m 的圆形公路行驶，任意时刻汽车经过的路程 $s=10+10t-0.5t^2\ (SI)$，求 $t=5\ s$ 时，汽车的速率以及切向加速度、法向加速度和总加速度的大小。
12. 一质点在水平面内沿半径 $R=2\ m$ 的圆形轨道运动，已知 t 时刻的速率 $v=8t^2$，则在 t 时刻该质点的切向加速度 a_t 和法向加速度 a_n 的大小各为多少？
13. 一质点沿半径为 R 的圆周按 $s=v_0t-\frac{1}{2}bt^2$ 规律运动（v_0，b 均为正常数）。求：（1）t 时刻质点的切向加速度和法向加速度；（2）t 时刻质点的加速度大小；（3）t 为何值时，加速度在数值上等于 b。
14. 一车技演员在半径为 R 的圆形轨道内进行车技表演，其速率与时间的关系为 $v=ct^2$（式中 c 为常量）。求：(1)他运动的路程与时间的关系；(2) t 时刻他的切向加速度和法向加速度。
15. 已知某质点的运动方程为：$\boldsymbol{r}=2bt\boldsymbol{i}+bt^2\boldsymbol{j}$（$b$ 为常数）。求：(1)轨道方程；(2)质点的速度和加速度的矢量表达式；(3)质点切向加速度和法向加速度的大小。
16. 子弹以初速度 $v_0=200\ m/s$ 发射，初速度与水平方向的夹角为 60^0。求：(1)子弹位于轨道最高点处的速度和加速度；(2)轨道最高点的曲率半径。
17. 如图所示，手球运动员以初速度 $\boldsymbol{v}_0$ 与水平方向成 α 角抛出一球。当球运动到 M 点处时，它的速度与水平方向成 θ 角。若忽略空气阻力。求：(1)球在 M 点处速度的大小；(2)球在 M 点处切向加速度和法向加速度的大小；(3)抛物线在该点处的曲率半径。

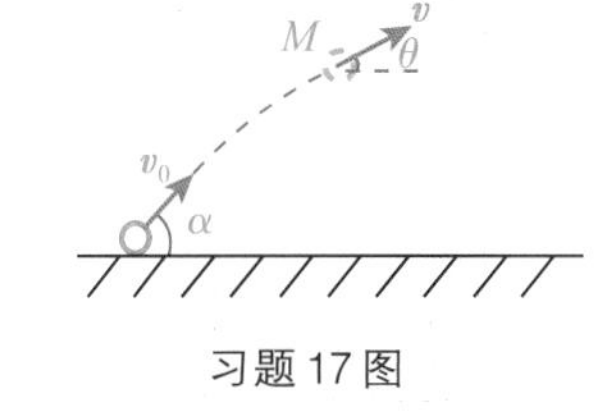

习题 17 图

18. 某船厂为修理水泥船，用卷扬机来拉船靠岸，岸距水平面高度为 h，当卷扬机以 v_0 的速率收绳，求船离岸边为 s 处船的速率，并讨论船体做什么运动？

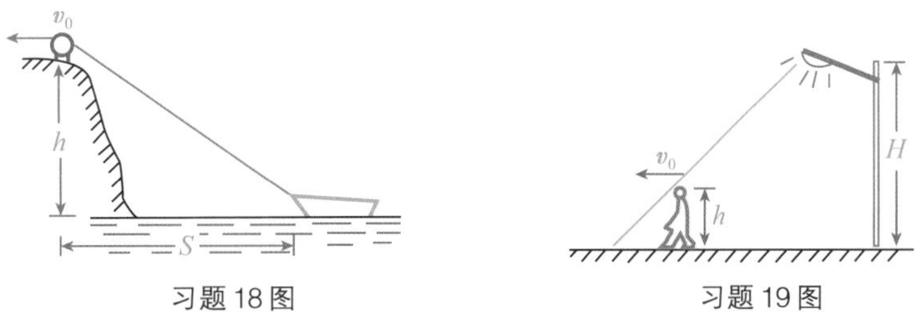

习题 18 图　　习题 19 图

19. 路灯距地面高度为 H，行人身高为 h，若人以匀速度 v_0 背离路灯行走，问人头影的移动速度为多大？
20. 一人骑自行车在风中向东行。当车速为 10 m/s 时，觉得有南风；当车速为 15m/s 时，觉得有东南风，求风速。

第2章 牛顿运动定律的微积分解析

伽利略(Galileo Galilei, 1564—1642),意大利杰出的物理学家和天文学家,实验物理学的先驱者,提出著名的相对性原理、惯性原理、抛体的运动定律、摆振动的等时性等。伽利略捍卫了哥白尼的日心学说。《关于两门新科学的对话和数学证明对话集》一书,总结了他最成熟的科学思想以及在物理学和天文学方面的研究成果。

牛顿(Issac Newton, 1642—1727),英国杰出的数学家、天文学家、物理学家,经典物理学的奠基人,他的不朽巨著《自然哲学的数学原理》总结了前人和自己关于力学以及微积分学方面的研究成果,其中含有牛顿三条运动定律和万有引力定律,以及质量、动量、力和加速度等概念。在光学方面,他说明了色散的起因,发现了色差及牛顿环,他还提出了光的微粒说。

物体间的相互作用称为力。某物体受力的作用后,其运动状态将发生相应的变化。力对物体运动状态的影响,可以从三个不同的角度加以研究:①研究力的瞬时作用效果,牛顿运动定律反映了这方面的规律;②研究力的时间积累效果,冲量、动量、动量定理和动量守恒定律就是从这方面来讨论的;③研究力的空间积累效果,功、动能、势能、动能定理和机械能守恒定律就是从这个角度来研究问题的。另外,动量守恒定律和能量守恒定律是最基本、最普遍的自然规律。

§2-1 牛顿运动三定律

视频 1-2-1

1686年,牛顿在前人(主要是伽利略)的基础上,通过深入分析和研究,总结出了三条运动定律,构成**牛顿力学**(又称**经典力学**)的基础。

牛顿第一定律的内容可表述为:**任何物体都保持静止或匀速直线运动状态,直至其他物体对它作用的力迫使它改变这种状态为止。**

对于牛顿第一定律我们应明确以下几点:

(1)牛顿第一定律的重要意义是从**力的起源**(力是物体间的相互作用)和**力的作用效果**(力是改变物体运动状态的原因)上肯定了力的概念。

(2)牛顿第一定律指出,任何物体都有保持静止或匀速直线运动的特性,这种特性称为物体的**惯性**,所以牛顿第一定律又称为**惯性定律**。惯性是物体本身具有的属性,经典力学认为,惯性与物体是否受力、是否运动无关,也与物体的运动速度无关。物体的质量是物体惯性大小的量度。

(3)牛顿第一定律是大量直观经验和实验事实的抽象概括,是不能用实验直接证明的。

(4)实验表明,牛顿第一定律并不是对所有参考系都成立的,它仅在某些特定的参考系中才成立。我们将牛顿第一定律(惯性定律)在其中严格成立的参考系称为**惯性参考系**,简称**惯性系**,而相对于任一惯性参考系做匀速直线运动的参考系也是惯性系。

一个参考系是不是惯性系，只能根据实验来判断。太阳参考系是个较好的惯性系。地球由于有自转和绕太阳的公转，相对于太阳参考系并非做匀速直线运动，所以，地球以及与地球固联的物体都不是严格的惯性系。但是，对于在地球上的许多工程技术问题而言，地球的公转（向心加速度为 $5.9\times10^{-3}\ \mathrm{m\cdot s^{-2}}$）和自转（赤道处的向心加速度为 $3.4\times10^{-2}\ \mathrm{m\cdot s^{-2}}$）的影响不明显，因此，仍可将地球近似地看做惯性系。

牛顿第二定律的内容可表述为：**物体受到外力作用时，它所获得的加速度 $\boldsymbol{a}$ 的大小与合外力的大小成正比，与物体的质量成反比；加速度 $\boldsymbol{a}$ 的方向与合外力 $\boldsymbol{F}$ 的方向相同。**其数学表达式为

$$\boldsymbol{F}=m\boldsymbol{a} \tag{1.2.1}$$

在国际单位制中，力 $\boldsymbol{F}$ 的单位是牛顿（N），质量 m 的单位是千克（kg），加速度 $\boldsymbol{a}$ 的单位是米每二次方秒（$\mathrm{m\cdot s^{-2}}$）。

牛顿第二定律揭示了力 $\boldsymbol{F}$、物体质量 m 和加速度 $\boldsymbol{a}$ 三个物理量之间的联系，使用时要特别注意：

（1）牛顿第二定律仅适用于惯性参照系。

（2）牛顿第二定律描述的是 $\boldsymbol{F}$ 和 $\boldsymbol{a}$ 的瞬时关系，力和加速度同时存在、同时改变、同时消失。

（3）牛顿第二定律只适用于描述低速宏观物体的运动。

进入20世纪以后，人们认识到牛顿力学只是客观物质运动规律的一种近似表述，它只能描述速度远低于光速（$c=3.0\times10^{8}\ \mathrm{m/s}$）、线度远大于原子线度（$10^{-10}\ \mathrm{m}$）的物体。然而，人们日常中接触到的物体，大多是宏观低速运动的物体，因此，经典力学仍然在人类的生产活动中起着重要的指导作用。另一方面，相对论力学和量子力学都是在经典力学的基础上建立起来的，并且以经典力学为它们的极限情况，因此，深入学习和掌握牛顿力学的规律仍是十分必要的。

牛顿第三定律的内容可表述为：**作用力与反作用力大小相等，方向相反，作用在同一条直线上。**其数学表达式为

$$\boldsymbol{F}=-\boldsymbol{F}' \tag{1.2.2}$$

正确理解牛顿第三定律，对分析物体受力是十分重要的。应注意理解以下三点：

（1）作用力与反作用力等值、反向、共线、共性，若作用力是弹性力，反作用力也一定是弹性力。

（2）作用力与反作用力分别作用在两个物体上，同时产生，同时消失。

（3）由于牛顿第三定律不包含运动量，所以适用于任何参照系。

总之，牛顿运动三定律是一个整体，无论是理解定律内容，或是应用定律分析、解决问题，我们都应该把三者结合起来考虑。

应用牛顿定律求解力学问题的基本步骤如下。

1. 选定研究对象

在要求解的问题中，选定一个物体作为研究对象。它通常是与问题所要求解的物理量（如加速度等）直接相关的物体。当所求问题涉及由多个物体组成的物体系统时，经常需将相互关联的物体逐个取出作为研究对象，这相当于将各个物体从系统中隔离出来，故称为隔离体法。

2. 正确进行受力分析，画受力图

分析研究对象受到哪些力的作用，注意每个力都应能找到施力物体。除场力（如重力、引

力、电场力和磁场力)外,其他力的施力物体都是与研究对象直接接触的实物物体。分别做出每个研究对象的受力示意图。

3. 选取惯性参照系

建立合适的坐标系,尽量使加速度的方向与坐标轴的正向一致。

4. 建立牛顿运动方程

对每个研究对象逐个应用牛顿第二定律建立牛顿运动方程(常称为动力学方程)。它通常是矢量方程,即 $\boldsymbol{F}=m\boldsymbol{a}$。

为了运算方便,可选取适当的坐标系,把上式变为分量式后再行运算。在直角坐标系中有

$$\begin{cases}F_x=ma_x\\F_y=ma_y\\F_z=ma_z\end{cases}\tag{1.2.3}$$

在自然坐标系中有

$$\begin{cases}F_t=ma_t=m\dfrac{\mathrm{d}v}{\mathrm{d}t}\\F_n=ma_n=m\dfrac{v^2}{\rho}\end{cases}\tag{1.2.4}$$

用几何关系或相对运动找出各物体加速度之间、受力之间的关系(称为约束关系),使最后未知数与方程数相等。

5. 分析运算结果是否合理并进行讨论

【例 1.2.1】 质量为 m 的轮船在停靠码头之前停机,这时轮船的速率为 v_0,设水的阻力与轮船的速率成正比,比例系数为 k,求轮船在发动机停机后所能前进的最大距离。

解 由题意可知,水的阻力为 $-kv$,负号表示水的阻力方向与船速方向相反,故轮船的动力学方程为

$$m\frac{\mathrm{d}v}{\mathrm{d}t}=-kv=-k\frac{\mathrm{d}x}{\mathrm{d}t}$$

即

$$\mathrm{d}x=-\frac{m\mathrm{d}v}{k}$$

于是有

$$\int_0^{x_{\max}}\mathrm{d}x=\int_{v_0}^0-\frac{m\mathrm{d}v}{k}$$

解此方程,得

$$x_{\max}=\frac{mv_0}{k}$$

【例 1.2.2】 质量为 m 的小球在液体中由静止释放,竖直下沉。设液体相对地面静止,液体对小球的浮力为 F,黏滞阻力为 kv,k 是与液体的黏滞性和小球半径有关的常数,求任意时刻小球的速度。

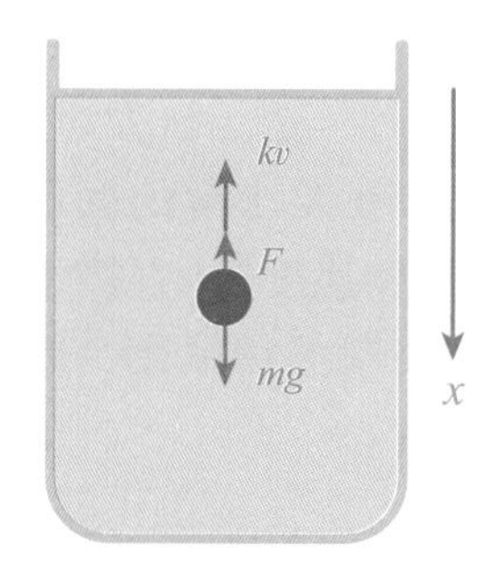

图 1.2.1 例 1.2.2 图

解 以地面为参照系。如图 1.2.1 所示,小球受到 3 个力的作用:重力 mg(恒力),方向竖直向下;浮力 F(恒力),方向竖直向上;黏滞阻力 kv(变力),方向竖直向上。

选择竖直向下为 x 轴正方向,根据牛顿第二定律,小球的动力学方程为

$$mg-F-kv=ma=m\frac{\mathrm{d}v}{\mathrm{d}t}$$

分离变量，并根据初始条件，得

$$\int_0^t \mathrm{d}t=\int_0^v \frac{m\mathrm{d}v}{mg-F-kv}$$

于是有

$$t=\int_0^v \frac{m\mathrm{d}v}{mg-F-kv}=-\frac{m}{k}\int_0^v \frac{\mathrm{d}(mg-F-kv)}{mg-F-kv}=-\frac{m}{k}\ln\frac{mg-F-kv}{mg-F} \rightarrow \frac{mg-F-kv}{mg-F}=\mathrm{e}^{-\frac{k}{m}t}$$

得任意 t 时刻小球下沉的速度

$$v=\frac{mg-F}{k}\left(1-\mathrm{e}^{-\frac{k}{m}t}\right)$$

当 $t\to\infty$ 时，小球达到最大速度 $v_{\text{final}}=\dfrac{mg-F}{k}$，称为收尾速度。

【例 1.2.3】 一个质量为 m 的小球系在绳的一端，绳的另一端固定于 O 点，绳长为 R。小球在竖直平面内可绕 O 点作半径为 R 的圆周运动。已知小球在最低点时的速率为 v_0，求在任意位置时，小球的速率和绳中的张力。

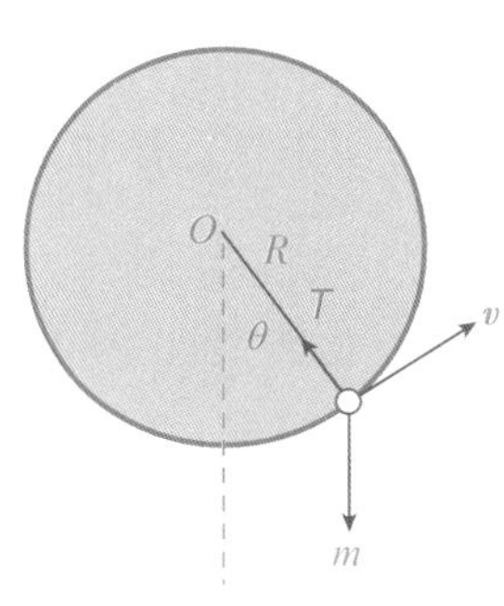

图 1.2.2 例 1.2.3 图

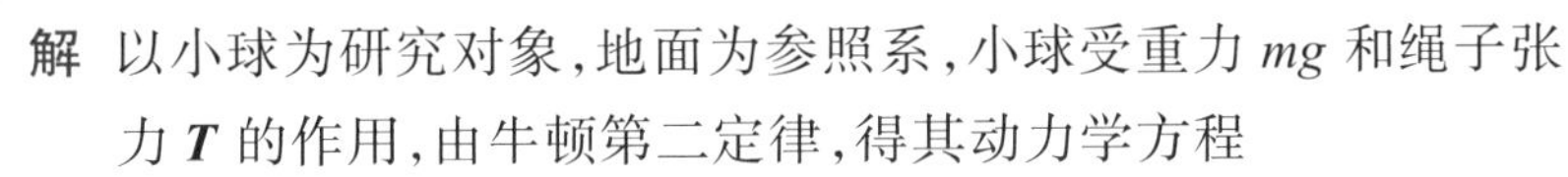

解 以小球为研究对象，地面为参照系，小球受重力 mg 和绳子张力 $\boldsymbol{T}$ 的作用，由牛顿第二定律，得其动力学方程

$$m\boldsymbol{g}+\boldsymbol{T}=m\boldsymbol{a}$$

上式为矢量式。以细绳与铅垂线的夹角 θ 表示小球的角位置，并规定逆时针时，$\theta>0$，则运动方程的切向和法向分量式为

$$\begin{cases} -mg\sin\theta=ma_t=m\dfrac{\mathrm{d}v}{\mathrm{d}t} & (1) \\ T-mg\cos\theta=ma_n=m\dfrac{v^2}{R} & (2) \end{cases}$$

因为需要求 v 与 θ 的函数关系式，所以应将(1)式中的 $\dfrac{1}{\mathrm{d}t}$ 变换成 $\mathrm{d}\theta$ 的函数，有

$$\frac{1}{\mathrm{d}t}=\frac{1}{\mathrm{d}\theta}\frac{\mathrm{d}\theta}{\mathrm{d}t}=\frac{1}{R\mathrm{d}\theta}\frac{R\mathrm{d}\theta}{\mathrm{d}t}=\frac{v}{R\mathrm{d}\theta}$$

将它代入(1)式，有

$$-g\sin\theta=\frac{v\mathrm{d}v}{R\mathrm{d}\theta}$$

分离变量，并代入初始条件后积分

$$\int_{v_0}^{v} v\mathrm{d}v=\int_0^{\theta} -Rg\sin\theta\mathrm{d}\theta$$

得小球在任意位置时的速率

$$v=\sqrt{v_0^{\ 2}+2Rg(\cos\theta-1)}$$

将 v 代入(2)式，得小球在任意位置时，绳中的张力

$$T=m\frac{v_0^{\ 2}}{R}+(3\cos\theta-2)mg$$

§2-2 非惯性系及惯性力

视频 1-2-2

牛顿运动定律只适用于惯性系，而相对惯性系做加速运动的非惯性系，牛顿运动定律则是不适用的。例如，相对地面加速运动的火车或电梯里的乘客。若仍希望用牛顿定律来处理这些问题，则必须引进惯性力。

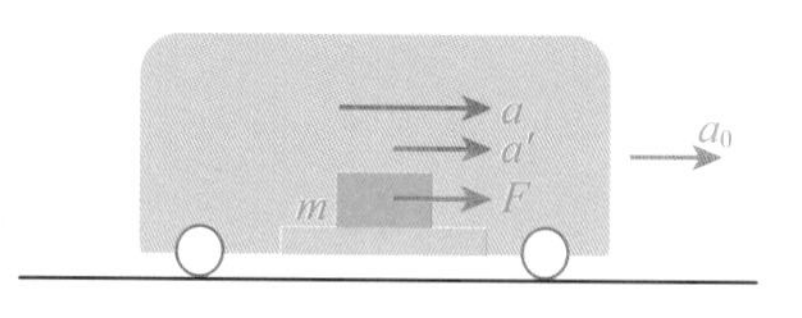

图 1.2.3　加速平动非惯性参照系

如图 1.2.3 所示，有一车厢以加速度 $\boldsymbol{a}_0$ 相对地面做直线加速运动，外力 $\boldsymbol{F}$ 作用在车厢内质量为 m 的物体上，使物体相对车厢产生 $\boldsymbol{a}'$ 的加速度，则该物体相对地面的加速度为

$$\boldsymbol{a}=\boldsymbol{a}_0+\boldsymbol{a}'$$

以地面为参照系（惯性系），牛顿运动定律成立，即

$$\boldsymbol{F}=m\boldsymbol{a}=m\left(\boldsymbol{a}_0+\boldsymbol{a}'\right) \tag{1.2.5}$$

为使牛顿定律也适用于直线加速非惯性系，我们引入惯性力

$$\boldsymbol{F}_{惯}=-m\boldsymbol{a}_0 \tag{1.2.6}$$

式中 $\boldsymbol{a}_0$ 为非惯性系相对于惯性系的加速度（牵连加速度），负号表示惯性力的方向与牵连加速度的方向相反，惯性力大小等于质量与牵连加速度的乘积。这样，由式（1.2.5）、式（1.2.6）可得以相对地面做直线加速运动的车厢为参照系（非惯性系）的牛顿运动定律

$$\boldsymbol{F}+(-m\boldsymbol{a}_0)=\boldsymbol{F}+\boldsymbol{F}_{惯}=m\boldsymbol{a}' \tag{1.2.7}$$

可见，引入惯性力的概念之后，牛顿运动定律在非惯性系中仍然成立，只不过定律中的力应该既包括作用力，也包括惯性力。

应该说明的是，惯性力不是物体间的相互作用，它既没有施力者，也没有反作用力，是因参考系的加速度而引进的，是一个“假想”的力。

【例 1.2.4】　动力摆可用来测定车辆的加速度。在如图 1.2.4 所示的车厢内，一根质量可略去不计的细绳，其一端固定在车厢的顶部，另一端系一小球，当列车以加速度 $\boldsymbol{a}$ 行驶时，细绳偏离竖直线成 α 角。试求加速度 $\boldsymbol{a}$ 与摆角 α 间的关系。

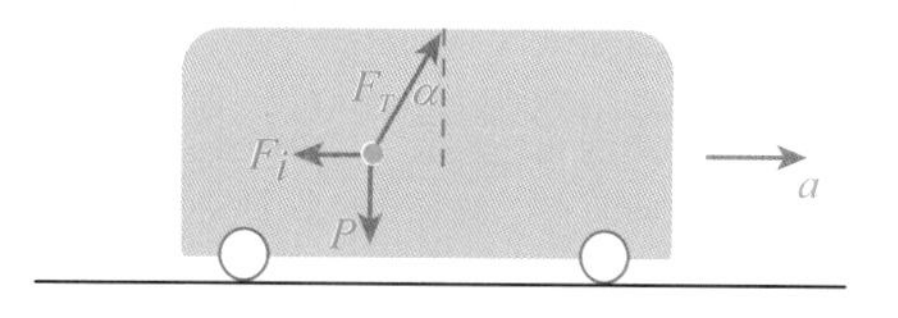

图 1.2.4　例 1.2.4 图

解　设以加速度 $\boldsymbol{a}$ 运动的车厢为参考系，此参考系为非惯性系。在此非惯性系中的观测者认为，当细绳的摆角为 α 时，小球受到重力 $\boldsymbol{P}=m\boldsymbol{g}$、细绳拉力 $\boldsymbol{F}_T$ 和惯性力 $\boldsymbol{F}_i=-m\boldsymbol{a}$ 的作用而处于平衡状态，所以有

$$\begin{cases} F_T\sin\alpha-ma=0 & \text{（水平方向的分量式）} \\ F_T\cos\alpha-mg=0 & \text{（垂直方向的分量式）} \end{cases}$$

解得　　$a=g\tan\alpha$

由摆角 α 即可测出车辆行驶的加速度。

本章小结

1. 牛顿运动定律反映的是力的瞬时作用效果，其核心是牛顿第二定律

$$\boldsymbol{F}=m\boldsymbol{a}$$

在直角坐标系中有 $\begin{cases}F_x=ma_x\\F_y=ma_y\\F_z=ma_z\end{cases}$；在自然坐标系中有 $\begin{cases}F_t=ma_t=m\dfrac{\mathrm{d}v}{\mathrm{d}t}\\F_n=ma_n=m\dfrac{v^2}{\rho}\end{cases}$

2. 在加速平动非惯性系中，惯性力

$$\boldsymbol{F}_{惯}=-m\boldsymbol{a}_0$$

式中 $\boldsymbol{a}_0$ 为非惯性系相对于惯性系的加速度（牵连加速度）。

思考题

1. 在“马拉车、车拉马”的问题中，马拉车的作用力等于车拉马的反作用力。两者大小相等，方向相反，为什么车还能前进呢？
2. 如图所示，用一根线 C 把质量为 m 的物体挂在天花板上，再用一根相同的线 D 系在物体下面。试说明以下事实：如果突然快拉 D，D 就断；如果慢慢拉 D，C 就断。

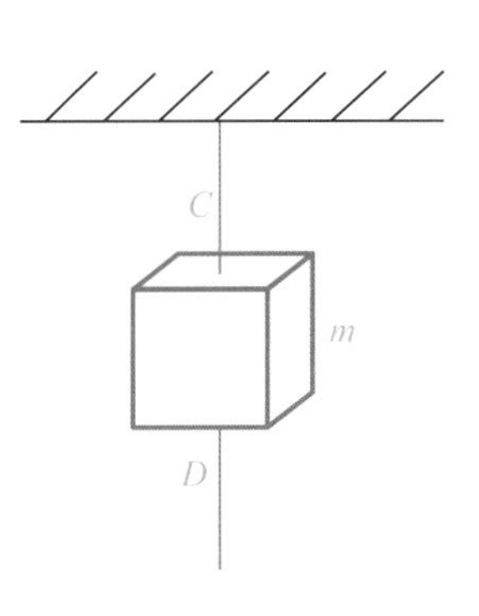

思考题2图

3. 众所周知，汽车是靠地面提供的摩擦力才能前进的；但人们也知道，地面提供的摩擦力阻碍了汽车的运动，这个矛盾如何解释？
4. 摩擦力是否一定做负功？举例说明。
5. 站在秤台上仔细观察你在站起和蹲下的过程中，秤台读数的变化。试用牛顿定律解释之。
6. 为什么雨滴在它下降的最后阶段速度总是恒定的？
7. 质点的动量和动能是否与惯性系的选取有关？功是否与惯性系有关？质点的动量定理和动能定理是否与惯性系有关？请举例说明。
8. 惯性力有没有反作用力？它是怎么产生的？为什么要引进惯性力？它的大小和方向如何确定？

习　题

1. 质量为 m 的小球在重力和空气阻力的作用下垂直降落，其运动规律为 $y=At-B\left(1-\mathrm{e}^{-3t}\right)$，其中 A、B 是常量，t 为时间，求 t 时刻小球所受的空气阻力 f_r。
2. 一个质量为 m 的质点，沿 x 轴作直线运动，受到的作用力为 $\boldsymbol{F}=F_0\cos\omega t\,\boldsymbol{i}(\mathrm{SI})$。$t=0$ 时刻，质点的位置坐标为 x_0，初速度 $v_0=0$，求质点的位置坐标和时间的关系式。

3. 如图所示，若 $F=4\ \text{N}$，$m_1=0.3\ \text{kg}$，$m_2=0.2\ \text{kg}$，物块 m_1，m_2 与水平面的摩擦系数均为 0.2，滑轮非常轻，并且忽略细绳与滑轮之间的阻力，滑轮轴的摩擦阻力也不计。求：(1) m_1 与 m_2 的加速度各为多少？(2) m_1 受到滑轮的拉力以及 m_2 受到绳子的拉力各为多少？
4. 质量为 m 的小球，在水中所受浮力为恒力 F（$F<mg$），当它从静止开始在水中沉降时，受到水的黏滞阻力为 $f=-kv$（k 为正常数，v 为小球速度），取竖直向下为 x 轴正向，$t=0$ 时，$x=0, v=0$。求：①小球的加速度 a 与速度 v 的关系；②小球的最大速度；③小球速度 v 与时间 t 的关系。
5. 摩托快艇以速率 v_0 行驶，它受到的摩擦阻力与速度平方成正比，设比例系数为 k，则可表示为 $F=-kv^2$。设摩托快艇的质量为 m，当摩托快艇发动机关闭后，求：(1) 速度 v 对时间的变化规律；(2) 路程 x 对时间的变化规律；(3) 证明速度 v 与路程 x 之间有如下关系：$v=v_0 e^{-k'x}\ (k'=k/m)$
6. 一物体以初速 v_0 从地面竖直上抛，物体质量为 m，所受空气阻力大小为 kv^2，k 为正值常量，求物体所能达到的最大高度。

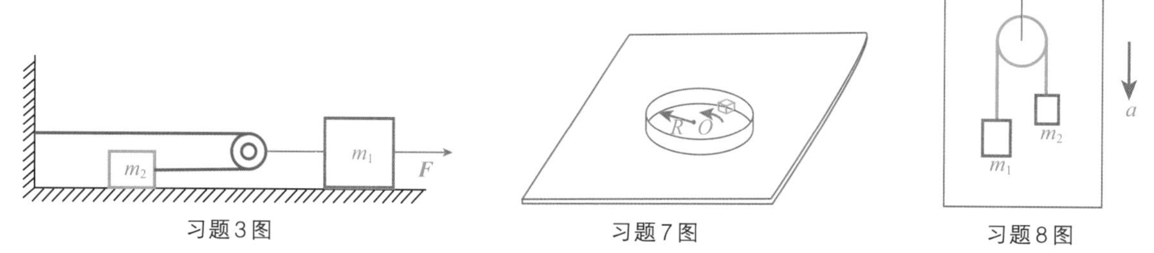

习题3图　　习题7图　　习题8图

7. 如图所示，一质量为 m 的木块在一光滑水平面上沿一半径为 R 的环内侧滑动。已知木块与环面间的摩擦系数为 μ，求下列各量作为 m，R，μ 和 v 的函数表达式：(1) 任意时刻作用在木块上的摩擦力；(2) 任意时刻木块的切向加速度；(3) 木块的速率 v 由初始 v_0 降为 $v_0/3$ 所经历的时间。
8. 如图所示，升降机以加速度 a 向下运动，$m_1>m_2$，不计绳和滑轮质量，忽略摩擦。求 m_1 和 m_2 相对升降机的加速度和绳中的张力。

第3章　动量守恒和能量守恒定律

§3-1 动量定理与动量守恒定律

视频1-3-1

牛顿第二定律 $\boldsymbol{F}=m\boldsymbol{a}$ 描述的是力与作用效果之间的瞬时关系，但在许多实际问题中，力总是持续作用一段时间，这就需要考虑力的时间累积效果。

质点的动量定理

在经典力学范围内，由于物体的质量是不变的，因此牛顿第二定律的形式可以改写为

$$\boldsymbol{F}=m\boldsymbol{a}=m\frac{\mathrm{d}\boldsymbol{v}}{\mathrm{d}t}=\frac{\mathrm{d}(m\boldsymbol{v})}{\mathrm{d}t}=\frac{\mathrm{d}\boldsymbol{p}}{\mathrm{d}t} \tag{1.3.1}$$

式中令 $\boldsymbol{p}=m\boldsymbol{v}$，称 $\boldsymbol{p}$ 为质点的动量。动量是描述物体运动状态的量，在国际单位制中，动量的单位是千克米每秒 $(\mathrm{kg\cdot m\cdot s^{-1}})$。

其实，牛顿最早在《自然哲学的数学原理》一书中给出的第二定律就是用动量来描述的，即**作用于物体上的合外力等于物体在该瞬时的动量的时间变化率。**

式(1.3.1)可改写成　$\boldsymbol{F}\mathrm{d}t=\mathrm{d}\boldsymbol{p}=\mathrm{d}(m\boldsymbol{v})$

一般说来，作用在质点上的力是时间的函数，即 $\boldsymbol{F}=\boldsymbol{F}(t)$。因此，在 t_1 至 t_2 时间间隔内，力 $\boldsymbol{F}(t)$ 对时间的累积作用为

$$\int_{t_1}^{t_2}\boldsymbol{F}(t)\mathrm{d}t=\boldsymbol{p}_2-\boldsymbol{p}_1=m\boldsymbol{v}_2-m\boldsymbol{v}_1 \tag{1.3.2}$$

式中 $\boldsymbol{v}_1$，$\boldsymbol{p}_1$ 和 $\boldsymbol{v}_2$，$\boldsymbol{p}_2$ 分别为质点在 t_1，t_2 两时刻的速度和动量；$\int_{t_1}^{t_2}F(t)\mathrm{d}t$ 为力 $\boldsymbol{F}(t)$ 对时间的积分，称为力的冲量，一般用符号 $\boldsymbol{I}$ 表示。$\boldsymbol{I}$ 是一个过程量，其大小不仅与力 $\boldsymbol{F}(t)$ 有关，且与过程所持续的时间有关。$\boldsymbol{I}$ 是矢量，其方向可由动量增量的方向来确定。在国际单位制中，冲量的单位是牛顿秒 $(\mathrm{N\cdot s})$。这样式(1.3.2)可写为

$$\boldsymbol{I}=\boldsymbol{p}_2-\boldsymbol{p}_1=\Delta\boldsymbol{p} \tag{1.3.3}$$

这就是质点的动量定理，亦称为质点的冲量定理。其物理意义是：**在作用时间内，合外力作用在质点上的冲量等于质点在此时间内动量的增量。**

在碰撞、打击等问题中，如图1.3.1(a)所示的子弹与苹果的碰撞、图1.3.1(b)网球运动员用球拍击打网球、图1.3.1(c)所示的高尔夫球员挥杆击球等过程中，力的作用时间极短(此类力常称为冲力)。冲力随时间的变化规律极为复杂，如图1.3.2(a)所示，因此，一般不易求得。常引入平均冲力 $\bar{\boldsymbol{F}}$，定义

$$\bar{F}=\frac{\Delta \boldsymbol{p}}{\Delta t}=\frac{m\boldsymbol{v}_2-m\boldsymbol{v}_1}{t_2-t_1} \tag{1.3.4}$$

平均力在图1.3.2(b)中是一条平行于 t 轴的直线。该量对估计碰撞或打击等的机械效果是十分有用的。

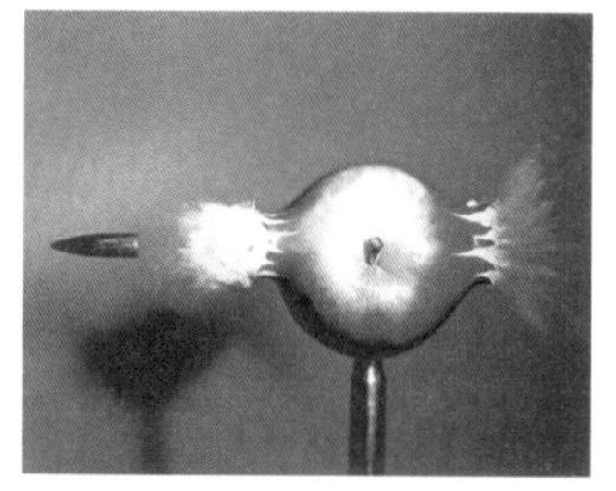
图1.3.1(a) 子弹穿越苹果的瞬间

图1.3.1(b) 网球与球拍的击打瞬间

图1.3.1(c) 高尔夫球员挥杆击球

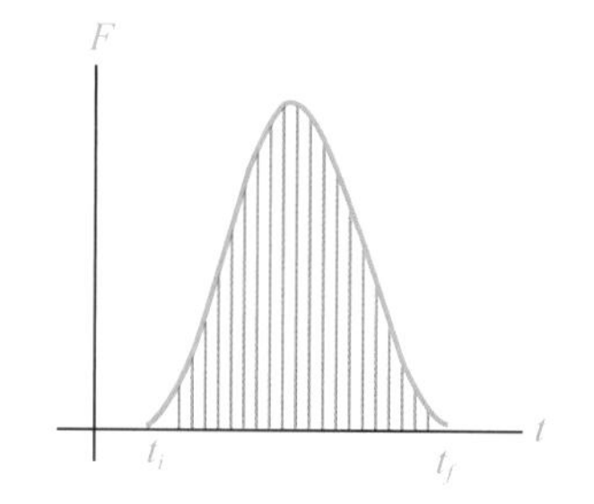

图1.3.2(a) 作用力随时间变化曲线

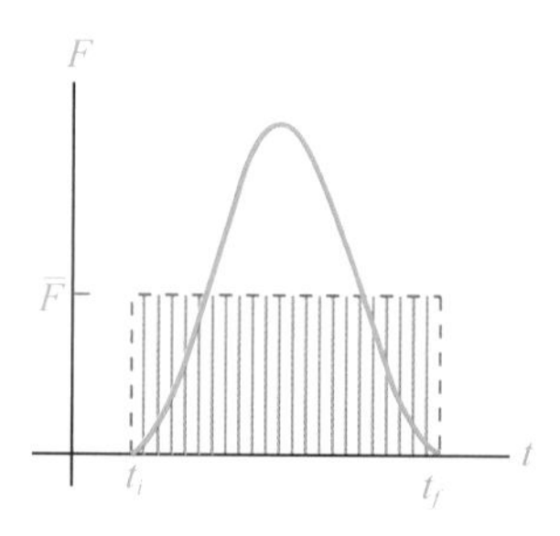

图1.3.2(b) 平均作用力

【例 1.3.1】 在一次特殊的汽车撞击试验中，一辆质量为 1.50×10^3 kg 的小汽车以速度 $v_i=15.0$m/s 撞上试验墙后，以 $v_f=2.60$m/s 的速度反弹，撞击持续了 0.150 s，求小汽车在撞击过程中所受到的平均作用力。

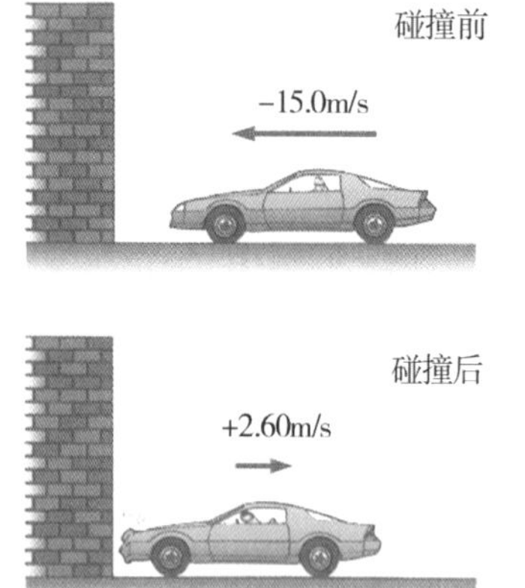

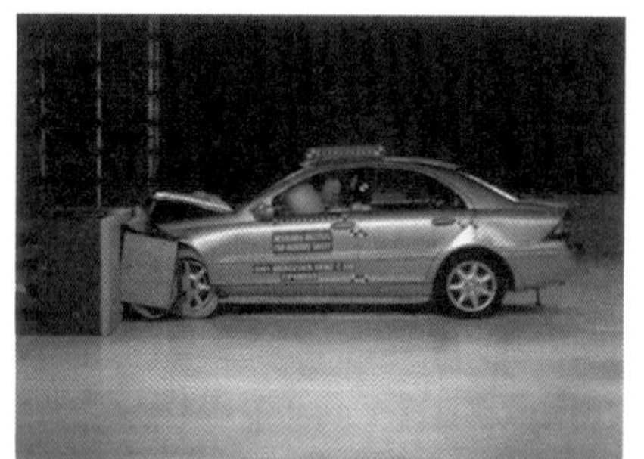

图1.3.3 例1.3.1图

解 小汽车的初动量为

$$\boldsymbol{p}_i=m\boldsymbol{v}_i=\left(1.50\times10^3\ \text{kg}\right)\left(-15.0\,\text{m/s}\right)=-2.25\times10^4\,\text{kg}\cdot\text{m/s}$$

小汽车的末动量为

$$\boldsymbol{p}_f=m\boldsymbol{v}_f=\left(1.50\times10^3\ \text{kg}\right)\left(+2.60\,\text{m/s}\right)=+0.39\times10^4\,\text{kg}\cdot\text{m/s}$$

小汽车在撞击过程中所受到的平均作用力为

$$\bar{F}=\frac{\Delta \boldsymbol{p}}{\Delta t}=\frac{\boldsymbol{p}_f-\boldsymbol{p}_i}{\Delta t}=\frac{+0.39\times10^4-\left(-2.25\times10^4\right)}{0.150}=+1.76\times10^5\ \text{N}$$

在日常生活和实际生产中,我们时常利用动量定理,通过增加或减少作用时间来控制冲力的大小。例如,贵重或易碎物品的包装,采用海绵、纸屑、绒布等垫衬,延长包装壳对物品的作用时间,防止震动和撞跌对物品造成的损坏。在体育运动中,人从高处落到沙坑里或海绵垫上,由于沙或海绵垫的缓冲而不至于受伤;汽车中安全气囊的设计等也是这个道理。

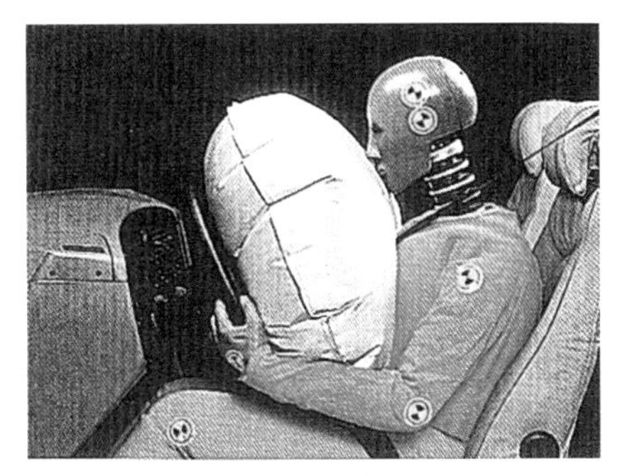

图 1.3.4 汽车安全气囊

质点系的动量定理

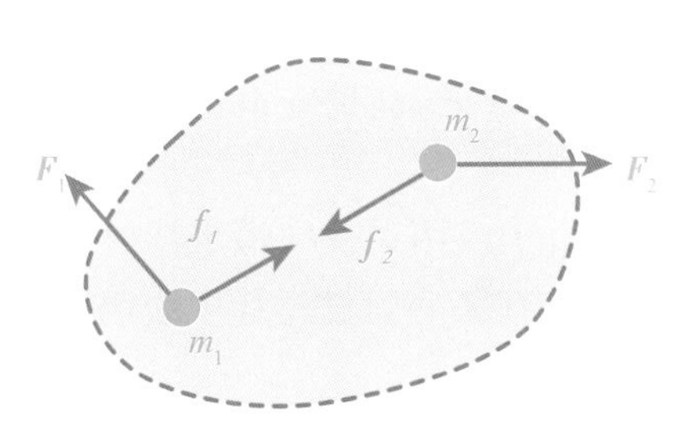

图 1.3.5 质点系中的内力与外力

在处理力学问题中,常常需要把几个相互作用的物体作为一个整体加以考虑,如果其中的每一物体都可看做质点,称这些物体为质点系。质点系内各物体之间的相互作用力称为内力。而质点系以外的物体对质点系内任何物体的作用力则称为质点系所受的外力。可见,质点系的内力是成对出现的作用力与反作用力。下面从牛顿定律出发,推导质点系的动量定理。

以两个质点构成的系统为例来讨论。如图1.3.5所示,两质点的质量分别为 m_1 和 m_2,在初时刻 t_0,其速度分别为 $\boldsymbol{v}_{01}$ 和 $\boldsymbol{v}_{02}$,系统的总动量为 $m_1\boldsymbol{v}_{01}+m_2\boldsymbol{v}_{02}$。设该两质点受到来自系统外的作用力(外力)分别为 $\boldsymbol{F}_1$ 和 $\boldsymbol{F}_2$,两质点间的相互作用力(内力)为 $\boldsymbol{f}_1$ 和 $\boldsymbol{f}_2$。它们持续作用到末时刻 t,两质点的速度分别变为 $\boldsymbol{v}_1$ 和 $\boldsymbol{v}_2$,系统的总动量变为 $m_1\boldsymbol{v}_1+m_2\boldsymbol{v}_2$。分别对两质点应用质点的动量定理,有

对 m_1: $\int_{t_0}^{t}(\boldsymbol{F}_1+\boldsymbol{f}_1)\mathrm{d}t=m_1\boldsymbol{v}_1-m_1\boldsymbol{v}_{01}$; 对 m_2: $\int_{t_0}^{t}(\boldsymbol{F}_2+\boldsymbol{f}_2)\mathrm{d}t=m_2\boldsymbol{v}_2-m_2\boldsymbol{v}_{02}$

将两式相加,并注意到 $\boldsymbol{f}_1=-\boldsymbol{f}_2$(牛顿第三定律),则可得

$$\int_{t_0}^{t}(\boldsymbol{F}_1+\boldsymbol{F}_2)\mathrm{d}t=(m_1\boldsymbol{v}_1+m_2\boldsymbol{v}_2)-(m_1\boldsymbol{v}_{01}+m_2\boldsymbol{v}_{02})$$

把上式推广到由 n 个质点构成的质点组,则有

$$\int_{t_0}^{t}\left(\sum_{i=1}^{n}\boldsymbol{F}_i\right)\mathrm{d}t=\sum_{i=1}^{n}\boldsymbol{p}_i-\sum_{i=1}^{n}\boldsymbol{p}_{0i} \tag{1.3.5}$$

式(1.3.5)表明,作用于质点系的合外力的冲量等于质点系总动量的增量,这就是质点系的动量定理。由此可见,系统的内力虽可以改变系统内单个质量的动量,但对整个系统来说,所有内力的冲量和为零,系统的内力不能改变系统的总动量。质点系的总动量的改变完全取决于外力的冲量。

动量守恒定律

若在 t_0 到 t 这段时间内,外力的矢量合 $\sum_{i=1}^{n}\boldsymbol{F}_i=\boldsymbol{F}_1+\boldsymbol{F}_2+\cdots+\boldsymbol{F}_n=0$,则有

$$\sum_{i=1}^{n}\boldsymbol{p}_i=\sum_{i=1}^{n}\boldsymbol{p}_{0i}=\text{常矢量} \tag{1.3.6}$$

这就是动量守恒定律。它表明:当质点系所受的合外力为零时,质点系的总动量将保持不变。

应用动量守恒定律时应当注意以下几点：

（1）动量守恒的条件是$\sum_{i=1}^{n}\boldsymbol{F}_i=0$，即质点系所受的合外力在整个过程中始终为零。然而在许多实际问题中，质点系所受的合外力虽不为零，但远远小于质点系的内力，亦可近似按动量守恒来处理。例如爆炸、打击、碰撞等过程，由于作用时间极短，相互作用的内力很大，而一般的外力（如空气阻力、摩擦力或重力）远远小于内力，因而可忽略不计，认为过程前后质点系的总动量守恒。

（2）式(1.3.6)给出的是动量守恒的矢量表达式，当质点系所受的合外力不等于零时，指点系的总动量不守恒。但若某一分量方向的合外力等于零，则质点系在该分量方向的动量分量就守恒，这个概念在处理某些具体问题时是很有用的。

（3）动量守恒定律可依据牛顿定律从理论上导出，说明这两条定律在经典力学范围内是一致的；但是，近代物理研究表明，在牛顿定律失效的高速和微观粒子领域里，动量守恒定律仍然适用。因此，动量守恒定律是自然界中最重要、最普遍的定律之一。

（4）动量守恒定律是解决质点动力学问题的一个重要依据。由于应用动量守恒定律时可以不问及内力作用的细节，而只要考虑变化前后质点系的总动量，因此在某些力学过程中应用起来比牛顿定律更为方便。

§3-2 功 动能 动能定理

视频 1-3-2

上节我们讨论的是力的时间累积效果，本节我们将讨论力的空间积累效应，给出功和动能等概念并导出动能定理。

变力的功

中学物理中已经讲过功的含义，并且能计算恒力做功。

如图1.3.6所示，一质点在恒力 $\boldsymbol{F}$ 的作用下作直线运动，其位移 $\Delta\boldsymbol{r}$ 的大小为 Δs，力 $\boldsymbol{F}$ 与位移 $\Delta\boldsymbol{r}$ 的夹角为 θ，则直线运动中恒力的功定义为

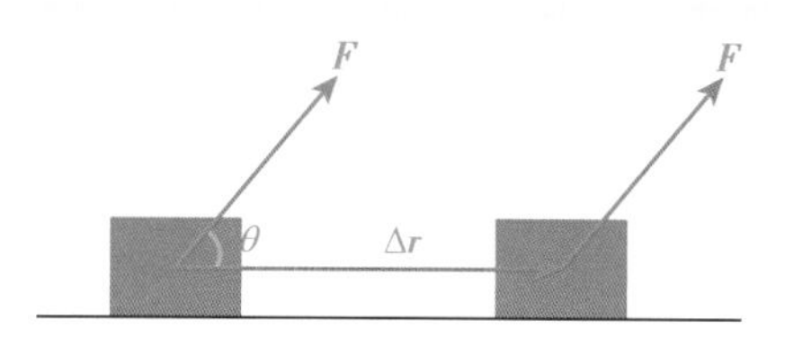

图1.3.6　恒力做功

$$W=(F\cos\theta)\Delta s=F|\Delta\boldsymbol{r}|\cos\theta=\boldsymbol{F}\cdot\Delta\boldsymbol{r} \tag{1.3.7}$$

但在实际问题中，力的大小和方向往往都是变化的。一般情况下，质点做曲线运动。因此，需要计算变力的功。

设一质点在变力 $\boldsymbol{F}$ 持续作用下做曲线运动，从位置 A 运动到位置 B，如图1.3.7所示。为计算这一过程中变力 $\boldsymbol{F}$ 的功，我们分两个步骤处理。

第一步，把曲线分割为很多小段，称为位移元。每个小段都足够小，可认为是直线。质点通过每小段的时间足够短，在这么短的时间里，力的大小和方向变化很小，可认为是恒定的，即在每个位移元上力所做的功可以看做恒力在无限短的直线运动中的功，我们称它为元功。利用(1.3.7)式，则力在第 i 段位移元中所做的元功为

$$\mathrm{d}W_i=\boldsymbol{F}_i\cdot\mathrm{d}\boldsymbol{r}_i \tag{1.3.8}$$

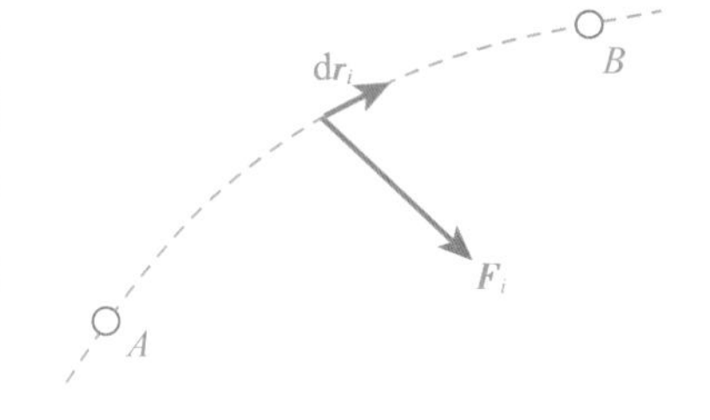

图1.3.7　变力做功

第二步，计算质点从 A 到 B，力 $\boldsymbol{F}$ 所做的总功 W。显然，W 等于各个无限小过程的元功之和，该和式在数学上表示为

$$W=\int_A^B \boldsymbol{F}\cdot \mathrm{d}\boldsymbol{r} \tag{1.3.9}$$

这就是变力做功的计算式。从上面的讨论过程可以知道，积分所表示的和式是沿着轨迹曲线把每个小位移元上的元功加起来。也就是说，这个积分必须沿着质点所经历的曲线进行运算，数学上称此类积分为曲线积分，或路径积分。

质点动能定理

设质量为 m 的质点在合外力 $\boldsymbol{F}$ 的持续作用下从 a 点运动到 b 点，如图1.3.8所示。同时，它的速度从 v_0 变为 v。那么，当质点产生位移元 $\mathrm{d}\boldsymbol{r}$ 时，相应的合外力 $\boldsymbol{F}$ 所做的元功为

$$\begin{aligned}\mathrm{d}W&=\boldsymbol{F}\cdot\mathrm{d}\boldsymbol{r}=F|\mathrm{d}\boldsymbol{r}|\cos\alpha=F\mathrm{d}s\cos\alpha=(F\cos\alpha)\mathrm{d}s\\&=F_t\mathrm{d}s=m\frac{\mathrm{d}v}{\mathrm{d}t}\mathrm{d}s=mv\mathrm{d}v\end{aligned}$$

质点从 a 到 b，合外力所做的功为

$$W=\int_a^b \mathrm{d}W=\int_{v_0}^{v} mv\mathrm{d}v=\frac{1}{2}mv^2-\frac{1}{2}m{v_0}^2 \tag{1.3.10}$$

上式右边出现的物理量 $\frac{1}{2}mv^2$ 称为质点的动能，用 E_k 表示，即 $E_k=\frac{1}{2}mv^2$。

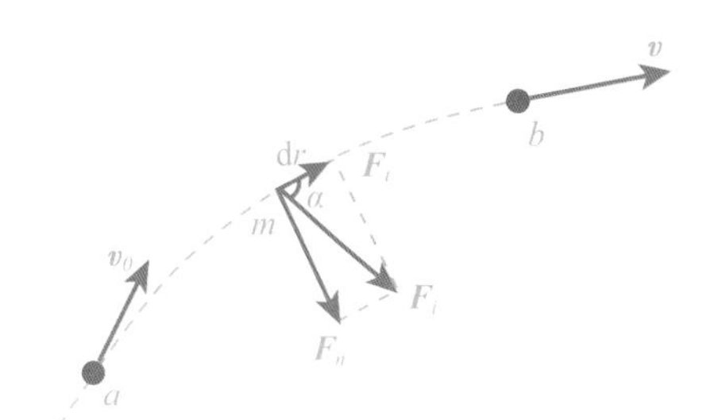

图1.3.8 质点动能定理

式(1.3.10)表明：合外力对质点所做的功，等于质点动能的增量。这个结论叫做质点动能定理。

应用动能定理应注意：

(1) $\boldsymbol{F}$ 是作用在质点上所有外力的矢量和，W 代表合外力总功。当 $W>0$ 时，表明合外力做正功，质点的动能增加；当 $W<0$ 时，表明合外力做负功(质点克服阻力做功)，质点的动能减少。

(2)功和动能是两个不同的概念。功与具体过程密切相关，是过程量，而动能是状态的函数，是状态量。功是能量变化的一种量度。

(3)动能定理给出了计算功的一种简便方法，不论中间过程如何复杂，功只与质点始、末动能有关。

图1.3.9 棒球运动员投掷棒球

图1.3.10 射箭运动员拉弓射箭

在实际工作中，有时需考虑功随时间的变化率，把它称为功率，用 P 表示，则

$$P=\frac{\mathrm{d}W}{\mathrm{d}t}=\frac{\boldsymbol{F}\cdot\mathrm{d}\boldsymbol{r}}{\mathrm{d}t}=\boldsymbol{F}\cdot\boldsymbol{v} \tag{1.3.11}$$

在国际单位制中，功的单位为焦耳(J)，功率的单位为瓦特(W)。

【例1.3.2】 有一个力 $\boldsymbol{F}=(10.0\,\boldsymbol{i}+9.0\,\boldsymbol{j}+12.0\,\boldsymbol{k})$ 作用在质量为100 g的物体上，并使之产生 $\Delta\boldsymbol{r}=(5.0\,\boldsymbol{i}+4.0\,\boldsymbol{j})$ 的位移，求此力所做的功。

解 由功的定义式，得

$$W=\boldsymbol{F}\cdot\Delta\boldsymbol{r}=(10.0\,\boldsymbol{i}+9.0\,\boldsymbol{j}+12.0\,\boldsymbol{k})\cdot(5.0\,\boldsymbol{i}+4.0\,\boldsymbol{j})=50+36+0=86(\mathrm{J})$$

【例1.3.3】 如图1.3.11所示，射箭运动员用力 $f=490\,\mathrm{N}$ 使弓弦中点产生 $l=0.6\,\mathrm{m}$ 的位移，然后把质量 $m=0.06\,\mathrm{kg}$ 的箭竖直上射。设拉力和弓弦中点的位移成正比（准弹性力），试求该箭离弦时所具有的速度。

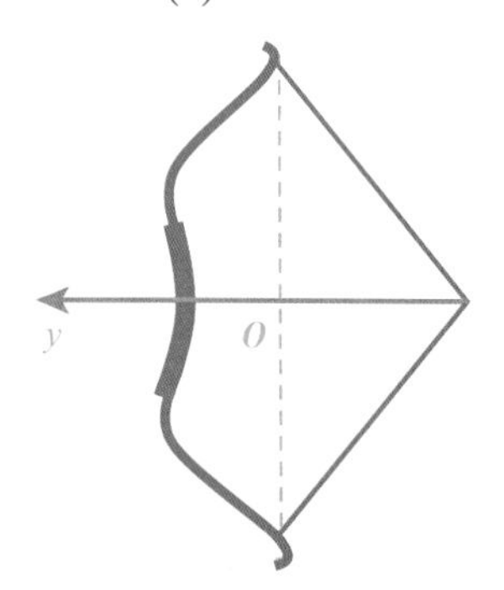

图1.3.11 例1.3.3图

解 拉力和弓弦中点的位移成正比，即 $f=-ky$

$$k=\frac{490\,\mathrm{N}}{0.6\,\mathrm{m}}=816.7\,\mathrm{N/m}$$

根据质点的动能定理有

$$W=\int\boldsymbol{F}\cdot\mathrm{d}\boldsymbol{r}=\int_0^{-l}(-ky)(-\mathrm{d}y)=\frac{1}{2}mv^2-0\rightarrow\frac{1}{2}kl^2=\frac{1}{2}mv^2$$

解之得 $v=\sqrt{\dfrac{k}{m}}\,l=\sqrt{\dfrac{816.7}{0.06}}\times0.6=70(\mathrm{m/s})$

§3-3 保守力 势能

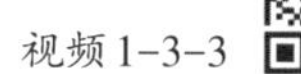

视频1-3-3

机械运动中除了动能外，还有一种形式的能量——势能。我们可以从两个层面来正确理解势能概念：(1)势能是一种与物体所处的位置紧密关联的一种能量，旧时称为位能。(2)势能(potential energy)是一种潜在的、有待转化才能显示其威力的能量。为了给出势能的概念，我们先分析以下几种力做功的特点，从而给出保守力和势能的概念。

图1.3.12 瀑布

图1.3.13 尼加拉瓜瀑布

保守力的功

1. 重力的功

在地面附近运动的物体，重力将对该物体做功。如图1.3.14所示，一质量为 m 的物体，在重力

$\boldsymbol{G}$ 的作用下由 a 沿任意曲线 acb 运动至 b 点，a 和 b 相对地面的高度分别为 h_a 和 h_b。

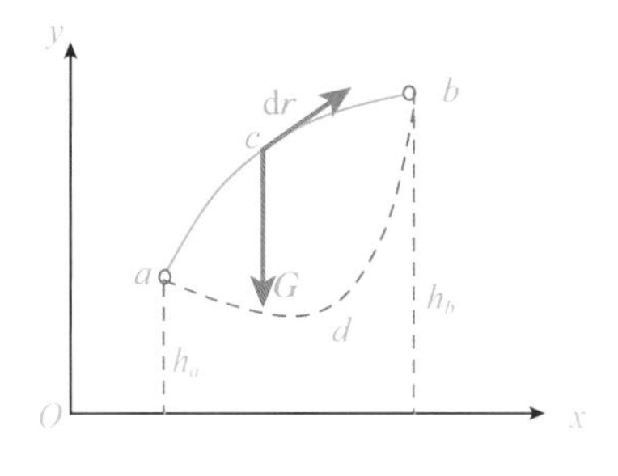

图 1.3.14 重力做功与路径无关

在路径 acb 上任取一位移元 $\mathrm{d}\boldsymbol{r}$，则重力 $\boldsymbol{G}$ 的元功为

$$\mathrm{d}W=\boldsymbol{G}\cdot\mathrm{d}\boldsymbol{r}$$

若物体在竖直平面内运动，按图1.3.14建立坐标，有

$$\boldsymbol{G}=-mg\boldsymbol{j},\ \mathrm{d}\boldsymbol{r}=\mathrm{d}x\,\boldsymbol{i}+\mathrm{d}y\,\boldsymbol{j}$$

于是，$\mathrm{d}W=-mg\boldsymbol{j}\cdot\left(\mathrm{d}x\,\boldsymbol{i}+\mathrm{d}y\,\boldsymbol{j}\right)=-mg\mathrm{d}y$

所以在 acb 过程中，重力 $\boldsymbol{G}$ 的总功为

$$W=\int_a^b\mathrm{d}W=-mg\int_{h_a}^{h_b}\mathrm{d}y=-\left(mgh_b-mgh_a\right)$$

可见，重力做功只与物体的始、末位置有关，而与物体经过的路径无关。也就是说，如果物体沿另一条路径 adb 由 a 点运动至 b 点，重力所做的功是一样的。

重力做功的特点也可表述为：物体沿任一闭合路径运动一周，重力所做的总功为零。数学上表述为

$$\oint_l\boldsymbol{F}_{重}\cdot\mathrm{d}\boldsymbol{r}=0$$ （式中 $\oint_l$ 表示沿任意闭合路径的积分）

2. 弹性力的功

将一轻弹簧一端固定，另一端连接着质量为 m 的小球，当水平方向没有外力作用时，小球处在平衡位置 O 点，以 O 为坐标原点，x 方向如图1.3.15所示。

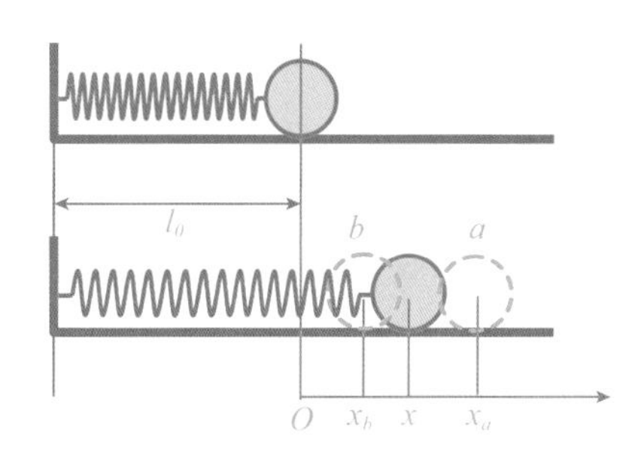

图 1.3.15 弹性力做功

现将物体拉至 a 点处，然后释放，则物体在弹性力作用下运动。计算一下物体由 a 至 b 过程中，弹性力所做的功。

根据胡克定律，在弹性限度内，有

$$\boldsymbol{F}=-kx\,\boldsymbol{i}$$

式中 k 为弹簧的劲度系数。可见，弹性力是变力，其大小与位移大小成正比，方向始终与位移方向相反。任取一位移元 $\mathrm{d}\boldsymbol{r}=\mathrm{d}x\,\boldsymbol{i}$，弹性力的元功为

$$\mathrm{d}W=\boldsymbol{F}\cdot\mathrm{d}\boldsymbol{r}=\left(-kx\,\boldsymbol{i}\right)\cdot\mathrm{d}x\,\boldsymbol{i}=-kx\mathrm{d}x\,\boldsymbol{i}\cdot\boldsymbol{i}=-kx\mathrm{d}x$$

当弹簧伸长量由 x_a 变到 x_b 时，弹性力所做的总功为

$$W=\int_a^b\boldsymbol{F}\cdot\mathrm{d}\boldsymbol{r}=-\int_{x_a}^{x_b}kx\mathrm{d}x=-\left(\frac{1}{2}kx_b^2-\frac{1}{2}kx_a^2\right)$$

从上式不难看出，弹性力与重力在做功方面具有同样的特点，即弹性力做功也只与始、末位置有关，而与路径无关。当从 a 点经任意路径再回到 a 点时，弹性力的功等于零，即

$$\oint_l\boldsymbol{F}_{弹}\cdot\mathrm{d}\boldsymbol{r}=0$$

3. 万有引力的功

设质量为 M 和 m 的两质点，其中 M 视为不动，m 在 M 的引力场中经任意路径从 a 点运动到 b 点，现计算引力对 m 所做的功。如图1.3.16所示，取 M 所在处为坐标原点，a，b 两点的位置矢量分别为 r_a，r_b，根据万有引力定律，m 受到的引力可表示为

$$F=G\frac{Mm}{r^2}$$

则万有引力在位移元 d$\boldsymbol{l}$ 上所做的元功为

$$\mathrm{d}W=\boldsymbol{F}\cdot\mathrm{d}\boldsymbol{l}=F\mathrm{d}l\cos\alpha$$

式中 α 为引力 $\boldsymbol{F}$ 与位移元 d$\boldsymbol{l}$ 之间的夹角。因为

$$\mathrm{d}r=\mathrm{d}l\cos(\pi-\alpha)=-\mathrm{d}l\cos\alpha,\text{即}\quad \mathrm{d}l\cos\alpha=-\mathrm{d}r$$

所以有

$$\mathrm{d}W=-G\frac{Mm}{r^2}\mathrm{d}r$$

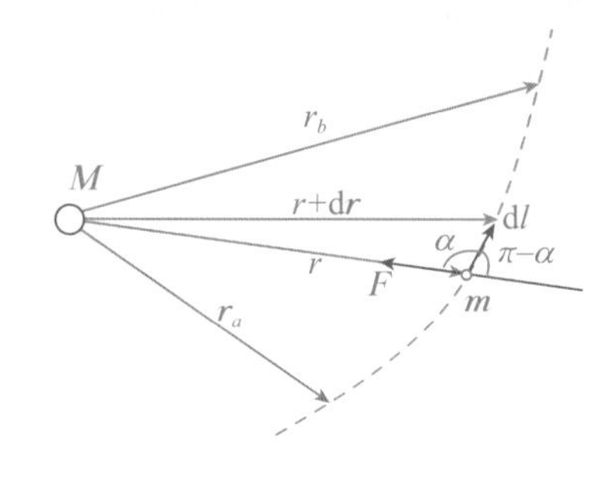

图 1.3.16 万有引力做功

当 m 从 a 点移动到 b 点时，引力的总功为

$$W=\int_a^b\boldsymbol{F}\cdot\mathrm{d}\boldsymbol{r}=-\int_{r_a}^{r_b}G\frac{Mm}{r^2}\mathrm{d}r=-\left[\left(-G\frac{Mm}{r_b}\right)-\left(-G\frac{Mm}{r_a}\right)\right]$$

上式表明，引力的功与重力的功、弹性力的功具有同样的特点，即**万有引力的功仅与始、末位置有关，而与路径无关**。即，有

$$\oint_l\boldsymbol{F}_{\text{引}}\cdot\mathrm{d}\boldsymbol{r}=0$$

综上所述，重力、弹性力和万有引力所做的**功与路径无关，仅与物体的始、末位置有关**，我们称具备这种特点的力为**保守力**。除了这三种力之外，可以证明，分子间的相互作用力、静电力也是保守力，因此也具备做功与路径无关的特点。该特点也可用一个统一的数学形式来表示

$$W_{\text{保}}=\oint_l\boldsymbol{F}_{\text{保}}\cdot\mathrm{d}\boldsymbol{r}=0 \tag{1.3.12}$$

该式说明了**保守力沿任意闭合路径一周所做的功恒为零**。

然而，并非所有的力都具备做功与路径无关的特点，例如摩擦力所做的功不仅与物体的始、末位置有关，而且与经历的路径密切相关，即始、末位置一定时，经过的路径不同，所做的功也不同，我们把这类力称为**非保守力**。

势　能

由于保守力的功仅与始、末位置有关，可以引入一个由位置决定的状态函数，称之为**势能函数**，简称**势能**，用 U_p 表示。可见，势能是由系统内质点的相对位置所确定的另一种机械运动的能量。

由前面的讨论可知 $\begin{cases}W_{\text{重}}=-(mgh_b-mgh_a)\\W_{\text{弹}}=-\left(\dfrac{1}{2}kx_b^2-\dfrac{1}{2}kx_a^2\right)\\W_{\text{引}}=-\left[\left(-G\dfrac{Mm}{r_b}\right)-\left(-G\dfrac{Mm}{r_a}\right)\right]\end{cases}$

上述三式的右侧都是位置坐标的两个相同形式函数之差，可以用一共同的形式表示。

$$W_{\text{保}}=-\left(U_{pb}-U_{pa}\right)=-\Delta U_p \tag{1.3.13}$$

物理含义：**保守力的功等于系统势能增量的负值**。从而得到三种势能的形式为

$$\begin{cases} U_{重}=mgh & (重力势能，地面为势能零点) \\ U_{弹}=\frac{1}{2}kx^2 & (弹性势能，x=0为势能零点) \\ U_{引}=-G\frac{Mm}{r} & (引力势能，无限远为势能零点) \end{cases} \tag{1.3.14}$$

下面对势能概念做如下说明：

1. 势能是属于以保守力相互作用着的整个系统的

势能是由于物体间有着相互作用的保守力而存在着，所以势能是属于相互作用的物体系统的。譬如，重力势能是属于重物和地球构成的系统，而弹性势能则属于受弹性作用的质点和弹簧构成的系统。通常说的"物体的势能"只是一种简称而已。

2. 势能是相对的，与势能零点的选取有关

由于势能是位置的单值函数，而位置本身具有相对意义，与坐标原点的选取有关，这就导致势能的相对性，即势能的值与势能零点的选取有关。通常为研究问题方便，把地面取为重力势能的零点；把水平放置的弹簧振子的平衡位置取为弹性势能的零点；把无限远处取为引力势能的零点。然而，势能之差与零点选取无关，具有绝对意义。

3. 势能曲线

当势能零点与坐标系一经确定后，则各种形式的势能便仅是坐标的函数。为了研究问题更形象化，通常用做图法把势能随坐标变化的函数关系绘成曲线，该曲线称为势能曲线，根据重力势能、弹性势能、引力势能的表达式可以得到如下的势能曲线(图1.3.17)。

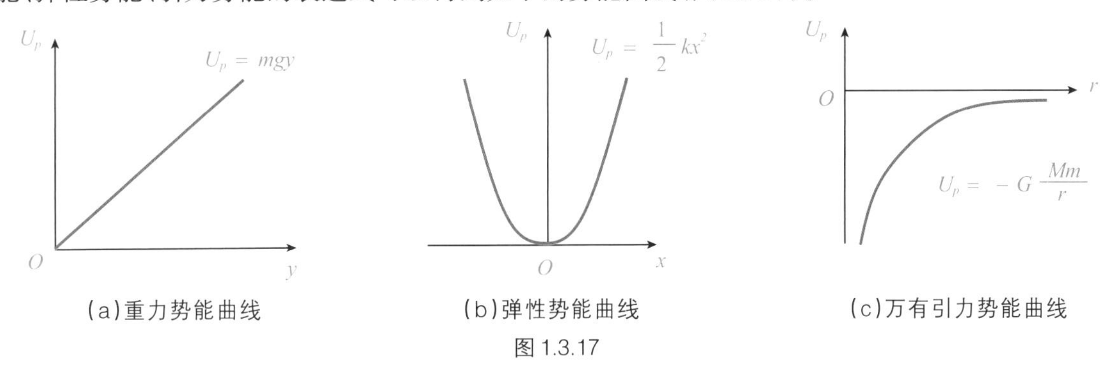

(a)重力势能曲线　(b)弹性势能曲线　(c)万有引力势能曲线

图1.3.17

4. 势能是与保守力做功有关的概念

对于非保守力做功是不能引入势能的。另外，由势能函数(或曲线)也可求得保守力。

如前所述，保守力的功等于系统势能增量的负值，且势能是位置的函数 $U_p(\boldsymbol{r})$。在此，我们仅讨论一维的情况，势能 $U_p=U_p(x)$，式(1.3.13)可改写为

$$F\mathrm{d}x=-\mathrm{d}U_p(x)\text{，即 } F=-\frac{\mathrm{d}U_p(x)}{\mathrm{d}x} \tag{1.3.15}$$

式(1.3.15)式表明，保守力 F 的大小等于势能曲线的斜率，方向指向势能减少的方向。

【例1.3.4】 假设一保守力所对应的势能函数为 $U_p(x)=-\frac{ax}{b^2+x^2}$，式中 a 和 b 皆为常数，求此保守力的表达式。

解 $F=-\frac{\mathrm{d}U_p(x)}{\mathrm{d}x}=-\frac{\mathrm{d}}{\mathrm{d}x}\left[-\frac{ax}{b^2+x^2}\right]=\frac{a}{b^2+x^2}-\frac{ax}{\left(b^2+x^2\right)^2}2x=\frac{a\left(b^2-x^2\right)}{\left(b^2+x^2\right)^2}$

§3-4 功能原理与机械能守恒定律

功能原理

一个力学系统具有势能，还可能具有动能。我们把系统具有的势能和动能统称为机械能。用 E 表示系统的机械能，E_k 表示动能，U_p 表示势能，则 $E=E_k+U_p$，并且有 $\Delta E=\Delta E_k+\Delta U_p$，即系统机械能的增量等于系统动能和势能增量之和。

质点组的内力分为保守内力和非保守内力。相应地，内力的功也分为保守内力的功 $W_{保内}$ 和非保守内力的功 $W_{非内}$，即内力所做的功 $W_{内}=W_{保内}+W_{非内}$。这样，质点组的动能定理可以写成

$$W_{外}+W_{保内}+W_{非内}=E_k-E_{k0} \tag{1.3.16}$$

因为系统保守内力所做的功，等于与该保守力对应的势能增量的负值，即

$$W_{保内}=-\left(U_{pb}-U_{pa}\right)=-\Delta U_p$$

将上式代入式(1.3.16)，并移项，得

$$W_{外}+W_{非内}=\left(E_k+U_p\right)-\left(E_{k0}+U_{p0}\right)=E-E_0=\Delta E \tag{1.3.17}$$

称此关系式为**功能原理**。它的物理意义是：**所有外力和非保守内力所做功的代数和等于质点组机械能的增量。**

【例 1.3.5】 测子弹速度的方法如图所示。已知子弹质量 $m_1=0.02\,\text{kg}$，木块质量 $m_2=9.98\,\text{kg}$，弹簧劲度系数 $k=100\,\text{N}\cdot\text{m}^{-1}$，子弹射入木块后，弹簧被压缩了 0.10 m，求子弹的速度 v_0。设木块与平面间的摩擦系数 $\mu=0.2$，不计空气阻力。

图 1.3.18 例 1.3.5 图

解 以木块 m_2 的初始位置为坐标原点，建立如图所示坐标系。子弹射入木块过程，冲击力远大于摩擦阻力，子弹、木块系统水平方向动量守恒。设子弹射入木块相对木块静止瞬间，子弹、木块的共同速度为 v，则有

$$m_1v_0=\left(m_1+m_2\right)v \tag{1}$$

子弹射入木块后，m_1 和 m_2 以共同速度 v 向右运动压缩弹簧 x 时静止，对 m_1，m_2 和弹簧系统，由功能原理，有

$$-\mu\left(m_1+m_2\right)gx=\frac{1}{2}kx^2-\frac{1}{2}\left(m_1+m_2\right)v^2 \tag{2}$$

由(2)得

$$v=\sqrt{\frac{kx^2+2\mu\left(m_1+m_2\right)gx}{m_1+m_2}}$$

代入(1)得

$$v_0 = \frac{m_1+m_2}{m_1}\sqrt{\frac{kx^2+2\mu(m_1+m_2)gx}{m_1+m_2}}$$

$$= \frac{10}{0.02}\sqrt{\frac{100\times0.1^2+2\times0.2\times10\times9.8\times0.1}{10}} = 350.7(\mathrm{m/s})$$

机械能守恒定律

从质点系的功能原理可以看出，当$W_{外}+W_{非内}>0$时，系统的机械能增加；当$W_{外}+W_{非内}<0$时，系统的机械能减少；当$W_{外}=0$，$W_{非内}=0$，也就是外力的功和非保守内力的功都为零时，有

$$E=E_0=常量,\quad E_k+U_p=E_{k_0}+U_{p_0}=常量 \tag{1.3.18}$$

这就是说：在只有保守内力做功的情况下，系统的机械能保持不变。这一结论称为机械能守恒定律。

利用机械能守恒定律研究系统的机械运动是很方便的，只要明确系统运动过程中机械能守恒的条件，就可以不必追究运动过程中间的细节而得出系统始、末态机械能相等的结论。

【例1.3.6】 一质量为75 kg蹦极（bungee jump）者，脚踝系一弹性绳从大桥上静止跳下，如图所示。若弹性绳长15 m，且遵循胡克定律，即$F=-kx$，$k=50\,\mathrm{N/m}$，忽略空气阻力，试估计蹦极者离开桥面的最大深度。

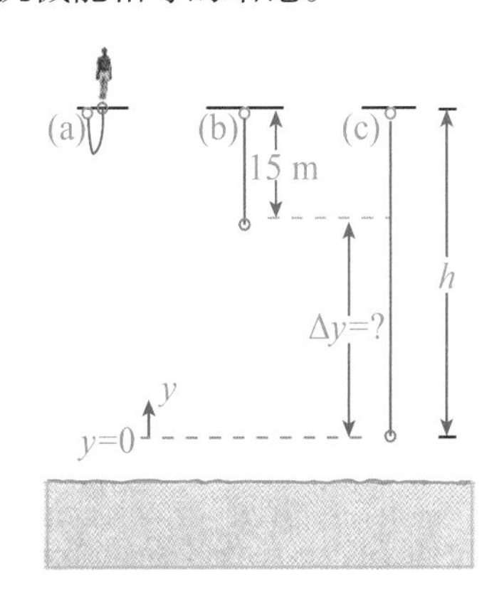

图1.3.19 例1.3.6图

解 以蹦极者下降的最低点为势能零点，建立坐标。由机械能守恒定律，得

$$E_{k_0}+U_{p_0}=E_k+U_p$$

$$0+mg(15\mathrm{m}+\Delta y)=0+\frac{1}{2}k(\Delta y)^2$$

解上式，得：$\Delta y=40\,\mathrm{m}$，$\Delta y=-11\,\mathrm{m}$（不合题意，舍去），所以，此蹦极者离开桥面的最大深度

$$h=15\,\mathrm{m}+40\,\mathrm{m}=55\,\mathrm{m}$$

能量转化和守恒定律

能量的形式很多，除机械能外，还有与电流做功对应的电能，与分子热运动对应的内能，与原子核变化对应的核能，与化学变化对应的化学能等等。物质运动的各种能量是可以相互转化的，如电能可转化为热能和光能，机械能可转化成热能。自然界的实验表明：

能量既不能消灭，也不能创生，只能从一个物体传递给其他物体，或者从一种形式转化为其他形式。这就是能量转化和守恒定律。

能量转化和守恒定律与动量守恒定律一样，是物理学普遍规律之一。各种自然现象都服从这条定律。机械能守恒只是这条定律在力学领域的特例。

本章小结

1. 冲量、动量、动量(冲量)定理和动量守恒定律研究的是力的时间积累效果

   力的冲量 $\boldsymbol{I}=\int_{t_1}^{t_2}\boldsymbol{F}(t)\mathrm{d}t$；质点的动量 $\boldsymbol{p}=m\boldsymbol{v}$

   质点的动量(冲量)定理 $\boldsymbol{I}=\int_{t_1}^{t_2}\boldsymbol{F}(t)\mathrm{d}t=\boldsymbol{p}_2-\boldsymbol{p}_1=m\boldsymbol{v}_2-m\boldsymbol{v}_1$

   质点系的动量定理 $\int_{t_0}^{t}\left(\sum_{i=1}^{n}\boldsymbol{F}_i\right)\mathrm{d}t=\sum_{i=1}^{n}\boldsymbol{p}_i-\sum_{i=1}^{n}\boldsymbol{p}_{0i}$

   动量守恒定律：当质点系所受的合外力为零时，质点系的总动量将保持不变。

$$\sum_{i=1}^{n}\boldsymbol{p}_i=\sum_{i=1}^{n}\boldsymbol{p}_{0i}=\text{常矢量}$$

2. 功、动能、势能、动能定理和机械能守恒定律研究的是力的空间积累效果

   变力做功 $\mathrm{d}W=\boldsymbol{F}\cdot\mathrm{d}\boldsymbol{r}$，$W=\int_{r_a}^{r_b}\boldsymbol{F}\cdot\mathrm{d}\boldsymbol{r}$

   质点的动能 $E_k=\frac{1}{2}mv^2$

   质点动能定理 $W=\int_a^b\boldsymbol{F}\cdot\mathrm{d}\boldsymbol{r}=\frac{1}{2}mv^2-\frac{1}{2}mv_0{}^2$

3. 保守力做功与路径无关，仅与始、末位置有关

   保守力的功等于系统势能增量的负值，即 $W_{保}=-\Delta U_p$

$$\begin{cases}U_{重}=mgh & (\text{重力势能，地面为势能零点})\\ U_{弹}=\frac{1}{2}kx^2 & (\text{弹性势能，}x=0\text{为势能零点})\\ U_{引}=-G\frac{Mm}{r} & (\text{引力势能，无限远为势能零点})\end{cases}$$

4. 功能原理：所有外力和非保守内力所做功的代数和等于质点系机械能的增量

$$W_{外}+W_{非内}=\left(E_k+U_p\right)-\left(E_{k_0}+U_{p_0}\right)=E-E_0=\Delta E$$

   机械能守恒定律：在只有保守内力做功的情况下，即合外力的功为零，非保守内力不做功，系统的机械能保持不变。

$$E_k+U_p=E_{k_0}+U_{p_0}=\text{常量}$$

思考题

1. 人从大船上容易跳上岸，而从小船上则不容易跳上岸，这是为什么？
2. 在杂技表演中，常可看到一杂技演员平躺在钉子上，身上压着一块大而重的石板，另一演员用大铁锤猛击石板，结果石裂而人不伤。这是什么原因？有人说如果用很厚的棉被代替石板，演员会更安全，你说对吗？试分析之。
3. 将一只箱子从地面搬到桌子上，慢慢搬上去所做的功和很快搬上去所做的功是否相同？
4. 判断下列说法是否正确？(1)作用力的功恒等于反作用力的功；(2)若某种力对物体不做功，

则对它的运动状态不产生影响;(3)甲对乙做正功,则乙对甲做负功。

5. 如果两个质量不等的物体具有相同的动能,则哪一个物体的动量较大?如果两个质量不等的物体具有相同的动量,则哪一个物体的动能较大?
6. 保守力的特征是什么?利用这种特征引入的势能函数怎样来量度保守力所做的功?
7. 质点系动量守恒时,是否机械能也一定守恒?质点系机械能守恒时,是否动量也一定守恒?为什么?
8. 试分析下列说法是否正确?(1)作用于质点系的外力矢量和为零,则外力矩之和也为零;(2)质点的角动量不为零,作用于该质点上的力一定也不为零;(3)质点系的动量为零,则质点系的角动量也为零,质点系的角动量为零,则质点系的动量也为零;(4)一个物体具有能量而无动量,或者一个物体具有动量而无能量;(5)一个过程,初、末两状态的机械能大小相等,则此过程机械能守恒;(6)不受外力作用的系统,它的动量和机械能必然同时都守恒;(7)只有保守力作用的系统,它的动量和机械能都守恒。
9. 用铁锤将一铁钉击入木块,设木块对铁钉的阻力与铁钉进入木块的深度成正比。在铁锤第一次击打时,能将铁钉击入木块内1 cm,问第二次击打能击入多深?(假设打击时铁锤没有回跳,且两次打击时的速度相同)

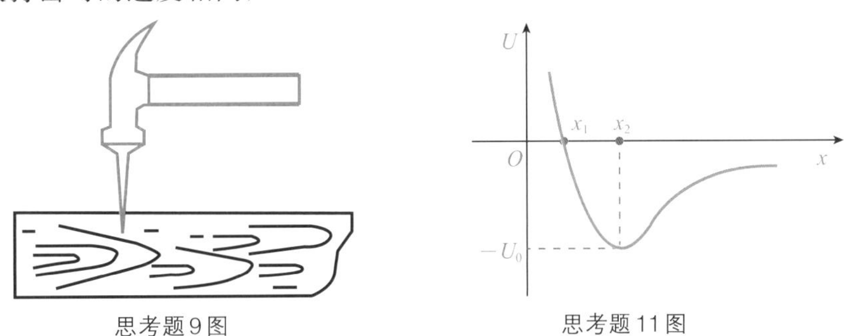

思考题9图　　思考题11图

10. 试分析运动员在撑竿跳高过程中的能量转换关系,并由此讨论说明影响成绩的可能因素。
11. 一粒子沿 x 轴运动,其势能曲线如图所示。设该粒子所具有的总能量 $E=0$,试问:(1)该粒子的运动范围多大?平衡位置在何处?(2)当粒子处在 x_2 位置时,其动能多大?(3)该粒子在什么位置受力最大?

习　题

1. 质量为 m 的质点在 Oxy 平面内运动,运动方程为 $\boldsymbol{r}=a\cos\omega t\boldsymbol{i}+b\sin\omega t\boldsymbol{j}$ 。求:(1)质点的动量表达式;(2)从 $t=0$ 到 $t=\frac{\pi}{\omega}$ 这段时间内质点所受到的冲量。
2. 自动步枪连发时每分钟可射出120发子弹,每颗子弹质量为8.0 g,出口速率为750m/s ,求射击时步枪所受的平均反冲力。
3. 一垒球的质量 $m=0.20$ kg ,如果其投出时的速度为30m/s ,被棒击回的速度为50m/s ,方向相反,球与棒的接触时间为 $\Delta t=0.0020$ s,求打击的平均力。
4. 体重为80 kg 的飞行员,跳伞后在1.5 s 内的张伞过程中,降落速率由50m/s 变为5m/s 。求飞行员在张伞过程中所受到的平均阻力。

5. 水力采煤时是用高压水枪喷出的强力水柱冲击煤层。设水柱直径为 $D=30\,\text{mm}$，水速 $v=56\text{m/s}$，水柱垂直地射到煤层表面上，冲击煤层后速度变为零。求水柱对煤层的平均冲力。
6. 一子弹在枪筒里前进时所受合力大小为 $F=400-\dfrac{4\times10^5}{3}t(\text{SI})$，若子弹离开枪口时所受合力恰好为零，子弹从枪口射出时的速率为 300m/s 。求：(1)子弹在枪筒中所受合力的冲量大小；(2)子弹的质量。
7. 一个在 $x-y$ 平面内运动的质点，在力 $\boldsymbol{F}=(5\boldsymbol{i}+2\boldsymbol{j})\,\text{N}$ 的作用下移动一段位移 $\Delta\boldsymbol{r}=(2\boldsymbol{i}+3\boldsymbol{j})\,\text{m}$，求此过程中力所做的功。
8. 一沿 x 轴运动的物体受到力 $F=-6x^3$ 的作用，求物体从 $x_1=1.0\,\text{m}$ 移动到 $x_2=2.0\,\text{m}$ 的过程中力所做的功。
9. 一力作用在质量为 4.0 kg 的质点上，质点的运动方程为 $x=4t-2t^2+t^3$。试求最初 3 秒内该力所做的功。
10. 一质量 $m=10\text{kg}$ 的物体在合力 $F=3+4x\,(\text{SI})$ 的作用下，沿 x 轴运动。设物体开始时静止在坐标原点，求该物体经过 $x=3\text{m}$ 处时的速度。
11. 质量为 15 g 的子弹，以 $v_0=200\text{m/s}$ 的速率射入一固定木块。若木块的阻力与子弹射入的深度成正比，即 $F=-kx$。式中，x 为子弹进入木块的深度，$k=5.0\times10^5\,\text{N/m}$ 。求子弹射入木块的最大深度 d 。
12. 质量为 m 的质点最初静止在 x_0 处，在力 $F=-\dfrac{k}{x^2}$（k 是常数）的作用下沿 x 轴运动，求质点在 x 处的速度。
13. 一块 10 kg 的砖头沿 x 轴运动，它的加速度与位置的关系如图所示。在砖头从 $x=0$ 运动到 $x=8.0\,\text{m}$ 的过程中，加速的力对它所做的功为多少？

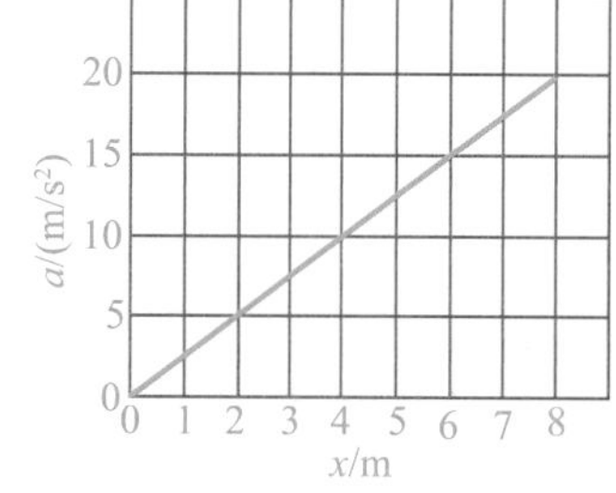

习题 13 图

14. 质量 $m=1\,\text{kg}$ 的质点在外力作用下，其运动方程为：$\boldsymbol{r}=2t\boldsymbol{i}+2t^2\boldsymbol{j}(\text{SI})$，则在最初 2s 内外力对质点所做的功为多少？
15. 质量为 m 的汽车，沿 x 轴正方向运动，初始位置 $x_0=0$，从静止开始加速，设其发动机的功率 P 不变，且不计阻力。试求：(1)汽车任意时刻的速率；(2)汽车任意时刻的位置。
16. 一质量为 m 的人造地球卫星沿一圆形轨道运动，离开地面的高度等于地球半径的 2 倍(即 $2R$)。试以 m, R，万有引力常数 G，地球质量 M 表示出：(1)卫星的动能；(2)卫星在地球引力场中的引力势能；(3)卫星的总机械能。
17. 黑洞是晚期星球可能存在的一种形式。近代天体物理学指出，星球到了晚期由于内部的核燃料耗尽，辐射压力为零，而会在自身引力的作用下收缩，使其半径越来越小，密度越来越大。当星球半径小到一定数值时，其表面附近的引力便变得异常强大，致使到达其表面附近的任何物质，包括光线在内均被席卷进去，无一逃逸，从而便形成了黑洞。若与太阳质量（ $M=1.98\times10^{30}\,\text{kg}$ ）相等的星球变成了黑洞，问它的最大可能半径为多少？
18. 一弹性力 $F=-Dx^2$（ D 为正常量，x 为弹性变量），取形变为 A 时弹性势能为零，求形变量为 x 时，弹性势能的函数表达式。

19. 一质点的势能函数可近似地表述为 $U_P(x)=-ax^2+bx$，式中 a 与 b 均为正常数，则该质点所受的保守力 F 为多少？

20. 一质量为 m 的物体在保守力场中沿 x 轴运动，其势能 $U_P=\frac{1}{2}kx^2-\alpha x^4$（其中 k，α 均为常量），求物体加速度的大小。

21. 如图所示，光滑水平面上有一劲度系数 $k=24\,\mathrm{N/m}$ 的弹簧系统，弹簧的一端固定，另一端系一质量 $m=4\,\mathrm{kg}$ 的物块，开始时弹簧处于原长，物块处于静止状态。现用 $F=10\,\mathrm{N}$ 的恒力拉此弹簧系统，使物块运动了 0.5 m，求物块运动到 0.5 m 处的速度？

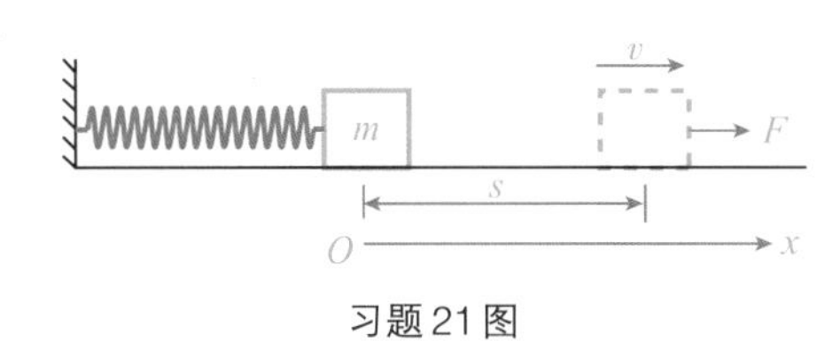

习题21图

22. 测子弹速度的方法如图所示。已知子弹质量 $m=0.02\,\mathrm{kg}$，木块质量 $M=9.98\,\mathrm{kg}$，弹簧劲度系数 $k=100\,\mathrm{N/m}$，子弹射入木块后，弹簧被压缩了 0.10 m，求子弹的速度。设木块与平面间摩擦系数 $\mu=0.2$。

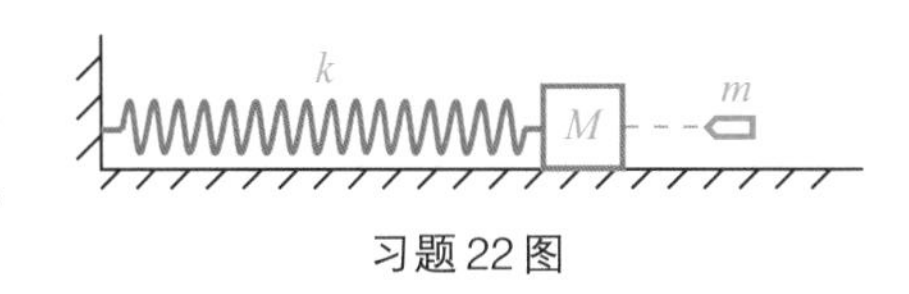

习题22图

第4章 角动量守恒定律

角动量的概念是在研究物体的转动问题时引入的。一个封闭系统的角动量与动量和能量一样，是一个守恒量。因此，角动量守恒是一个与动量守恒和能量守恒并列的守恒定律。借助于角动量守恒定律，可以使许多物理问题的描述和分析大为简化。由于其数学上要用到矢量的叉乘(即矢积)，比动量和能量更为复杂，也更难理解，中学物理的教学中对这部分内容涉及较少，所以我们采取循序渐进的办法，本章先介绍质点、质点系的角动量及角动量守恒定律，到下一章我们再介绍刚体的角动量及角动量守恒定律。

§4-1 角动量

视频 1-4-1

如图1.4.1所示，设有一个质量为 m 的质点，该质点相对于参考点 O 的矢径为 $\boldsymbol{r}$，速度为 $\boldsymbol{v}$，即具有动量 $\boldsymbol{p}=m\boldsymbol{v}$，则定义该质点对某参考点 O 的角动量 $\boldsymbol{L}$ 为

$$\boldsymbol{L}=\boldsymbol{r}\times\boldsymbol{p}=\boldsymbol{r}\times m\boldsymbol{v} \tag{1.4.1}$$

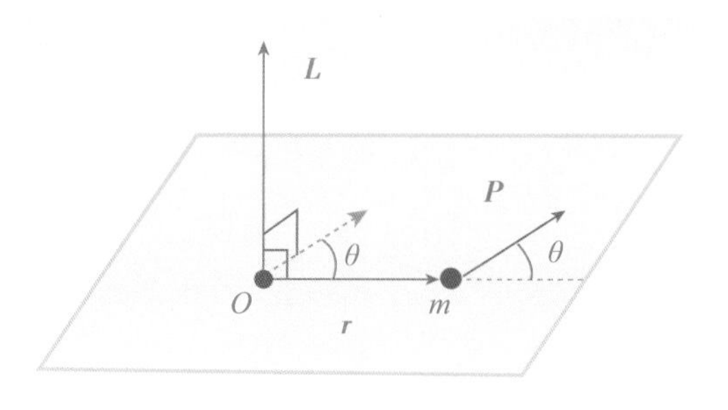

图1.4.1 单个质点的角动量

这表示，一个质点相对于参考点 O 的角动量等于该质点的位置矢量与其动量的矢积。因此，旧时亦称角动量为动量矩。

质点的角动量 $\boldsymbol{L}$ 是一个矢量，它的方向垂直于 $\boldsymbol{r}$ 和 $\boldsymbol{v}$（或 $\boldsymbol{p}$）构成的平面，并遵守右手法则：右手拇指伸直，当四指由 $\boldsymbol{r}$ 经小于180°的角 θ 转向 $\boldsymbol{v}$（或 $\boldsymbol{p}$）时，拇指的指向就是 $\boldsymbol{L}$ 的方向。至于质点角动量 $\boldsymbol{L}$ 的大小，由矢量的矢积法则知

$$L=rmv\sin\theta \tag{1.4.2}$$

式中 θ 为 $\boldsymbol{r}$ 与 $\boldsymbol{v}$（或 $\boldsymbol{p}$）之间的夹角。在国际单位制中，角动量的单位为 $\mathrm{kg\cdot m^2/s}$。

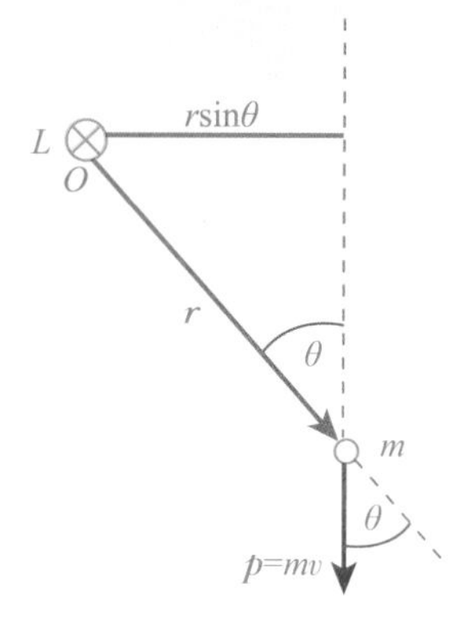

图1.4.2 质点做直线运动时的角动量

下面，我们研究两个有代表性的例子。

(1)一个质点沿图1.4.2中的虚线做直线运动。在此情形下，质点相对于 O 点的角动量只能有量值的改变，而方向不变，其大小为

$$L=mvr\sin\theta \tag{1.4.3}$$

方向始终垂直纸面向里。

(2)质量为 m 的质点沿半径为 R 的圆周运动，如图1.4.3所示。由于 $\boldsymbol{R}$ 与 $\boldsymbol{v}$（或 $\boldsymbol{P}$）始终垂直，因此，质点对圆心 O 的角动量 $\boldsymbol{L}$ 的大小为

$$L = Rmv\sin 90^0 = mvR = m\omega R^2 \tag{1.4.4}$$

角动量 $\boldsymbol{L}$ 的方向垂直于圆平面向上，质点的运动方向与角动量 $\boldsymbol{L}$ 的方向符合右手螺旋法则。若质点做匀速圆周运动，则其角动量的大小和方向都不变。

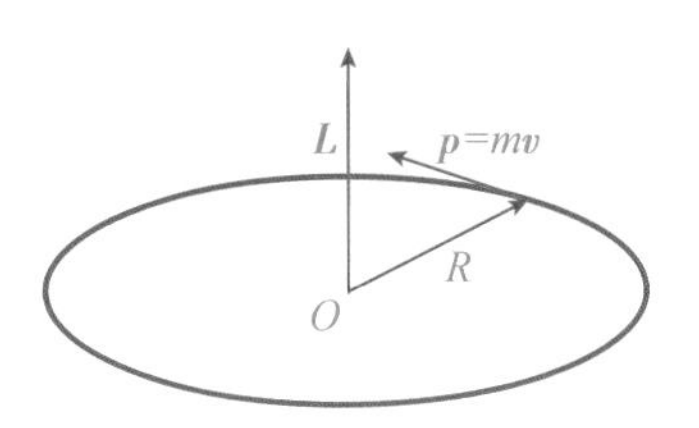

图 1.4.3　质点做圆周运动时的角动量

对于由若干个质点组成的质点系而言，其角动量为系统中所有质点相对于参考点 O 的角动量的矢量和，即

$$\boldsymbol{L} = \sum_i \boldsymbol{L}_i = \sum_i \boldsymbol{r}_i \times \boldsymbol{p}_i = \sum_i \boldsymbol{r}_i \times m_i \boldsymbol{v}_i \tag{1.4.5}$$

必须指出，质点的角动量与参考点 O 的选择有关，因此，我们在讨论质点的角动量时一定要说明是相对于那一点的角动量，以便确定质点的矢径 $\boldsymbol{r}$。

【例 1.4.1】　在波尔氢原子理论中，假定电子绕核运动时，只有角动量满足 $L = n\dfrac{h}{2\pi}$（$n = 1, 2, 3, \cdots$）的那些轨道才是稳定的，式中 h 为普朗克常量（$h = 6.63\times10^{-34}\ \mathrm{kg\cdot m^2/s}$）。已知氢原子处于 $n = 1$ 的基态，电子绕原子核做圆周运动的半径为 $r_1 = 5.29\times10^{-11}\ \mathrm{m}$，试求电子在此轨道上运动时速度的大小？

解　由质点角动量定义 $\boldsymbol{L} = \boldsymbol{r}\times m\boldsymbol{v}$，得电子绕核圆周运动轨道角动量的大小为

$$L = mvr_1 = \frac{h}{2\pi}$$

由此得

$$v = \frac{h}{2\pi m r_1} = \frac{6.63\times10^{-34}}{2\pi\times9.11\times10^{-31}\times5.29\times10^{-11}} = 2.2\times10^6\,(\mathrm{m/s})$$

在经典物理学中，角动量的数值是连续变化的，但在近代物理学中，角动量只能取一些不连续的数值，即角动量是量子化的。

【例 1.4.2】　如图 1.4.4 所示，质点 1 和质点 2 绕 O 点沿相反方向在半径分别为 4 m 和 2 m 的两个圆形轨道上运动。设某时刻质点 1 的动量大小 $p_1 = 5.0\ \mathrm{kg\cdot m/s}$，质点 2 的动量大小 $p_2 = 2.0\ \mathrm{kg\cdot m/s}$，求此时刻这两个质点组成的系统对 O 点总角动量的大小和方向。

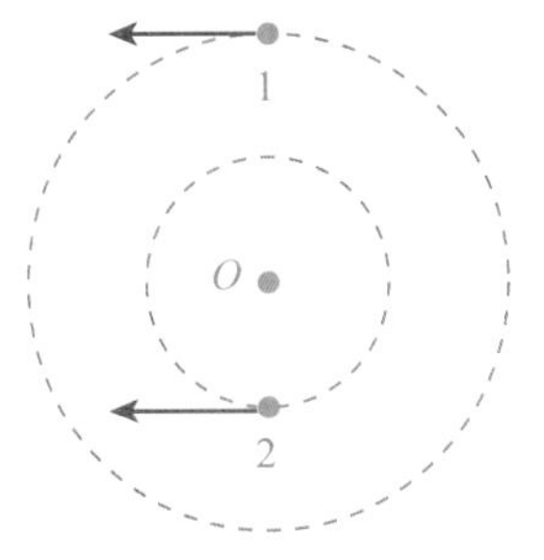

图 1.4.4　例 1.4.2 图

解　由质点角动量的定义可知，质点 1 绕 O 点运动的角动量是

$L_1 = r_1 p_1 \sin 90° = 4\times5.0 = 20(\mathrm{kg\cdot m^2/s})$，方向垂直平面向外

若取垂直平面向外为角动量的正向，则质点 2 绕 O 点运动的角动量是

$L_2 = -r_2 p_2 \sin 90° = -2\times2.0 = -4\ (\mathrm{kg\cdot m^2/s})$，方向垂直平面向内

所以，质点 1 和质点 2 组成的系统对 O 点总角动量为

$L_{总} = L_1 + L_2 = (+20) + (-4) = 16\ (\mathrm{kg\cdot m^2/s})$，方向垂直平面向外

§4-2　角动量守恒定律

视频 1-4-2

力　矩

设力 $\boldsymbol{F}$ 作用在一质点上，这质点相对于惯性参照系中某一固定参考点 O 的位置由矢径 $\boldsymbol{r}$

确定，如图1.4.5所示。定义作用在质点上的力 $\boldsymbol{F}$ 对参考点 O 的力矩为

$$\boldsymbol{M}=\boldsymbol{r}\times\boldsymbol{F} \tag{1.4.6}$$

力矩是矢量，它的大小为

$$M=rF\sin\theta \tag{1.4.7}$$

力矩的方向垂直于矢径 $\boldsymbol{r}$ 和力 $\boldsymbol{F}$ 所在的平面，其指向由右手螺旋法则确定。在国际单位制中，力矩的单位是 N·m 。

当一个质点同时受到几个力矩作用时，其所受合力矩应该是各个力矩的矢量和，即

$$\boldsymbol{M}=\sum_i\boldsymbol{M}_i \tag{1.4.8}$$

上式亦称为力矩的叠加原理。

质点的角动量定理

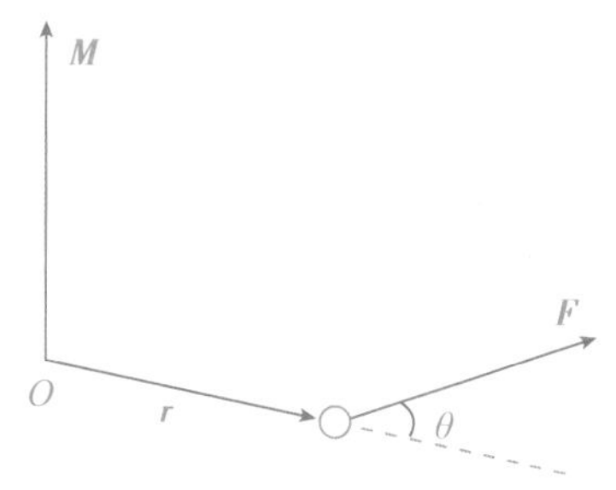

图1.4.5 力矩

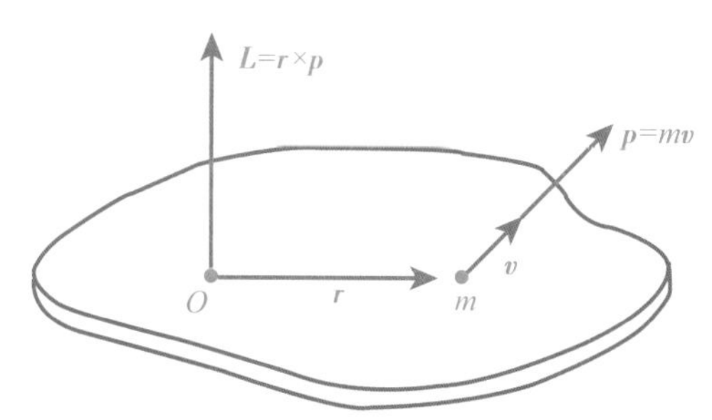

图1.4.6 推导质点角动量定理用图

设有一个质量为 m 的质点，该质点相对于参考点 O 的矢径为 $\boldsymbol{r}$，速度为 $\boldsymbol{v}$，动量 $\boldsymbol{p}=m\boldsymbol{v}$，相对于参考点 O 的角动量为 $\boldsymbol{L}=\boldsymbol{r}\times\boldsymbol{p}=\boldsymbol{r}\times m\boldsymbol{v}$，如图1.4.6所示。

由牛顿第二定律，有

$$\boldsymbol{F}=m\boldsymbol{a}=\frac{\mathrm{d}\boldsymbol{p}}{\mathrm{d}t}=\frac{\mathrm{d}(m\boldsymbol{v})}{\mathrm{d}t} \tag{1.4.9}$$

用 $\boldsymbol{r}$ 与上式两边同时做矢积，得

$$\boldsymbol{r}\times\boldsymbol{F}=\boldsymbol{r}\times\frac{\mathrm{d}(m\boldsymbol{v})}{\mathrm{d}t} \tag{1.4.10}$$

现在我们将角动量 $\boldsymbol{L}$ 对时间求一阶导数，根据矢量矢积的导数公式有

$$\frac{\mathrm{d}\boldsymbol{L}}{\mathrm{d}t}=\frac{\mathrm{d}(\boldsymbol{r}\times m\boldsymbol{v})}{\mathrm{d}t}=\frac{\mathrm{d}\boldsymbol{r}}{\mathrm{d}t}\times m\boldsymbol{v}+\boldsymbol{r}\times\frac{\mathrm{d}(m\boldsymbol{v})}{\mathrm{d}t} \tag{1.4.11}$$

而上式中的

$$\frac{\mathrm{d}\boldsymbol{r}}{\mathrm{d}t}\times m\boldsymbol{v}=\boldsymbol{v}\times m\boldsymbol{v}=0 \tag{1.4.12}$$

所以有

$$\frac{\mathrm{d}\boldsymbol{L}}{\mathrm{d}t}=\frac{\mathrm{d}(\boldsymbol{r}\times m\boldsymbol{v})}{\mathrm{d}t}=\boldsymbol{r}\times\frac{\mathrm{d}(m\boldsymbol{v})}{\mathrm{d}t}=\boldsymbol{r}\times\boldsymbol{F}=\boldsymbol{M} \tag{1.4.13}$$

即

$$\boldsymbol{M}=\frac{\mathrm{d}\boldsymbol{L}}{\mathrm{d}t} \tag{1.4.14}$$

上式表明，质点角动量对时间的变化率等于质点所受合力矩，这个结论称为质点角动量定律。

角动量守恒定律

由式(1.4.14)可以看出，当 $\boldsymbol{M}=0$ 时，可得

$$\boldsymbol{L}=\boldsymbol{r}\times m\boldsymbol{v}=\text{常量} \tag{1.4.15}$$

这就是质点角动量守恒定律，它表明，当作用在质点上的力相对于参考点 O 的力矩为零时，质点相对于该参考点 O 的角动量保持不变。

现在讨论质点系的情形。质点系内每个质点所受到的力都可以分成内力和外力两种，系统内质点相互作用的内力对参考点 O 的力矩称为内力矩，外力对 O 点的力矩称为外力矩。由于质点间相互作用的内力大小相等、方向相反，且沿同一直线，它们相对于任一参考点 O 的力矩，数值上相等，方向相反，因而内力矩总是成对抵消的。所以，对任何质点系而言，所有内力矩之和总是等于零的，即

$$\sum_i \boldsymbol{M}_{i\text{内}}=0 \tag{1.4.16}$$

根据质点系角动量的表达式(1.4.5)和合力矩的表达式(1.4.8)，我们可以把质点的角动量定理(1.4.14)式推广到任意质点系，则有

$$\frac{\mathrm{d}\boldsymbol{L}}{\mathrm{d}t}=\sum_i \boldsymbol{M}_{i\text{外}} \tag{1.4.17}$$

上式表明，质点系相对于惯性参照系中某一固定参考点 O 的总角动量对时间的变化率等于作用在该质点系上的所有外力矩的矢量和，这就是质点系的角动量定律。

如果质点系所受和外力矩 $\sum_i \boldsymbol{M}_{i\text{外}}=0$ ，则

$$\boldsymbol{L}_{\text{总}}=\sum_i \boldsymbol{L}_i=\sum_i \boldsymbol{r}_i\times m_i\boldsymbol{v}_i=\text{常量} \tag{1.4.18}$$

这就是质点系角动量守恒定律。

§4-3 有心力与角动量守恒

视频 1-4-3

凡是力的作用线始终通过某一固定点，这样的力称为有心力，这一固定点则称为力心。行星绕太阳的运动、卫星等人造天体绕地球的运动、原子中电子绕原子核的运动等都是在有心力作用下的运动。显然，在有心力作用下，$\boldsymbol{r}$ 和 $\boldsymbol{F}$ 平行，力矩 $\boldsymbol{M}=\boldsymbol{r}\times\boldsymbol{F}=0$ ，质点对力心的角动量守恒。

【例 1.4.3】 我国第一颗人造地球卫星沿椭圆轨道运动，地心为该椭圆的一个焦点。已知地球半径 $R=6378\,\mathrm{km}$，卫星的近地点到地面的距离 $l_1=439\,\mathrm{km}$，远地点到地面的距离 $l_2=2384\,\mathrm{km}$。若卫星在近地点的速率为 $v_1=8.1\,\mathrm{km/s}$，求卫星在远地点的速率 v_2 。

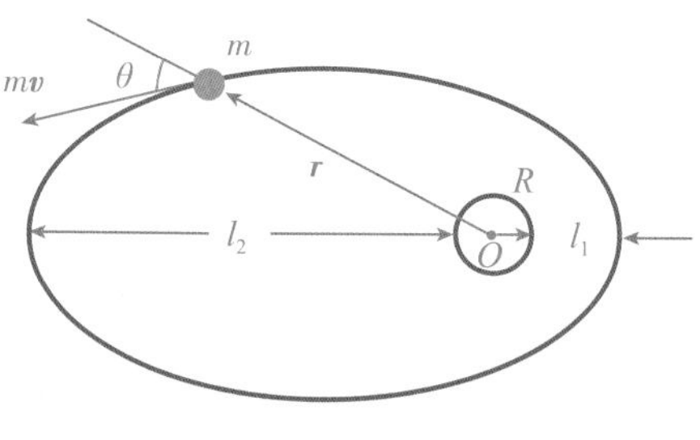

图 1.4.7 例 1.4.3 图

解 卫星在绕地球运行过程中,所受之力主要是地球引力,其他力则可略去不计。万有引力为有心力,故卫星在运动过程中对地心角动量守恒,即

$$L = mvr\sin\theta = \text{常量}$$

在近地点和远地点,$\theta = \dfrac{\pi}{2}$,所以

$$mv_1(R+l_1) = mv_2(R+l_2)$$

由此得

$$v_2 = \frac{R+l_1}{R+l_2}v_1 = \frac{6378+439}{6378+2384}\times 8.1 = 6.3(\text{km/s})$$

本章小结

1. 角动量

   质点的角动量:$\boldsymbol{L} = \boldsymbol{r}\times\boldsymbol{p} = \boldsymbol{r}\times m\boldsymbol{v}$

   质点系的角动量:$\boldsymbol{L} = \sum\limits_i \boldsymbol{L}_i = \sum\limits_i \boldsymbol{r}_i \times m_i\boldsymbol{v}_i$

2. 力矩

   质点的力矩:$\boldsymbol{M} = \boldsymbol{r}\times\boldsymbol{F}$

   质点系的力矩:$\boldsymbol{M} = \sum\limits_i \boldsymbol{M}_i = \sum\limits_i \boldsymbol{r}_i \times \boldsymbol{F}_i$

3. 角动量定理

$$\boldsymbol{M} = \frac{\mathrm{d}\boldsymbol{L}}{\mathrm{d}t}$$

4. 角动量守恒定律

   若 $\sum\limits_i \boldsymbol{M}_{i外} = 0$,则 $\boldsymbol{L}_{总} = \sum\limits_i \boldsymbol{L} = \sum\limits_i \boldsymbol{r}_i \times m_i\boldsymbol{v}_i$ = 常量

思考题

1. 角动量主要是用于描述物体的什么运动特征?它的大小与所选的参照系有何关系?
2. 试分析下列说法是否正确?“质点的动量为零,则质点的角动量也一定为零;质点的角动量为零,则质点的动量也一定为零。”
3. 如图所示,小球在细绳的约束下绕竖直细杆在水平面内旋转,因而使细绳逐渐绕在细杆上,细线越来越短,但小球的角速度将逐渐增大,试解释此现象。

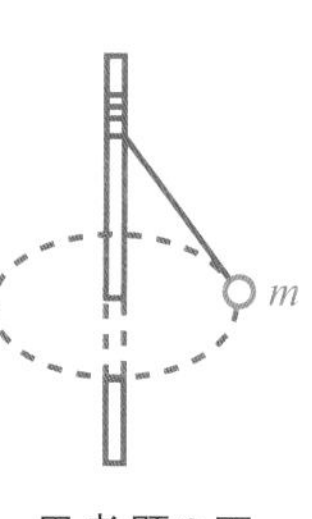

思考题3图

思考题4图

4. 如图所示，一轻绳跨过定滑轮，绳的一端吊一重物，另一端有一人由静止开始沿绳往上爬。设人和重物质量相等，若滑轮质量可以忽略，人与重物组成的系统动量守恒吗？系统对定滑轮轴的角动量守恒吗？

习　题

1. 设太阳的质量为 M，地球的质量为 m，日心与地心的距离为 R，万有引力常量为 G，求地球绕太阳做圆周运动的轨道角动量 L 的大小？
2. 如果质点在 $\boldsymbol{r}=(-3.5\,\boldsymbol{i}+1.4\,\boldsymbol{j})$ m 的位置时的速度为 $\boldsymbol{v}=(-2.5\,\boldsymbol{i}-6.3\,\boldsymbol{j})$ m/s，求此质点对坐标原点的角动量。已知质点的质量为 4.1 kg。
3. 如图所示，用轻绳将3个质量均为 m 的质点连接起来并系在固定点 O 上，然后使这一系统以角速度 ω 绕固定点转动，转动中3个质点均保持在一条直线上。求：(1)中间质点相对于固定点 O 的角动量的大小？(2)3个质点相对于固定点 O 的总角动量的大小？

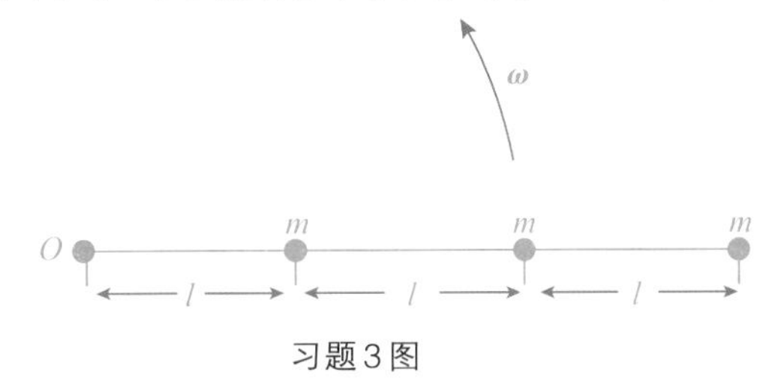

习题3图

4. 如图所示，一物体置于一无摩擦的水平桌面上。有一绳连接此物体并使绳穿过桌面中心的小孔，且该物体原以 3rad/s 的角速度在距孔 0.2 m 的圆周上转动。现将绳从小孔往下拉，使物体的转动半径减为 0.1 m（该物体可视为质点），求拉下后物体的角速度（圆周运动中 $\boldsymbol{v}=\omega r$，ω 为角速度）。
5. 地球在远日点时，它离太阳的距离为 $r_1=1.52\times10^{11}$ m，运动速率 $v_1=2.93\times10^4$ m/s。当地球在近日点时，它离太阳的距离 $r_2=1.47\times10^{11}$ m，运动速率 v_2 为多少？
6. 如图所示，在光滑的水平面上有一长 $L=2$ m 的绳子，一端固定于 O 点，另一端系一质量 $m=0.5$ kg 的物体。开始时，物体位于位置 A 处，OA 间的距离 $d=0.5$ m，绳子处于松弛状态。现在使物体以与 OA 相垂直的初速度 $v_A=4$ m/s 向右运动，到达位置 B 时物体速度方向恰好与绳垂直，试求物体在 B 处的角动量和速度。

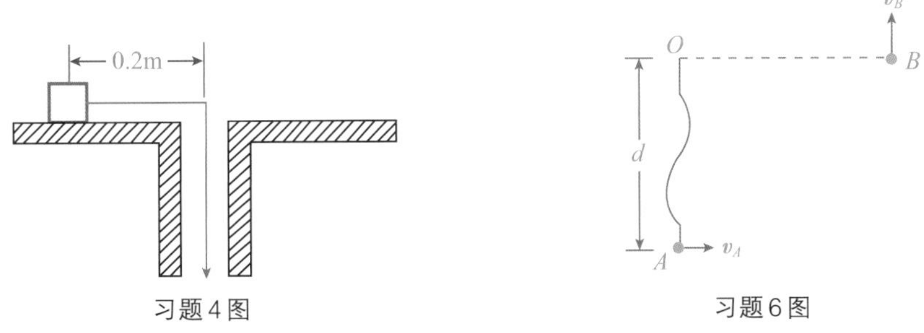

习题4图　　习题6图

7. 一轻绳跨过轻定滑轮，一猴子抓住绳的一端，滑轮另一侧的绳子则挂一质量与猴子相等的重物。若猴子从静止开始以速度 v 相对绳子向上爬，求重物上升的速度。

第5章 刚体定轴转动

在许多问题中，物体的形状和大小对运动有重要影响，不能忽略；此时不能再把物体视为质点。但大量固体在外力的作用下其形状、大小变化不显著，我们把这一类物体抽象成另一个理想模型——刚体。所谓刚体，就是在外力作用下保持其形状和大小不变的物体。一般情况下，由固体材料构成的物体，例如钢球、车轮、木块等都可以近似地看成刚体。显而易见，刚体是比质点更接近于实际物体的又一理想模型。

刚体可以看成是由无数个质点组成的，且刚体内任意两点间的距离在整个运动过程中始终保持不变，即刚体是一个特殊的质点组或质点系，因此，我们可以从质点系运动定律出发来讨论刚体的运动，这也就是研究刚体运动的基本方法。在此，我们重点讨论一种基本而又常见的刚体运动——刚体定轴转动。

§5-1 刚体定轴转动的角量描述

视频 1-5-1

当刚体上所有质点都绕同一直线做圆周运动时，称此运动为转动，这条直线叫做转轴。转轴始终固定不动的转动称为定轴转动。例如门窗的转动，飞轮、钟表指针的运动等都属于定轴转动。定轴转动主要的运动学特征可归纳为：

（1）刚体上各质点都做着半径不同的圆周运动，故各点的线量不同；

（2）各点的圆周运动平面垂直于转轴，圆心在轴线上，该平面称转动平面；

（3）各点的位置矢量在相同时间内转过相同的角度，因此有相同的角位移、角速度和角加速度。所以，我们有理由把刚体上任一点的角位移、角速度和角加速度作为定轴转动刚体的角位移、角速度和角加速度。

设有一刚体绕固定轴 Oz 转动，如图 1.5.1 所示。在 t 时刻，刚体的方位可由刚体上任一点 P 的径矢 $\boldsymbol{r}$ 与 Ox 轴的夹角 θ 来确定，称为 t 时刻刚体的角位置。在 $t+\Delta t$ 时刻，质点到达 P' 点，其角位置为 $\theta+\Delta\theta$ 。在 Δt 时间内，刚体转过的角度 $\Delta\theta$ 称为刚体的角位移。刚体做定轴转动时，只可能有两种转动方向。一般规定沿逆时针方向转动时角位移取正值，沿顺时针方向转动时角位移取负值。角位置和角位移的单位为弧度 (rad) 。

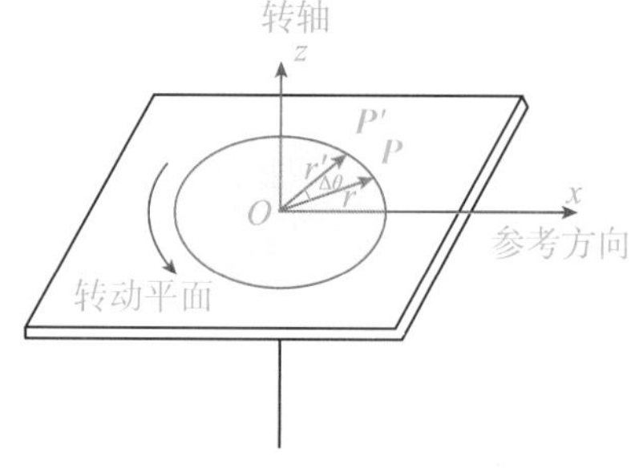

图 1.5.1 刚体定轴转动的角量描述

角位移 $\Delta\theta$ 与对应时间 Δt 之比 $\bar{\omega}=\dfrac{\Delta\theta}{\Delta t}$，称为 Δt 时间内刚体的平均角速度。

t 到 $t+\Delta t$ 时间内，当 $\Delta t\to 0$ 时，平均角速度 $\bar{\omega}$ 的极限值称为 t 时刻刚体的瞬时角速度，简称角速度，其数学表示式为

$$\omega=\lim_{\Delta t\to 0}\frac{\Delta\theta}{\Delta t}=\frac{\mathrm{d}\theta}{\mathrm{d}t} \tag{1.5.1}$$

同样,可以定义刚体的角加速度为

$$\alpha=\lim_{\Delta t\to 0}\frac{\Delta\omega}{\Delta t}=\frac{\mathrm{d}\omega}{\mathrm{d}t}=\frac{\mathrm{d}^2\theta}{\mathrm{d}t^2} \tag{1.5.2}$$

在国际单位制中,角速度和角加速度的单位分别是弧度每秒(rad/s)和弧度每平方秒($\mathrm{rad/s^2}$)。工程上又常用转速 n 来表示转动的快慢,转速 n 的单位为转每分钟(rev/min)或转每秒钟(rev/s)。转速 n 与角速度 ω 的关系为

$$\omega=2\pi n \tag{1.5.3}$$

当刚体绕定轴转动时,组成刚体的所有质点都绕定轴做圆周运动。因此,描述刚体运动的角量和线量之间必存在着内在联系。描述做定轴转动刚体上任意一点 P 运动的线量和角量的关系如下:

$$v=\lim_{\Delta t\to 0}\frac{\Delta s}{\Delta t}=\lim_{\Delta t\to 0}\frac{R\Delta\theta}{\Delta t}=R\lim_{\Delta t\to 0}\frac{\Delta\theta}{\Delta t}=R\omega \tag{1.5.4}$$

$$a_t=\frac{\mathrm{d}v}{\mathrm{d}t}=\frac{\mathrm{d}(R\omega)}{\mathrm{d}t}=R\frac{\mathrm{d}\omega}{\mathrm{d}t}=R\alpha \tag{1.5.5}$$

$$a_n=\frac{v^2}{R}=\frac{(R\omega)^2}{R}=R\omega^2 \tag{1.5.6}$$

刚体定轴转动中的一种简单情形是匀加速转动。在这一转动过程中,刚体的角加速度 α 保持不变,类似于质点运动中的匀加速直线运动。

若以 ω_0 和 θ_0 分别表示刚体在 $t=0$ 时刻的角速度和角位置,则有

$$\omega=\omega_0+\alpha t\,,\qquad \theta=\theta_0+\omega_0 t+\frac{1}{2}\alpha t^2,\qquad \omega^2-\omega_0{}^2=2\alpha(\theta-\theta_0) \tag{1.5.7}$$

【例 1.5.1】 一计算机软盘半径为 4.45 cm,由静止开始旋转,在 0.892 s 内均匀加速至角速度 31.4 rad/s。求:(1)软盘的角加速度;(2)在上述时间内软盘所转的圈数;(3)此时软盘边缘上一点的线速度、切向加速度和法向加速度。

解 (1) $\alpha=\dfrac{\mathrm{d}\omega}{\mathrm{d}t}=\dfrac{31.4\ \mathrm{rad/s}-0}{0.892\ \mathrm{s}}=35.2\,\mathrm{rad/s^2}$

(2) 因为 $\theta_0=0,\omega_0=0$,所以 $\theta=\theta_0+\omega_0 t+\dfrac{1}{2}\alpha t^2=14.0\,\mathrm{rad}$。于是,软盘所转的圈数

$N=\dfrac{\theta}{2\pi}=2.23\ \mathrm{rev}$

(3) 在 $t=0.892$ s 时,软盘边缘上一点,

线速度大小为 $v=r\omega=(0.0445\ \mathrm{m})(31.4\,\mathrm{rad/s})=1.40\,\mathrm{m/s}$

切向加速度为 $a_t=r\alpha=(0.0445\ \mathrm{m})(35.2\,\mathrm{rad/s^2})=1.57\,\mathrm{m/s^2}$

法向加速度为 $a_n=r\omega^2=(0.0445\ \mathrm{m})(31.4\,\mathrm{rad/s})^2=44.0\,\mathrm{m/s^2}$

§5-2 质心 质心运动定理

视频 1-5-2

质心

当我们只关心刚体的整体运动,而不考虑运动的细节时,对任何刚体我们都能找到这样

一个特殊点，它的运动方式和质量与刚体相等的单个质点在相同外力作用下的运动方式相同。这个特殊点我们称为**质心**。图1.5.2表示一个体操棍棒被人投往另一个人时，其质心做简单的抛物线运动，而棍棒上没有其他任何一点是以这样简单的方式运动的。图1.5.3是一跳水运动员翻转入水的过程，虽然其身体的各部位运动轨迹复杂，但其质心做简单的抛物线运动，可见，引入质心的概念，能够很简洁地描述刚体整体运动的特征。

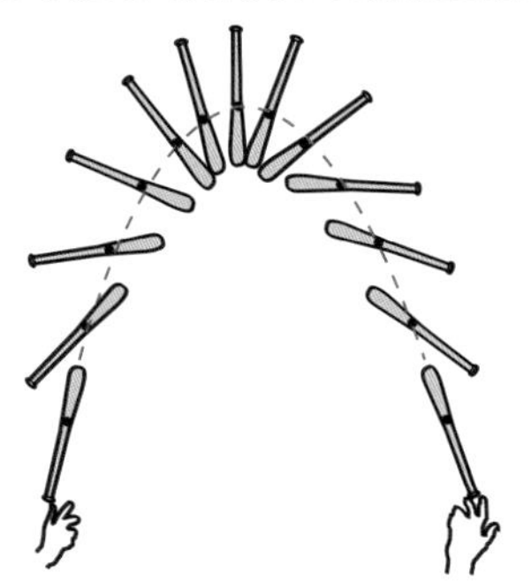

图1.5.2 体操棒的质心做简单的抛物线运动 图1.5.3 跳水运动员翻转入水

下面我们来确定质心的位置及它的速度。定义质点系质心的矢径 $\boldsymbol{r}_c$ 为

$$\boldsymbol{r}_c=\frac{\sum_i m_i\boldsymbol{r}_i}{m} \tag{1.5.8}$$

式中 $m=\sum_i m_i$ 为质点系的总质量，$\boldsymbol{r}_i$ 为第 i 个质点 m_i 的位置矢量。

在直角坐标系中，质心的坐标有

$$x_c=\frac{\sum_i m_i x_i}{m},\quad y_c=\frac{\sum_i m_i y_i}{m},\quad z_c=\frac{\sum_i m_i z_i}{m}$$

对于质量连续分布的系统，可认为它是由无数个无限小的质量元组成，以 $\mathrm{d}m$ 表示任意质量元的质量，$\boldsymbol{r}$ 表示其位置矢量，则其质心的矢径 $\boldsymbol{r}_c$ 可表示为

$$\boldsymbol{r}_c=\frac{\int \boldsymbol{r}\mathrm{d}m}{m} \tag{1.5.9}$$

它在直角坐标系中的分量表达式为

$$x_c=\frac{\int x\mathrm{d}m}{m},\quad y_c=\frac{\int y\mathrm{d}m}{m},\quad z_c=\frac{\int z\mathrm{d}m}{m}$$

【例1.5.2】 试求非均匀棒质心位置。设棒长为 L，单位长度质量 $\lambda=\lambda_0\left(1+\dfrac{x}{L}\right)$。

图1.5.4 例1.5.2图

解 如图建立坐标，棒的右端位于坐标的原点。在棒上任取一质量元 $\mathrm{d}m=\lambda\mathrm{d}x$，其位置坐标为 x。由质心坐标公式

$$x_c=\frac{\int x\mathrm{d}m}{\int \mathrm{d}m}=\frac{\int_0^L x\lambda\mathrm{d}x}{\int_0^L \lambda\mathrm{d}x}=\frac{\int_0^L x\lambda_0\left(1+\dfrac{x}{L}\right)\mathrm{d}x}{\int_0^L \lambda_0\left(1+\dfrac{x}{L}\right)\mathrm{d}x}=\frac{\lambda_0\left(\dfrac{x^2}{2}+\dfrac{x^3}{3L}\right)\Big|_0^L}{\lambda_0\left(x+\dfrac{x^2}{2L}\right)\Big|_0^L}=\frac{\dfrac{5}{6}\lambda_0L^2}{\dfrac{3}{2}\lambda_0L}=\frac{5}{9}L$$

质心运动定律

设一系统由 i 个质点所组成，对每一个质点应用牛顿第二定律，并考虑到所有内力都是成对出现的，大小相等，方向相反，有

$$\sum \boldsymbol{F}_i = \boldsymbol{F}_{外} = \sum m_i \boldsymbol{a}_i$$

因为，质心的速度 $\boldsymbol{v}_c = \dfrac{\mathrm{d}\boldsymbol{r}_c}{\mathrm{d}t} = \dfrac{\mathrm{d}}{\mathrm{d}t}\left(\dfrac{\sum m_i \boldsymbol{r}_i}{m}\right) = \dfrac{\sum m_i \dfrac{\mathrm{d}\boldsymbol{r}_i}{\mathrm{d}t}}{m} = \dfrac{\sum m_i \boldsymbol{v}_i}{m}$

质心的加速度 $\boldsymbol{a}_c = \dfrac{\mathrm{d}v_c}{\mathrm{d}t} = \dfrac{\mathrm{d}}{\mathrm{d}t}\left(\dfrac{\sum m_i \boldsymbol{v}_i}{m}\right) = \dfrac{\sum m_i \dfrac{\mathrm{d}\boldsymbol{v}_i}{\mathrm{d}t}}{m} = \dfrac{\sum m_i \boldsymbol{a}_i}{m}$

所以，有

$$\boldsymbol{F}_{外} = m\boldsymbol{a}_c \tag{1.5.10}$$

上式表明：质点系所受合外力等于总质量与质心加速度的乘积，称为质心运动定律。

§5-3 刚体定轴转动的转动定律

视频 1-5-3

在§5-1中，我们只讨论了刚体定轴转动的运动学问题。这一节，我们将讨论刚体定轴转动的动力学问题，即研究刚体获得角加速度的原因以及刚体绕定轴转动时所遵守的定律。为此，我们先引入力矩这个物理量。

力　矩

日常经验告诉我们，对绕定轴转动的刚体来说，外力对刚体转动的影响不仅与力的大小有关，而且还与力的作用点和力的作用方向有关。

设力 $\boldsymbol{F}$ 作用于刚体的质点 P，而且在转动平面内。转动平面与转轴相交于 O 点，如图1.5.5所示。转轴与力作用线之间的垂直距离 d 称为力臂。力的大小与力臂的乘积称为力 $\boldsymbol{F}$ 对转轴的力矩，用 M 表示，即

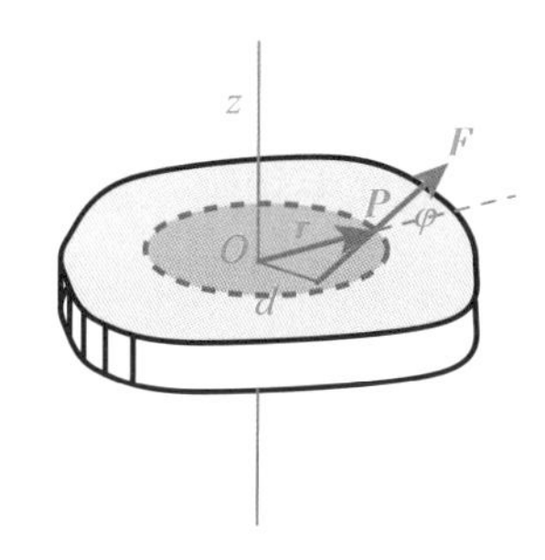

图1.5.5 对轴的力矩

$$M = Fd \tag{1.5.11}$$

若以 $\boldsymbol{r}$ 表示 P 点对 O 点的位矢，以 φ 表示 $\boldsymbol{r}$ 与 $\boldsymbol{F}$ 之间的夹角，(1.5.11)式也可写为 $M = Fr\sin\varphi = F_t r$，式中 $F_t = F\sin\varphi$ 为 $\boldsymbol{F}$ 的切向分量。

我们也可以定义力矩的矢量形式

$$\boldsymbol{M} = \boldsymbol{r} \times \boldsymbol{F} \tag{1.5.12}$$

其大小为 $M = Fr\sin\varphi$，方向垂直于 $\boldsymbol{r}$ 和 $\boldsymbol{F}$ 所决定的平面，其方向由右手螺旋法则决定。

通过上述分析，我们计算力矩有三个等效的方法，分别对应于图1.5.6。

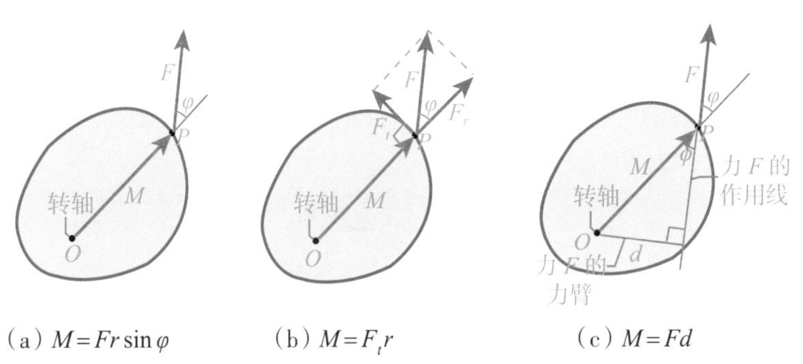

(a) $M=Fr\sin\varphi$　(b) $M=F_t r$　(c) $M=Fd$

图 1.5.6　力 $\boldsymbol{F}$ 对固定转轴 O 的力矩分析

刚体定轴转动时,可用正、负号表示力矩的方向,并规定:使刚体逆时针转动的力矩 $M>0$,使刚体顺时针转动的力矩 $M<0$。

如果力不在转动平面内,可将其分解为一个与转轴垂直的分力和一个与转轴平行的分力,而与转轴平行的分力对转轴是不产生力矩的。

如果几个力同时作用在有固定转轴的刚体上,刚体所受的合力矩等于各个力对转轴力矩的代数和。如图 1.5.7 所示,两个力 $\boldsymbol{F}_1$ 和 $\boldsymbol{F}_2$ 同时作用在同一物体上,使得物体绕过 O 轴转动,其中 $\boldsymbol{F}_1$ 使物体逆时针旋转,$M_1=F_1d_1>0$;$\boldsymbol{F}_2$ 使物体顺时针旋转,$M_2=-F_2d_2<0$,所以作用在该物体上的总力矩为 $M=M_1+M_2=F_1d_1-F_2d_2$。

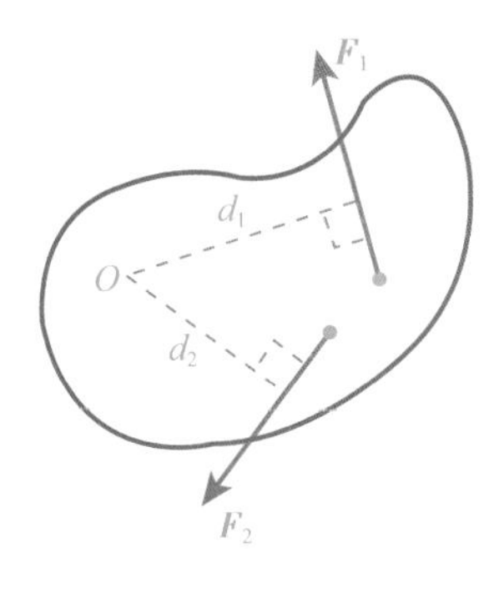

图 1.5.7　F_1 和 F_2 的合力矩

转动定律

刚体可以看成是由无数个质点组成的。刚体做定轴转动时,刚体上各质点均绕转轴做圆周运动。在刚体上任取一个质点 i,其质量为 m_i,离转轴的垂直距离为 r_i,受到外力 $\boldsymbol{F}_i$ 和内力 $\boldsymbol{f}_i$ 的作用,并设 $\boldsymbol{F}_i$ 和 $\boldsymbol{f}_i$ 均在转动平面内,如图 1.5.8 所示。

根据牛顿第二定律,质点 i 的运动方程为

$$\boldsymbol{F}_i+\boldsymbol{f}_i=m_i\boldsymbol{a}_i$$

若以 F_{it} 和 f_{it} 分别表示 $\boldsymbol{F}_i$ 和 $\boldsymbol{f}_i$ 的切向分量,则上式的切向分量式为

$$F_{it}+f_{it}=m_ia_{it}=m_ir_i\alpha$$

等号两边同乘以 r_i,得

$$F_{it}r_i+f_{it}r_i=m_ir_i^2\alpha$$

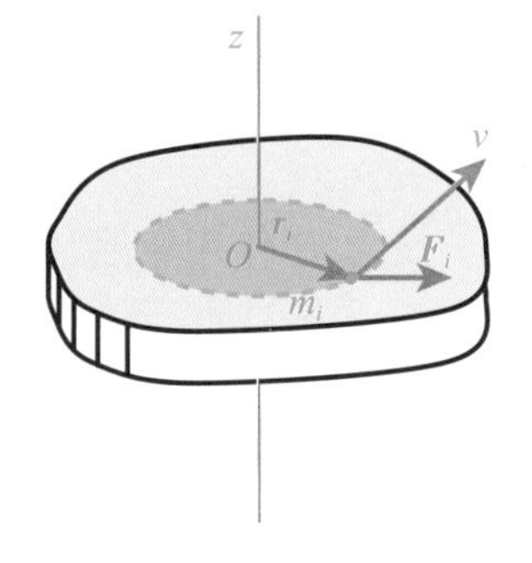

图 1.5.8 推导转动定律

考虑到外力和内力在法向分力均通过转轴,不产生力矩,故上式等号左边也可理解为作用在质点 i 上外力矩与内力矩之和。

若遍及所有质点,有

$$\sum F_{it}r_i+\sum f_{it}r_i=\left(\sum m_ir_i^2\right)\alpha$$

上式等号左边第二项 $\sum f_{it}r_i$ 是内力矩的代数和。但因内力总是成对出现的,而成对作用力与反作用力大小相等、方向相反,在同一直线上,对转轴的力矩相互抵消,所以内力矩之和必等于零,即 $\sum f_{it}r_i=0$。上式等号左边第一项 $\sum F_{it}r_i$ 为外力对转轴力矩的代数和,即合外力

矩,用符号 M 表示。上式等号右边的 $\left(\sum m_i r_i^2\right)$ 只与刚体的形状、质量分布以及转轴的位置有关,也就是说,它只与绕定轴转动的刚体本身的性质和转轴的位置有关,称为刚体对该转轴的转动惯量,用符号 I 表示,即

$$I=\sum m_i r_i^2 \tag{1.5.13}$$

于是,就有

$$M=I\alpha \tag{1.5.14}$$

式(1.5.14)表明,刚体定轴转动时,角加速度 α 与合外力矩 M 成正比,与转动惯量 I 成反比。这一关系称为刚体定轴转动的转动定律,简称转动定律。转动定律是刚体定轴转动的基本定律,其重要性与质点力学中的牛顿第二定律相当。

转动惯量

转动惯量是刚体转动惯性大小的度量。由 $I=\sum m_i r_i^2$ 可以看出,转动惯量 I 等于刚体上各质点的质量与各质点到转轴垂直距离平方乘积之和。如果刚体上的质量是连续分布的,则其转动惯量可以用积分进行计算,即

$$I=\int r^2 \mathrm{d}m \tag{1.5.15}$$

式中, $\mathrm{d}m$ 为质量元, r 为质量元 $\mathrm{d}m$ 到转轴的垂直距离。如果刚体的质量是连续在一根细线、一个平面或一个空间,则可分别用质量线密度 λ、质量面密度 σ 或质量体密度 ρ 来表示(1.5.15)式中的 $\mathrm{d}m$,这样(1.5.15)式可分别改写为

$$I=\int r^2 \lambda \mathrm{d}l \tag{1.5.15-a}$$

$$I=\int r^2 \sigma \mathrm{d}S \tag{1.5.15-b}$$

$$I=\int r^2 \rho \mathrm{d}V \tag{1.5.15-c}$$

在国际单位制中,转动惯量的单位为千克平方米 $\left(\mathrm{kg}\cdot\mathrm{m}^2\right)$ 。

【例1.5.3】 求质量为 m ,长为 l 的匀质细杆对下列各轴的转动惯量。(1)轴通过杆的中心并与杆垂直;(2)轴通过杆的一端并与杆垂直;(3)轴通过杆上离中心为 h 的一点并与杆垂直。

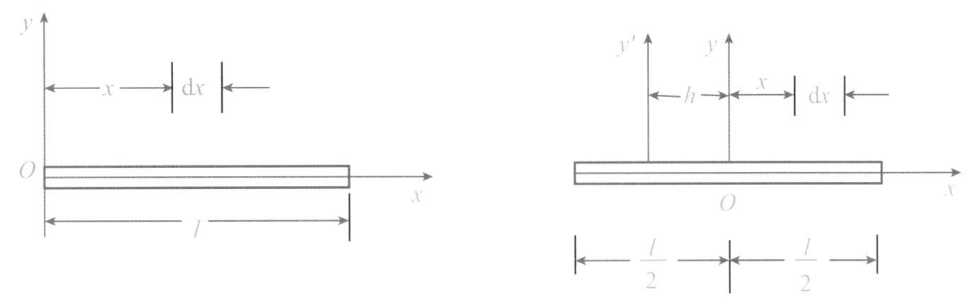

图1.5.9 例1.5.3图

解 如图所示，在杆上任取一质量元，设它到轴的垂直距离为 x，长度为 $\mathrm{d}x$，这质量元的质量 $\mathrm{d}m=\lambda\mathrm{d}x$，其中 $\lambda=\frac{m}{l}$，故根据转动惯量定义 $I=\int r^2\mathrm{d}m=\int r^2\lambda\mathrm{d}l$，有

（1）当轴通过杆的中心并与杆垂直时 $I=\int_{-\frac{l}{2}}^{+\frac{l}{2}}x^2\lambda\mathrm{d}x=\frac{1}{12}ml^2$

（2）当轴通过杆的一端并与杆垂直时 $I=\int_0^l x^2\lambda\mathrm{d}x=\frac{1}{3}ml^2$

（3）当轴通过杆上离中心为 h 的一点并与杆垂直时 $I=\int_{-\left(\frac{l}{2}-h\right)}^{\frac{l}{2}+h}x^2\lambda\mathrm{d}x=\frac{1}{12}ml^2+mh^2$ （即“平行轴定理”）

【例1.5.4】 求质量为 m、半径为 R 的匀质圆盘对通过圆心且垂直圆平面的 z 轴的转动惯量。

解 如图所示，将圆盘看成是由无数个同心圆环所组成，圆盘的质量面密度为 $\sigma=\frac{m}{\pi R^2}$，任取其中一个半径为 r、宽为 $\mathrm{d}r$ 的圆环，圆环面积为 $\mathrm{d}S=2\pi r\mathrm{d}r$，其质量为

$$\mathrm{d}m=\sigma\mathrm{d}S=\frac{m}{\pi R^2}2\pi r\mathrm{d}r=\frac{2mr}{R^2}\mathrm{d}r$$

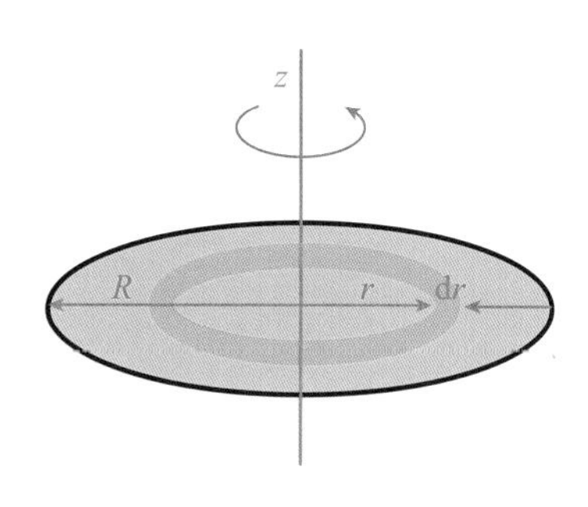

图 1.5.10　例 1.5.4 图

则

$$I=\int r^2\mathrm{d}m=\int r^2\sigma\mathrm{d}S=\frac{2m}{R^2}\int_0^R r^3\mathrm{d}r=\frac{1}{2}mR^2$$

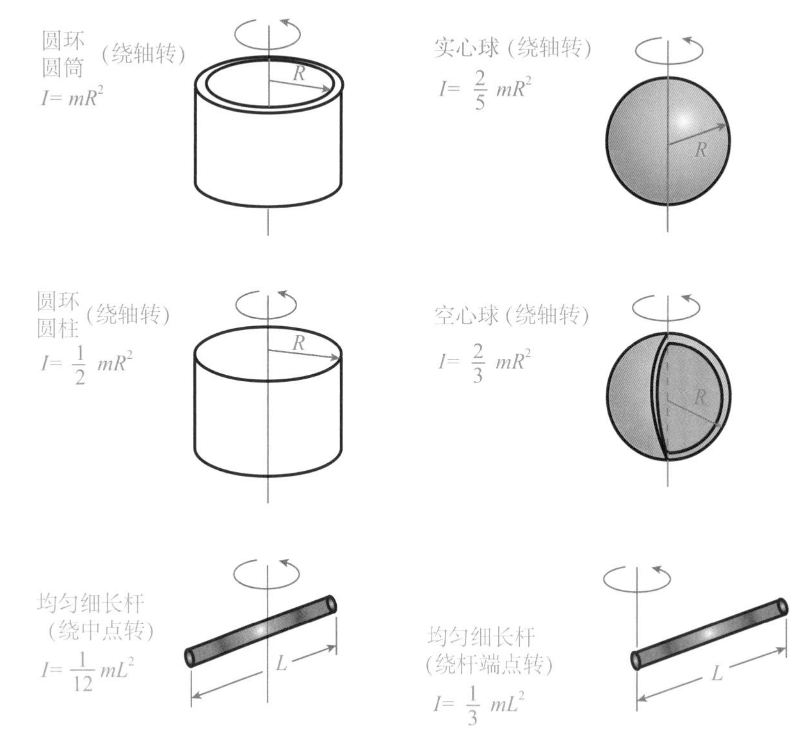

图 1.5.11　常见刚体的转动惯量

必须指出,实际上只有对于几何形状简单、质量连续且均匀分布的刚体,才能用积分的方法算出它们的转动惯量。对于任意刚体的转动惯量,通常是用实验的方法测定出来的。图1.5.11给出了几种刚体的转动惯量。

此外,还可以采用平行轴定理来确定一些特殊情况下刚体的转动惯量。平行轴定律表述如下:如果质量为 m 的刚体相对于通过其质心转轴的转动惯量为 I_c ,则它相对于与此轴平行相距为 h 的任意轴的转动惯量为

$$I = I_c + mh^2 \tag{1.5.16}$$

【例1.5.5】 用一质量 $M=3.00\ \text{kg}$,半径 $R=0.400\ \text{m}$ 的圆柱状匀质卷轴从水井中提水,卷轴边缘绕有轻绳,可绕水平轴自由转动,绳子下端挂一质量 $m=2.00\ \text{kg}$ 的水桶,如图所示,绳与卷轴间无相对滑动。开始时水桶静止于井的顶部,下落3 s后听到撞击水声,求水井的深度?

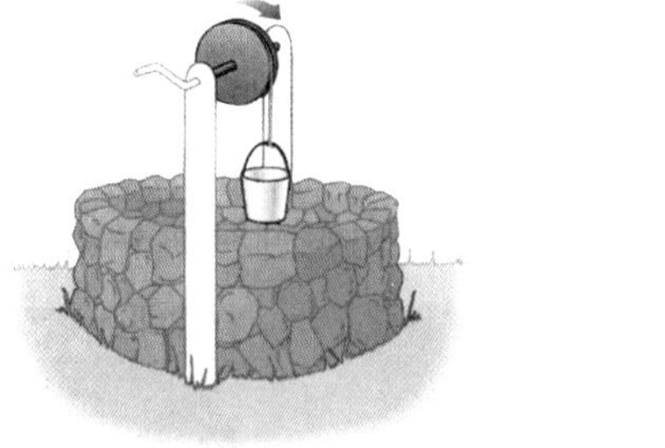

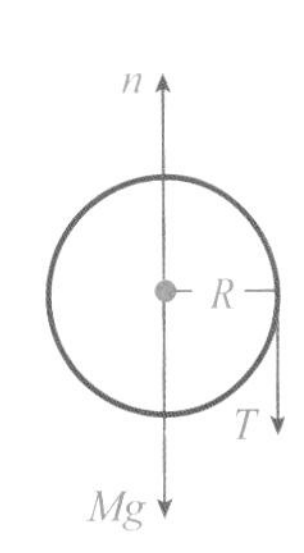

图1.5.12 例1.5.5图

解 对水桶,由牛顿第二定律有 $mg - T = ma$

对转轴,由转动定律有 $TR = I\alpha = \frac{1}{2}MR^2\alpha$

考虑到水桶向下的加速度等于转轴边缘一点的切向加速度,有

$$a = R\alpha$$

将以上3个方程联立求解,得

$$a = 5.60\ \text{m/s}^2, \qquad T = 8.40\ \text{N}$$

最后,由于 a 是常量,且 $v_0 = 0$,得水井深度

$$d = v_0 t + \frac{1}{2}at^2 = \frac{1}{2}(5.60\ \text{m/s}^2)(3.00\ \text{s})^2 = 25.2\ \text{m}$$

§5-4 角动量 角动量守恒定律

视频1-5-4

刚体定轴转动的角动量

刚体对轴的角动量是刚体中所有质点对轴的角动量之和。如图1.5.13所示,刚体定轴转动时,刚体中所有质点都以相同的角速度 ω 绕轴做圆周运动,任一质点 m_i 对转轴的角动量为 $m_i v_i r_i$,因此,刚体对转轴的角动量为

$$L = \sum m_i v_i r_i = \sum m_i(\omega r_i)r_i = \left(\sum m_i r_i^2\right)\omega$$

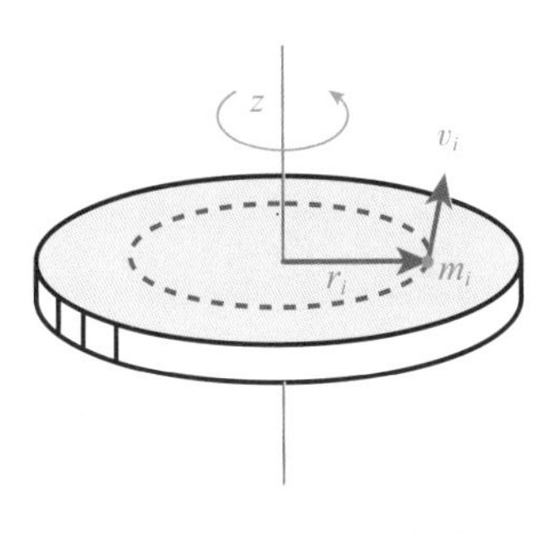

图1.5.13 刚体对轴的角动量

即

$$L=I\omega \tag{1.5.17}$$

式(1.5.17)表明,刚体对轴的角动量 L 等于转动惯量 I 与角速度 ω 的乘积。

刚体定轴转动的角动量定理与角动量守恒定律

由刚体定轴转动的转动定律,得

$$M=I\alpha=I\frac{\mathrm{d}\omega}{\mathrm{d}t}=\frac{\mathrm{d}(I\omega)}{\mathrm{d}t}=\frac{\mathrm{d}L}{\mathrm{d}t} \tag{1.5.18}$$

上式表明:刚体定轴转动时,对轴的合外力矩等于对该轴的角动量随时间的变化率。这一结论称为刚体定轴转动的角动量定理。

由式(1.5.18)可以看出,当合外力矩为零 $(M=0)$ 时,可得

$$L=I\omega=\text{恒量} \tag{1.5.19}$$

这就是说,做定轴转动的刚体,如果不受外力矩,或所受合外力矩为零时,其角动量保持不变,这个结论称为刚体定轴转动的角动量守恒定律。

图1.5.14 花样滑冰运动员旋转运动

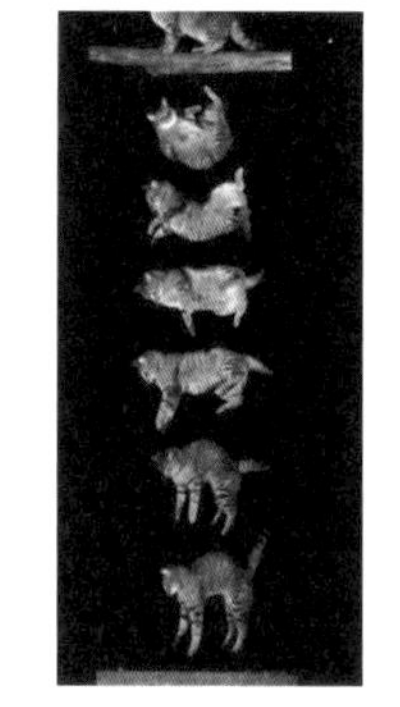

图1.5.15 猫的下落过程

有许多现象都可以用角动量守恒来说明。如芭蕾舞蹈演员跳舞时,先把两臂张开,并绕通过足尖的垂直转轴以角速度 ω_0 旋转,然后迅速把两臂和腿朝身边靠拢,这时由于转动惯量变小,根据角动量守恒定律,角速度必增大,因而旋转更快。跳水运动员常在空中先把手臂和腿蜷缩起来,以减小转动惯量而增大转动角速度,在快到水面时,则又把手、腿伸直,以增大转动惯量而减小转动角速度,并以一定的方向落入水中。

【例1.5.6】 一学生手握一对哑铃坐在一转椅上,转椅可绕竖直轴无摩擦地自由转动,如图所示。已知学生手臂伸展时,系统(学生、哑铃及转椅)的转动惯量为 $2.25\,\mathrm{kg\cdot m^2}$,角速度为 $5.00\,\mathrm{rad/s}$,试求学生手臂收缩时的角速度,假设学生手臂收缩时,系统的转动惯量为 $1.80\,\mathrm{kg\cdot m^2}$。

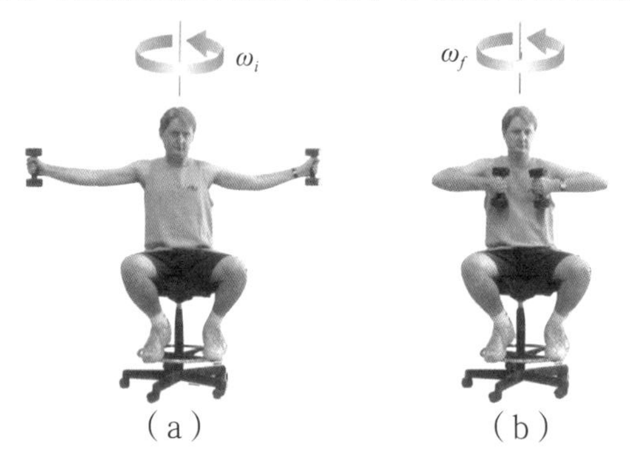

解 应用角动量守恒定律，有

$$I_0\omega_0 = I\omega$$

所以，$\omega = \dfrac{I_0\omega_0}{I} = \dfrac{2.25\mathrm{kg\cdot m^2}\,5.00\,\mathrm{rad/s}}{1.80\mathrm{kg\cdot m^2}} = 6.28\,\mathrm{rad/s}$。

【例 1.5.7】 恒星晚期在一定条件下，会发生超新星爆发，这时星体中有大量物质喷入星际空间，同时星的内核却向内坍缩，成为体积很小的中子星。中子星是一种异常致密的星体，一汤匙中子星物体就有几亿吨质量！设某恒星绕自转轴每10天转一周，它的内核半径 $R_0 \approx 7\times10^5$ km，坍缩成半径仅 $R\approx 10$ km 的中子星，假设坍缩前后星体内核均可看作是匀质圆球。试求中子星的角速度。

解 在星际空间中，恒星不会受到显著的外力矩，因此恒星的角动量应该守恒，则它的内核在坍缩前后的角动量应相等，即

$$I_0\omega_0 = I\omega$$

$$\omega = \frac{I_0\omega_0}{I} = \frac{\left(\frac{2}{5}MR_0^{\ 2}\right)\omega_0}{\left(\frac{2}{5}MR^2\right)} = \left(\frac{R_0}{R}\right)^2\omega_0$$

代入数字，得 $\omega = \left(\dfrac{7\times10^5\ \mathrm{km}}{10\ \mathrm{km}}\right)^2\left(\dfrac{1\ \mathrm{rev}}{10\times24\times3600}\right) = 6\times10^3\ \mathrm{rev/s}$。

由于中子星的致密性和极快的自转角速度，在星体周围形成极强的磁场，并沿着磁轴的方向发出很强的无线电波、光或X射线。当这个辐射束扫过地球时，就能检测到脉冲信号，由此，中子星又叫脉冲星。目前已探测到的脉冲星超过300个。

§5-5 刚体定轴转动的功和能

视频 1-5-5

力矩的功

质点在外力作用下发生位移时，我们说力对质点做了功。刚体在外力矩作用下绕定轴转动而发生角位移时，我们说力矩对刚体做了功。

如图1.5.16所示，设一刚体在外力 $\boldsymbol{F}$ 的作用下，绕轴 Oz 转动，在 $\mathrm{d}t$ 时间内，转过一极小的角位移 $\mathrm{d}\theta$，有 $|\mathrm{d}\boldsymbol{r}| = \mathrm{d}s = r\mathrm{d}\theta$。根据功的定义，力 $\boldsymbol{F}$ 所做的元功为

$$\mathrm{d}W = \boldsymbol{F}\cdot\mathrm{d}\boldsymbol{r} = F\mathrm{d}r\cos\alpha$$

式中 α 为 $\boldsymbol{F}$ 与 $\mathrm{d}\boldsymbol{r}$ 的夹角。因为 $\alpha+\varphi=90°$，所以 $\cos\alpha=\sin\varphi$，于是

$$\mathrm{d}W = Fr\sin\varphi\mathrm{d}\theta = M\mathrm{d}\theta$$

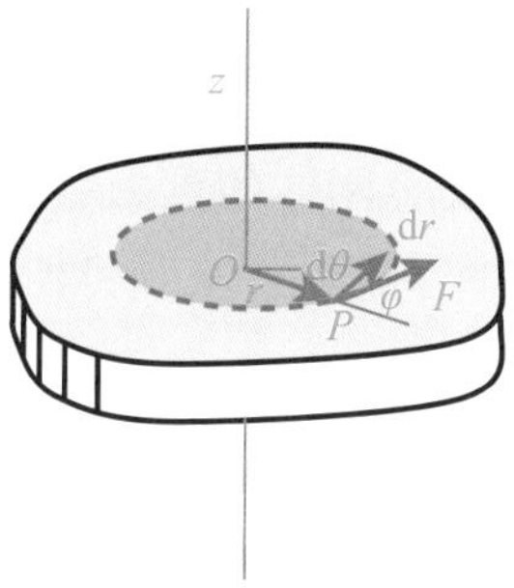

图1.5.16 力矩的功

当刚体在外力矩 M 的作用下，从角位置 θ_0 转到 θ 的过程中，力矩的功为

$$W = \int_{\theta_0}^{\theta} M\mathrm{d}\theta \tag{1.5.20}$$

转动动能

刚体以角速度 ω 绕定轴转动时，刚体中各质点均绕轴做圆周运动。刚体的转动动能是刚体中所有质点的动能之和，即

$$E_k=\sum\frac{1}{2}m_iv_i^2=\sum\frac{1}{2}m_i(\omega r_i)^2=\frac{1}{2}\left(\sum m_ir_i^2\right)\omega^2$$

式中 E_k 为刚体的转动动能，故

$$E_k=\frac{1}{2}I\omega^2 \tag{1.5.21}$$

即刚体定轴转动的转动动能等于刚体的转动惯量与角速度二次方的乘积的一半，这与质点的动能 $E_k=\frac{1}{2}mv^2$，在形式上是完全相似的。

刚体定轴转动的动能定理

根据转动定律，刚体做定轴转动时，所受的合外力矩为

$$M=I\alpha=I\frac{\mathrm{d}\omega}{\mathrm{d}t}=I\frac{\mathrm{d}\theta}{\mathrm{d}t}\cdot\frac{\mathrm{d}\omega}{\mathrm{d}\theta}=I\omega\frac{\mathrm{d}\omega}{\mathrm{d}\theta}\ \rightarrow\ M\mathrm{d}\theta=I\omega\mathrm{d}\omega$$

积分上式，得

$$W=\int_{\theta_0}^{\theta}M\mathrm{d}\theta=\int_{\omega_0}^{\omega}I\omega\mathrm{d}\omega=\frac{1}{2}I\omega^2-\frac{1}{2}I\omega_0^2 \tag{1.5.22}$$

上式表明，**合外力矩对定轴转动刚体所做的功等于刚体转动动能的增量，这就是刚体定轴转动的动能定理。**

对于包含转动刚体在内的系统，只要计入刚体的转动动能，功能原理也是适用的，即

$$W_{外}+W_{内非}=\left(E_k+U_p\right)-\left(E_{k_0}+U_{p_0}\right)$$

式中 E_k 为系统的总动能，包括所有的平动动能和转动动能，U_p 为系统的总势能。考虑到刚体重力势能等于组成刚体所有质点重力势能之和，有

$$U_p=\sum m_igh_i=mg\frac{\sum m_ih_i}{m}=mgh_c \tag{1.5.23}$$

即计算刚体的重力势能时，可将刚体看做全部质量集中于质心的一个质点。

同理，若外力和非保守内力的功为零，只有保守内力做功，则包含刚体在内的系统的机械能守恒。

【例 1.5.8】一轻质弹簧的劲度系数为 $k=2.0\,\mathrm{N/m}$。它一端固定，另一端通过一条细绳绕过一个定滑轮和一个质量为 $m_1=80\,\mathrm{g}$ 的物体相连，如图所示。定滑轮可看作均匀圆盘，它的半径 $r=0.05\,\mathrm{m}$，质量 $m=100\,\mathrm{g}$ 。先用手托住物体 m_1，使弹簧处于其自然状态，然后松手。求物体 m_1 下降 $h=0.5\,\mathrm{m}$ 时的速度。忽略滑轮轴上的摩擦，并认为绳在滑轮边缘上不打滑。

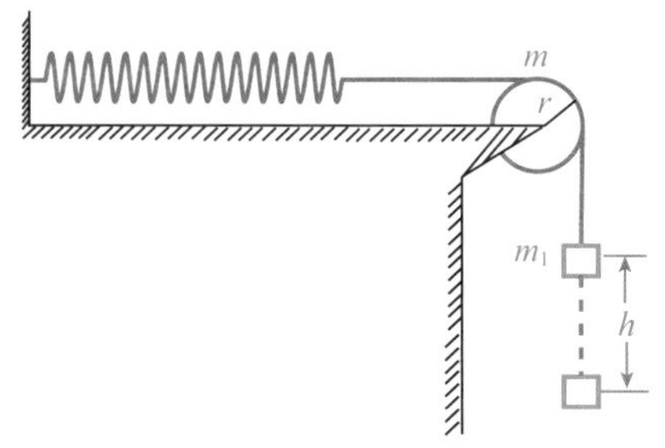

图 1.5.17 例 1.5.8 图

解 由包含刚体系统的机械能守恒定律,得

$$m_1gh=\frac{1}{2}kh^2+\frac{1}{2}I\omega^2+\frac{1}{2}m_1v^2$$

因为 $v=\omega r$,所以有 $\omega=\frac{v}{r}$,且 $I=\frac{1}{2}mr^2$。由此得

$$v=\sqrt{\frac{4m_1gh-2kh^2}{m+2m_1}}=1.48\,\mathrm{m/s}$$

本章小结

1. 刚体是一个特殊的质点系。刚体定轴转动时,刚体上所有质点都绕同一直线做圆周运动,具有相同的角位移、角速度和角加速度。因此,用角量来描述其运动规律。

   定义刚体的角速度为:$\omega=\frac{\mathrm{d}\theta}{\mathrm{d}t}$,角加速度为:$\alpha=\frac{\mathrm{d}\omega}{\mathrm{d}t}=\frac{\mathrm{d}^2\theta}{\mathrm{d}t^2}$

   描述刚体的角量和线量之间存在着内在联系 $v=R\omega$, $a_t=R\alpha$, $a_n=R\omega^2$

2. 质心的定义 $\boldsymbol{r}_c=\frac{\sum_i m_i\boldsymbol{r}_i}{m}$, $\boldsymbol{r}_c=\frac{\int\boldsymbol{r}\mathrm{d}m}{m}$

   质心运动定律 $\boldsymbol{F}_{外}=m\boldsymbol{a}_c$

3. 转动惯量 I 是刚体转动惯性大小的度量。它取决于刚体的总质量、质量分布和转轴位置等因素。

   $I=\sum m_ir_i^2$, $I=\int r^2\mathrm{d}m$

4. 刚体定轴转动的基本定律——转动定律

$$M=I\alpha$$

5. 刚体定轴转动时,对该定轴的角动量为 $L=I\omega$

   若合外力矩为零 $(M=0)$,则角动量守恒, $I\omega$ = 恒量,亦即 $I_0\omega_0=I\omega$

6. 力矩的功 $W=\int_{\theta_0}^{\theta}M\mathrm{d}\theta$;刚体的转动动能 $E_K=\frac{1}{2}I\omega^2$

   刚体定轴转动的动能定理 $W=\int_{\theta_0}^{\theta}M\mathrm{d}\theta=\int_{\omega_0}^{\omega}I\omega\mathrm{d}\omega=\frac{1}{2}I\omega^2-\frac{1}{2}I\omega_0^2$

   刚体的重力势能 $U_p=mgh_c$

思考题

1. 什么样的运动物体可看做刚体? 刚体的主要运动特征是什么?为什么常采用角量来描述刚体的运动?
2. 试比较转动的飞轮上两点的角速度、角加速度、速度和加速度? 一点在飞轮边缘,另一点在转轴与飞轮边缘之间一半处。
3. 两个不同半径的飞轮用皮带相连互相带动,转动时,问大飞轮和小飞轮边缘上各点的角速度、角加速度、速度和加速度大小是否相等?

4. 你自己身体的质心是固定在身体内的某一点吗？你能把你身体的质心移到身体的外面吗？
5. 将一根直尺竖立在光滑的桌面上，如果它倒下，其质心将经过一条怎样的轨迹？
6. 试问：计算物体的转动惯量时，我们是否可以将物体的质量看做全部集中在质心上，当做质点来处理？
7. 要使一根长铁棍保持水平，为什么握住中点比握住它的端点容易？
8. 如果一刚体所受合外力为零，其合外力矩是否也一定为零？如果刚体所收合外力矩为零，其合外力是否也一定为零？
9. 一个系统的动量守恒，是否其角动量也一定守恒？反过来说对吗？
10. 一轻绳跨过定滑轮，绳的一端吊一重物，另一端有一人由静止开始沿绳往上爬。设人和质量相等，若滑轮质量可以忽略，人和重物组成的系统动量守恒吗？系统对定滑轮转轴的角动量守恒吗？
11. 一个圆盘和一个圆环的半径相同，质量也相同，都可绕过中心且垂直盘面和环面的垂直轴转动，当用同样的力矩从静止开始作用时，问：经过相同的时间后，哪一个转的更快？
12. 一花样滑冰运动员做旋转动时，最初转动惯量为 I_0，角速度为 ω_0；然后将双臂收拢至胸前，转动惯量和角速度分别变为 I' 和 ω'，问转动过程中角动量是否守恒？转动动能是否守恒？如不守恒，如何解释？
13. 用旋转鸡蛋的方法可区分鸡蛋的生和熟，试说明之。
14. 足球守门员要接住来势不同的两个球，第一个球是从空中无转动飞来的，第二个球是从空中飞转而来的。若两个球的质量相同，前进的速率也相同，则守门员要接住球所做的功是否相同?为什么？

习 题

1. 一高速柴油机飞轮的直径为 0.5 m，当其转速达到 20rev/s 时，距转轴 0.1 m 和 0.25 m 处质量元的角速度和线速度各为多少。
2. 一直径为 18 cm 的转轮，轮缘上有一颗小螺丝钉。(1)当该轮以 2000rev/min 的角速度转动时，求螺丝钉的速度和法向加速度；(2)若该轮的速度在 5 min 时间内由 2000rev/min 均匀地增加到 4000rev/min，试求该轮的角加速度及螺丝钉的切向加速度的大小。
3. 掷铁饼运动员手持铁饼转动 1.25 圈后松手，此刻铁饼的速度值达到 $v=25\text{m/s}$。设转动时铁饼沿半径为 $R=1.0\text{m}$ 的圆周运动并且均匀加速。求：(1)铁饼离手时的角速度；(2)铁饼的角加速度；(3)铁饼在手中加速的时间(把铁饼视为质点)。
4. 两细棒质量均为 m，长度均为 l，制成 T 型，且可绕 O 轴自由转动，如图所示，求该 T 型系统对 O 轴的转动惯量。

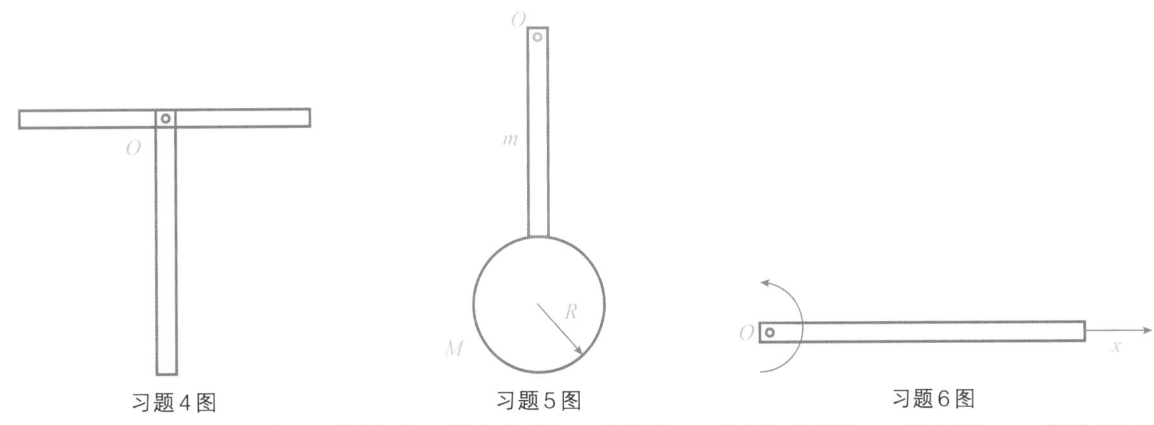

习题4图 习题5图 习题6图

5. 如图所示，钟摆可绕 O 轴转动。设细杆长 l，质量为 m；圆盘半径为 R，质量为 M。求钟摆对 O 轴的转动惯量。
6. 如图所示。细杆长为 l，质量线密度为 $\lambda=kx$，式中 k 为常量。求此杆对通 O 点并与杆垂直的轴的转动惯量。
7. 电动机带动一个转动惯量为 $50\,\mathrm{kg}\cdot\mathrm{m}^2$ 的系统作定轴转动。在 0.5 s 内由静止开始最后达到 120rev/min 的转速，假定在这一过程中转速是均匀增加的，求电动机对转动系统施加的力矩。
8. 一圆盘可绕过其质心，与盘面垂直的轴转动。已知圆盘的半径 $R=0.5\,\mathrm{m}$，它的转动惯量 $I=20\,\mathrm{kg}\cdot\mathrm{m}^2$，开始盘是静止的，现在盘的边缘上沿切线方向施加一个大小不变的力 $F=100\,\mathrm{N}$。求：(1)圆盘的角加速度；(2)在第 10 s 末时刻，圆盘边缘一点的线速度
9. 如图所示，长 l 的轻质细杆的两端分别固定质量 m 和 2m 的小球，此系统在重力的作用下，在竖直平面内可绕过中心 O 且与杆垂直的水平光滑固定轴转动。求：(1)系统绕轴 O 的转动惯量 I_O；(2)当杆与水平成 60° 角时，系统所受的力矩 M 及产生的角加速度 α。
10. 如图所示，质量为 $M=20\,\mathrm{kg}$、半径为 $R=0.20\,\mathrm{m}$ 的均匀圆柱形轮子，可绕光滑的水平轴转动，轮子上绕有轻绳。绳的一端挂一质量 $m=0.10\,\mathrm{kg}$ 的物体，轮子和物体都由静止开始运动，轮子和轴承间的摩擦可忽略，求轮子的角加速度、物体的加速度和绳中的张力。

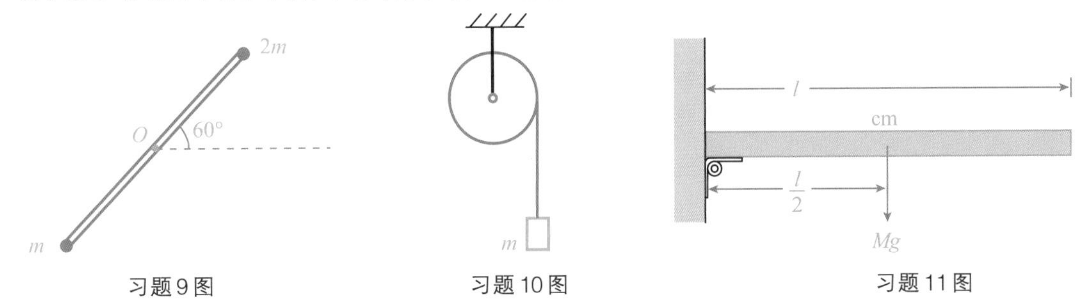

习题9图 习题10图 习题11图

11. 一质量为 M、长度为 l 的匀质细杆，一端可绕水平转轴转动，如图所示。细杆从水平位置被静止释放，求释放瞬间，(1)细杆的角加速度；(2)细杆另一端点的线加速度。
12. 如图所示，两物体的质量分别为 m_1 和 m_2，滑轮可视为绕支点水平轴 O 自由转动的圆盘(质量为 M，半径为 R)，套在绳子上的光滑小环下面挂着物体 m_2。如果桌面光滑，试求物体 m_2 的加速度及绳中的张力 T_1 和 T_2？(设 $m_2>m_1$，绳子的质量忽略不计，且绳子与滑轮间无相对滑动。本题只需列出解题的方程，不必解出。)

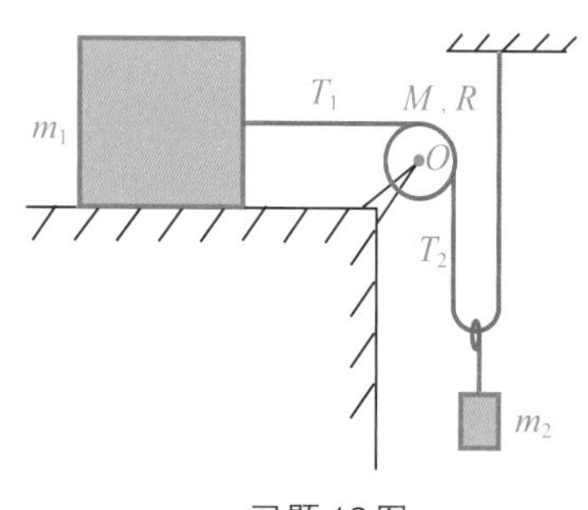

习题 12 图

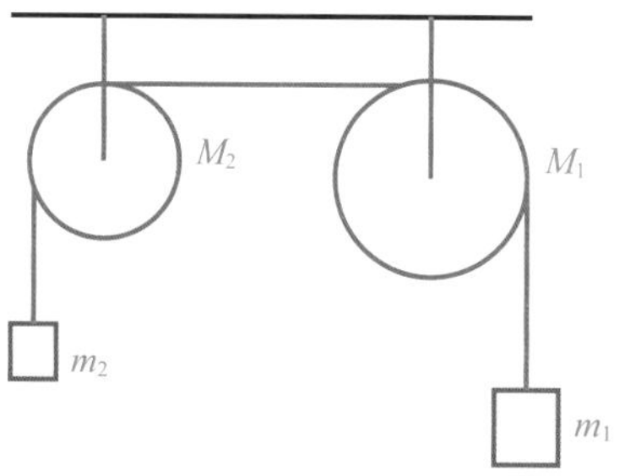

习题 13 图

13. 如图所示，轻绳跨过质量 M_1、半径 R_1 和质量 M_2、半径 R_2 的两个均匀圆柱形定滑轮，两端各悬挂质量为 m_1 和 m_2 的物体。设滑轮与轴间光滑无摩擦，绳与滑轮间不打滑，且 $m_1>m_2$，求两物体的加速度和绳中的张力。（注：此题只需列出解题的方程式，不必求解）

14. 如图所示，有一根轻绳绕在一圆盘上，圆盘质量 $M=0.60\ \text{kg}$，半径 $R=0.08\ \text{m}$，若此绳另一端无摩擦地通过一小环，再悬挂在 Q 点，在小环下悬挂一个质量为 $m=2.4\ \text{kg}$ 的物体，求物体 m 的加速度。

15. 飞轮的质量为 60 kg、直径为 0.50 m、转速为 1000 rev/min，现要求在 5 s 内使其制动，求制动力 $\boldsymbol{F}$ 的大小。假定闸瓦与飞轮之间的摩擦因数 $\mu=0.4$，飞轮的质量全部分布在轮的外周上。尺寸如图所示。

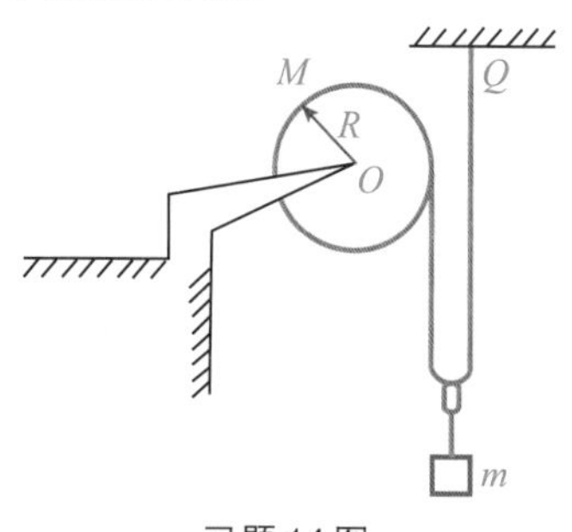

习题 14 图

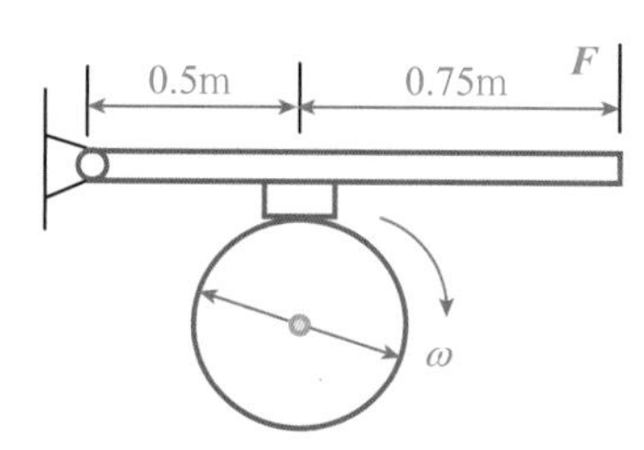

习题 15 图

16. 一转动惯量为 I 的圆盘绕一固定轴转动，起初角速度为 ω_0，设它所受阻力矩与转动角速度成正比，即 $M=-k\omega$（k 为正的常数），求圆盘的角速度从 ω_0 变为 $\omega_0/2$ 所需的时间。

17. 地球的质量 $M=6.0\times10^{24}\text{kg}$，半径 R 取为 $6.4\times10^{6}\text{m}$，求其对自转轴的转动惯量和自转运动的动能。（假定地球密度均匀，其转动惯量可按均匀实球体公式计算）

18. 砂轮的直径为 0.2 m，厚度为 0.025 m，密度为 24g/cm^3。求：（1）砂轮的转动惯量；（2）当转速为每分钟 2940 转时，砂轮的转动动能为多少？（砂轮可视为实心圆盘）

19. 四个质点用质量可忽略不计的刚性细杆连接起来，构成一质点系统。如图所示，建立坐标系，坐标原点位于长方形的中心。若该质点系绕过 O 点且与 xy 平面垂直的 z 轴以 6.0 rad/s 的角速度转动。试求：该系统（1）质心位置坐标 x_c 和 y_c；（2）绕 z 轴的转动惯量 I_O；（3）绕 z 轴的转动动能。

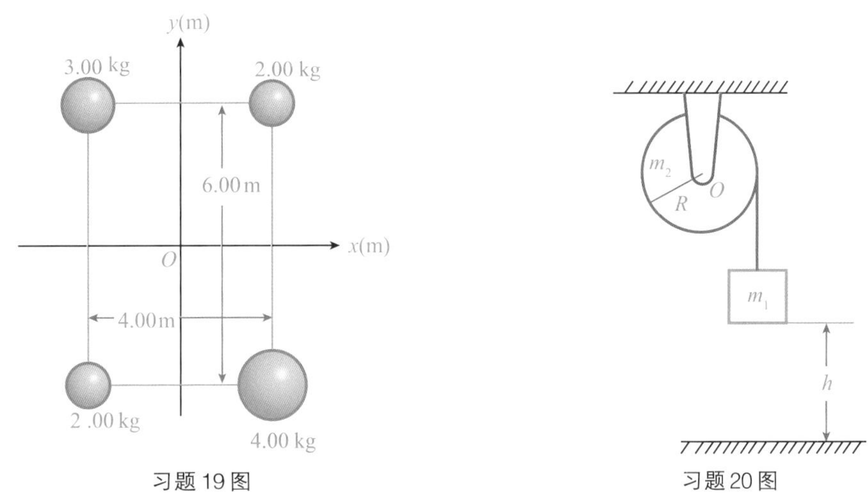

习题 19 图　　习题 20 图

20. 一轻绳缠绕在定滑轮上，绳的一端系有质量为 m_1 的重物；滑轮是一个半径为 R 的均匀圆盘，质量为 m_2。开始时，重物离地面高度为 h，然后由静止开始下落。设绳与滑轮之间无相对滑动，绳不可伸长，不计轴上摩擦，求重物刚到达地面时的速率。

21. 如图所示，物体质量为 m，放在光滑的斜面上，斜面与水平面的倾角为 α，弹簧弹性系数为 k，滑轮的转动惯量为 I，半径为 R。先把物体托住，使弹簧维持原长，然后由静止释放。求物体沿斜面滑下距离 l 时的速度。

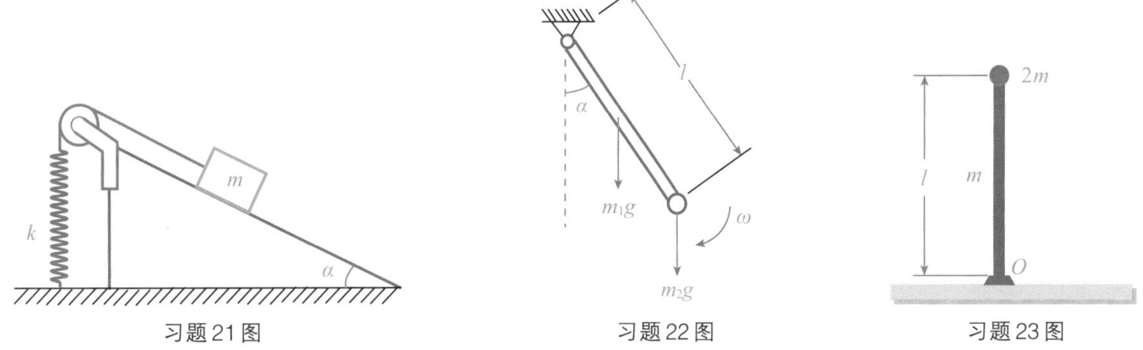

习题 21 图　　习题 22 图　　习题 23 图

22. 一质量均匀分布的细杆，一端连接一个大小可不计的小球，另一端可绕水平转轴转动。某瞬时细杆在竖直面内绕轴转动的角速度为 ω，杆与过轴的竖直线的夹角为 α，如图所示。设杆的质量为 m_1，杆长为 l，小球的质量为 m_2 。求：(1)系统对轴的转动惯量；(2)在图示位置系统的转动动能；(3)在图示位置系统所受重力对轴的力矩。

23. 如图所示，一质量为 m ，长为 l 的均匀细杆上端连接一个质量为 2m 的小球， 杆可绕通过下端并与杆垂直的水平光滑轴自由转动。设杆最初静止于竖直位置，后受扰动而往下转动，试求：(1)小球和杆组成的系统绕过下端 O 点轴的转动惯量；(2)当系统转到水平位置时的角加速度；(3)当系统转到水平位置时的角速度。

24. 花样滑冰运动员绕过自身的竖直轴转动，开始时两臂伸开，转动惯量为 I_0，角速度为 ω_0，然后运动员将两臂收回，使转动惯量减少为 $I_0/3$，这时其转动角速度变为多大。

25. 一匀质圆盘半径为 1.0 m，质量为 10 kg，可绕过其质心与盘面垂直轴转动。假设开始时，圆盘的角速度为 10rad/s，现将一质量为 2.0 kg 的物体放在圆盘的边缘，问此时的角速度变为多少。

26. 一质量为 m 的小物块用绳系住，以角速度 ω_0 在光滑台面上作半径为 r 的圆周运动，绳的另一端穿过台面小孔，以一力向下缓缓牵引，使小物块的旋转半径减至 $r/2$，求小物块此时的速率。

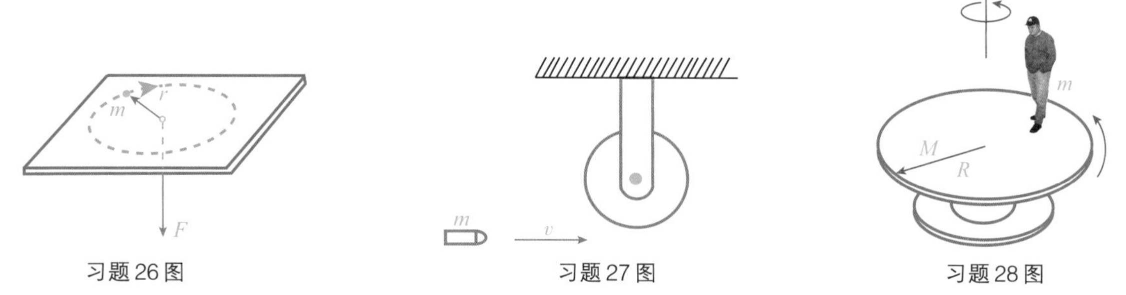

习题26图　习题27图　习题28图

27. 一颗子弹质量为 m，速率为 v，击中圆盘边缘并留在盘中，如图所示，设圆盘质量为 $2m$，半径为 R，则子弹击中圆盘后，圆盘的角速度变为多大?

28. 有一均质圆盘状水平转台，质量 $M=100\ \text{kg}$，半径 $R=2.0\ \text{m}$，可绕轴自由转动，今台上有一质量 $m=60\ \text{kg}$ 的学生，当他站在转台边缘时，转台和学生一起以 $\omega_i=2.0\ \text{rad/s}$ 的角速度转动。问：(1)当他缓慢走到离转轴 $r=0.5\ \text{m}$ 处时，转台和学生一起转动的角速度 ω_f 是多大?(2)转台和学生组成的转动系统转动动能的变化。

29. 质量为 m、长为 l 的均匀细杆可绕通过杆一端的光滑水平轴在竖直平面内转动，使杆从水平位置由静止释放，杆摆到竖直位置时杆的下端恰好与光滑水平面上质量为 $\frac{m}{3}$ 的小物发生完全弹性碰撞。求碰撞后小物的速度。

30. 长为 l 的匀质细杆，一端悬于 O 点，自由下垂。紧挨 O 点悬一单摆，摆长也是 l，摆球质量为 m。单摆从水平位置由静止开始自由下摆，与细杆作完全弹性碰撞。碰撞后，单摆正好静止。求：(1)细杆的质量 m_0；(2)细杆的最大摆角。

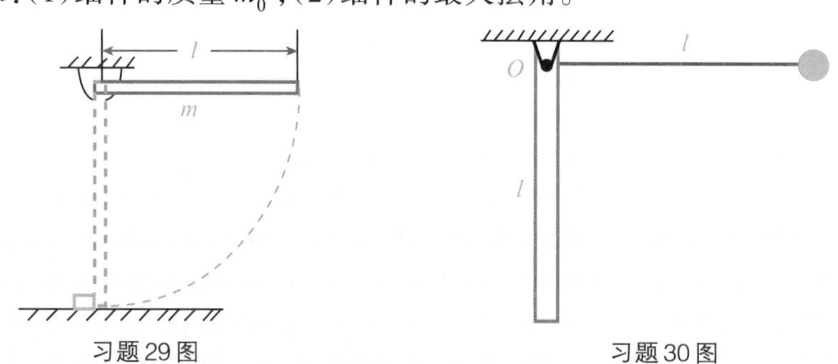

习题29图　习题30图

31. 如图所示，一长为 l、质量为 m_0 的匀质细杆，可绕水平轴 O 在竖直平面内转动。开始时细杆竖直悬挂，现有一质量为 m 的子弹以某一水平速度射入杆的中点处。已知子弹穿出后的速度为 v，杆受子弹打击后恰能上升到水平位置。求：子弹入射的初速度 v_0?

32. 长 $l=0.4\ \text{m}$、质量 $M=2.0\ \text{kg}$ 的匀质木棒，可绕水平轴 O 在竖直平面内转动，开始时棒自然竖直悬垂，现有质量 $m=8\ \text{g}$ 的子弹以 $v=200\ \text{m/s}$ 的速率从 A 点射入棒中，A 点与 O 点的距离为 $\frac{3}{4}l$，如图所示。求：(1)棒开始运动时的角速度；(2)棒的最大偏转角。

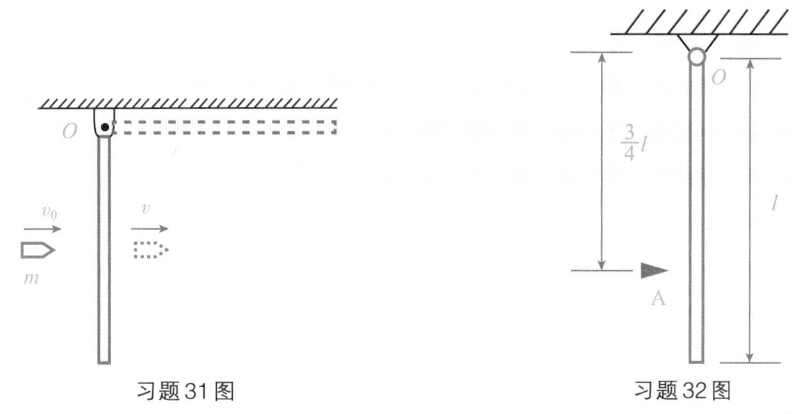

习题31图　　习题32图

33. 在光滑水平面上，质量为 M、长为 l 的均匀细杆可绕通过杆质心的竖直光滑轴转动。最初杆静止，质量为 m 的小球以垂直于杆的水平速度 v_0 与杆的一端发生完全弹性碰撞，求碰后球的速度和杆的角速度。

34. 如图所示，一质量为 M、长为 l 的匀质杆两端用细绳悬挂起来，杆的方向是水平的。设突然将杆右端的悬线剪断，问:(1)在这瞬间杆将如何运动?(2)另一根悬线上的张力如何?

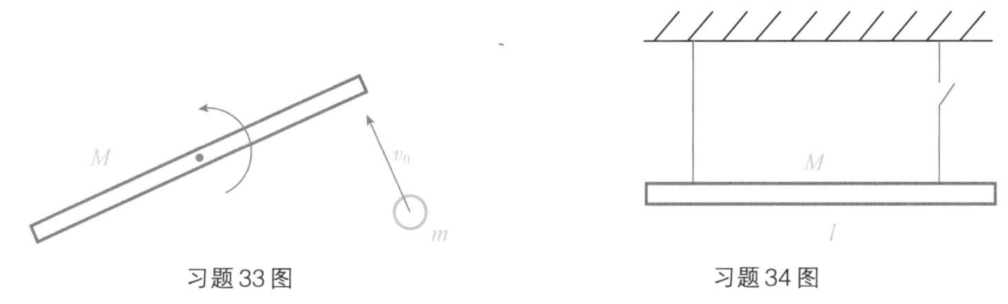

习题33图　　习题34图

35. 长度为 l 、质量为 M 的均匀直杆可绕通过杆上端的水平光滑固定轴转动，最初杆自然下垂。一质量为 m 的泥团在垂直于水平轴的平面内以水平速度 v_0 打在杆上并粘住。若要在打击时轴不受水平力作用，试求泥团应打击的位置。(这一位置称为杆的打击中心)

第6章　机械振动

物体在某一平衡位置附近做周期性、往复运动，称之为**机械振动**。如钟摆的摆动、活塞的运动、脉搏的跳动、琴弦的颤动、声带和耳鼓膜的振动，以及微风中树叶的摆动、轮船在水面上的上下浮动等等，都是机械振动。除机械振动外，在自然界中还存在着各种各样的振动，如电磁振荡、分子和原子的振动等。振动又称为振荡，从广义上讲，任何一个物理量在某一量值附近做周期性变化都可称为振动，振动是物质存在的一种特殊的运动形式。

简谐振动是机械振动中最简单、最基本的一种。任何复杂的振动都可以看做是若干个简谐振动的合成。因此研究简谐振动是研究其他复杂振动的基础。

§6-1 简谐振动的特征

视频 1-6-1

一质量可忽略的弹簧，一端固定，另一端系一个质量为 m 的物体（可视为质点），这样所组成的系统称为**弹簧振子**，如图 1.6.1 所示。弹簧振子是一个理想化的简谐振动模型。下面我们由它入手，讨论简谐振动的特征。

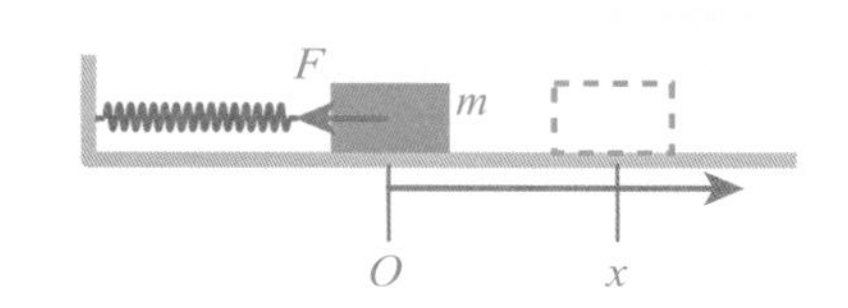

图 1.6.1 弹簧振子系统

简谐振动的动力学特征

将弹簧振子置于光滑的水平面上，并将弹簧拉长或压缩一段距离后松手，则物体在弹性力作用下在平衡位置附近做往复运动。如果取物体受力为零时的平衡位置为坐标 x 轴的原点 O，水平向右为 x 轴正向，如图 1.6.1 所示，则质点在任一位置 x 处时受到的弹性回复力为

$$F=-kx \tag{1.6.1}$$

式中 k 为弹簧的劲度系数，负号表示物体所受的弹性回复力始终指向平衡位置。

根据牛顿运动定律，弹簧振子的加速度为

$$a=\frac{d^2x}{dt^2}=\frac{F}{m}=-\frac{k}{m}x \tag{1.6.2}$$

对于给定的弹簧振子，k 和 m 均为常量，故其比值亦为常量，用 ω^2 表示，即

$$\omega^2=\frac{k}{m} \tag{1.6.3}$$

将此代入(1.6.2)式，得

$$\frac{d^2x}{dt^2}+\omega^2x=0 \tag{1.6.4}$$

式(1.6.4)称为**简谐振动的动力学方程**。

简谐振动的运动学特征

式(1.6.4)是一个二阶、线性、常系数微分方程,其通解为

$$x = A\cos(\omega t + \varphi) \tag{1.6.5}$$

式中,A 和 φ 为积分常量,由系统的初始条件决定,其物理意义将在后面讨论。式(1.6.5)说明,物体做简谐振动时,其位置坐标是时间的余弦函数(又称简谐函数),通常将具有这种函数形式的运动称为简谐振动。式(1.6.5)称为简谐振动的运动学方程,简称振动方程。

对式(1.6.5)求导,就能分别得到简谐振子在任意时刻的速度和加速度

$$v = \frac{\mathrm{d}x}{\mathrm{d}t} = -A\omega\sin(\omega t + \varphi) \tag{1.6.6}$$

$$a = \frac{\mathrm{d}v}{\mathrm{d}t} = -A\omega^2\cos(\omega t + \varphi) \tag{1.6.7}$$

可见,物体做简谐振动时,不但它的位移随时间做周期性变化,可以用简谐函数表述它,而且它的速度和加速度也随时间做周期性变化,也做简谐振动,同样也可以用简谐函数描述它。

简谐振动的能量特征

下面继续以弹簧振子为例讨论简谐振动的能量特征。由(1.6.6)式可得,弹簧振子在 t 时刻的动能

$$E_k = \frac{1}{2}mv^2 = \frac{1}{2}mA^2\omega^2\sin^2(\omega t + \varphi)$$

以 $\omega^2 = \dfrac{k}{m}$ 代入上式,得

$$E_k = \frac{1}{2}kA^2\sin^2(\omega t + \varphi)$$

以弹簧原长处为弹性势能零点,由(1.6.5)式可得 t 时刻系统的弹性势能

$$U_p = \frac{1}{2}kx^2 = \frac{1}{2}kA^2\cos^2(\omega t + \varphi)$$

t 时刻系统的总能量

$$E = E_k + U_p = \frac{1}{2}kA^2\sin^2(\omega t + \varphi) + \frac{1}{2}kA^2\cos^2(\omega t + \varphi) = \frac{1}{2}kA^2 \tag{1.6.8}$$

式(1.6.8)说明,弹簧振子在振动过程中,系统的动能和势能都随时间发生周期性变化,它们之间不断地相互转换,但总能量保持不变,即系统的总机械能守恒,如图1.6.2所示。另外,振动系统的总能量 E 与振幅的平方成正比,这是一个具有普遍意义的结果。

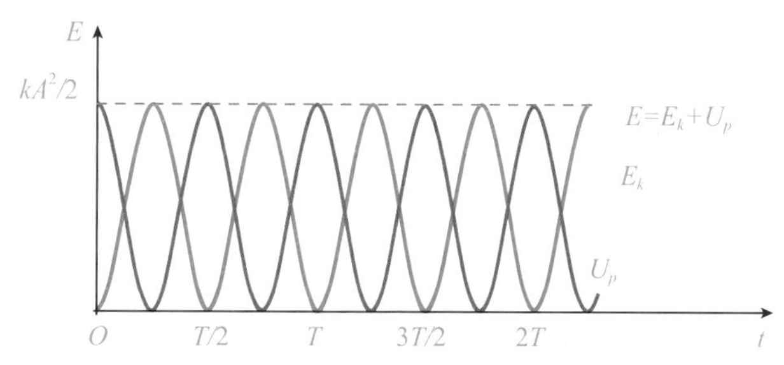

图 1.6.2 简谐振动中的动能、势能随时间变化曲线

§6-2 简谐振动的描述

视频 1-6-2

描述简谐振动的物理量

(1)振幅

从(1.6.5)式可以看出,振动物体的位置坐标 x 的绝对值不可能大于 A ,这个位置坐标的最大绝对值 A 称为简谐振动的振幅,它表示物体离开平衡位置的最大位移。

(2)周期与频率

振动物体做一次完整振动所需的时间称为周期,用 T 表示,其单位为秒(s)。由周期的定义,有

$$x=A\cos(\omega t+\varphi)=A\cos(\omega t+\varphi+2\pi)=A\cos[\omega(t+T)+\varphi]$$

所以

$$T=\frac{2\pi}{\omega}$$

单位时间内物体振动的次数称为频率,以 ν 表示,其单位为赫兹(Hz)。频率与周期互为倒数,即

$$\nu=\frac{1}{T}=\frac{\omega}{2\pi},\qquad \omega=2\pi\nu=\frac{2\pi}{T}$$

其中, ω 是频率的 2π 倍,称为角频率(或圆频率),代表 2π 秒内振动的次数。

以弹簧振子为例,其角频率、频率、周期分别为

$$\omega=\sqrt{\frac{k}{m}},\quad \nu=\frac{\omega}{2\pi}=\frac{1}{2\pi}\sqrt{\frac{k}{m}},\quad T=\frac{2\pi}{\omega}=2\pi\sqrt{\frac{m}{k}}$$

可见,弹簧振子做自由振动时,其周期或频率只与振子系统本身的物理性质有关,故称其为固有周期或固有频率。

(3)相位和初相位

在简谐振动表达式(1.6.5)中, $\omega t+\varphi$ 称为相位,其单位为弧度(rad),它是描述物体运动状态的物理量。相位不同,振子的振动状态就不相同。初始时刻($t=0$)的相位 φ 称为初相位,简称初相,在简谐振动方程 $x=A\cos(\omega t+\varphi)$ 中,圆频率 ω 是由振动系统的固有性质所决定的,而振幅 A 和初相位 φ 则是由振动的初始条件(即 $t=0$ 时,振子的位置 x_0 和速度 v_0)所确定的。

我们知道: $\begin{cases}x=A\cos(\omega t+\varphi)\\ v=-\omega A\sin(\omega t+\varphi)\end{cases}$,设 $t=0$ 时,显然有 $\begin{cases}x_0=A\cos\varphi\\ v_0=-\omega A\sin\varphi\end{cases}$,由此得

$$\begin{cases}A=\sqrt{x_0^{\ 2}+\left(\dfrac{v_0}{\omega}\right)^2}\\ \varphi=\arctan\left(-\dfrac{v_0}{\omega x_0}\right)\end{cases}\tag{1.6.9}$$

A , ω 和 φ 反映了谐振动的物理特征,通常被称为描述简谐振动的三个特征量。要确定一具体简谐振动的振动方程只需确定其振幅 A 、角频率 ω 和初相位 φ 即可。

【例 1.6.1】 一放置在水平桌面上的弹簧振子,如图 1.6.3 所示。设弹簧的劲度系数 $k=1.6\,\text{N/m}$,物体的质量 $m=0.4\,\text{kg}$ 。今把物体向右拉至距平衡位置 0.1 m 处,并给以一向右的初速度 v_0,大小为 0.2m/s,然后松手让其开始作简谐振动。试求:(1)简谐振动的初相;(2)物体在放手后第 3 秒的运动状态。

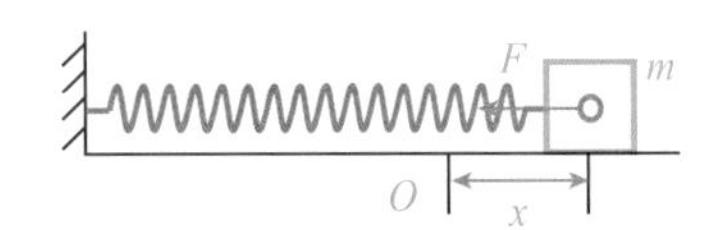

图 1.6.3 例 1.6.1 图

解 以平衡位置为原点,向右为正向建立 x 坐标。物体振动的圆频率为

$$\omega=\sqrt{\frac{k}{m}}=\sqrt{\frac{1.6}{0.4}}=2(\text{rad/s})$$

由题意及所设坐标,可确定初始条件 $x_0=0.1\text{ m}$, $v_0=0.2\text{m/s}$,由(1.6.9)式可求得振幅 A 和初相位 φ。

$$A=\sqrt{x_0{}^2+\left(\frac{v_0}{\omega}\right)^2}=\sqrt{0.1^2+\left(\frac{0.2}{2}\right)^2}=0.14(\text{m})$$

$$\tan\varphi=-\frac{v_0}{x_0\omega}=-\frac{0.2}{0.1\times 2}=-1 \quad\rightarrow\quad \varphi=\frac{3}{4}\pi \text{ 或 } \varphi=-\frac{\pi}{4}$$

因为 $x_0=A\cos\varphi>0$(或 $v_0=-\omega A\sin\varphi>0$),所以 $\cos\varphi>0$(或 $\sin\varphi<0$),即 φ 应在第四象限,得 $\varphi=-\frac{\pi}{4}$。

物体的振动方程为

$$x=0.14\cos\left(2t-\frac{\pi}{4}\right)\text{m}$$

$t=3\text{ s}$ 时,物体的位置和速度分别为

$$x_3=0.14\cos\left(2\times 3-\frac{\pi}{4}\right)\approx 0.07(\text{m}),\ v_3=-2\times 0.14\sin\left(2\times 3-\frac{\pi}{4}\right)\approx 0.25(\text{m/s})$$

简谐振动的旋转矢量表示法

前面我们讲解了如何用解析法来求得简谐振动方程。现在我们介绍简谐振动的旋转矢量表示法,此方法为研究简谐振动提供了一种形象直观、简洁方便的方法。

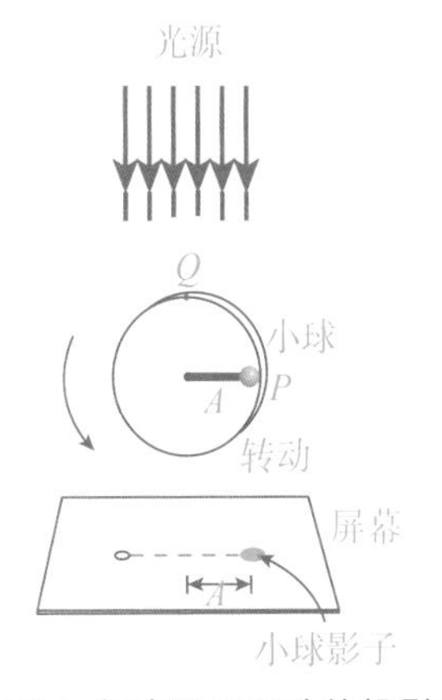

图 1.6.4 匀速圆周运动的投影是简谐运动

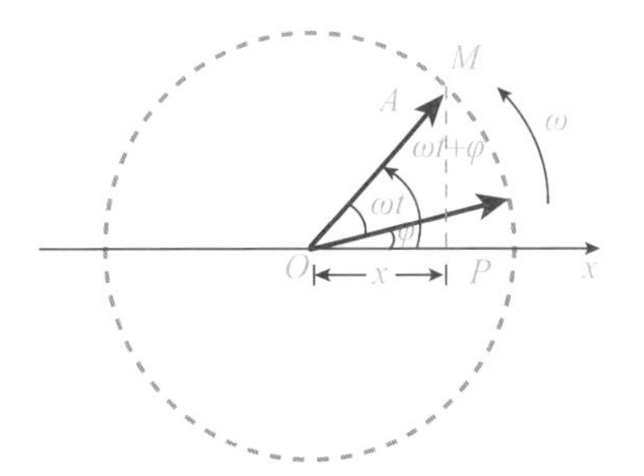

图 1.6.5 旋转矢量表示法

如图 1.6.5 所示,矢量 $\boldsymbol{A}$ 绕 O 点以恒定角速度 ω 沿逆时针方向转动。在此矢量转动过程中,矢量的端点 M 在 Ox 轴上的投影点 P 也以 O 为平衡位置不断地往返运动。在任意时刻,投影点在 Ox 轴上的位置由方程 $x=A\cos(\omega t+\varphi)$ 确定,因而它的运动是简谐振动。也就是说,一个简谐振动可以借助于一个旋转矢量来表示。它们之间的对应关系是:旋转矢量的长度 A 为投影点做简谐振动的振幅;旋转矢量的角速度为简谐振动的圆频率 ω;而旋转矢量在任一时刻 t 与 Ox 轴的夹角 $(\omega t+\varphi)$ 便是简谐振动运动方程中的相位;φ 角是起始时刻($t=0\text{ s}$)旋转矢量与 Ox 轴的夹角,也就是初相位。

【例 1.6.2】 一个沿 x 轴作简谐振动的弹簧振子，振幅为 A，周期为 T，其振动表达式用余弦函数表示。当初始状态分别为以下四种情况时，用旋转矢量法确定其初相，并写出振动表达式。(1) $x_0=-A$；(2)过平衡位置向 x 轴正方向运动；(3)过 $x=\frac{A}{2}$ 处向 x 轴负方向运动；(4)过 $x=-\frac{A}{\sqrt{2}}$ 处向 x 轴正方向运动。

解 设弹簧振子的余弦表达式为 $x=A\cos\left(\frac{2\pi}{T}t+\varphi\right)$

(1)由旋转矢量图知，初相位 $\varphi=\pm\pi$，则振动表达式 $x=A\cos\left(\frac{2\pi}{T}t\pm\pi\right)$

(2)由旋转矢量图，得 $\varphi=-\frac{\pi}{2}$，则振动表达式 $x=A\cos\left(\frac{2\pi}{T}t-\frac{\pi}{2}\right)$

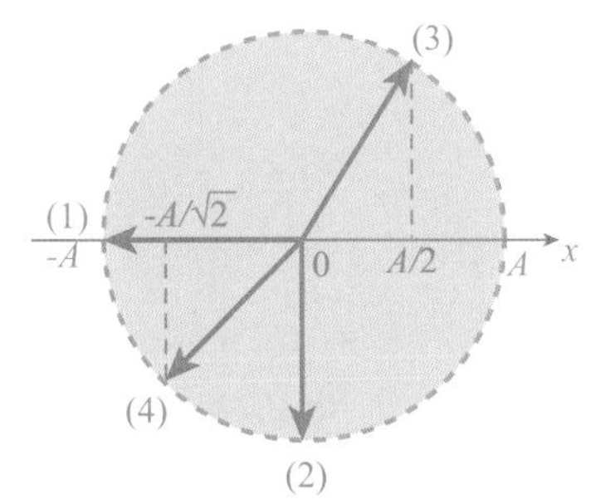

图 1.6.6 例 1.6.2 图

(3)由旋转矢量图，得 $\varphi=\frac{\pi}{3}$，则振动表达式 $x=A\cos\left(\frac{2\pi}{T}t+\frac{\pi}{3}\right)$

(4)由旋转矢量图，得 $\varphi=\frac{5\pi}{4}$（或 $-\frac{3\pi}{4}$），则振动表达式 $x=A\cos\left(\frac{2\pi}{T}t+\frac{5\pi}{4}\right)$

（或 $x=A\cos\left(\frac{2\pi}{T}t-\frac{3\pi}{4}\right)$）

【例 1.6.3】 一物体沿 x 轴作简谐振动，振幅为 0.12 m，周期为 2 s。当 $t=0$ 时，物体的位移为 0.06 m，且向 x 轴正方向运动。求：(1)初相位及振动方程；(2)从 $x=-0.06$ m 且向 x 轴负方向运动回到平衡位置所需的最短时间。

解 我们用旋转矢量图法求解。

$A=0.12\ \mathrm{m}$，$\omega=\frac{2\pi}{T}=\frac{2\pi}{2}=\pi$

(1)由图(a)，得初相位 $\varphi=-\frac{\pi}{3}$，则振动表达式 $x=0.12\cos\left(\pi t-\frac{\pi}{3}\right)$

(2)由图(b)，知 $\Delta\varphi=\frac{\pi}{3}+\frac{\pi}{2}=\frac{5\pi}{6}$，由 $\Delta\varphi=\omega\Delta t$，可得所需时间

$$\Delta t=\frac{\Delta\varphi}{\omega}=\frac{5\pi/6}{\pi}=\frac{5}{6}=0.833(\mathrm{s})$$

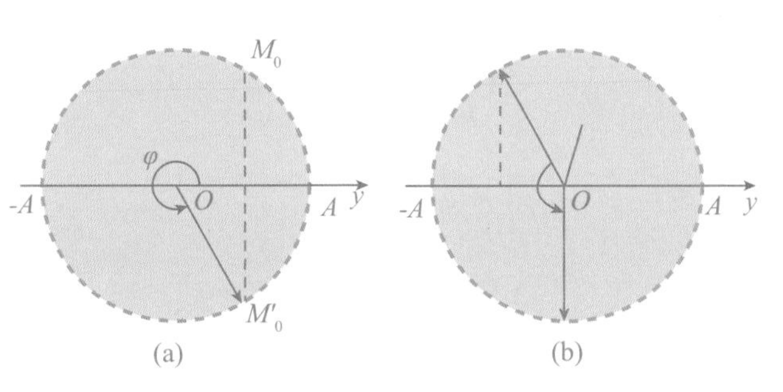

图 1.6.7 例 1.6.3 图

§6-3 同方向、同频率简谐振动的合成

视频 1-6-3

在实际问题中，经常会碰到一个物体同时参与两个或两个以上谐振动的情况。如两列声波同时传播到空间某处，该处的空气质元将同时参与两个振动，根据运动叠加原理，质点的运动就是两个振动的合成。一般的振动合成问题比较复杂，在此我们仅讨论两个同方向、同频率简谐振动的合成。

设一质点同时参与两个同方向、同频率简谐振动，其振动方程分别为

$$\begin{cases} x_1 = A_1\cos(\omega t+\varphi_1) \\ x_2 = A_2\cos(\omega t+\varphi_2) \end{cases}$$

合振动 x 应为 x_1 和 x_2 的代数和，即

$$x = x_1 + x_2 = A_1\cos(\omega t+\varphi_1) + A_2\cos(\omega t+\varphi_2)$$

研究两个同方向、同频率简谐振动的合成，既可用三角函数法（即将 x_1，x_2 按两个角之和的三角函数展开后合并），也可用旋转矢量法。相比之下，后一种方法要简便、直观一些。

如图1.6.8所示，令 $\boldsymbol{A}_1, \boldsymbol{A}_2$ 同以角速度 ω 绕 O 点逆时针旋转。在 $t=0$ 时，$\boldsymbol{A}_1, \boldsymbol{A}_2$ 与 x 轴的夹角分别为 φ_1, φ_2，则 $\boldsymbol{A}_1, \boldsymbol{A}_2$ 即为代表 x_1, x_2 的旋转矢量。当 $\boldsymbol{A}_1, \boldsymbol{A}_2$ 以相同的角速度转动时，以 $\boldsymbol{A}_1, \boldsymbol{A}_2$ 为邻边的平行四边形保持形状不变，其对角线 OM，即 $\boldsymbol{A}_1, \boldsymbol{A}_2$ 的合矢量 $\boldsymbol{A}$ 也以同一角速度绕 O 点旋转。设 $t=0$ 时，$\boldsymbol{A}$ 与 x 轴的夹角为 φ，则质点任意时刻的合振动即为旋转矢量 $\boldsymbol{A}$ 在 Ox 轴上的投影，即

$$x = x_1 + x_2 = A\cos(\omega t+\varphi)$$

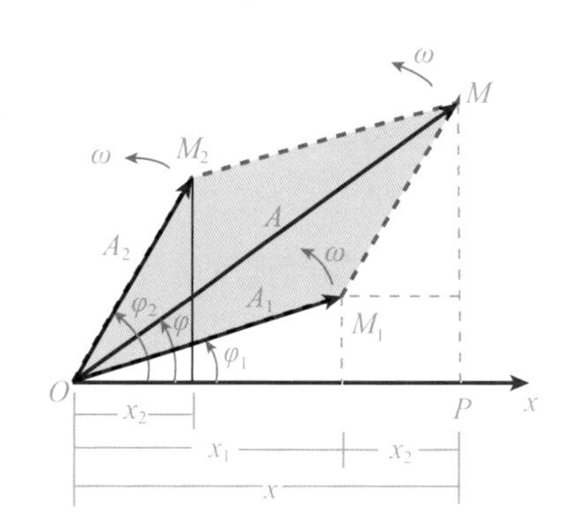

图1.6.8 两个同方向、同频率简谐振动合成

可见，两个同方向、同频率简谐振动的合振动仍为同频率的谐振动。由图1.6.8可知，合振动的振幅大小为

$$A = \sqrt{A_1^{\ 2} + A_2^{\ 2} + 2A_1A_2\cos(\varphi_2-\varphi_1)} \tag{1.6.10}$$

合振动的初相位为

$$\varphi = \arctan\frac{A_1\sin\varphi_1 + A_2\sin\varphi_2}{A_1\cos\varphi_1 + A_2\cos\varphi_2} \tag{1.6.11}$$

式（1.6.10）说明，合振幅 A 的大小除了与分振动的振幅有关外，取决于两个分振动之间的相位差 $\Delta\varphi=\varphi_2-\varphi_1$。以下就几种特殊情况加以讨论。

（1）若 $\Delta\varphi = 2k\pi$，　$k=0,\ \pm1,\ \pm2,\ \cdots$，即两个分振动相位相同，则合振幅最大

$$A_{\max} = A_1 + A_2 \tag{1.6.12}$$

合振动的振幅为两个分振动振幅之和。

（2）若 $\Delta\varphi = (2k+1)\pi$，　$k=0,\ \pm1,\ \pm2,\ \cdots$，即两个分振动相位相反，则合振幅最小

$$A_{\min} = |A_1 - A_2| \tag{1.6.13}$$

合振动的振幅为两个分振动振幅之差的绝对值。

（3）一般情况下，$\Delta\varphi$ 不是 π 的整数倍，即两个分振动介于同相和反相之间，合振幅也介于 $A_{\max}=A_1+A_2$ 和 $A_{\min}=|A_1-A_2|$ 之间。

【例1.6.4】 一质点同时参与两个同方向、同频率的简谐运动：$x_1 = 4\cos\left(2t+\dfrac{\pi}{6}\right)$ cm，$x_2 = 3\cos\left(2t-\dfrac{5\pi}{6}\right)$ cm。试求合振动的振幅 A 和初相位 φ。

解 按题意，$\Delta\varphi = \left(-\dfrac{5\pi}{6}\right) - \dfrac{\pi}{6} = -\pi$，由式（1.6.10）和（1.6.11）可得

$$A = \sqrt{A_1^{\ 2}+A_2^{\ 2}+2A_1A_2\cos\Delta\varphi} = \sqrt{4^2+3^2+2\times4\times3\cos(-\pi)} = \sqrt{16+9-24} = 1(\text{cm})$$

$$\varphi=\arctan\frac{A_1\sin\varphi_1+A_2\sin\varphi_2}{A_1\cos\varphi_1+A_2\cos\varphi_2}=\arctan\frac{4\sin(\pi/6)+3\sin(-5\pi/6)}{4\cos(\pi/6)+3\cos(-5\pi/6)}$$
$$=\arctan\frac{1}{\sqrt{3}}=\frac{\pi}{6}$$

本题求 A 时，也可直接应用式(1.6.13)的结论。因为 $\Delta\varphi=-\pi$，即两个分振动反相，故

$$A_{\min}=|A_1-A_2|=|4-3|=1(\text{cm})$$

本章小结

1. 简谐振动的判据 $F=-kx$

   简谐振动的运动学特征 $x=A\cos(\omega t+\varphi)$

   $v=\frac{\mathrm{d}x}{\mathrm{d}t}=-A\omega\sin(\omega t+\varphi)$，$a=\frac{\mathrm{d}v}{\mathrm{d}t}=-A\omega^2\cos(\omega t+\varphi)$

   简谐振动的动力学特征 $\frac{\mathrm{d}^2x}{\mathrm{d}t^2}+\omega^2x=0$，式中 $\omega^2=\frac{k}{m}$

   简谐振动的能量特征 $\begin{cases}E_k=\frac{1}{2}mv^2=\frac{1}{2}mA^2\omega^2\sin^2(\omega t+\varphi)\\U_p=\frac{1}{2}kx^2=\frac{1}{2}kA^2\cos^2(\omega t+\varphi)\\E_{总}=E_k+U_p=\frac{1}{2}kA^2\end{cases}$

2. 描述简谐振动的三个特征量

   (1)圆频率 ω、周期 T、频率 ν 由振动系统的固有性质所决定

   $$\omega=\sqrt{\frac{k}{m}}，T=\frac{2\pi}{\omega}=2\pi\sqrt{\frac{m}{k}}，\nu=\frac{1}{T}=\frac{1}{2\pi}\sqrt{\frac{k}{m}}$$

   (2)振幅 A 和初相位 φ 由振动的初始条件(即 $t=0$ 时，振子的位置 x_0 和速度 v_0)所确定

   $$\begin{cases}A=\sqrt{{x_0}^2+\left(\frac{v_0}{\omega}\right)^2}\\\varphi=\arctan\left(-\frac{v_0}{\omega x_0}\right)\end{cases}$$

3. 简谐振动的旋转矢量表示法，为研究简谐振动提供了一种形象直观、简洁方便的方法。
4. 两个同方向、同频率简谐振动合成后，合振动仍为同频率的谐振动。

   合振幅 $A=\sqrt{{A_1}^2+{A_2}^2+2A_1A_2\cos(\varphi_2-\varphi_1)}$

   初相位 $\varphi=\arctan\frac{A_1\sin\varphi_1+A_2\sin\varphi_2}{A_1\cos\varphi_1+A_2\cos\varphi_2}$

   合振动极大(增强)和极小(减弱)条件

   $$\Delta\varphi=\varphi_2-\varphi_1=\begin{cases}2k\pi\\(2k+1)\pi\end{cases}(k=0,\ \pm1,\ \pm2,\ \cdots)\qquad\begin{matrix}A_{\max}=A_1+A_2(极大)\\A_{\min}=|A_1-A_2|(极小)\end{matrix}$$

思考题

1. 简谐振动的运动特征是什么？什么条件下物体可以做简谐振动？
2. 判断下列运动是否为简谐振动？并说明理由。(1)小球在光滑的球面形碗底附近做小幅度往复运动；(2)自由下落的小球与地面做完全弹性碰撞形成的上下运动；(3)质点在合外力 $F=-kx^2$ 作用下沿 x 轴运动；(4)质点做匀变速圆周运动时，它在直径上投影点的运动。
3. 有一弹簧振子，为了测定其系统的振动周期，只要把它竖直挂起后，测出弹簧的伸长量 x（即平衡时的长度和自然长度之差）即可，试说明道理。
4. (1)在两个相同的铅直悬挂着的弹簧上，挂着两个质量不同的砝码，以相同的振幅振动，问：振动的频率是否相同？振动的能量是否相同？(2)在两个相同的铅直悬挂者的弹簧上，挂着两个质量相同的砝码，以不同的振幅振动，问：振动的频率是否相同？振动的能量是否相同？
5. 伽利略提出并解决了这样一个问题：一根很长的细线挂在又高又暗的城堡中，既看不到它的上端，又无法爬到高处去测量它的长度，只能看见它的下端，如何用简单方法测量此线的长度。试给出你的方法。
6. 用水通过空心球上的一个小孔将其充满，再用一根长线把这球悬挂起来，然后让水从球的底部慢慢流出来，这时会发现振动周期先增大而后减小，试说明之。
7. 三个完全相同的单摆，一个放在教室里，一个放在做匀速直线运动的火车上，另一个放在匀加速上升的电梯里，试问它们的周期是否相同？大小如何？
8. 如图所示为两个摆锤质量不同、摆长相同的单摆 A 和 B。开始时，把单摆 A 向左拉开一个很小的角度 θ_0，把单摆 B 向右拉开一个很小的角度 $2\theta_0$，然后同时由静止释放，问它们在什么位置相碰？为什么？从释放到首次相碰经历的时间为多少？
9. 弹簧的劲度系数为 k，挂一个质量为 m 的物体，它的振动频率多大？如果把弹簧切去一半，仍将原物体挂在上面，它的振动频率是否改变？
10. 如果质量为 m 的物体挂在两个同样的弹簧下（见图(a)和(b)），在这两种情况下，试问角频率 ω 是多大？。

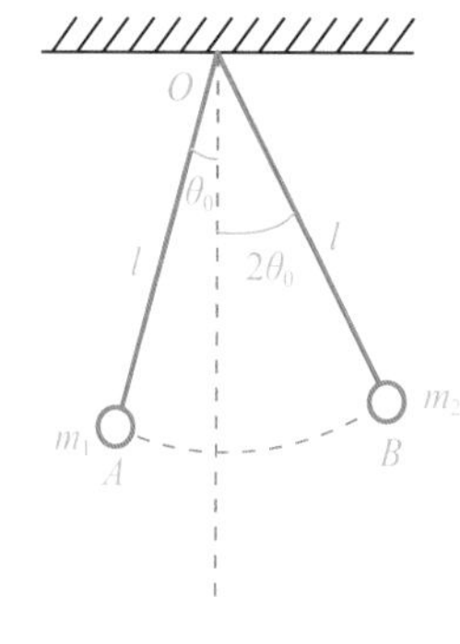

思考题8图

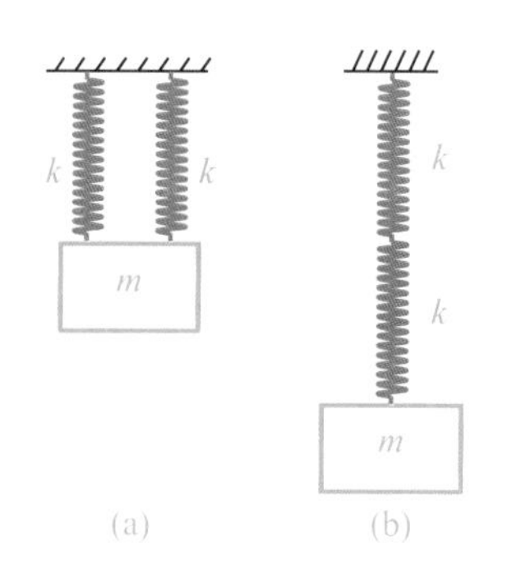

思考题10图

习　题

1. 已知简谐振动表达式 $x=0.1\cos\left(8\pi t+\dfrac{2}{3}\pi\right)$(SI)。求：振动频率、周期、振幅、初相，以及速度、加速度的最大值。
2. 一质点作简谐振动，其振动方程为 $y=0.1\cos\left(20\pi t+\dfrac{\pi}{4}\right)$，其中 y 以 m 计，t 以 s 计。求：(1)振幅、频率、角频率、周期和初相；(2) $t=2$ s 时的位移、速度和加速度。

3. 一辆质量 $M=1300\,\text{kg}$ 的小轿车可以等效地被认为是安装在4根倔强系数 $k=20000\,\text{N/m}$ 的弹簧上。求小轿车载重 $m=160\,\text{kg}$ 时自由振动的故有频率。

4. 如图所示，质量为 m 的物体由劲度系数为 k_1 和 k_2 的两个轻弹簧连接在水平光滑导轨上作微小振动，求该系统的振动频率。

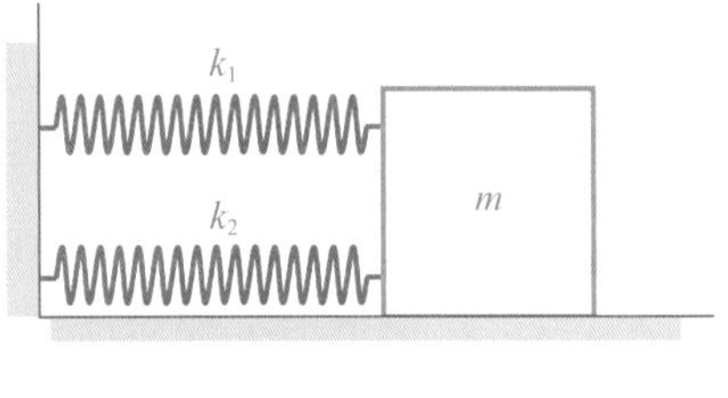

习题4图

5. 已知质量为 $m=0.1\,\text{kg}$ 的物体与一劲度系数为 k 的轻质弹簧组成一弹簧振子系统，其振动规律为 $x=5\cos\left(4\pi t+\dfrac{\pi}{4}\right)(\text{cm})$。求：(1)该物体的振动频率 ν；(2)总能量 E；(3)物体受到的最大作用力 $F_{\max}$。

6. 一质点沿 x 轴作简谐振动，振动方程 $x=4\times10^{-2}\cos\left(2\pi t+\dfrac{\pi}{3}\right)(\text{SI})$，问从 $t=0$ 时刻起，到质点位置在 $x=-2\,\text{cm}$ 处，且向 x 轴正方向运动的最短时间间隔。

7. 已知弹簧振子的振幅 $A=0.02\,\text{m}$，周期 $T=0.5\,\text{s}$，当 $t=0$ 时，(1)物体在负方向的端点；(2)物体在平衡位置，且向正方向运动；(3)物体在位移 $A=0.01\,\text{m}$ 处，且向负方向运动。求以上各种情况的振动表达式。

8. 一质点作简谐运动，其振动曲线如图所示，试写出其简谐振动表达式。

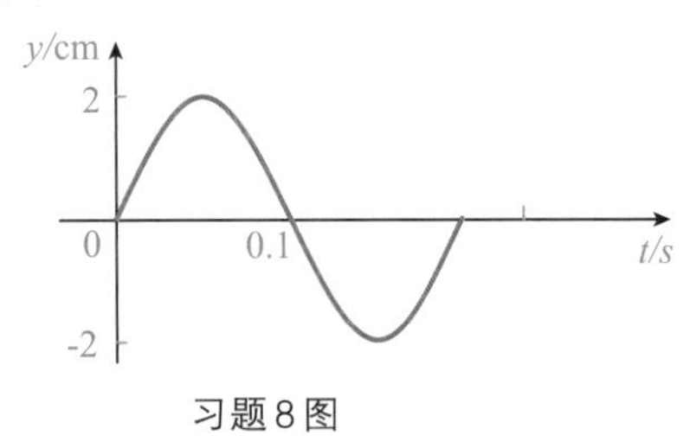

习题8图

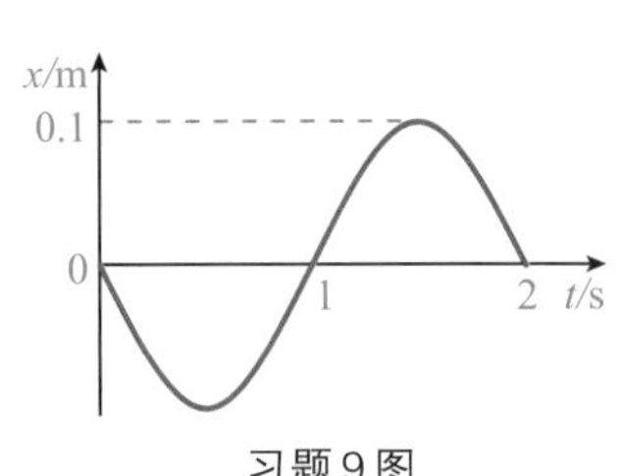

习题9图

9. 已知某质点作简谐振动的曲线 $x-t$ 如图所示，求质点振动的(1)振幅与初相；(2)频率；(3)振动表达式。

10. 已知一质点的振动曲线如图所示，求振幅、圆频率、初相及简谐振动表达式。

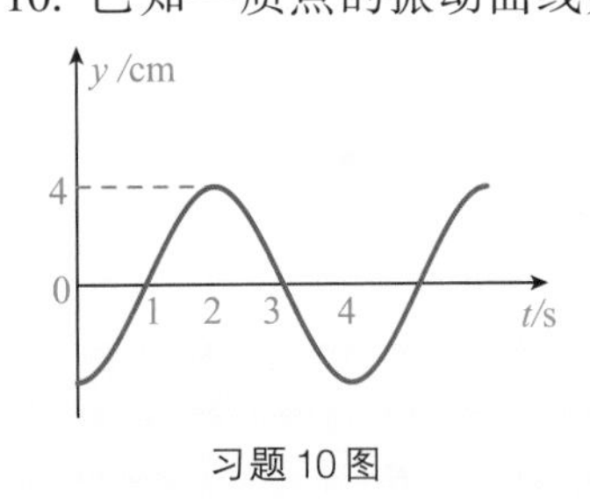

习题10图

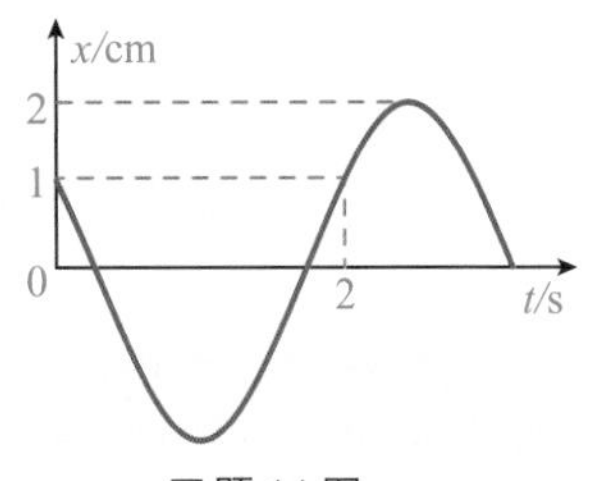

习题11图

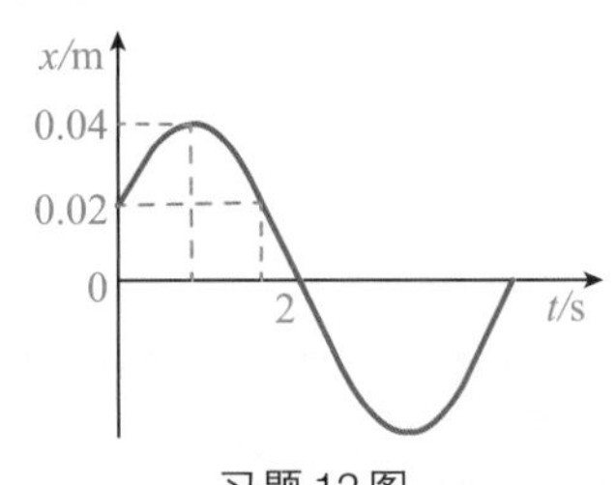

习题12图

11. 质点作谐振动的 $x-t$ 曲线如图所示，试写出该质点的振动表达式。

12. 已知某质点作简谐振动的曲线 $x-t$ 如图所示，求质点振动的(1)振幅与初相；(2)角频率；(3)振动表达式。

13. 一质量为 $0.01\,\text{kg}$ 的物体作简谐运动，其振幅为 $0.08\,\text{m}$，周期为 $4\,\text{s}$，起始时刻物体在 $x=0.04\,\text{m}$ 处，向 Ox 轴负方向运动。试求：(1)写出简谐运动方程；(2) $t=1.0\,\text{s}$ 时，物体所处的位置和所受的力；(3)由起始位置运动到 $x=-0.04\,\text{m}$ 处所需要的最短时间。

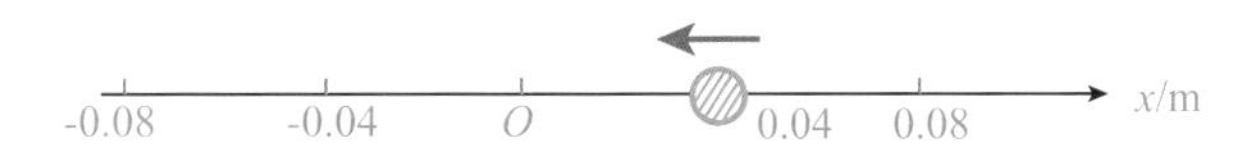

习题13图

14. 一质量为0.01 kg的物体作简谐振动，其振幅为0.24 m，周期为4 s。当$t=0$时位移为0.12 m，且向x轴正方向运动。试求：(1)振动表达式；(2) $t=1$ s时物体所在的位置和所受的力；(3)由起始位置第一次运动到$x=-0.12$ m处所需要的时间。

15. 如图所示，倔强系数为k、质量为m的弹簧振子静止地放置在光滑的水平面上。一质量为m'的子弹以水平速度v_0射入m中，与之一起运动。求：(1)系统的振动周期；(2)若以向右为x轴的正方向，以子弹进入的瞬间为时间起点，试写出系统的振动方程。

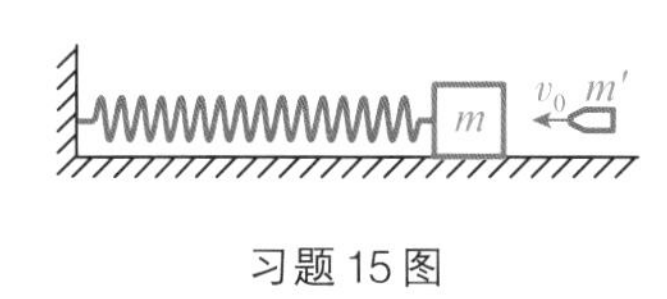

习题15图

16. 一个物体同时参与同一直线上的两个简谐运动：$y_1=0.05\cos\left(4\pi t+\dfrac{\pi}{3}\right)$，$y_2=0.03\cos\left(4\pi t-\dfrac{2\pi}{3}\right)$，式中$y_1$，$y_2$以m为单位，$t$以s为单位，求合振动的振幅，并写出合振动方程。

17. 有两个同方向、同频率的简谐振动：$x_1=0.05\cos\left(10t+\dfrac{3}{4}\pi\right)$，$x_2=0.06\cos\left(10t+\dfrac{\pi}{4}\right)$(SI)。试求：(1)合振动的振幅和初相；(2)若另有一方向和频率均相同的简谐振动$x_3=0.07\cos(10t+\varphi_3)$(SI)，问当$\varphi_3$为何值时，$x_1+x_3$的振幅最大？ (3) φ_3为何值时，x_2+x_3的振幅最小？

18. 一质点同时参与两个同方向同频率的简谐振动，周期都为4 s，振幅分别为$A_1=0.06$ m，$A_2=0.104$ m，初相分别为$\varphi_1=\dfrac{\pi}{3}$，$\varphi_2=\dfrac{5}{6}\pi$，求合振动的振幅、初相和振动方程。

19. 有两个同方向、同频率的简谐振动：$x_1=0.4\cos\left(4\pi t+\dfrac{\pi}{6}\right)$，$x_2=0.2\cos\left(4\pi t+\dfrac{5\pi}{6}\right)$(SI)，试写出这两谐振动合成的振动表达式。

20. 两个频率和振幅都相同的简谐振动的$x-t$关系曲线如图所示，利用旋转矢量图示法求：(1)两个简谐振动的相位差；(2)两个简谐振动的合成振动的振动方程.

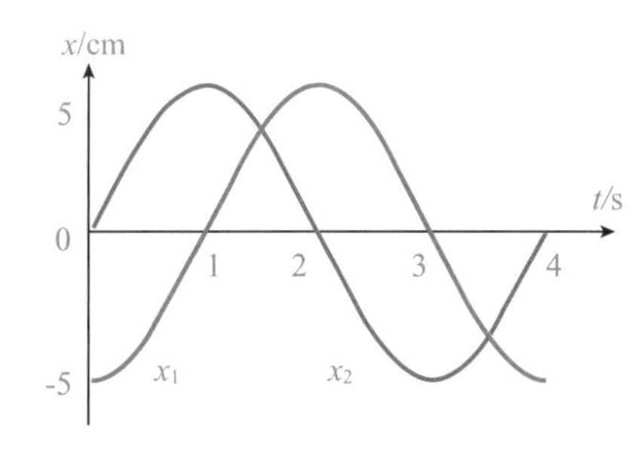

习题20图

第7章 机械波

振动的传播过程称为波动，简称波。机械振动在弹性介质中的传播称为机械波。如水波、声波、地震波等，都是机械波。变化的电场和变化的磁场在空间的传播称为电磁波。如光波、无线电波、X射线等都是电磁波。微观粒子也具有波动性，描述微观粒子状态的波叫物质波或德布罗意波，它和粒子在空间出现的概率相联系。上述种种波动，虽然产生的机制、物理本质不尽相同，但是它们却有共同的波动特征和规律，均能产生反射、折射、干涉和衍射等现象，并有共同的数学表达式。

§7-1 波动的基本概念

视频1-7-1

机械波的产生

产生机械波必须有振源和传递振动的介质。引起波动的初始振动物称为振源。振动赖以传播的媒介物则称为介质。

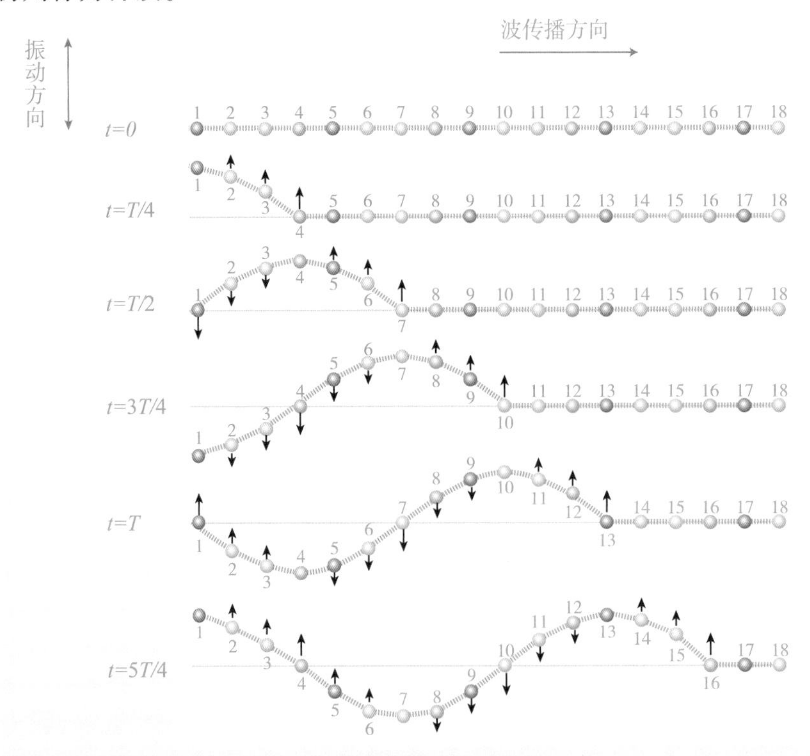

图1.7.1 机械波的形成和传播

机械振动在弹性介质中的传播过程称为弹性波。弹性介质可看做由大量质元所组成，各个质元之间由弹性力紧密相连，弹性力与位移之间的关系满足胡克定律。当某一质元受外界策动而持续、稳定地振动时，凭借着质元之间的弹性力，这一振动在介质内由近及远向外传播而形成波。若忽略各质元之间的内摩擦力、黏滞力等因素，且介质无吸收，则此振动可按原来的频率、方向，保持原有的振动特点，一直向前传播下去。

下面我们以弹性绳索上传播的一维简谐波为例，分析波动传播过程的物理实质。

现以1，2，3，4，…对质元进行编号。以质元1的平衡位置为坐标原点O，向上为y轴的正向。设在某一起始时刻$t=0$，质元1受扰动得到一向上的速度而开始做振幅为A的简谐振动。由于质元间弹性力的作用，在$t=0$以后相继的几个特定时刻，绳中各质元的位置将有如图1.7.1所示的排列。$t_1=0$时刻，质元1的相位为$\frac{3}{2}\pi$。$t_2=\frac{T}{4}$时刻，质元1的相位为2π。质元1在$t_1=0$时刻的相位已传至质元4，质元4的相位为$\frac{3}{2}\pi$。$t_3=\frac{T}{2}$时刻，质元1的相位为$2\pi+\frac{\pi}{2}$。质元1在$t_1=0$时刻的相位已传至质元7，质元7的相位为$\frac{3}{2}\pi$。当$t_5=T$时刻，质元1完成一次全振动回到起始的振动状态，而它所经历过的各个振动状态均传至相应的质元。如果振源持续地振动，振动过程将会不断地在绳索上向前传播。

通过以上分析，我们对波动传播过程的物理实质有如下认识：

(1)振源的状态随时间发生周期性的变化，它所经历的每一振动状态顺次向前传递，振动状态可以用振动相位来描述，因此，波的传播过程就是波源振动状态(即振动相位)的传播过程。

(2)在振动状态向前传播的过程中，各质元均在自身平衡位置附近做同频率、同方向、同振幅的简谐振动，并未随波的传播而传播。

(3)振源得以持续振动是外界不断馈入能量所致，随着振动状态的传递，原来静止的质元获得能量而开始振动。沿波传播的方向，每个质元不断地从后面的质元获取能量，又不断引发前面质元的振动而向前传递能量，因而波动过程也是能量的传播过程。

横波和纵波

按照质元振动方向和波的传播方向的关系，机械波可分为横波和纵波，这是波动的两种最基本的形式。

质元的振动方向和波的传播方向垂直的波称为横波。如图1.7.2(a)所示，是一维弹性绳索上传播的横波，其外形特征是交替出现波峰和波谷。而质元的振动方向和波的传播方向平行的波称为纵波。如图1.7.2(b)所示，纵波的外形特征是出现交替的“稀疏”和“稠密”区域。

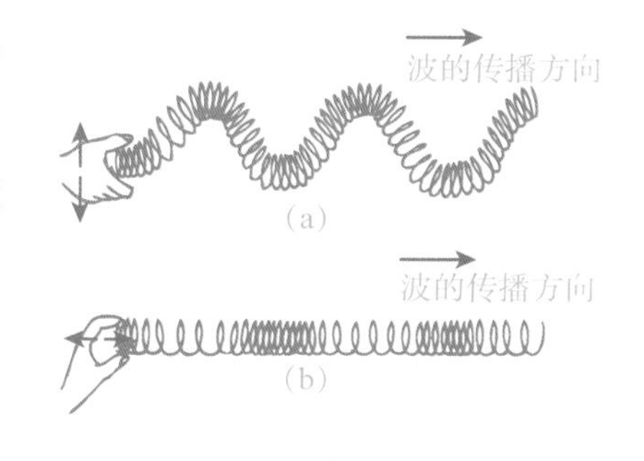

图1.7.2 横波与纵波

描述波动的物理量

(1)波长：波在传播过程中，沿同一波线上相位差为2π的两个相邻质元间的距离为一个波长，用λ表示。通俗地说，波长就是一个完整波的长度。对横波来说，它等于两个相邻波峰之间或两个相邻波谷之间的距离；对纵波来说，它等于两相邻密部或两相邻疏部对应点之间的距离。

(2)周期：一个完整的波通过波线上某点所需的时间，称为波动的周期，用T表示。由振动产生波动的过程可知，波源完成一次全振动，其振动状态就传出一个波长的距离。因此，波动的周期等于振动的周期，而与介质的性质无关。

波的频率表示在单位时间内通过波线上某点完整波的数目。它等于周期的倒数，用ν表示，单位是赫兹(Hz)。

(3)波速：振动状态(即振动相位)在单位时间内传播的距离，称为波速(相速)，用u表示，单位是米每秒$\left(\mathrm{m\cdot s^{-1}}\right)$。

因为在一个周期内，波传播了一个波长的距离，故有

$$u=\frac{\lambda}{T}=\lambda\nu \tag{1.7.1}$$

这是波速、波长与周期(频率)之间的基本关系式，具有普遍意义，对各类波都适用。

理论与实验都证明，波速u的大小取决于介质的性质，在不同的介质中，波速是不同的。有经验的巡道工，常常在火车远未到达前，用耳朵贴在铁轨上，判断是否将有火车经过。这是因为声音在空气中的传播速度(即声速)为330m/s左右，而在钢轨中的声速达到5100m/s。另外，由于波的频率只决定于波源，与介质无关，因此同一频率的波在不同介质中传播时波长是不同的。

波动的几何描述

为了形象地描绘波在空间的传播行为，我们引入波线、波面和波前等概念。

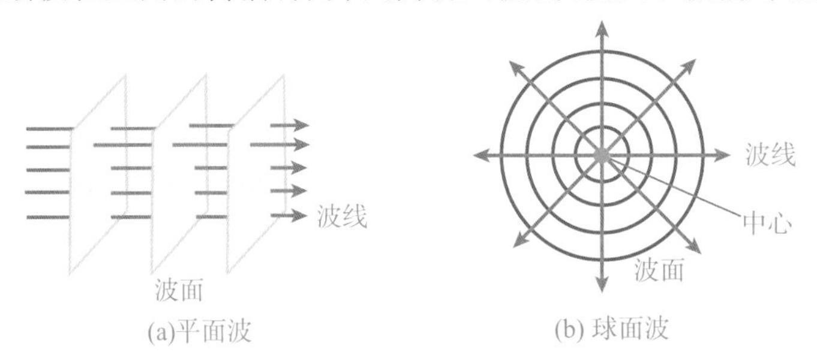

图1.7.3 波面与波线

沿波的传播方向画一条带有箭头的线，称为**波线**。它表示波的传播方向，通常说的"光线"就是指光波的波线。波传播时，介质中各质点都在各自平衡位置附近振动，振动相位相同的点构成的面，称为**波面**或**同相面**。任一时刻，波面可以有任意多个，一般相邻两个波面之间的距离等于一个波长。某一时刻，由波源最初振动状态传到的各点所连成的曲面，叫做**波前**或**波振面**。显然，波前是波面的特例，是最前面的那个波面。波前是平面的波，叫做**平面波**；波前是球面的波，叫做**球面波**。

§7-2 平面简谐波的余弦表达式

视频1-7-2

在平面波的传播过程中，若振源做简谐振动，则形成平面简谐波。这是一种最简单、最基本的波，任何复杂的波都可看成是由若干个简谐波叠加而成的。

下面讨论在均匀介质中沿x轴正方向、以速度u传播的平面简谐波，如图1.7.4所示。设坐标原点O处质元的振动方程为

$$y_O=A\cos(\omega t+\varphi)$$

假设介质是均匀的、无吸收的，那么各质元的振幅保持不变。

在Ox轴上任取一点P，它距O点的距离为x，当振动传到P点时，该处的质元将以相同

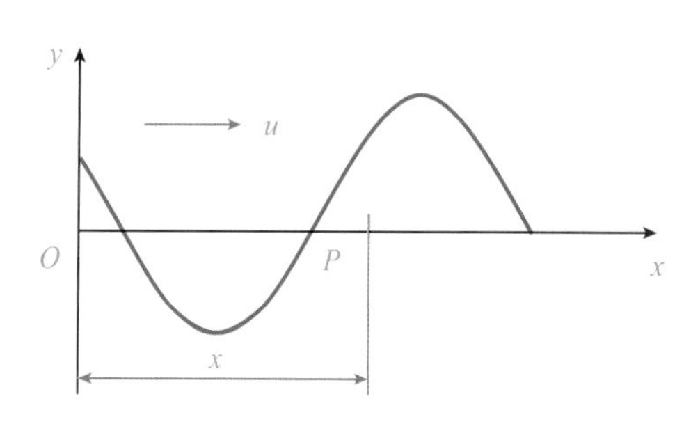

图 1.7.4 推导平面简谐波余弦表达式用图

的振幅和频率重复 O 点的振动。但振动从原点 O 点传到 P 点所需的时间为 $\Delta t=\frac{x}{u}$，即 P 点的振动比 O 点要晚 $\Delta t=\frac{x}{u}$ 时间。也就是说，P 点在 t 时刻的相位和 O 点在 $t-\Delta t=t-\frac{x}{u}$ 时刻的相位相同。即

$$y_P(x,\ t)=y_O(0,\ t-\Delta t)=A\cos\left[\omega\left(t-\frac{x}{u}\right)+\varphi\right] \quad (1.7.2)$$

由于 P 是波线上任意一点，因而上式实际上给出了波线上所有质元的运动规律，称为沿 x 轴正方向传播的一维平面简谐波的余弦表达式。

如果波沿 x 轴负方向传播，那么 x 处质元的振动应超前于 O 处质元，相应的波动表达式应为

$$y(x,\ t)=A\cos\left[\omega\left(t+\frac{x}{u}\right)+\varphi\right] \quad (1.7.3)$$

因为 $\omega=\frac{2\pi}{T}=2\pi\nu$，$u=\frac{\lambda}{T}=\lambda\nu$，一维平面简谐波波动表达式(1.7.2)也可改写成

$$y(x,\ t)=A\cos\left[2\pi\left(\frac{t}{T}-\frac{x}{\lambda}\right)+\varphi\right] \quad (1.7.4)$$

$$y(x,\ t)=A\cos\left[(\omega t-kx)+\varphi\right] \quad (1.7.5)$$

式(1.7.5)中，$k=\frac{2\pi}{\lambda}=\frac{\omega}{u}$ 称为波数或波矢。

为了进一步理解波动表达式的物理意义，我们分以下几种情况进行讨论：

(1)当 x 一定时，位移 y 仅是 t 的函数，此时波动表达式表示距原点 O 为 x 处质元的振动方程。

(2)当 t 一定时，位移 y 仅是 x 的函数，此时波动表达式表示给定时刻各质元在振动方向上的位移分布情况，即给定时刻的波形图。形象地说，就是 t 时刻对波的一张快照。

(3)如果 x 和 t 均变化时，如图 1.7.5 所示。波动表达式描绘了波形不断向前推进、振动状态不断向前传播的波动全过程。

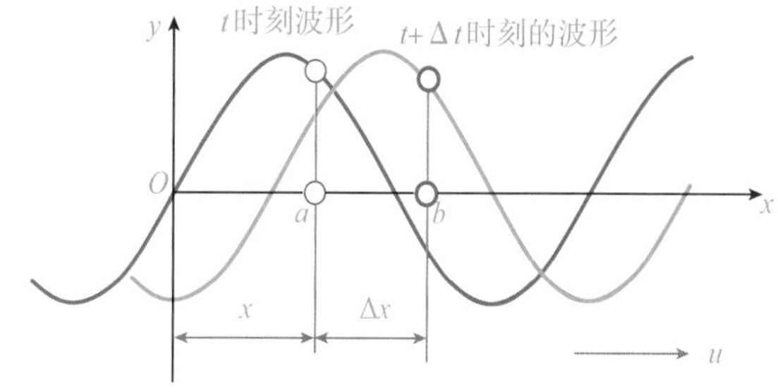

图 1.7.5 波形的传播

【例 1.7.1】 某横波的波动表达式为 $y=0.05\cos\pi(5x-100t)$(SI)，求：(1)波的振幅、频率、周期、波速及波长；(2) $x=2$ m处质点的振动表达式及初位相；(3) $x_1=0.2$ m 及 $x_1=0.35$ m 处两质点振动的相位差。

解 (1)因为 $y=0.05\cos\pi(5x-100t)=0.05\cos 100\pi\left(t-\frac{x}{20}\right)$，所以，

$$A=0.05\ \text{m},\ \omega=100\pi,\ u=20\ \text{m/s},\ \nu=\frac{\omega}{2\pi}=50\ \text{Hz},\ T=\frac{1}{\nu}=0.02\ \text{s},\ \lambda=uT=0.4\ \text{m}$$

(2)将 $x=2$ m 代入所给波动表达式，得

$$y=0.05\cos\pi(5\times2-100t)=0.05\cos(100\pi t-10\pi)$$

这就是 $x=2$ m 处质点的振动方程，其初位相为 -10π。

(3)由波动表达式(1.7.5)知，x_1 处质点振动的相位 $\varphi_1=\omega t-kx_1+\varphi=\omega t-\dfrac{2\pi x_1}{\lambda}+\varphi$，$x_2$ 处质点振动的相位 $\varphi_2=\omega t-kx_2+\varphi=\omega t-\dfrac{2\pi x_2}{\lambda}+\varphi$。所以，$x_1=0.2\ \text{m}$ 及 $x_2=0.35\ \text{m}$ 处两质点振动的相位差

$$\Delta\varphi=\varphi_1-\varphi_2=\frac{2\pi}{\lambda}(x_2-x_1)=k\Delta x=\frac{2\pi}{0.4}\times(0.35-0.2)=0.75\pi$$

【例 1.7.2】 已知振幅 $A=0.02\ \text{m}$，频率 $\nu=10\ \text{Hz}$，波长 $\lambda=20\ \text{m}$ 的一列平面简谐波沿 x 轴正向传播。在 $t=0$ 时，坐标原点 O 处的质点恰好在平衡位置，并向 y 轴正方向运动。求：(1)波动表达式；(2)距离 O 点为 $\lambda/4$ 处质点的振动表达式。

解 (1)根据已知条件，有 $A=0.02\ \text{m}$，$\omega=2\pi\nu=20\pi$，且 $\varphi=-\dfrac{\pi}{2}$（为什么？），所以，O 点的振动方程为

$$y_O=0.02\cos\left(20\pi t-\frac{\pi}{2}\right)\ \text{m}$$

由于 $u=\lambda\nu=200\ \text{m/s}$，$k=\dfrac{2\pi}{\lambda}=\dfrac{\pi}{10}$，所以，波动表达式为

$$y=0.02\cos\left[20\pi\left(t-\frac{x}{200}\right)-\frac{\pi}{2}\right]=0.02\cos\left(20\pi t-\frac{\pi}{10}x-\frac{\pi}{2}\right)\ \text{m}$$

(2)将 $x=\lambda/4$ 代入上式，即可求得距离 O 点为 $\lambda/4$ 处质点的振动表达式

$$y=0.02\cos\left(20\pi t-\frac{\pi}{10}\times\frac{20}{4}-\frac{\pi}{2}\right)=0.02\cos(20\pi t-\pi)\ \text{m}$$

【例 1.7.3】 如图所示，一平面简谐波以速度 u 沿 x 轴正向传播，已知始点 A（距原点距离为 a）的振动为 $y=A\cos(\omega t+\varphi)$，求其波动表达式。

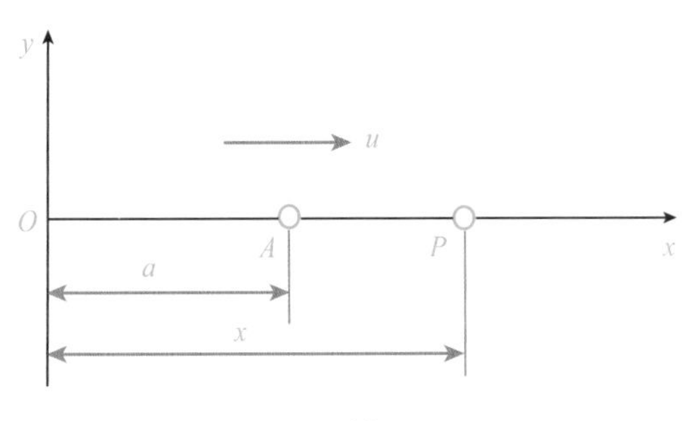

图 1.7.6 例 1.7.3 图

解 在 x 轴上任选一点 P，其坐标为 x。振动由 A 点传到 P 点所需时间为 $\Delta t=\dfrac{x-a}{u}$，所以 P 点 t 时刻的振动位移与 A 点 $t-\dfrac{x-a}{u}$ 时刻的位移相同，由此可得该波动的表达式为

$$y=A\cos\left[\omega\left(t-\frac{x-a}{u}\right)+\varphi\right]$$

§7-3 波的干涉

视频 1-7-3

波传播的独立性原理和叠加原理

大量实验事实表明，当几列波同时在同一介质中传播时，相遇后仍保持原有特征（频率、波长、振幅、振动方向等）不变，好像这几列波未曾相遇一样，继续沿原来的传播方向前进，称为波传播的独立性原理。在几列波相遇的区域，质点的振动位移是各个波单独存在时在该点产生的位移的矢量合，称为波的叠加原理。如我们能同时听见几个人讲话；欣赏音乐时能辨别出不同乐器的发声；空间能同时容纳若干个电台发射的电磁波。

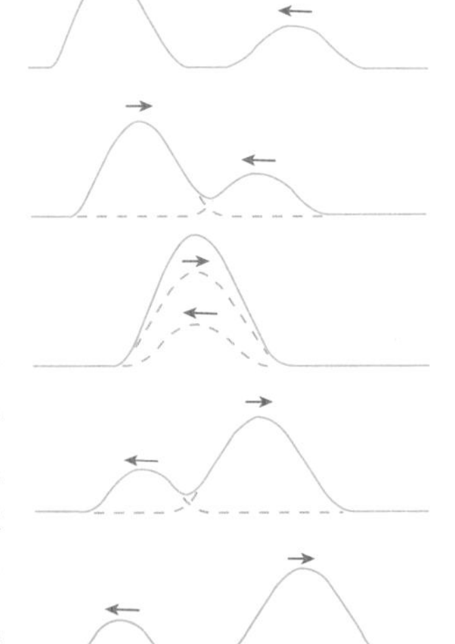

图 1.7.7 波传播的独立性和叠加原理

波传播的独立性原理和叠加原理是大量实验事实的总结，它是波动在波的强度较小时所遵循的基本规律。波的强度过大，如冲击波、地震波等，叠加原理失效。遵循叠加原理的波称为线性波，否则，便称为非线性波。

波的干涉

当两列或多列由频率相同、振动方向相同、相位相同或相位差恒定的波源所发出的线性波在同一介质中相遇叠加时，会产生一种特殊的现象，形成有的地方振动始终加强，有的地方振动始终减弱，称为波的干涉。干涉是一切波动过程所特有的性质。一般情况下，把上述能产生干涉的波称为相干波，相应的波源称为相干波源。

图 1.7.8 水波的干涉

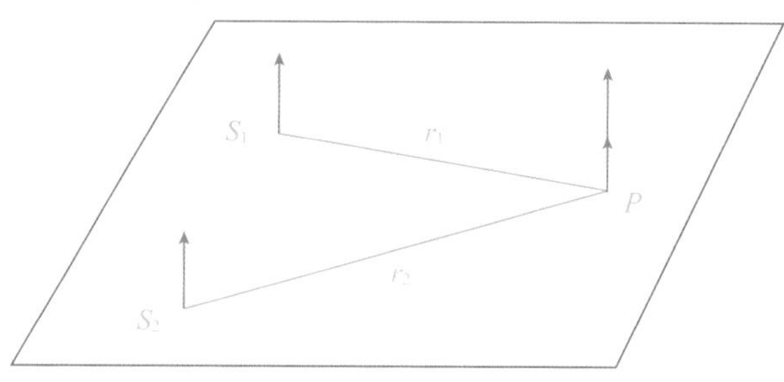

图 1.7.9 波的干涉用图

下面我们来定量讨论两列相干波叠加所满足的加强和减弱的条件。设有两个相干波源 S_1 和 S_2，其振动方程分别为

$$\begin{cases} y_{10}=A_{10}\cos(\omega t+\varphi_1) \\ y_{20}=A_{20}\cos(\omega t+\varphi_2) \end{cases}$$

假设此两相干波源所发出的简谐波在同一均匀介质中传播，在两列波相遇区域内任取一点 P，如图 1.7.9 所示，则 S_1 和 S_2 所发出的波在 P 点引起的振动分别为

$$\begin{cases} y_1=A_1\cos\left[\omega\left(t-\dfrac{r_1}{u}\right)+\varphi_1\right]=A_1\cos\left(\omega t-\dfrac{2\pi}{\lambda}r_1+\varphi_1\right) \\ y_2=A_2\cos\left[\omega\left(t-\dfrac{r_2}{u}\right)+\varphi_2\right]=A_2\cos\left(\omega t-\dfrac{2\pi}{\lambda}r_2+\varphi_2\right) \end{cases}$$

根据两同方向、同频率简谐振动合成规律，得合振动振幅为

$$A=\sqrt{A_1{}^2+A_2{}^2+2A_1A_2\cos\Delta\varphi}$$

式中 $\Delta\varphi$ 为两个分振动在 P 点的相位差，$\Delta\varphi=\left(\omega t-\dfrac{2\pi}{\lambda}r_2+\varphi_2\right)-\left(\omega t-\dfrac{2\pi}{\lambda}r_1+\varphi_1\right)$，即

$$\Delta\varphi=(\varphi_2-\varphi_1)-\frac{2\pi}{\lambda}(r_2-r_1) \tag{1.7.6}$$

上式中 $(\varphi_2-\varphi_1)$ 是两个波源的初相差；(r_2-r_1) 是两个波源到 P 点的波程差，记做 δ，$\delta=r_2-r_1$；$\dfrac{2\pi}{\lambda}(r_2-r_1)=\dfrac{2\pi}{\lambda}\delta$ 是由波程差引起的附加相位差。

当 $\Delta\varphi=2k\pi, k=0, \pm1, \pm2, \cdots$ 时，则 P 点合振幅最大，$A_{\max}=A_1+A_2$，振动加强。

当 $\Delta\varphi=(2k+1)\pi, k=0, \pm1, \pm2, \cdots$ 时，则 P 点合振幅最小，$A_{\min}=|A_1-A_2|$，振动减弱。

若两波源具有相同的初相位，即 $\varphi_1=\varphi_2$，则（1.7.6）演变为

$$\Delta\varphi = -\frac{2\pi}{\lambda}(r_2 - r_1) \tag{1.7.7}$$

则上述合振动振幅的最大和最小条件又可简化为

$$\delta = r_2 - r_1 = \begin{cases} 2k\dfrac{\lambda}{2} = k\lambda, A_{\max} = A_1 + A_2 \\ (2k+1)\dfrac{\lambda}{2}, A_{\min} = |A_1 - A_2| \end{cases} (k = 0, \pm1, \pm2, \cdots) \tag{1.7.8}$$

上式表明，当两个初相相同的相干波源发出的波产生干涉时，波程差等于零或波长整数倍的各点，干涉增强；波程差等于半波长奇数倍的各点，干涉减弱。

【例 1.7.4】 图 1.7.10 所示为一个声波干涉仪的示意图，由 S 发出的声波从左端进入仪器，沿上、下两条不同的路径 r_2 和 r_1 前进，在右端相遇。上路径的长度 r_2 是可通过一伸缩装置调节的。若伸缩装置向上移动 $y = 0.08\ \mathrm{m}$ 时，听到两次连续的彼此减弱，已知声速 $v = 340\,\mathrm{m/s}$，求声波的频率。

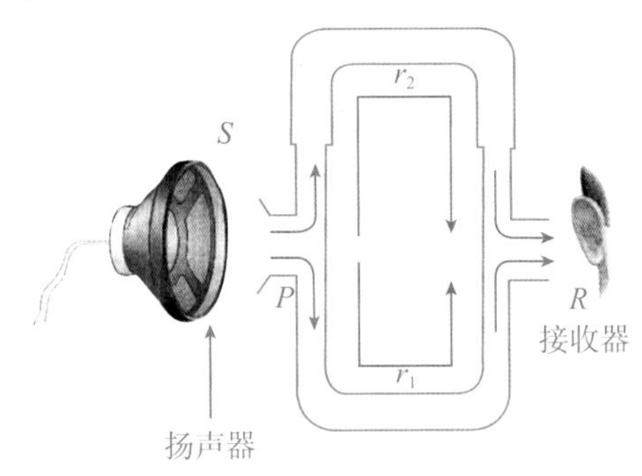

图 1.7.10 例 1.7.4 图

解 第一次振动减弱时，波程差 $\delta = r_2 - r_1 = (2k+1)\dfrac{\lambda}{2}$

第二次振动减弱时，波程差

$$\delta' = (r_2 + 2y) - r_1 = (2k+3)\frac{\lambda}{2}$$

两式相减得 $\delta' - \delta = 2y = \lambda = 2 \times 0.08 = 0.16\ (\mathrm{m})$

$$\nu = \frac{v}{\lambda} = \frac{340}{0.16} = 2125(\mathrm{Hz})$$

【例 1.7.5】 同一介质中两个相干波源 S_1 和 S_2 的振幅皆为 $A = 0.33\ \mathrm{m}$，振动初相位差 $\varphi_2 - \varphi_1 = \pi$，如图 1.7.11 所示。设介质中的波速 $u = 100\,\mathrm{m/s}$，欲使 S_1 和 S_2 分别发出的两列相干波在 P 点干涉增强，这两列波的最小频率为多少？

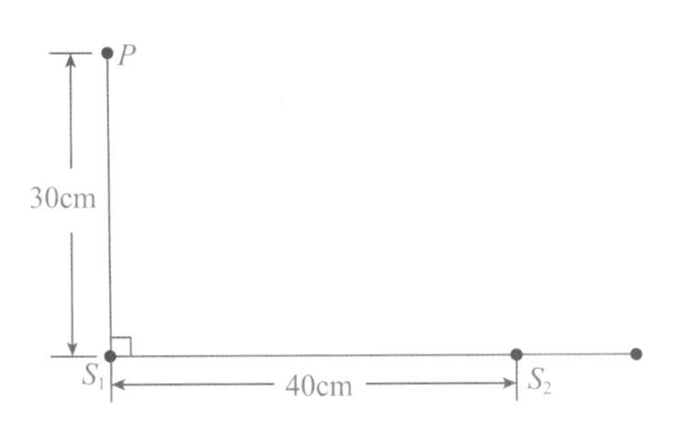

图 1.7.11 例 1.7.5 图

解 由图知 $r_1 = S_1P = 0.3\ \mathrm{m}$，$r_2 = S_2P = \sqrt{0.3^2 + 0.4^2} = 0.5(\mathrm{m})$，

P 点处干涉增强的条件是

$$\Delta\varphi = (\varphi_2 - \varphi_1) - \frac{2\pi}{\lambda}(r_2 - r_1) = 2k\pi$$

而 $\varphi_2 - \varphi_1 = \pi$，$r_2 - r_1 = 0.2\ \mathrm{m}$，代入上式得

$$\pi - \frac{0.4\pi}{\lambda} = 2k\pi$$

即

$$\lambda = \frac{0.4}{1-2k} \quad (k = 0, \pm1, \pm2, \cdots)$$

因为 λ 必须大于零，故

$$\lambda_{\max} = \left.\frac{0.4}{1-2k}\right|_{k=0} = 0.4\ \mathrm{m}$$

所以这两列波的最小频率为

$$\nu_{\min} = \frac{u}{\lambda_{\max}} = \frac{100}{0.4} = 250(\mathrm{Hz})$$

§7-4 驻波

驻波是干涉的特例。当两列振幅相等、沿相反方向传播的相干波叠加时，将形成驻波。

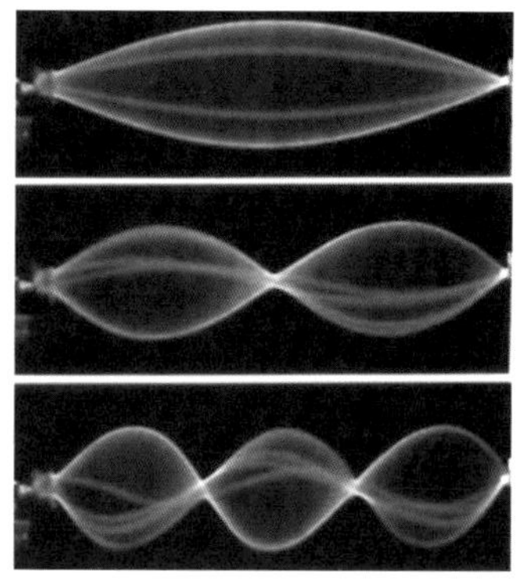

图 1.7.12 驻波

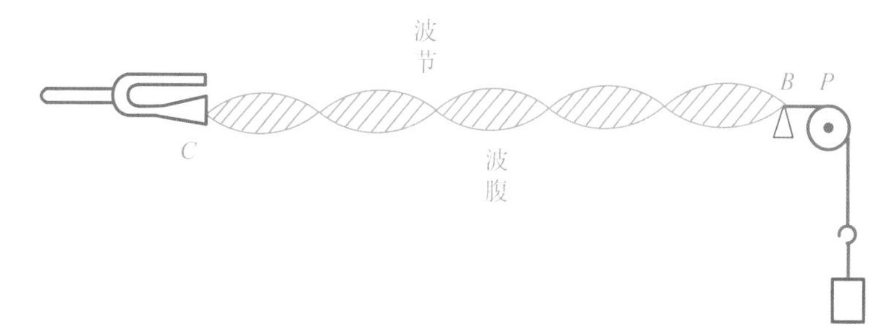

图 1.7.13 驻波演示实验

我们可以用实验来观察驻波。如图 1.7.13 所示，将弦线一端固定在电动音叉上，另一端系一砝码，砝码通过定滑轮 P 提供弦线一定的张力，当音叉振动时，调节刀口的位置和砝码的重量，就会在弦线上出现图 1.7.12 示的驻波。当音叉振动时，产生了从左向右传播的入射波，入射波在固定点 B 被反射，从而在弦线上又有一列从右向左传播的反射波。这两列波是相干波，在弦线上相干叠加产生干涉现象，形成驻波。用手触摸驻波，感觉到弦线在振动。振幅为零、始终不动的点，称为波节。振幅最大的点，称为波腹。

下面我们对驻波做定量分析。设有两列振幅相同的相干波，分别沿 x 轴的正、负方向传播，其波动表达式分别为

$$\begin{cases} y_1 = A\cos\left(\omega t - \dfrac{2\pi}{\lambda}x\right) \\ y_2 = A\cos\left(\omega t + \dfrac{2\pi}{\lambda}x\right) \end{cases}$$

由叠加原理知，合成波为

$$y = y_1 + y_2 = A\cos\left(\omega t - \frac{2\pi}{\lambda}x\right) + A\cos\left(\omega t + \frac{2\pi}{\lambda}x\right) = 2A\cos\frac{2\pi}{\lambda}x\cos\omega t \tag{1.7.9}$$

上式称为**驻波方程**。它表示波线上坐标为 x 处的质元，做振幅为 $\left|2A\cos\frac{2\pi}{\lambda}x\right|$，角频率为 ω 的简谐振动，即波线上不同位置处的质元做同频率、不同振幅的简谐振动。严格地讲，驻波实质上是一种振动，所以波形只是在原地起伏变化，振动的状态（相位）没有传播出去，因此也没有能量的传播。

由于波节处振幅为零，$\left|2A\cos\frac{2\pi}{\lambda}x\right| = 0$，则 $\frac{2\pi}{\lambda}x = \pm(2k+1)\frac{\pi}{2}$ $(k=0,1,2,\cdots)$，波节位置：

$$x = \pm(2k+1)\frac{\lambda}{4}\ (k=0,1,2,\cdots) \tag{1.7.10}$$

波腹处振幅最大，$\left|2A\cos\frac{2\pi}{\lambda}x\right| = 2A$，则 $\frac{2\pi}{\lambda}x = \pm k\pi$ $(k=0,1,2,\cdots)$，波腹位置：

$$x = \pm k\frac{\lambda}{2}\ (k=0,1,2,\cdots) \tag{1.7.11}$$

可见，两相邻波节或波腹间的距离为 $\frac{\lambda}{2}$，波节与相邻波腹之间的距离为 $\frac{\lambda}{4}$。

通常定义介质的密度 ρ 与波速 u 的乘积较大的介质为波密介质；ρu 较小的介质为波疏介质。

当波从波疏（ρu 较小）介质垂直入射到波密（ρu 较大）介质界面上被反射时，反射波在相位上有 π 的突变。我们知道，波线上相距半个波长的两点间的相位差是 π，所以，当波在波密介质的界面上反射时，相当于附加（或损失）了半个波长，因此，常把这种相位 π 的突变现象称为半波损失。

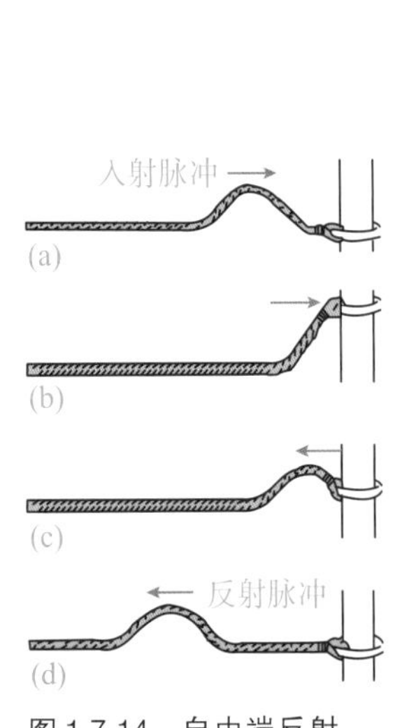

图 1.7.14　自由端反射

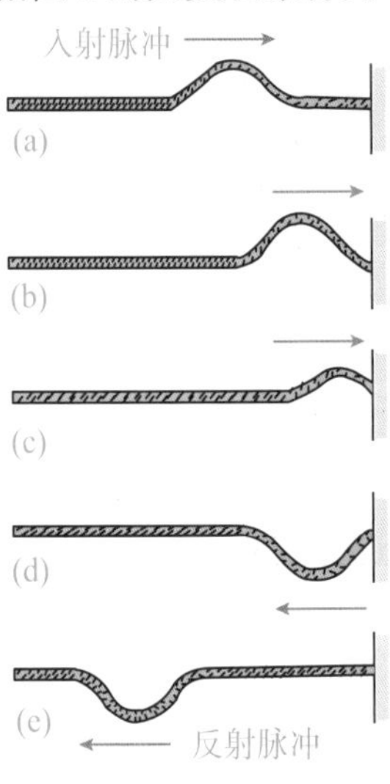

图 1.7.15　固定端反射

很明显，如图 1.7.14 和图 1.7.15 所示，波在固定端反射形成驻波时，反射波和入射波之间由于有 π 的相位突变（出现半波损失），固定端出现波节。波在自由端反射时，反射波和入射波之间没有 π 的相位突变（不出现半波损失），自由端形成波腹。

【例1.7.6】　一平面简谐波 $y=0.03\cos(20\pi t-\pi x)$(SI)，在距原点 5 m 处有一波密介质反射面 AB，波传至 AB 全部被反射，如图 1.7.16 所示。求：(1) 反射波的波动表达式；(2) 入射波与反射波合成的驻波表达式；(3) $0\le x\le 5$ m 内波节、波腹位置。

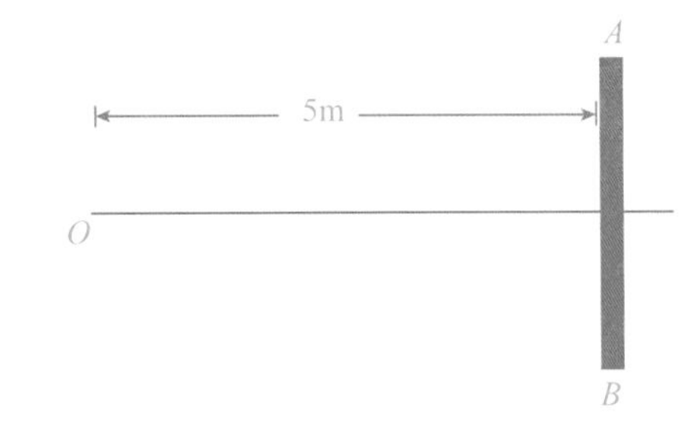

图 1.7.16　例 1.7.6 图

解　求驻波表达式的关键是求反射波的波动表达式，并要特别注意其在界面处是否有半波损失现象存在。

(1) 由入射波表达式 $y_{入}=0.03\cos(20\pi t-\pi x)$ 知

$A=0.03$ m，$\omega=20\pi$，$T=0.1$ s，$k=\pi$，$\lambda=2$ m，$u=\dfrac{\lambda}{T}=20$ m/s

O 点的振动方程 $y_O=0.03\cos 20\pi t$，O 点的振动传至界面 AB 再反射到 x 处所需的时间 $\Delta t=\dfrac{5+5-x}{u}=\dfrac{10-x}{20}$，考虑到波从波疏介质到波密介质界面反射，有半波损失。所以反射波的波动表达式

$$y_{反}=0.03\cos\left[20\pi\left(t-\frac{10-x}{20}\right)+\pi\right]=0.03\cos(20\pi t+\pi x+\pi)$$

(2) 驻波表达式

$$y=y_{入}+y_{反}=0.03\cos(20\pi t-\pi x)+0.03\cos(20\pi t+\pi x+\pi)$$
$$=0.06\cos\left(\pi x+\frac{\pi}{2}\right)\cos\left(20\pi t+\frac{\pi}{2}\right)=0.06\sin\pi x\sin 20\pi t$$

(3) 波节的位置 x 应满足

$$\sin \pi x = 0 \quad 或 \quad \pi x = k\pi$$

得 $0 \le x \le 5$ m 内波节位置 $x = k = 0, 1, 2, 3, 4, 5(\text{m})$

相邻波节与波腹的间距为 $\lambda/4 = 0.5$ m，所以 $0 \leqslant x \leqslant 5$ m 内波腹的位置是

$$x = k + 0.5 = 0.5, 1.5, 2.5, 3.5, 4.5(\text{m})$$

§7-5 多普勒效应

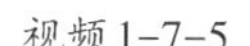

在前面的讨论中，观察者和波源相对于介质都是静止的，观察者接收到的频率和波源的频率相同。当波源与观察者相对于传播介质有运动时，观察者接收到的频率与波源发出的频率有差异，这种现象称为多普勒效应。在日常生活中可以发现，当鸣笛的火车驶入站台时，站台上的观察者听到的笛声变尖，即频率升高；相反，当火车离开站台时，听到的笛声频率降低。这就是声波的多普勒效应。

为了简便起见，设波源和观察者在同一条直线上运动。v_S 和 v_R 分别为波源和观察者相对介质的运动速度，并规定 v_S 和 v_R 朝着对方运动时取正值，背离对方运动时取负值。ν 和 u 分别为波源的振动频率及波的传播速度，下面分三种情况进行讨论。

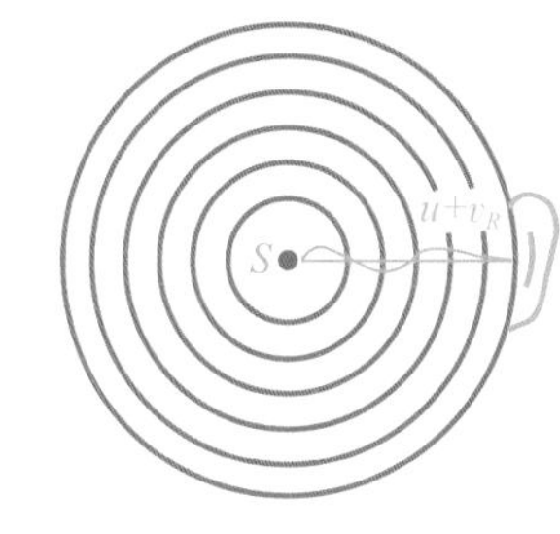

图 1.7.17 波源不动，观察者运动情形

(1)波源不动 $v_S = 0$，观察者以速度 v_R 向波源运动，如图 1.7.17 所示。

这时观察者感到波正以速度 $u + v_R$ 通过自己，于是观察者测得的频率

$$\nu' = \frac{u + v_R}{\lambda} = \frac{u + v_R}{uT} = \frac{u + v_R}{u}\nu \tag{1.7.12}$$

可见，观察者向着波源运动时，所测得的频率为波源频率的 $\frac{u + v_R}{u}$ 倍。当观察者离开波源运动，同样的分析仍可得到式(1.7.12)，只是式中的 v_R 取负值。

(2)观察者不动 $v_R = 0$，波源以速度 v_S（相对于媒质）向着观察者运动，如图 1.7.18 所示。

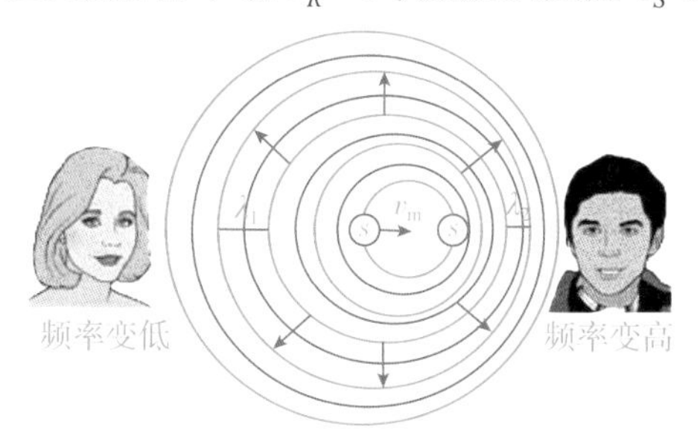

图 1.7.18 观察者不动，波源运动情形

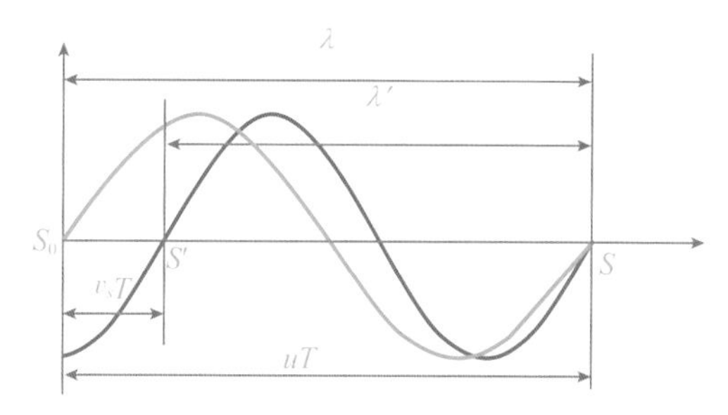

图 1.7.19 波长被压缩

因为波速由媒质的性质决定，与波源的运动无关，所以当波一旦从波源发出，便会以球面波的形式向周围扩展，且每经过一个周期的时间，波源就会向右移动 $v_S T$ 的距离，这相当于观察者所在处的波长 λ' 比原波长 λ 缩短了 $v_S T$（见图 1.7.19），即

$$\lambda' = \lambda - v_S T$$

因此，观察者测得的频率

$$\nu' = \frac{u}{\lambda'} = \frac{u}{\lambda - v_S T} = \frac{u}{uT - v_S T} = \frac{u}{u - v_S}\nu \tag{1.7.13}$$

可见，当波源向着观察者运动时，观察者测得的频率为波源频率的 $\frac{u}{u-v_S}$ 倍。当波源远离观察者运动时，类似的分析仍可得到式（1.7.13），只是式中的 v_S 取负值。

（3）波源和观察者同时相对介质运动。根据以上讨论可知，观察者测得的频率

$$\nu'=\frac{u+v_R}{u-v_S}\nu \tag{1.7.14}$$

多普勒效应有很多实际应用，利用声波的多普勒效应可以测定流体的流速、潜艇的速度，还可以用来报警和监测车速。在医学上，利用超声波的多普勒效应对心脏跳动情况进行诊断，如做超声心动、多普勒血流仪等。

【例 1.7.7】 A、B 两船沿相反方向行驶且远离，航速分别为 20m/s 和 30m/s，已知 A 船上汽笛的频率为 700 Hz，声波在空气中的传播速度为 340m/s，求 B 船上人听到船笛声的频率。

解 设 A 船汽笛为波源，B 船上的人为接收者，由公式（1.7.14）得

$$\nu'=\frac{u+v_R}{u-v_S}\nu=\frac{340+(-30)}{340-(-20)}\times 700=603\ (\text{Hz})$$

B 船听到笛声的频率变低了。

【例 1.7.8】 火车驶过车站时，站台边上观察者测得火车鸣笛声的频率由 1200 Hz 变为 1000 Hz，已知空气中声速为 330m/s，求火车的速度。

解 当火车迎面而来时，观察者测得的频率 $\nu_1=\frac{u}{u-v_S}\nu$；当火车掠过观察者而去时，观察者测得的频率 $\nu_2=\frac{u}{u+v_S}\nu$。两式相除，并代入数值得

$$\frac{\nu_1}{\nu_2}=\frac{u+v_S}{u-v_S}\rightarrow\frac{1200}{1000}=\frac{330+v_S}{330-v_S}\rightarrow v_S=30\ \text{m/s}=108\,\text{km/h}$$

本章小结

1. 机械波是机械振动在弹性介质中的传播过程。表现为波形的传播、相位的传播和能量的传播。
2. 波长、周期（或频率）与波速是描述波动的三个基本物理量，它们之间的关系是

$$u=\frac{\lambda}{T}=\lambda\nu$$

   波的周期（或频率）由波源决定，波速 u 由传播介质的性质决定。
3. 沿 x 轴正向传播的一维平面简谐波波动表达式

$$y(x,\ t)=A\cos\left[\omega\left(t-\frac{x}{u}\right)+\varphi\right]$$

$$y(x,\ t)=A\cos\left[2\pi\left(\frac{t}{T}-\frac{x}{\lambda}\right)+\varphi\right]$$

$$y(x,\ t)=A\cos[(\omega t-kx)+\varphi]$$

4. 当两列或多列由频率相同、振动方向相同、相位相同或相位差恒定的波源所发出的相干波在同一介质中相遇叠加时，形成有的地方振动始终加强，有的地方振动始终减弱的现象，称为波的干涉。

   干涉加强和减弱的条件

$$\Delta\varphi=(\varphi_2-\varphi_1)-\frac{2\pi}{\lambda}(r_2-r_1)=\begin{cases}2k\pi & \text{加强}\\(2k+1)\pi & \text{减弱}\end{cases}\quad(k=0,\ \pm1,\ \pm2,\cdots)$$

5. 当两列振幅相等、沿相反方向传播的相干波叠加时，将形成驻波。驻波是干涉的特例。两相邻波节（或波腹）间的距离为 $\frac{\lambda}{2}$，波节与相邻波腹之间的距离为 $\frac{\lambda}{4}$。
6. 当波从波疏（ρu 较小）介质垂直入射到波密（ρu 较大）介质界面上被反射时，反射波在相位上有 π 的突变。相当于附加（或损失）了半个波长，叫做半波损失。
7. 多普勒效应 $\gamma'=\frac{u+v_R}{u-v_S}\gamma$。

思考题

1. 说明下列几组概念的区别和联系：（1）振动和波动；（2）振动曲线和波形曲线；（3）振动速度和波速；（4）振动能量和波动能量。
2. （1）波长 λ、频率 ν、波速 u 各由哪些因素决定？（2）机械波通过不同介质时，波长 λ、频率 ν 和波速 u 中，哪些要改变？哪些不改变？
3. 当介质中传播着某种频率的简谐波时，（1）每个质元的振动周期与波动周期是否相同？（2）每个质元的运动速度与波的传播速度是否相同？
4. 已知某时刻横波的波形曲线如图所示，其中 a 点正向下运动。请判断：（1）波传播的方向；（2）该时刻 b, c, d, e, f, g, h 各点的运动方向。

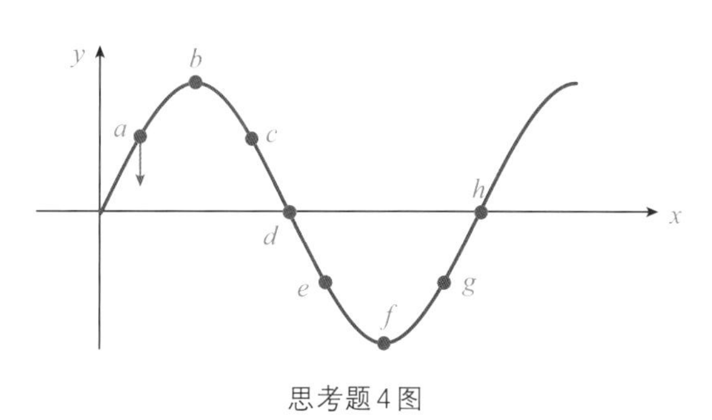

思考题4图

5. 在月球表面两个宇航员要相互传递信息，他们能通过直接对话进行吗？
6. 同一波面上所有质元的位移、速度和加速度都相同吗？
7. 波的传播过程中质元是否亦“随波逐流”？
8. 横波与纵波有何区别？波峰处质点的运动状态和波谷处质点的运动状态有什么不同？
9. 两波叠加产生干涉现象的条件是什么？在什么情况下两波相互叠加加强？在什么情况下相互叠加减弱？
10. 为什么我们能同时听到各种声音，而且能同时辨别各种声波传来的方向？
11. 我国古代有一种称为“鱼洗”的铜面盆，盆底雕刻着两条鱼。在盆中盛水，用手轻轻摩擦盆边两环，就能在两条鱼嘴的上方激起很高的水柱。请解释此现象。

思考题11图

12. 声源向静止的观察者运动和观察者向静止的声源运动,都会使听到的音调变高,试问这两者在物理上有什么区别?

习 题

1. 太平洋上有一次形成的洋波速度为 740 km/h,波长为 330 km。这种洋波的频率是多少?横渡太平洋 8000 km 的距离要多长时间?
2. 某一声波频率为 1000 Hz ,试求其在空气中和在水中的波长。已知:20℃ 空气中声速为 331 m/s ,水中声速为 1483 m/s 。
3. 频率为 500 Hz 的平面波,波速 $u=350\,\mathrm{m/s}$。问:(1)同一波线上,相位差为 $\frac{\pi}{3}$ 的两点相距多远?(2)介质中某质元在时间间隔为 10^{-3} s 的两个振动状态的相位差是多少?
4. 一横波沿绳子传播时的波动表达式为 $y=0.05\cos(10\pi t-4\pi x)$(SI) 。求:(1)此波的振幅、频率、周期、波速和波长。(2)绳子上各质点振动的最大速度和最大加速度。(3)求 $x=0.2$ m 处的质点在 $t=1$ s 时的相位。
5. 有一沿 x 轴正方向传播的平面简谐波,已知在坐标原点 O 的振动表达式为:$y_O=4\times10^{-3}\cos 240\pi t$(y 以 m 计, t 以 s 计),波速 $u=30\,\mathrm{m/s}$。求:(1)波的周期和波长;(2)写出平面简谐波的波动方程。
6. 已知一平面简谐波的表达式为 $y=5\cos\left(8t+3x+\frac{\pi}{4}\right)$(SI) 。问:(1)该平面波沿什么方向传播?(2)它的波长、频率和波速各是多少?
7. 某质点按余弦规律振动,周期为 2 s ,振幅为 0.06 m, $t=0$ 时,质点恰好处在负向最大位移处。求:(1)该质点的振动方程;(2)此振动以 $u=2\,\mathrm{m/s}$ 沿 x 轴正方向传播时,形成的一维平面简谐波的波动方程;(3)该波的波长。
8. 已知一横波沿 Ox 轴正方向传播,周期 $T=0.5$ s,波长 $\lambda=1$ m,振幅 $A=0.1$ m ,在 $t=0$ 时, $x=0$ 处质点恰好处在正向最大位移处。求:(1)波动方程;(2)距原点 O 为 $\frac{\lambda}{2}$ 处质点的振动方程;(3)与 O 点距离为 $x_1=0.40$ m 和 $x_2=0.60$ m 处两质点的相位差。
9. 已知一平面简谐波沿 x 轴正方向传播,波长 $\lambda=20$ m,周期 $T=4$ s, $t=0$ 时,波形图如图所示。求:①原点 O 处质点的振动表达式;②该波的波动表达式。

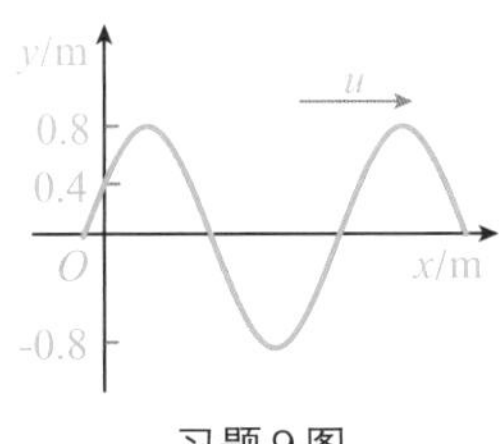

习题 9 图

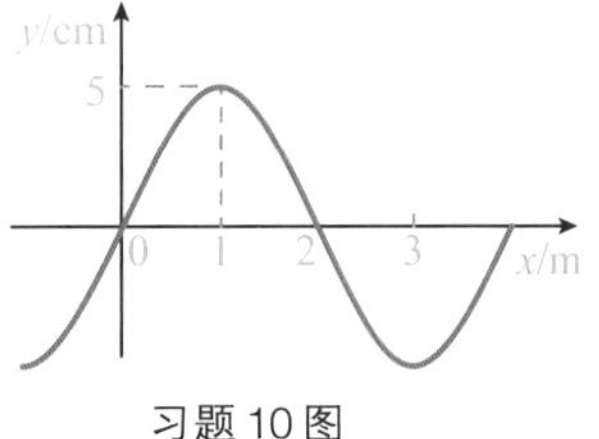

习题 10 图

10. 一沿 x 轴正方向传播平面简谐波，波速 $u=1\,\mathrm{m/s}$，在 $t=0$ 时的波形如图所示。求：(1)原点 O 处质点的振动表达式；(2)该波的波动表达式。

11. 一平面简谐波沿 x 轴负方向传播，波速为 u，已知在 $x=x_0$ 处质点的振动方程为 $y=A\cos(\omega t+\varphi_0)$，试写出该波的波动表达式。

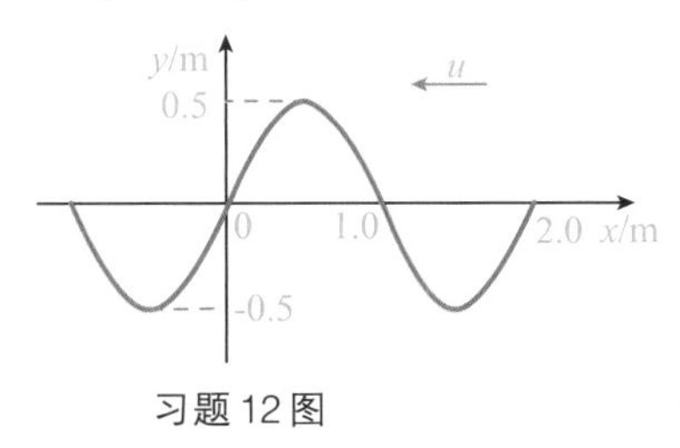

习题 12 图

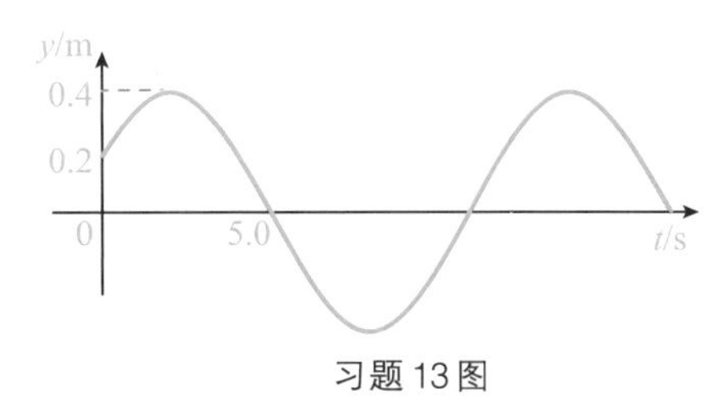

习题 13 图

12. 一平面简谐波以波速 $u=0.50\,\mathrm{m/s}$ 沿着 x 轴负向传播，$t=0\,\mathrm{s}$ 时的波形如图所示。求：(1)原点的振动方程；(2)该波的波动方程。

13. 一平面简谐波，波长为 12 m，沿 x 轴负向传播。图示为 $x=0\,\mathrm{m}$ 处质点的振动曲线，求此波的波动方程。

14. 已知某平面简谐波在波线上某点 P 的振动方程为 $y_P=A\cos(\omega t+\varphi)$。试写出以下几种坐标情况下的波动方程。

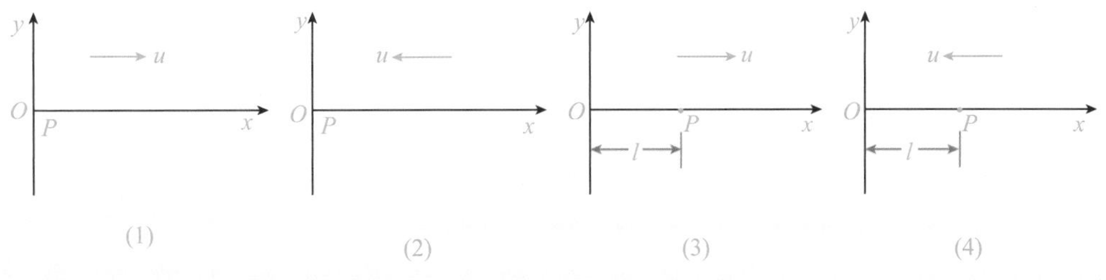

习题 14 图

15. 两列满足相干条件的平面余弦横波，如图所示，波 1 沿 BP 方向传播，在 B 点的振动表达式为 $y_{10}=0.2\cos(2\pi t)$ m，波 2 沿 CP 方向传播，在 C 点的振动表达式为 $y_{20}=0.2\cos(2\pi t+\pi)$ m，且 $BP=0.4\,\mathrm{m}$，$CP=0.5\,\mathrm{m}$，波速为 $0.20\,\mathrm{m/s}$。求：(1)两列波的波长；(2)两列波传到 P 点时的相位差；(3)所引起的合振动的振幅。

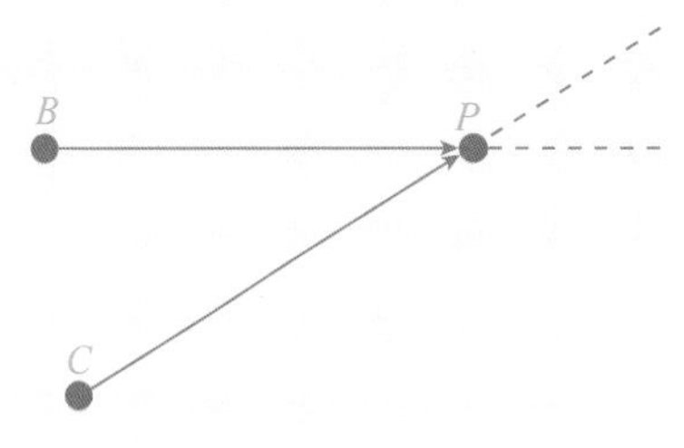

习题 15 图

16. 波源 A 和 B 发射波长为 400 m 的机械波，从源 A 发射的波比源 B 发射的波超前 $\pi/2$，从 A 到监测器的距离 r_A 比 B 到监测器的距离 r_B 大 100 m，问两波源发射的波传播到监测器处相遇时的相位差是多少？

17. 同一介质中 A 和 B 两点有两个相干波源 S_1 和 S_2，其振幅相等，频率均为 100 Hz，相位差为 π。若 A 和 B 相距 30 m，波在介质中的传播速度为 400m/s，试求 AB 连线上因干涉而静止的各点位置。

18. 同一介质中的两个相干波源 A 和 B，分别位于 $x_1=-1.5\ \mathrm{m}$ 和 $x_2=4.5\ \mathrm{m}$ 处，振幅相等，频率都是 100 Hz，波速都是 400m/s，当 A 质点位于正的最大位移时，B 质点恰好沿负向经平衡位置。求：x 轴上 A、B 之间因两波干涉而静止的各质点的位置。

习题 18 图

19. 入射波的表达式为 $y=0.1\cos\left[200\pi\left(t-\frac{x}{200}\right)\right]$(SI)，在 $x=2.25\ \mathrm{m}$ 处由固定端反射。试写出反射波的表达式。

20. 一弦上驻波的表达式为：$y=0.02\cos 5\pi x\cos 100\pi t(\mathrm{m})$，式中 x，y 以 m 为单位，t 以 s 为单位。求：(1)组成此驻波的两行波的振幅和波速为多少？(2)相邻的节点间的距离为多大？

21. 汽车以 40m/s 的速率驶离工厂，工厂汽笛鸣响频率为 800 Hz，设空气中声速为 340m/s，求汽车司机听到汽笛声的频率。

22. 一个观察者在铁路边，一列火车从远处开来，他接收到的火车汽笛声的频率为 650 Hz，当火车从身旁驰过而远离他时，他测得的汽笛声频率为 540 Hz，已知空气中声速为 340m/s，求火车行驶的速度。

23. 火车以 30m/s 的速度行驶，汽笛的频率为 650 Hz。在铁路近旁的公路上、坐在汽车里的人在下列情况听到火车鸣笛的声音频率分别是多少？(设空气中声速为 340m/s)(1)汽车静止，火车迎面驶来；(2)汽车以 45km/h 的速度与火车同向行驶，火车在前。

24. 骑警 B 正在一条笔直的路上追赶一违法超速驾驶者 A，双方的速度都是 160km/h，骑警 B 没能抓住驾驶者，于是再次发出警笛声。如果取空气中的声速为 343m/s，声源的频率为 500 Hz，驾驶员 A 听到的声音频率是多少？

25. 一架喷气式飞机以 200m/s 的速度飞行，其引擎的汽轮机发出 16000 Hz 的轰鸣声。另一驾飞机以 250m/s 的速度试图超越它，如果取空气中的声速为 343m/s，那么，这第二驾飞机的驾驶员听到的声音频率是多少？

26. 利用多普勒效应监测汽车行驶的速度。一固定波源发出频率为 100 kHz 的超声波，当汽车迎着波源驶来时，与波源安装在一起的接收器接收到从汽车反射回来的超声波的频率为 110 kHz，已知空气中声速为 330m/s，求汽车行驶的速度。

第2篇

热　学

人类对热现象的研究开始于对火的利用，由于缺乏对热现象本质的了解，人类的研究始终没有走上正确的道路。依靠英国科学家培根(F. Bacon)等人的贡献，在17世纪，人类对热现象开始有了正确的认识。按照培根的观点，热现象反映的是物体内部微小粒子的运动。英国物理家焦耳(J. P. Joule)通过精确测量热功当量，确立了热现象跟物体内分子运动速度的快慢有关，温度就是物体内分子运动速度快慢的标志。温度越高，物体内分子运动越剧烈；温度越低，物体内分子运动速度就越慢。

物体内分子的数量是极其巨大的，每个分子都在做无规则运动。对单个分子运动的研究相对于热现象来说是没有意义的。热力学系统是一个多粒子系统，对热力学系统的微观研究，就是对这些粒子运动的研究。这些粒子都在做无规则运动，并且通过频繁地碰撞不断地交换能量和动量。研究这些粒子没有办法按照第一篇力学的方法进行。必须根据统计的规律，通过统计平均的办法对这些粒子的集体行为进行研究。热现象的一些宏观物理参量与热力学系统的微观参量有关。热学的研究包括对热力学系统的宏观物理参量与微观参量的研究。

第1章　气体分子的热运动

§1-1 气体分子的速率分布

视频2-1-1

在一个热力学系统中，每个气体分子的速度各不相同。由于碰撞，气体分子速度的大小和方向在不断地变化。尽管不能确定每个分子的速度大小是多少，但是在平衡状态下，某个速度间隔内的分子数占全部分子数的比值是不变的，在某个速度间隔内的分子数占全部分子数的比值是有一定规律的，这就是气体分子的速率分布律。气体分子的速率分布最早由英国物理学家麦克斯韦(Maxwell)推出，所以叫麦克斯韦速率分布律。

麦克斯韦在1859年用概率论推导出平衡态下气体分子的速率分布函数，称为麦克斯韦速率分布函数：

$$N(v)=4\pi N(\frac{m_0}{2\pi kT})^{3/2}v^2\mathrm{e}^{-m_0v^2/(2kT)} \tag{2.1.1}$$

式中，N 为总的分子数，$N(v)$为分子速率在 v 附近单位速率间隔内的分子数，T 是气体的温度，m_0 是单个气体分子的质量，k 是玻尔兹曼常数。

$$k=1.38\times10^{-23}\mathrm{J/K}$$

因此，分子速率在 $v\sim v+\mathrm{d}v$ 间隔内的分子数就是 $N(v)\,\mathrm{d}v$。如果，所有气体分子的速率分布在0~∞之间，那么

$$\int_0^{\infty}4\pi N(\frac{m_0}{2\pi kT})^{3/2}v^2\mathrm{e}^{-m_0v^2/(2kT)}\mathrm{d}v=N \tag{2.1.2}$$

图2.1.1为麦克斯韦速率分布曲线。从图可见，速率很小的分子和速率很大的分子占的比例都不大。曲线最高点对应的速率 v_p 叫最概然速率，它表示速率在 v_p 附近，单位速率间隔内的分子数最多，占总分子数的比例最大。

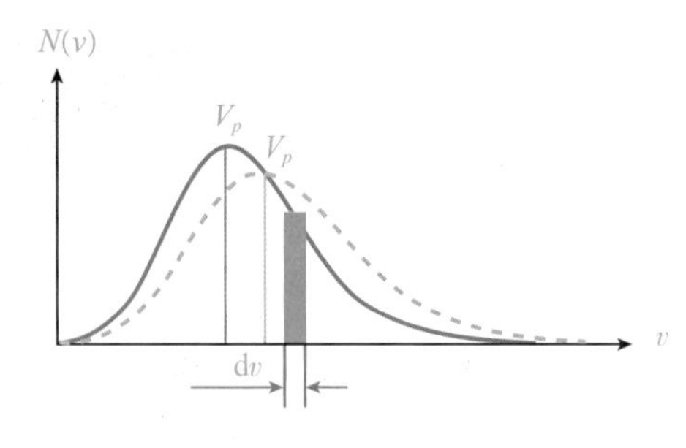

图2.1.1 麦克斯韦速率分布曲线

v_p 的值可以通过计算麦克斯韦速率分布函数的极值求出

$$\frac{\mathrm{d}N(v)}{\mathrm{d}v}=0 \tag{2.1.3}$$

把麦克斯韦速率分布函数(2.1.1)代入上式，可得

$$v_p=\sqrt{\frac{2kT}{m_0}}=\sqrt{\frac{2RT}{M}}\approx1.41\sqrt{\frac{RT}{M}} \tag{2.1.4}$$

式中 T 为气体的温度，m_0 为单个气体分子的质量，k 为玻尔兹曼常数，R 为摩尔气体常数，M 为摩尔气体质量。(2.1.4)式表明，v_p 的值与温度的平方根成正比，与气体分子质量的平方根成

反比。温度越高，v_p 的值越大，曲线峰值位置右移。表明温度升高，速率较大的分子数目增多（见图2.1.1中虚线所表示的曲线）。曲线下的总面积等于气体分子的总数。由于气体分子的总数并不随着温度的改变而改变，在温度升高时，要使曲线下的整个面积保持不变，曲线峰值的高度就要有所下降。

函数 $f(v)$ 叫速率分布的概率函数。$f(v)$ 可以写成

$$f(v)=\frac{N(v)}{N} \tag{2.1.5}$$

速率分布概率函数 $f(v)$ 表示的是：速率在 v 附近，单位速率间隔内的分子数占总分子数的比值。所以 $f(v)$ 也叫速率分布的概率密度。

气体分子的总概率等于1，这就是速率分布的概率函数的归一化条件：

$$\int_0^{\infty} f(v)\mathrm{d}v=1 \tag{2.1.6}$$

平均值是统计中常用的量。随机事件中某一物理量 ξ 的平均值为：

$$\bar{\xi}=\frac{\sum_i N_i\xi_i}{\sum_i N_i}=\frac{\sum_i N_i\xi_i}{N} \tag{2.1.7}$$

式中 ξ_i 为某个物理量，N_i 为取值 ξ_i 的粒子数目。根据已知速率分布函数 $N(v)$ 可以求出气体分子与速率有关的物理量的统计平均值。

$$\bar{\xi}=\frac{\int_0^{\infty}\xi N(v)\mathrm{d}v}{N} \tag{2.1.8}$$

根据(2.1.8)式，平衡态下气体分子的平均速率是

$$\bar{v}=\frac{\int_0^{\infty}vN(v)\mathrm{d}v}{N} \tag{2.1.9}$$

把麦克斯韦速率分布函数(2.1.1)代入，可得

$$\bar{v}=\sqrt{\frac{8kT}{\pi m_0}}=\sqrt{\frac{8RT}{\pi M}}\approx 1.60\sqrt{\frac{RT}{M}} \tag{2.1.10}$$

同样，平衡态下气体分子速率平方的平均值为

$$\overline{v^2}=\frac{\int_0^{\infty}v^2N(v)\mathrm{d}v}{N}=\frac{3kT}{m_0}=\frac{3RT}{M} \tag{2.1.11}$$

气体分子速率平方平均值的平方根叫方均根速率，所以平衡态下气体分子的方均根速率是

$$\sqrt{\overline{v^2}}=\sqrt{\frac{3kT}{m_0}}=\sqrt{\frac{3RT}{M}} \tag{2.1.12}$$

在(2.1.10)、(2.1.11)和(2.1.12)式中 T 是气体的温度，m_0 是一个气体分子的质量，k 是玻尔兹曼常数，R 是摩尔气体常数，M 是摩尔气体质量。

【例2.1.1】 计算室温下(300K)，氢气分子的最概然速率、平均速率和方均根速率。

解 氢气分子的质量 $m_0=3.32\times10^{-27}\mathrm{kg}$，所以在300K温度下：

氢气分子的最概然速率

$$v_p=\sqrt{\frac{2kT}{m_0}}=1579\ \text{m/s}$$

氢气分子的平均速率

$$\bar{v}=\sqrt{\frac{8kT}{\pi m_0}}=1782\ \text{m/s}$$

氢气分子的方均根速率

$$\sqrt{\overline{v^2}}=\sqrt{\frac{3kT}{m_0}}=1934\ \text{m/s}$$

气体分子的最概然速率、平均速率和方均根速率是描写分子热运动速率的三个典型值，它们分别应用在不同的地方。

视频 2-1-2

§1-2 理想气体分子的平均自由程

气体是由大量分子组成的，1 摩尔气体的分子数有 6.02×10^{23} 个（阿伏伽德罗常数 $N_A=6.02\times10^{23}$个）。气体的宏观性质，与组成气体的分子的微观运动有着必然的联系。系统的宏观性质就是大量气体分子运动的集体表现。

为了探讨理想气体的宏观热现象，需要建立理想气体的微观结构模型。根据实验现象的归纳和总结，可以从微观上对理想气体分子作如下假设：

1. 气体分子的大小与气体分子之间的平均距离相比要小得多，因此可以忽略不计，可将理想气体分子视为质点。

2. 除碰撞瞬间外，气体分子间的相互作用可以忽略，因此分子在相继两次碰撞之间作匀速直线运动，气体分子视为自由质点。

3. 气体分子之间的碰撞以及分子与容器器壁的碰撞可以视为完全弹性碰撞。

一定量的理想气体，在任一状态下，$\frac{pV}{T}$ 的值都相等，等于一个常数 Nk（总粒子数乘以玻尔兹曼常数）。系统状态确定后，压强 p，体积 V，温度 T 三个宏观量的任意一个都可以表示成另两个的函数。理想气体的状态方程可以写为

$$pV=NkT \qquad \text{也可以写作} \qquad pV=\nu RT \tag{2.1.13}$$

式中的 k 为玻尔兹曼常数，N 为理想气体的分子数目，ν 为摩尔数，$R=kN_A$ 为摩尔气体常数。如果 $n=\frac{N}{V}$ 是单位体积内的分子数目，(2.1.13)式可以写成

$$p=\frac{N}{V}kT=nkT \tag{2.1.14}$$

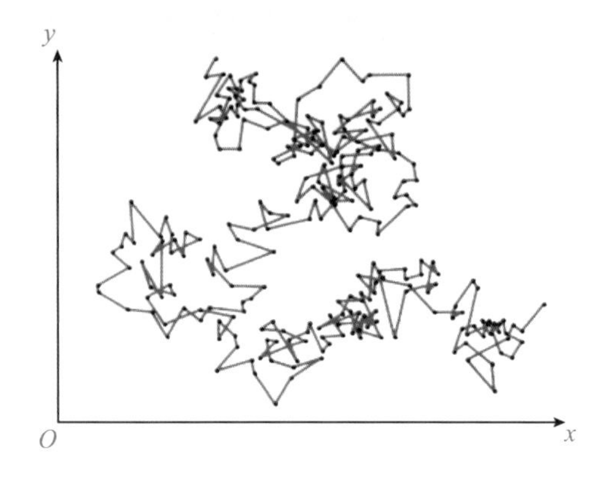

图 2.1.2　气体分子的运动和碰撞

从例 2.1.1 中可以看到，在室温下（300K），氢气分子的最概然速率、平均速率和方均根速率都可以达到每秒 1 千多米。空气中的氮气和氧气的分子质量比氢气分子质量大一些，它们在同样温度下的最概然速率、平均速率和方均根速率也能达到每秒几百米。但事实是空气分子的移动速度远小于每秒几百米。比如说，我们在厨房烧菜，菜的香味从厨房传到客厅是要经过一段时间的。气体分子的移动速度

慢的原因是气体分子在不断地碰撞。由于碰撞，空气分子在不断地改变运动的方向（见图2.1.2所示）。

如果一个气体分子的直径是 d，当两个同样的气体分子的中心距小于 d 时，两个气体分子就会发生碰撞。两个气体分子的直径也可以等价地看做：一个为 $2d$，另一为无穷小（相当于一个质点），这样两个气体分子碰撞的条件也是中心距小于 d（见图2.1.3所示）。

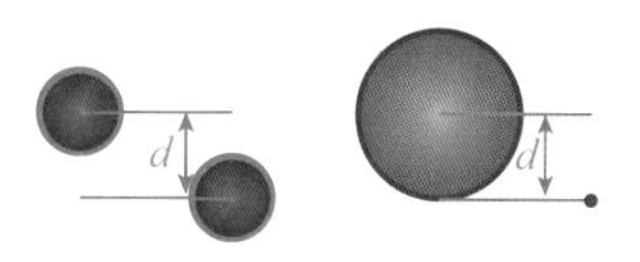

图2.1.3 两个气体分子碰撞的条件

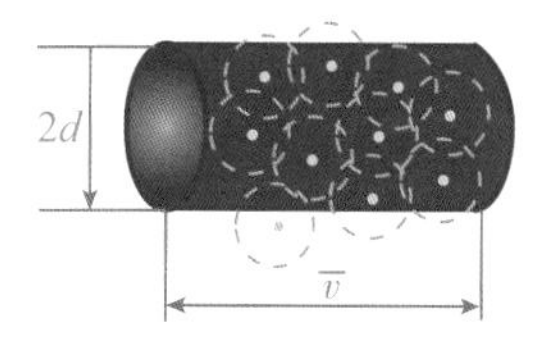

图2.1.4 气体分子1s内的碰撞次数

当一个直径为 $2d$ 的分子经过1s，它扫过的圆柱体体积等于 $\pi d^2\bar{v}$，这里的 $\bar{v}$ 是气体分子的平均速度（见图2.1.4）。只要有其他分子的中心落在体积等于 $\pi d^2\bar{v}$ 的圆柱体内，分子间就发生碰撞。如果单位体积里的分子数是 n，那么1s内，这个分子与其他分子的碰撞次数就是 $n\pi d^2\bar{v}$。考虑到其他分子也在运动，按照统计规律1s内平均碰撞次数就是：

$$\overline{Z}=\sqrt{2}\,n\pi d^2\bar{v} \tag{2.1.15}$$

气体分子的平均自由程指的是气体分子在两次碰撞间平均移动的距离。气体分子在1s内跑的平均路程是 $\bar{v}$，平均碰撞次数是 Z，因此，气体分子的平均自由程可以写为

$$\bar{\lambda}=\frac{\bar{v}}{\overline{Z}}=\frac{\bar{v}}{\sqrt{2}\,n\pi d^2\bar{v}}=\frac{1}{\sqrt{2}\,n\pi d^2} \tag{2.1.16}$$

n 是单位体积里的分子数，根据(2.1.14)式可得

$$n=\frac{p}{kT} \tag{2.1.17}$$

代入上式(2.1.16)，气体分子的平均自由程也可以表示为

$$\bar{\lambda}=\frac{kT}{\sqrt{2}\,p\pi d^2} \tag{2.1.18}$$

【例2.1.2】 计算室温下(300K)，一个大气压条件下，氮气分子的平均速率和平均自由程。

解 氮气分子的质量 $m_0=4.7\times10^{-26}\text{kg}$，所以

$$\bar{v}=\sqrt{\frac{8kT}{\pi m_0}}=4.73\times10^2\text{m/s}$$

氮气分子的直径 $d=3.15\times10^{-10}\text{m}$，一个大气压 $p_0=1.0\times10^5\text{Pa}$，代入(2.1.18)式

$$\bar{\lambda}=\frac{kT}{\sqrt{2}\,p\pi d^2}=9.3\times10^{-8}\text{m}$$

氮气分子的平均速率达每秒几百米，可是每隔几十纳米就碰撞一次。不断的碰撞，使得气体分子的实际移动变得很慢。

视频 2-1-3

§1-3 理想气体压强与温度的微观描述

理想气体的微观模型是由德国物理学家克劳修斯首先建立的，此后他开始着手推导理想气体的压强公式。克劳修斯指出：“理想气体的压强是大量气体分子对容器壁碰撞的平均效

果。”生活中我们有这样的经验,当你撑着雨伞站立在瓢泼大雨中时,你会感觉到密集的雨点打在雨伞上,产生一个持续的、恒定的压力。

现在假定边长为 l 的立方体容器内有 N 个的理想气体分子(见图2.1.5)。每个分子的质量为 m_0。考虑某一个分子速度的 x 分量是 v_{x_i}。当这个分子与垂直于 x 轴的器壁完全弹性碰撞时,受到器壁的冲量,它的动量的改变是

$$\Delta p_{x_i}=m_0v_{x_i}-(-m_0v_{x_i})=2m_0v_{x_i} \tag{2.1.19}$$

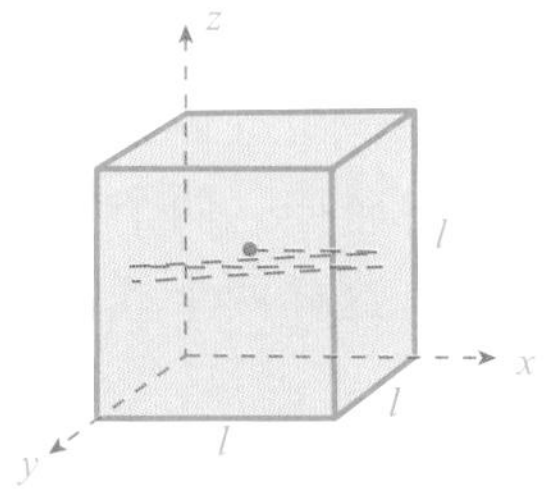

图2.1.5 气体分子与器壁的碰撞次数

也就是说器壁给分子的冲量是

$$F_i\Delta t=2m_0v_{xi} \tag{2.1.20}$$

这里 F_i 是器壁给这个分子的平均冲力,Δt 是碰撞持续的时间。平均来说,Δt 可视为连续两次碰撞之间的时间间隔。分子与器壁碰撞后必须在 x 方向运动 $2l$ 的距离才能与器壁发生第二次碰撞。所以

$$\Delta t=\frac{2l}{v_{xi}} \tag{2.1.21}$$

把上式代入(2.1.20)式,则器壁给这个分子的平均冲力

$$F_i=\frac{2m_0v_{xi}}{2l/v_{xi}}=\frac{m_0v_{xi}^2}{l} \tag{2.1.22}$$

根据牛顿第三定律,这也是分子给器壁的平均冲力。

每个分子都可能与这个器壁碰撞。全部分子给器壁的冲力是把每个分子的冲力相加,即

$$F=\sum_i^N\frac{m_0N_iv_{xi}^2}{l}=\frac{m_0}{l}\sum_i^N N_iv_{xi}^2 \tag{2.1.23}$$

式中 N_i 是 x 方向速度为 v_{xi} 的分子数,因分子数是大量的,全部分子给器壁的冲力就是持续的恒力下。按通常求平均值的方法,即

$$\overline{v_x^2}=\frac{\sum_i^N N_iv_{xi}^2}{N} \tag{2.1.24}$$

所以

$$F=\frac{m_0}{l}N\overline{v_x^2} \tag{2.1.25}$$

因为 $v^2=v_x^2+v_y^2+v_z^2$,所以 $\overline{\boldsymbol{v}^2}=\overline{\boldsymbol{v}_x^2}+\overline{\boldsymbol{v}_y^2}+\overline{\boldsymbol{v}_z^2}$。由于气体分子沿各个方向运动的概率相同,这就是说气体分子速度的各个分量的平均值应该相等,即 $\overline{\boldsymbol{v}_x^2}=\overline{\boldsymbol{v}_y^2}=\overline{\boldsymbol{v}_z^2}$,所以 $\overline{\boldsymbol{v}^2}=3\overline{\boldsymbol{v}_x^2}$,于是(2.1.25)式可以写为

$$F=\frac{1}{3}N\frac{m_0\overline{v^2}}{l} \tag{2.1.26}$$

压强是单位面积上的受力,即

$$p=\frac{F}{A}=\frac{F}{l^2}=\frac{1}{3}N\frac{m_0\overline{v^2}}{l^3} \tag{2.1.27}$$

用 n 代表分子数密度 $\frac{N}{l^3}$，那么

$$p=\frac{1}{3}nm_0\overline{v^2} \tag{2.1.28}$$

这就是理想气体的压强公式。$\frac{1}{2}m_0\overline{v^2}$ 是分子的平均平动动能 $\bar{\varepsilon}_t$。因此，压强 $p=\frac{2}{3}n\bar{\varepsilon}_T$ 这个宏观量与分子数密度成正比，也与分子的平均平动动能成正比。这就把宏观量压强与微观量分子的平均平动动能联系起来。宏观量是微观量的统计平均值。

把理想气体状态方程(2.1.14)代入理想气体状态方程(2.1.28)可得

$$nkT=\frac{1}{3}nm_0\overline{v^2} \tag{2.1.29}$$

所以

$$\frac{1}{2}m_0\overline{v^2}=\frac{3}{2}kT \tag{2.1.30}$$

式中 $\frac{1}{2}m_0\overline{v^2}$ 是分子的平均平动动能 $\bar{\varepsilon}_t$，它表明温度是分子平均动能的量度，温度反映了分子无规则运动的剧烈程度。与宏观量温度 T 相关的微观量为分子动能的平均值。温度是对大量分子而言的，温度是大量分子的动能的统计平均量。

系统内部分子无规则热运动的总能量就是每个分子的动能和分子间相关势能的总和。对理想气体，忽略了分子间的相互作用力，势能就不用考虑，总能量就是每个分子的动能的总和。这个总能量称为系统的内能(internal energy)。在不考虑气体分子的转动动能时，每个气体分子的平均动能 $\bar{\varepsilon}_t=\frac{1}{2}m_0\overline{v^2}$，那么 N 个分子组成的系统的内能是

$$E=N\bar{\varepsilon}_t=N\frac{1}{2}m_0\overline{v^2}=\frac{3}{2}NkT \tag{2.1.31}$$

可见，一定量的理想气体的内能只与温度有关。如果，R 为摩尔气体常数，ν 为气体摩尔数。那么(2.1.31)式可以写成

$$E=\frac{3}{2}\nu RT \tag{2.1.32}$$

从(2.1.31)也可求得气体分子的**方均根速率**(root-mean square speed)。

$$\sqrt{\overline{v^2}}=\sqrt{\frac{3kT}{m_0}}=\sqrt{\frac{3RT}{M}} \tag{2.1.33}$$

由(2.1.33)式得到的气体分子方均根速率与由分子速率分布规律得到的方均根速率(由2.1.12式得到)是完全一样的。方均根速率是描写气体分子速率的一种统计平均值。方均根速率与温度的平方根成正比，与气体分子质量的平方根成反比。

(2.1.30)式表明每个气体分子的平均平动动能 $\bar{\varepsilon}_t$ 是 $\frac{1}{2}m_0\overline{v^2}$，也就是 $\frac{3}{2}kT$。如果气体分子是单原子分子(如：氦、氖等气体)，不用考虑气体分子的转动动能，只需考虑气体分子的动能(只要考虑平动动能)。每个单原子气体分子有3个平动方向，按照能量均分原理，平均到1个方向上的平均动能是 $\frac{1}{2}kT$，或者称每个自由度上的平均动能是 $\frac{1}{2}kT$。如果气体分子是双原子分子(如：氧、氢、氮、一氧化碳等气体)，还要考虑气体分子在2个方向上的转动动能，那么每个气

体分子有5个自由度，它的平均动能就是$\frac{5}{2}kT$。如果气体分子是多原子分子（如：二氧化碳、水蒸气、甲烷等气体），考虑气体分子在3个方向上的转动动能，那么每个气体分子有6个自由度，每个气体分子的平均动能就是$\frac{6}{2}kT$，即$3kT$。

能量按自由度均分原理（简称能量均分原理）可表述为：在温度为T的平衡态下，气体分子的每个自由度都具有相同的平均动能，其值为$\frac{1}{2}kT$。这样按照能量均分原理，每个气体分子的平均动能总可以写作$\frac{i}{2}kT$，式子里的i代表了气体分子的运动自由度，单原子分子$i=3$，双原子分子$i=5$，多原子分子$i=6$。因此理想气体的内能公式可以表述为

$$E=N\bar{\varepsilon}=N\frac{i}{2}kT=\nu\frac{i}{2}RT$$

这就是说，理想气体的内能只与分子热运动的动能有关，是温度的单值函数。

【例2.1.3】容器里有氧气，氧气分子的质量$m_0=5.3\times10^{-26}$ kg，氧气分子的直径$d=3.56\times10^{-10}$m，在室温（300K）、一个大气压条件下，求：（1）1mm³中氧气分子的数目；（2）氧气分子的平均速率；（3）氧气分子的平动动能；（4）氧气分子的平均碰撞次数；（5）氧气分子的平均自由程。

解 （1）根据理想气体的状态方程：

$$p=nkT$$

因此

$$n=\frac{p}{kT}=\frac{1.0\times10^{5}}{1.38\times10^{-23}\times300}=2.4\times10^{25}/\text{m}^3=2.4\times10^{16}/\text{mm}^3$$

（2）在室温下，氧气分子的平均速度

$$\bar{v}=\sqrt{\frac{8kT}{\pi m_0}}=446\text{m/s}$$

（3）在室温下，氧气分子的方均根速度

$$\sqrt{\overline{v^2}}=\sqrt{\frac{3kT}{m_0}}=483\text{m/s}$$

所以，氧气分子的平均平动动能：

$$\bar{\varepsilon}_t=\frac{1}{2}m_0\overline{v^2}=6.2\times10^{-21}\text{J}$$

（4）氧气分子的平均碰撞次数

$$Z=\sqrt{2}\pi d^2\bar{v}n=6.0\times10^{8}/\text{s}$$

（5）氧气分子的平均自由程

$$\bar{\lambda}=\frac{1}{\sqrt{2}\pi d^2 n}=7.4\times10^{-7}\text{m}$$

内容要点

1. 理想气体的状态方程

$$pV=NkT \text{ 或 } p=nkT$$

式中 T 是气体的温度，p 是气体的压强，V 是气体的体积，k 是玻尔兹曼常数，N 是理想气体的分子数目，n 是单位体积内的分子数目。

2. 分布概率最大的分子速率，叫最概然速率 v_p，它表示速率在 v_p 附近单位速率间隔内的分子数最多，或占总分子数的比例最大

$$v_p=\sqrt{\frac{2kT}{m_0}} \text{ 或 } v_p=\sqrt{\frac{2RT}{M}}$$

气体分子的平均速率

$$\bar{v}=\sqrt{\frac{8kT}{\pi m_0}} \text{ 或 } \bar{v}=\sqrt{\frac{8RT}{\pi M}}$$

气体分子的方均根速率

$$\sqrt{\overline{v^2}}=\sqrt{\frac{3kT}{m_0}}=\sqrt{\frac{3RT}{M}}$$

式中 T 是气体的温度，m_0 是一个分子的质量，k 是玻尔兹曼常数，R 是摩尔气体常数，M 是摩尔气体质量。

3. 气体分子的平均自由程指的是气体分子在两次碰撞间平均移动的距离。气体分子的平均自由程可以写作

$$\bar{\lambda}=\frac{1}{\sqrt{2}n\pi d^2} \text{ 或 } \bar{\lambda}=\frac{kT}{\sqrt{2}p\pi d^2}$$

式中 n 是单位体积里的分子数，d 是气体分子直径，T 是气体的温度，p 是气体的压强，k 是玻尔兹曼常数。

4. 理想气体的温度公式

$$\frac{1}{2}m_0\overline{v^2}=\frac{3}{2}kT$$

理想气体的压强公式

$$p=\frac{1}{3}nm_0\overline{v^2}=\frac{2}{3}n\left(\frac{1}{2}m_0\overline{v^2}\right)$$

气体分子无规则运动的剧烈程度高，气体分子的动能就大，气体的温度就高，气体的压强也大。

思考题

1. 什么叫气体的平衡状态，当气体处在平衡状态时，是否气体分子都是静止不动的？
2. 理想气体的压强、体积和温度之间的关系是什么？
3. 麦克斯韦速率分布函数中 $N(v)$ 和 $f(v)$ 的物理意义分别是什么？
4. 气体分子的三种特征速率：最概然速率、平均速率和方均根速率的物理意义分别是什么？

它们各有什么用处？

5. 如何根据麦克斯韦速率分布函数 $N(v)$ 和 $f(v)$ 求气体分子最概然速率、平均速率和方均根速率？
6. 在室温下，一个大气压的条件下，估算氮气分子的最概然速率、平均速率和方均根速率，为什么气味的传播要比这些速率慢得多？
7. 夏日，当我们驾驶着汽车在高速公路上奔驰时，要切记：车胎中的气体不能充得太足，为什么？

习 题

1. 目前可获得的极限真空度为 1.00×10^{-18} atm，求在此真空度下 1 cm^3 空气内平均有多少个分子？（假设温度为 20 ℃）
2. 容器内装有压强 $p=1.0\times10^5$ Pa、温度 $t=27$ ℃ 的氮气，求：(1)单位体积内的分子数；(2)分子的质量；(3)气体的密度；(4)分子的方均根速率；(5)分子的平均平动动能。
3. 某些恒星的温度达到 10^8 K，在这温度下物质已不以原子形式存在，只有质子存在，已知质子的质量为 $m_p=1.67\times10^{-27}$ kg。试求：(1)质子的平均平动动能是多少电子伏特；(2)质子的方均根速率多大。
4. (1)日冕的温度为 2×10^6 K，求其中电子的方均根速率。(2)星际空间的温度为 2.7 K，其中气体主要是氢原子，求氢原子的方均根速率。(3)用激光冷却的方法使钠原子几乎停止运动，此时相应的温度为 2.4×10^{-11} K，求钠原子的方均根速率。
5. 在体积为 3×10^{-2} m^3 的容器中装有 2×10^{-2} kg 的气体，容器内气体压强为 5.065×10^4 Pa，求气体分子的最概然速率。
6. 已知某氢气系统处在平衡态，其分子的最概然速率为 1000 m/s。试问系统的温度是多少？并求出此温度时氢气分子的平均速率和方均根速率。
7. 在室温（$t=27$℃）和标准大气压（$p=1.013\times10^5$ Pa）情况下，试计算氢气分子的平均自由程和平均碰撞频率（H_2 分子有效直径 $d=2.3\times10^{-10}$ m）。
8. 一定量的理想气体储存于固定体积的容器中，初态温度 T_0，平均速率 $\bar{v}_0$，平均碰撞频率 $\bar{Z}_0$，平均自由程 $\bar{\lambda}_0$。若温度升高为 $4T_0$ 时，求 $\bar{v}$，$\bar{Z}$，$\bar{\lambda}$ 各变为多少？
9. 若对一容器中的刚性分子理想气体进行压缩，并同时对它加热，当气体温度从 27℃ 升高到 177 ℃ 时，其体积减小为原来的一半，求下列各量变化前后之比：(1)压强；(2)分子的平均动能；(3)方均根速率。

第2章　热力学第一定律和热力学第二定律

若无外界的影响，系统的状态将不随时间而变化。此时称做热力学系统的平衡态。一个热力学系统在平衡态条件下，所有的宏观参量如压强 p、体积 V、温度 T 等都不发生变化，尽管系统内部的分子在不断地运动。宏观参量 p, V, T 称为热力学系统的状态函数。当系统与外界交换能量时，系统的状态就要发生变化。系统状态随时间的变化，这个变化过程称为热力学过程。设想系统状态随时间的变化足够地缓慢，每当系统与原平衡态产生非常微小的偏离后，经过足够长的弛豫时间，就达到一个新的平衡态。接下去再引入一个非常微小干扰……这样重复许多次后，系统从初始平衡态变到终止平衡态。这个过程中的任一时刻，系统偏离平衡态都非常微小，都非常接近于平衡态。这样的过程称为准静态过程。在状态图上，准静态过程是一条光滑的曲线。过程中的每一点的状态都是确定的。也就是说在准静态过程中，状态函数 p, V, T 等始终是某些具体的数值。

§2-1 热力学第一定律

视频 2-2-1

热量不是一个状态函数，它是一个过程量；功也不是一个状态函数，也是一个过程量。

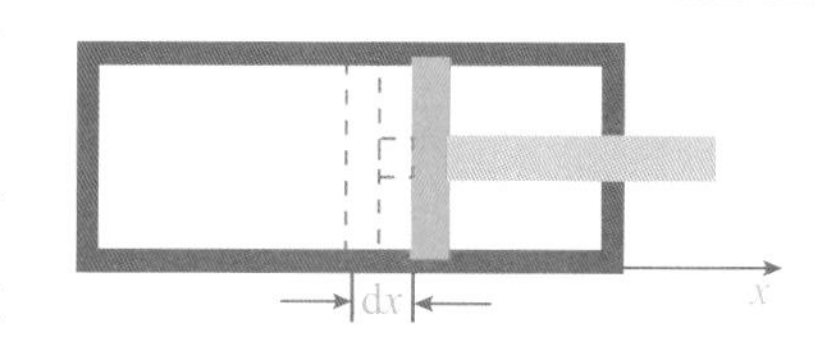

图 2.2.1 外界对气体的做功

假定气缸内贮有一定量气体，压强为 p ，活塞面积为 S 。若经一准静态过程，活塞向外移动 $\mathrm{d}x$，以气体对外界做的功为正，外界对气体做的功为负，那么

$$\mathrm{d}W = -pS\mathrm{d}x \tag{2.2.1}$$

因为，$S\mathrm{d}x = \mathrm{d}V$ ，所以

$$\mathrm{d}W = -p\mathrm{d}V \tag{2.2.2}$$

在一个准静态过程中，外界对气体所做的功

$$W = -\int_{V_0}^{V} p\mathrm{d}V \tag{2.2.3}$$

理想气体的准静态过程中，这个热力学过程可以表示在 p-V 图上。显然在 p-V 图上，外界对系统做的功或系统对外部做的功就等于过程曲线下的面积。系统被压缩时，$\mathrm{d}V<0$， $\mathrm{d}W>0$，表示外界对系统做了功，系统的内能增加；系统膨胀时，$\mathrm{d}V>0$，$\mathrm{d}W<0$，表示系统对外界做功，则系统的内能减少。如果外界对系统做功和系统吸收热量为正，**热力学第一定律**可以表示为

$$\Delta E = Q + W \tag{2.2.4}$$

它的微分形式可以表示为

$$\mathrm{d}E = \mathrm{d}Q + \mathrm{d}W$$

系统内能的改变量 ΔE 等于从外界吸收热量 Q，加上外界对系统所做的功。热力学第一定律其实就是能量转换和守恒定律，它指出：系统从外界吸收的热量，外界对系统做了功，使得系统的内能增加。

图2.2.2是一描述热力学过程的“ p-V ”图，p 是系统的压强，V 是系统的体积。过程 AB 是一等体过程(也称等容过程)，等体过程是与 p 轴平行的一段直线，称为等体线。等体过程中，因为体积不变化，外界对系统做功为零。在 p-V 图上，显然直线 AB 下的面积等于零。在等体过程中，热力学第一定律可以写为

$$\Delta E=Q \tag{2.2.5}$$

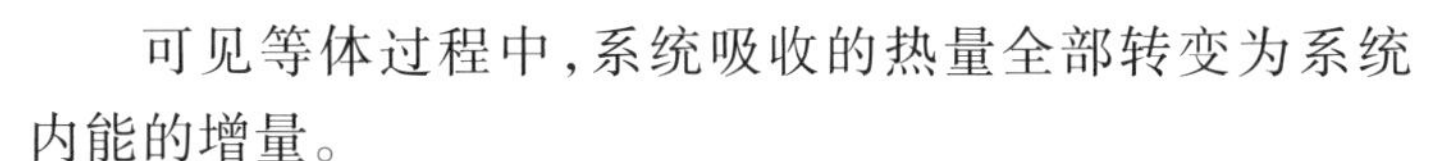

可见等体过程中，系统吸收的热量全部转变为系统内能的增量。

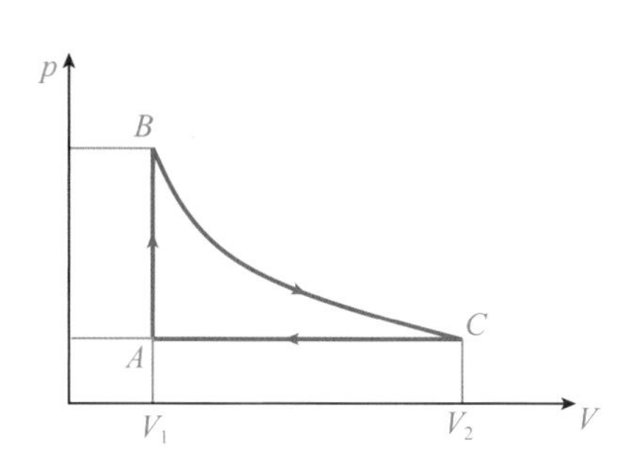

图2.2.2 理想气体的准静态过程

理想气体的摩尔热容量 C 定义为1摩尔理想气体升高单位温度所吸收的热量，理想气体的摩尔热容量可以通过下式计算

$$C=\frac{\mathrm{d}Q}{\mathrm{d}T}$$

理想气体在等体过程中，因为外界对系统做功或者系统对外部做功为零，系统吸收或者放出的热量就是系统内能的改变量 $\mathrm{d}Q=\mathrm{d}E$ ，因此理想气体的等体摩尔热容(也称等容摩尔热容)

$$C_V=\frac{\mathrm{d}E}{\mathrm{d}T} \tag{2.2.5}$$

根据上一章(2.1.32)式，单原子理想气体的内能

$$E=\frac{3}{2}\nu RT$$

式中 ν 为理想气体的摩尔数。对1摩尔单原子理想气体来说

$$E=\frac{3}{2}RT \quad 即 \quad \mathrm{d}E=\frac{3}{2}R\mathrm{d}T$$

代入(2.2.5)式可得

$$C_V=\frac{3}{2}R$$

式中，R 为普适气体常量($R=8.31\,\mathrm{J/mol\cdot K}$)，理想气体的等体摩尔热容与气体的种类有关，每个单原子分子气体的平均动能只要考虑它3个方向上的平动动能，单原子分子气体的等体摩尔热容为 $\frac{3}{2}R$ ，每个双原子分子气体的平均动能要考虑它3个方向上的平动动能和2个方向上的转动动能，双原子分子气体的等体摩尔热容为 $\frac{5}{2}R$ ；每个多原子分子气体的平均动能要考虑它3个方向上的平动动能和3个方向上的转动动能，多原子分子气体的等体摩尔热容为 $3R$ 。等体摩尔热容的一般形式可以表示为

$$C_V=\frac{i}{2}R$$

对于单原子分子气体、双原子分子气体和多原子分子气体，式中的 i 分别为3，5和6。

在图2.2.2中，过程 CA 是一等压过程，等压过程是与 V 轴平行的一段直线，称为等压线。等压过程中，因为体积在变化，外界对系统做功不为零，外界对系统做功为

$$W=-\int_{V_2}^{V_1}p\mathrm{d}V=-p(V_1-V_2) \tag{2.2.6}$$

根据1摩尔理想气体的状态方程

$$pV=RT$$

外界对系统做的功

$$W=-p(V_2-V_1)=-(RT_2-RT_1)=-R\Delta T$$

1mol理想气体内能的增加

$$\Delta E=\frac{i}{2}R\Delta T=C_V\Delta T$$

根据热力学第一定律，在等压过程中，气体吸收的热量 Q 加上外界对系统做功转变为系统内能的增量，或者气体吸收的热量 Q 等于系统内能的增量 $C_V\Delta T$ 减去外界对系统做的功 $-R\Delta T$。

$$Q=\Delta E-W=C_V\Delta T+R\Delta T$$

也就是

$$\mathrm{d}Q=C_V\mathrm{d}T+R\mathrm{d}T$$

理想气体的等压摩尔热容为

$$C_p=\frac{\mathrm{d}Q}{\mathrm{d}T}$$

所以

$$C_p=C_V+R$$

因此，理想气体的**等压摩尔热容**相当于理想气体的**等容摩尔热容**加普适气体常量 R，单原子分子气体的等压摩尔热容为 $\frac{5}{2}R$，双原子分子气体的等压摩尔热容为 $\frac{7}{2}R$，多原子分子气体的等压摩尔热容为 $4R$。

在 p-V 图上，**等温过程**是一条曲线，见图2.2.2中的曲线 BC。这条曲线称为**等温线**。等温过程中，气体的温度不变，所以内能也恒定不变，即 $\Delta E=0$。由热力学第一定律可得

$$0=Q+W \tag{2.2.7}$$

在等温过程中，理想气体吸收的热量全部转变为对外做的功，理想气体的体积由 V_1 增大到 V_2，理想气体对外做功

$$W=\int_{V_1}^{V_2}p\mathrm{d}V$$

根据理想气体的状态方程

$$pV=NkT \text{ 或 } pV=\nu RT$$

式中 N 为理想气体的分子数目，ν 为理想气体的摩尔数目，所以

$$W=\int_{V_1}^{V_2}\frac{NkT}{V}\mathrm{d}V \text{ 或 } W=\int_{V_1}^{V_2}\frac{\nu RT}{V}\mathrm{d}V$$

在等温过程中，理想气体对外做的功

$$W=NkT\ln\frac{V_2}{V_1} \text{ 或 } W=\nu RT\ln\frac{V_2}{V_1} \tag{2.2.8}$$

根据(2.2.7)式，在等温过程中，理想气体对外做的功，等于理想气体吸收的热量。

【例2.2.1】 一定量的理想气体，经过一直线过程由状态 A 变到 B，求此过程中：(1)气体对外做的功；(2)气体内能的增量；(3)气体吸收的热量。

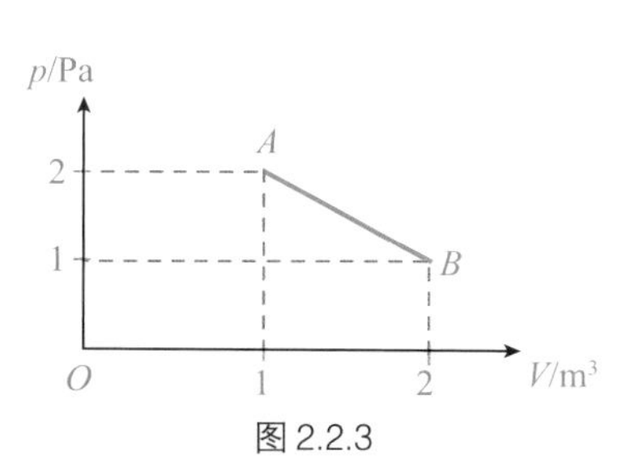

图2.2.3

解 在 p-V 图上，系统对外界做的功就等于过程直线 AB 下梯形的面积：

$$W=\frac{1}{2}(1+2)\times 1=\frac{3}{2}(\mathrm{J})$$

根据理想气体的状态方程

$$pV=NkT$$

系统的状态 A 和 B，pV 的乘积不变，所以在状态 A 和 B 系统的温度相同，也就是气体内能没有改变。气体在内能没有改变的情况下对外界做的功是 $\frac{3}{2}$J，因此气体吸收的热量是 $\frac{3}{2}$J 。

【例 2.2.2】 温度为 20℃、2 mol 氧气分子理想气体，经等温过程体积膨胀至原来的3倍，试计算这个过程中气体对外所做的功？

解 根据等温过程中理想气体对外所做的功的计算公式(2.2.8)

$$W=\nu RT\ln\frac{V_2}{V_1}$$

式中 $\nu=2$ mol，$\frac{V_2}{V_1}=3$，$T=20+273=293\mathrm{K}$，普适气体常量 $R=8.31\,\mathrm{J/(mol\cdot K)}$，代入上式，则理想气体对外所做的功

$$W=5350(\mathrm{J})$$

绝热准静态过程中，气体与外界无热量交换，即 $Q=0$ 。根据热力学第一定律，在绝热膨胀过程中，气体内能的减少，全部转变为对外做功。绝热压缩过程中，外界对气体所做的功，全部转变为内能的增量。绝热过程也可以在 p-V 图上作出过程曲线，称为绝热线。可以证明：理想气体的压强和体积在绝热准静态过程中有

$$pV^{\gamma}=C$$

式中 p 为理想气体的压强；V 为理想气体的体积；C 为常数；同一理想气体的 γ 值是确定的，它相当于理想气体等压摩尔热容量 C_p 与等容摩尔热容量 C_V 的比值。利用理想气体的状态方程，理想气体在绝热准静态过程中显然有

$$TV^{\gamma-1}=C' \text{ 和 } p^{1-\gamma}T^{\gamma}=C'',\quad \text{式中 } C',\ C'' \text{ 均为常数。}$$

【例 2.2.3】 一定量的理想气体经过一准静态过程，过程方程为 $pV^2=4\,\mathrm{Pa\cdot m^6}$。体积从 $V_1=3\,\mathrm{m}^3$ 膨胀到 $V_2=4\,\mathrm{m}^3$，求气体对外界所做的功。

解 根据过程方程

$$pV^2=4\,\mathrm{Pa\cdot m^6}$$

可得

$$p=\frac{4}{V^2}\,\mathrm{Pa\cdot m^6}$$

代入理想气体对外所做的功的计算公式：

$$W=\int_{V_1}^{V_2}p\mathrm{d}V=\int_3^4\frac{4}{V^2}\mathrm{d}V$$

因此气体对外界所做的功

$$W=\frac{1}{3}(\mathrm{J})$$

系统由始态出发，经过一系列状态变化，又回到始态的整个过程，称为循环过程，简称循环，图2.2.2所示的就是一个循环过程。在 p-V 图上，准静态循环过程是一条闭合曲线。如果循环沿顺时针方向进行，称为正循环；如果循环沿逆时针方向进行，称为逆循环。由于内能是状态函数，系统经历一个循环回到了初始的状态。因此，系统经历一个完整的循环内能不变。

从能量的角度看，在一个正循环中，系统对外部做的功要大于外部对系统做的功，系统吸收的热量要大于系统放出的热量。也就是，系统对外做的净功等于系统吸收的热量减去系统放出的热量，即

$$W=Q_{吸收}-Q_{放出} \tag{2.2.9}$$

热机从高温热源吸收的热量有一定的比例转变为对外做功，这一比例称为热机效率，热机的效率为

$$\eta=\frac{W}{Q_{吸收}}=\frac{Q_{吸收}-Q_{放出}}{Q_{吸收}} \tag{2.2.10}$$

【例2.2.4】 以图2.2.2为例，使1 mol理想气体氮气进行 $B\to C\to A\to B$ 的循环，已知 BC 为等温过程 $V_1=200\ \mathrm{m}^3$，$V_2=400\ \mathrm{m}^3$，$p_A=p_C=2\ \mathrm{Pa}$。求：(1)每一循环过程中所做的净功；(2)每一循环总共吸收的热量；(3)循环效率。

解 根据1摩尔理想气体的状态方程

$$pV=RT$$

可得

$$p_AV_1=RT_A\,,\qquad p_CV_2=RT_C$$

所以

$$T_A=\frac{400}{R}\mathrm{K}\,,\qquad T_C=\frac{800}{R}\mathrm{K}$$

因为 BC 为等温过程，所以

$$T_B=\frac{800}{R}\mathrm{K}$$

代入等温过程中理想气体对外所做的功的计算公式(2.2.8)

$$W_{BC}=RT_B\ln\frac{V_2}{V_1}$$

BC 过程理想气体对外所做的功

$$W_{BC}=554.5\mathrm{J}$$

因为等温过程中理想气体的内能没有变化，BC 过程中气体对外所做的功等于此过程中气体吸收的热量

$$Q_{BC}=554.5\mathrm{J}$$

CA 为等压过程，外界对气体所做的功

$$W_{CA}=p_C(V_2-V_1)=400\mathrm{J}$$

CA 过程中外界对气体所做的功也可以这样计算

$$W_{CA}=RT_C-RT_A=400\mathrm{J}$$

在等压 CA 过程中，气体放到外界的热量

$$Q_{CA}=C_p\Delta T=C_p(T_C-T_A)$$

氮气是双原子分子气体，它的等压摩尔热容为 $\frac{7}{2}R$，所以 CA 过程气体放到外界的热量

$$Q_{CA}=1400\mathrm{J}$$

AB 为等容过程，外界对气体或气体对外部所做的功为零。此过程中气体吸收的热量

$$Q_{AB}=C_V\Delta T=C_V(T_B-T_A)$$

氮气是双原子分子气体，它的等容摩尔热容为 $\frac{5}{2}R$，所以 AB 过程中气体吸收的热量

$$Q_{AB}=1000\text{J}$$

每一循环过程中系统对外做的净功

$$W=W_{BC}-W_{CA}=154.5\text{J}$$

每一循环总共吸收的热量

$$Q_{吸收}=Q_{BC}+Q_{AB}=1554.5\text{J}$$

那么，循环效率

$$\eta=\frac{W}{Q_{吸收}}=\frac{154.5}{1554.5}=10\%$$

CA 过程气体放到外部的热量 $Q_{CA}=1400\text{J}$，所以循环效率也可以这样计算

$$\eta=\frac{Q_{吸收}-Q_{放出}}{Q_{吸收}}=\frac{1554.5-1400}{1554.5}=10\%$$

在一个逆循环中，外部对系统做的功要大于系统对外部做的功，系统吸收的热量要小于系统放出的热量。制冷机是外界对工作物质做功，利用工作物质的逆循环，不断从低温热源吸收热量，传递给高温热源的机器。在一个逆循环中，系统向高温热源放出热量 Q_1，从低温热源吸收热量 Q_2。外界对工作物质做的功加上从低温热源吸收的热量等于向高温热源放出的热量，或者说外界对工作物质做的功等于向高温热源放出的热量减去从低温热源吸收的热量 Q_1-Q_2。制冷机的工作物质从低温热源吸收热量，是以外界对工作物质做功为条件的。制冷机的性能用从低温热源吸收的热量和外界对工作物质做功的比值来衡量，这个比值称为制冷系数。制冷机的制冷系数

$$\eta=\frac{Q_2}{Q_1-Q_2} \tag{2.2.11}$$

卡诺热机是只与温度为 T_1 的高温热源和温度为 T_2 的低温热源交换热量的热机，整个循环由两个等温准静态过程和两个绝热准静态过程组成，这个循环过程称为**卡诺循环**。

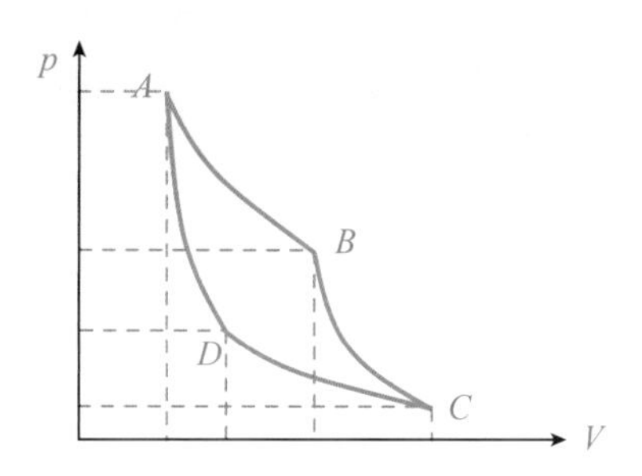

图2.2.4 p_V 图中的卡诺循环过程

绝热准静态过程 BC 和 DA，气体与外界无热量交换。在一个正循环中，过程 AB 是系统从高温热源吸收热量 Q_1，过程 CD 是系统向低温热源放出热量 Q_2。在一个逆循环中，过程 DC 是系统从低温热源吸收热量 Q_2，过程 BA 是系统向高温热源放出热量 Q_1。可以证明，做卡诺循环的热机的效率：

$$\eta=\frac{Q_1-Q_2}{Q_1}=\frac{T_1-T_2}{T_1}$$

式中，T_1 为高温热源的温度，T_2 为低温热源的温度。同样可以证明，做卡诺循环的制冷机的制冷系数

$$\eta=\frac{Q_2}{Q_1-Q_2}=\frac{T_2}{T_1-T_2}$$

【例 2.2.5】 一卡诺循环的低温热源温度是 300 K，每一次循环从高温热源吸收热量 500 J，并向低温热源放出热量 350 J。求：(1)高温热源的温度；(2)循环的效率。

解 作卡诺循环的热机的效率：

$$\eta=\frac{Q_1-Q_2}{Q_1}=\frac{T_1-T_2}{T_1}$$

根据已知条件 $Q_1=500\,\mathrm{J}$, $Q_2=350\,\mathrm{J}$, $T_2=300\,\mathrm{K}$，所以

$$\eta=\frac{500-350}{500}=\frac{T_1-300}{T_1}$$

由此可得高温热源的温度

$$T_1=429\mathrm{K}$$

循环的效率

$$\eta=30\%$$

视频 2-2-2

§2-2 热力学第二定律和熵

热力学第一定律否定了能量不守恒的热力学过程。但是，满足能量守恒的热力学过程并不一定都是可能的。在热力学中，有许多满足能量守恒条件的过程并不可能存在。比如：从单一热源吸取热量，使之完全变为功，而不产生其他变化，这是不可能的；热量从低温物体传向高温物体，而不产生其他变化，这也是不可能的。前者被称为热力学第二定律的开尔文表述；后被称为热力学第二定律的克劳修斯表述。

在热力学系统中，物理量熵的改变与热力学过程的可能或不可能紧密相关。热力学系统的熵可以用字母 S 表示。经过一个准静态过程，系统熵的变化可以表示为

$$\Delta S=\int_i^f\frac{\mathrm{d}Q}{T}\tag{2.2.12}$$

根据热力学第一定律和理想气体状态方程

$$\mathrm{d}Q=\mathrm{d}E+p\mathrm{d}V=\nu C_V\mathrm{d}T+\frac{\nu RT}{V}\mathrm{d}V$$

所以

$$\Delta S=\int_i^f\frac{\nu C_V\mathrm{d}T}{T}+\int_i^f\frac{\nu R\mathrm{d}V}{V}$$

由此可得

$$\Delta S=\nu R\ln\frac{V_f}{V_i}+\nu C_V\ln\frac{T_f}{T_i}\tag{2.2.13}$$

根据理想气体状态方程，理想气体熵的变化也可以由下面的公式计算

$$\Delta S=\nu C_p\ln\frac{T_f}{T_i}-\nu R\ln\frac{p_f}{p_i}$$

或者

$$\Delta S=\nu C_p\ln\frac{V_f}{V_i}+\nu C_V\ln\frac{p_f}{p_i}$$

式中 ν 为理想气体的摩尔数。T_i, p_i, V_i 为理想气体的初态的温度，压强和体积；T_f, p_f, V_f 为

理想气体的终态的温度，压强和体积；C_V, C_p 为理想气体的等容摩尔热容量与等压摩尔热容量。当理想气体的温度、压强和体积变化了，根据上述公式就可以计算熵的变化。

一个孤立系统达到平衡时，系统的熵达到最大。一个孤立系统的熵只能变大或者保持不变，熵变小是不可能的。这一规律称为熵增原理。从单一热源吸取热量，使之完全变为功，而不产生其他变化，必定会引起系统熵的变小；热量从低温物体传向高温物体，而不产生其他变化，这也会引起系统熵的变小。因此，这两个过程都是不可能的。

热力学系统的熵代表了系统内分子的混乱程度。从微观统计上定义熵：

$$S = k \ln \omega \tag{2.2.14}$$

式中，k 是玻尔兹曼常数，ω 是系统的微观状态数。从微观统计上看，一个孤立的热力学系统可以自发增加系统的混乱程度，然而热力学系统自发变得有序是不可能的。

【例 2.2.6】 1摩尔理想气体（氮气）在过程 AB 从初始状态 p, V 等容冷却到压强变为 $0.5p$，然后加热，经 BC 等压膨胀到体积为 $2V$，试计算上述两过程中所做的总功、交换的总热量、总的内能变化和熵变。

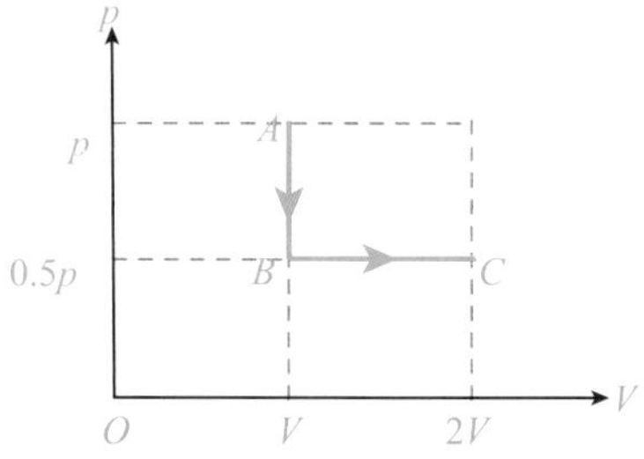

图2.2.5

解 根据1摩尔理想气体的状态方程

$$pV = RT$$

状态 A, B, C 的温度

$$T_A = \frac{pV}{R}, \quad T_B = \frac{pV}{2R}, \quad T_C = \frac{pV}{R}$$

在过程 AB，系统放出的热量

$$Q_{AB} = C_V(T_A - T_B)$$

氮气为双原子气体，等容摩尔热容量 $C_V = \frac{5}{2}R$

所以在过程 AB 系统放出的热量

$$Q_{AB} = \frac{5}{2}R(\frac{pV}{R} - \frac{pV}{2R}) = \frac{5}{4}pV$$

在过程 AB，气体对外做功或外界对气体做功 $W_{AB} = 0$，因此，此过程系统的内能减少

$$\Delta E_{AB} = \frac{5}{4}pV$$

在过程 BC，系统吸收的热量

$$Q_{AB} = C_p(T_C - T_B)$$

氮气为双原子气体，等压摩尔热容量 $C_V = \frac{7}{2}R$。

所以在过程 BC，系统吸收的热量

$$Q_{BC} = \frac{7}{2}R(\frac{pV}{R} - \frac{pV}{2R}) = \frac{7}{4}pV$$

在过程 BC，气体对外做的功

$$W_{BC} = 0.5p(2V - V) = 0.5pV$$

根据热力学第一定律，此过程系统的内能增加

$$\Delta E_{BC} = Q_{BC} - W_{BC} = \frac{5}{4}pV$$

经过 AB, BC 两过程中对外做的总功

$$W = W_{AB} + W_{BC} = 0.5pV$$

吸收的总热量

$$Q = Q_{AB} + Q_{BC} = 0.5pV$$

总的内能变化

$$\Delta E = \Delta E_{AB} + \Delta E_{BC} = 0$$

显然,经过 AB, BC 两过程,状态 A 和 C 的温度相同,总的内能不应该变化。根据公式(2.2.13)可以计算总的熵变

$$\Delta S = \nu R\ln\frac{V_f}{V_i} + \nu C_V\ln\frac{T_f}{T_i}$$

式中 $\nu = 1$, $\frac{V_C}{V_A} = 2$, $\frac{T_C}{T_A} = 1$,所以

$$\Delta S_{AC} = R\ln 2$$

本章小结

1. 外界对系统做功 W 和系统吸收热量 Q 为正,热力学第一定律可以表示为

$$\Delta E_i = Q + W$$

式中 ΔE_i 是内能改变量。

2. 在一个准静态过程中,外界对气体所做的功

$$W = -\int_{V_0}^{V} p\mathrm{d}V$$

等体过程中,因为体积不变化,外部对系统做功为零。

等压过程中,外部对系统做功为

$$W = -\int_{V_i}^{V_f} p\mathrm{d}V = p(V_i - V_f)$$

在等温过程中,系统对外部做的功为

$$W = NkT\ln\frac{V_f}{V_i}$$

3. 吸收热量 Q_1 ,放出的热量 Q_2,热机的效率为

$$\eta = \frac{Q_1 - Q_2}{Q_1}$$

向高温热源放出热量 Q_1,从低温热源吸收热量 Q_2,制冷机的制冷系数

$$\eta = \frac{Q_2}{Q_1 - Q_2}$$

4. 热力学第二定律的开尔文表述:从单一热源吸取热量,使之完全变为功,而不产生其他变化,这是不可能的;

热力学第二定律的克劳修斯表述:热量从低温物体传向高温物体,而不产生其他变化,这是不可能的。

5. 热力学系统的熵代表了系统内分子的混乱程度。从微观统计上定义熵：$S = k\ln\omega$
   式中，k 是玻尔兹曼常数，是系统的微观状态数。
6. 经过一个准静态过程，系统熵 S 的变化可以写作

$$\Delta S = \int_i^f \frac{\mathrm{d}Q}{T}$$

7. 根据热力学第一定律和理想气体状态方程，理想气体熵的变化可以由下面的公式计算。

$$\Delta S = \nu R\ln\frac{V_f}{V_i} + \nu C_V\ln\frac{T_f}{T_i}$$

$$\text{或者 } \Delta S = \nu C_p\ln\frac{T_f}{T_i} - \nu R\ln\frac{p_f}{p_i}$$

$$\text{或者 } \Delta S = \nu C_p\ln\frac{V_f}{V_i} + \nu C_V\ln\frac{p_f}{p_i}$$

8. 一个孤立系统的熵只能变大或者保持不变，熵变小是不可能的。

思考题

1. 什么叫气体的平衡状态，当气体处在平衡状态时，是否气体分子都是静止不动的？
2. 如何确定热力学第一定律中外界对系统做功 W 和系统吸收热量 Q 符号的正负？
3. 如何计算在一个等体、等压、等温和绝热等准静态过程中，外界对气体所做的功？
4. 什么叫循环过程，什么叫卡诺循环过程，如何定义热机的效率和制冷机的制冷系数？
5. 为什么说热力学第二定律的开尔文表述和克劳修斯表述的本质是一样的？
6. 从微观统计上，熵代表了热力学系统内分子的什么性质？
7. 用一个孤立系统熵的变化规律，给热力学第二定律一个统一的表述。
8. 一杯水放在空气中慢慢冷却，它的熵变小了，这违背熵增原理吗？为什么？

习 题

1. 1 mol 氧气，体积为 $2\times10^{-3}\ \mathrm{m}^3$，温度为 300 K，若经准静态过程等温膨胀体积到 $20\times10^{-3}\ \mathrm{m}^3$，问氧气对外界做功为多少？
2. 温度为 25℃、压强为 1 atm 的 1 mol 刚性双原子分子理想气体，经等温过程体积膨胀至原来的 3 倍，普适气体常量 $R = 8.31\ \mathrm{J/mol\cdot K}$，试计算这个过程中气体对外所做的功？
3. 一定量的理想气体，由状态 a 经 b 到达 c（如图所示，abc 为一直线）。求此过程中：(1)气体对外做的功；(2)气体内能的增量；(3)气体吸收的热量（$1\ \mathrm{atm} = 1.013\times10^5\ \mathrm{Pa}$）。

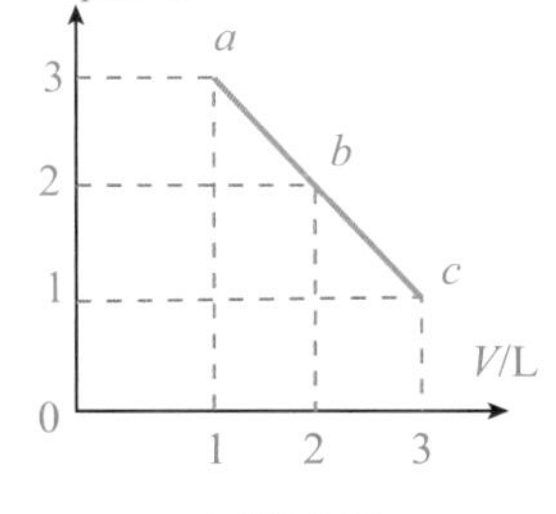

习题3图

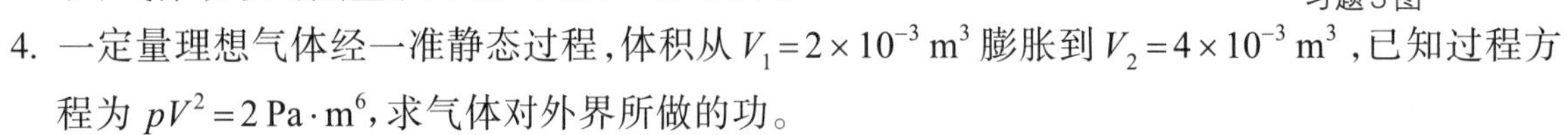
4. 一定量理想气体经一准静态过程，体积从 $V_1 = 2\times10^{-3}\ \mathrm{m}^3$ 膨胀到 $V_2 = 4\times10^{-3}\ \mathrm{m}^3$，已知过程方程为 $pV^2 = 2\ \mathrm{Pa\cdot m^6}$，求气体对外界所做的功。

5. 如图所示，使 1 mol 理想气体氦气进行 $A \to B \to C \to A$ 的循环，已知 $A \to B$ 为等温过程 $V_1 = 22.4\times10^{-3}\ \mathrm{m}^3$，$V_2 = 44.8\times10^{-3}\ \mathrm{m}^3$，$p_2 = 1\ \mathrm{atm}$。求：(1)每一循环过程中所做的净功；(2)每一循环总共吸收的热量；(3)循环效率。
6. 1 mol 理想气体氦经历如图所示的循环，求该循环的热效率。

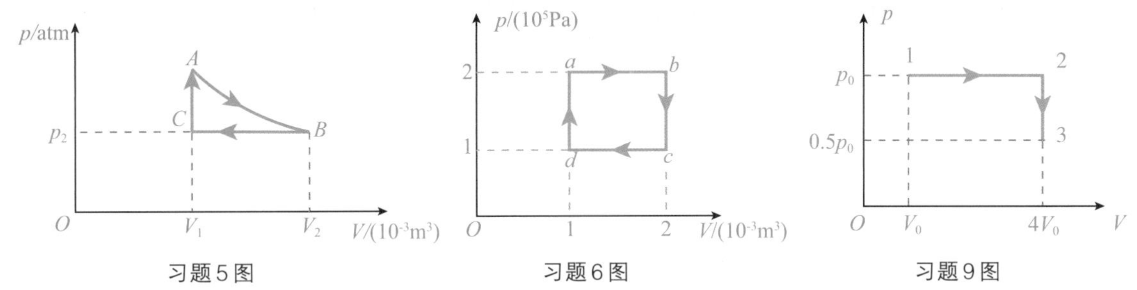

习题5图　　习题6图　　习题9图

7. 一卡诺循环的高温热源温度是 400 K，每一次循环从高温热源吸收热量 400 J，并向低温热源放出热量 320 J，求：(1)低温热源的温度；(2)循环的效率。
8. 一台按卡诺循环工作的理想热机，每经过一次循环，热机从高温热源吸热 2.4×10^3 J，高温热源的温度为 400 K，低温热源的温度为 300 K。求：(1)每经过一次循环，热机所做的功；(2)每经过一次循环，传递给低温热源的热量。
9. 1摩尔单原子理想气体从初始状态 p_0，V_0 开始加热，先经等压膨胀到体积为 $4V_0$，然后经等体冷却到压强变为 $0.5p_0$，试计算上述两过程中所做的总功、交换的总热量、总的内能变化和熵变(答案均用 p_0，V_0 等表示)。

第3篇

电磁学

电磁运动是物质运动的又一种基本形式，电磁相互作用是自然界已知的四种基本相互作用之一，也是人们认识较为深入的一种相互作用。电磁学是物理学的一个重要分支，广义的电磁学可以说是包含电学和磁学，但狭义来说，则是一门探讨电性与磁性交互关系的学科。我们身边到处都有“电”和“磁”：使用电灯照明，电子表计时，麦克风扩音；使用计算器运算，使用电脑上网，使用手机通信；还使用收音机收听和电视机收看。光本身也是一种电磁现象，我们几乎处处都离不开电磁学。电磁学还是一些后继课程（如电工学、无线电电子学、自动控制工程等课程）的理论基础。因此，学好电磁学对今后更好地认识物质世界、改造自然是非常必要的。

电学与磁学虽然有着紧密关系，但历史上电学和磁学各自独立地发展了好几个世纪，直到1820年丹麦物理学家、化学家和文学家汉斯·奥斯特发现载流导线中的电流会产生作用力于小磁针，使磁针发生偏转，即发现了电流的磁效应后，电学与磁学彼此隔绝的情况才有了突破，开始了电磁学发展的新阶段。此后，经过法国科学家安培、英国物理学家法拉第以及麦克斯韦等人的杰出工作，电磁学发展成为一门完备的学科。

第1章　电荷和电场

一般来说，运动电荷将在其周围同时激发电场和磁场，电场和磁场是相互关联的。但是，在某种特殊情况下，例如当我们所研究的电荷相对于某参考系静止时，电荷在其周围空间就只激发电场——静电场。本章主要研究静电场的基本性质和规律。

§1-1 电荷

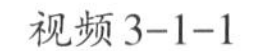

自然界中存在两种电荷：正电荷和负电荷。实验证明，同种电荷相互排斥，异种电荷相互吸引。

图3.1.1 静电现象

图3.1.2 同种电荷相互排斥

电荷总是以一个基本单元的整数倍出现的，即物体所带的电荷不是以连续方式出现，而是以一个个不连续的量值出现的，这称为电荷的量子化。电荷的最小单元是电子或质子所带的电量，其值为 $e=1.6\times10^{-19}\ \mathrm{C}$。

大量实验事实表明：一个不与外界交换电荷的系统，电量的代数和始终保持不变，这称为**电荷守恒定律**。它是物理学中基本守恒定律之一，不仅适用于宏观过程，而且也适用于各种微观过程。

近代物理实验证实，宇宙中的粒子有正反之分。如电子、正电子，质子、反质子，中微子、反中微子等。在带电的正反粒子中，电荷的分布总是对称的。如电子带负电，正电子带正电，两者电量相等，质量也相等。正是正负电荷的这种对称性导致了电荷守恒定律的存在。

§1-2 库仑定律

视频 3-1-2

1785年，法国物理学家库仑通过扭秤实验总结出一条规律：**真空中两个静止的点电荷之间存在着相互作用力（称为静电力或库仑力），其大小与两点电荷的电量乘积成正比，与两点电荷间的距离平方成反比；方向沿着两点电荷的连线，同种电荷互相排斥，异种电荷互相吸**

引。这一结论称为库仑定律,其数学表达式为

$$\boldsymbol{F}=k\frac{q_1q_2}{r^2}\hat{\boldsymbol{r}}=\frac{1}{4\pi\varepsilon_0}\frac{q_1q_2}{r^2}\hat{\boldsymbol{r}} \tag{3.1.1}$$

式中,k 为比例系数,q_1,q_2 分别表示两个点电荷的电量,r 表示两个点电荷间的距离,$\hat{\boldsymbol{r}}$ 表示由施力电荷指向受力电荷的单位矢量。在 SI 中,电量的单位为库仑 (C),距离的单位为米 (m),力的单位为牛顿 (N)。实验测得:$k=8.988\times10^9\ \mathrm{N\cdot m^2\cdot C^{-2}}\approx9.00\times10^9\ \mathrm{N\cdot m^2\cdot C^{-2}}$。

库仑(C. A. Coulomb,1736—1806),法国物理学家,法国科学院院士。库仑在物理学上有许多重要的贡献。他通过对滑动摩擦和滚动摩擦的研究提出了摩擦定律;他发现了静电平衡时导体上的电荷都分布在外表面。库仑最重要的成就是自行设计了一台精度很高的扭秤,用来测量电荷之间的作用力,并于1785年发现了库仑定律。这个定律是电学史上第一个定量定律,电学研究从此由定性阶段进入定量阶段,完成了电学发展史上的一次飞跃。

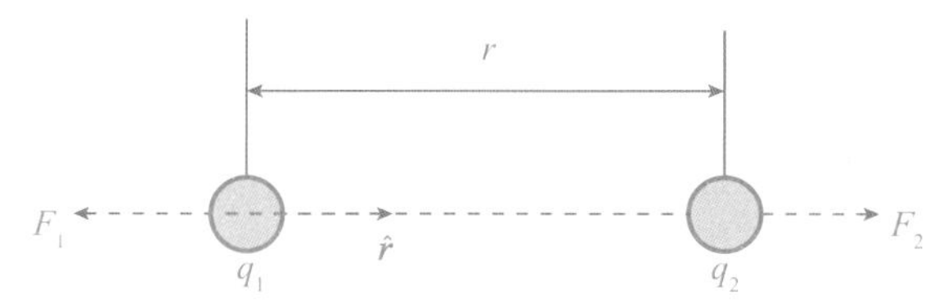

图3.1.3 库仑定律的矢量表示

为了使由库仑定律导出的其他一些公式具有比较简单的形式,通常令 $k=\frac{1}{4\pi\varepsilon_0}$,其中 $\varepsilon_0=\frac{1}{4\pi k}\approx8.85\times10^{-12}\ \mathrm{C^2\cdot N^{-1}\cdot m^{-2}}$,称为真空电容率(或真空介电常数)。

库仑定律是电学史上第一个定量的定律,在中学物理中已有叙述,这里需要强调的是:库仑定律的适用对象是真空中的点电荷。所谓的点电荷是指这样的带电体,其本身的几何线度与两个带电体之间的距离相比要小得多,以致其形状、大小对所研究的问题的影响可以忽略不计。显然,点电荷与力学中质点的概念一样只有相对的意义,也是一个理想模型。

【例3.1.1】 氢原子中电子和质子的平均距离为 $5.3\times10^{-11}\ \mathrm{m}$。分别求此两粒子间静电力和万有引力的大小?

解 两粒子间静电力大小

$$F_e=\frac{1}{4\pi\varepsilon_0}\frac{e^2}{r^2}=9.0\times10^9\frac{\left(1.6\times10^{-19}\right)^2}{\left(5.3\times10^{-11}\right)^2}=8.2\times10^{-8}(\mathrm{N})$$

两粒子间万有引力大小

$$F_g=G\frac{m_em_p}{r^2}=6.67\times10^{-11}\frac{\left(9.11\times10^{-31}\right)\left(1.67\times10^{-27}\right)}{\left(5.3\times10^{-11}\right)^2}=3.6\times10^{-47}(\mathrm{N})$$

可见,氢原子中电子和质子间的静电力远大于其万有引力,前者约为后者的 10^{39} 倍。

§1-3 电场 电场强度

视频 3-1-3

库仑定律给出了两个静止点电荷之间相互作用的规律,但它并没有说明两个相隔一定距离的电荷之间的作用是如何实现的。对待这一问题,历史上出现过两种不同的观点。一种观点认为两电荷之间的作用是一种所谓的“超距作用”,一个电荷不需要任何媒介,也不需要传

递时间,便可把力即时地直接施加于另一个电荷。另一种观点则认为电荷之间的这种相互作用是通过场来传递的,任何电荷都将在其周围空间激发电场,并通过电场来对其他的电荷施以力的作用。这一物理思想可以用如下表示:

$$电荷 \Leftrightarrow 电场 \Leftrightarrow 电荷$$

现代科学实验证明,场的观点是正确的。电场是一种客观存在的特殊形态的物质,与由分子、原子组成的物质一样,也具有能量、质量与动量。本章讨论一种简单的情形,即相对于观察者静止的电荷在其周围空间激发的电场——静电场。

为了定量描述电场的性质,可引入物理量——电场强度。将一电量为 q_0 的试验电荷引入电场中。试验电荷是指这样一种电荷,它所带的电量非常小,以致将其引入电场时,原电场发生的变化可以忽略;且其几何尺寸亦非常小,以致可以看做点电荷。另外,为叙述方便我们还规定试验电荷为正电荷。

电场的特性之一是对置于其中的其他电荷施以力的作用,这种力称为电场力。实验证明,在给定的场点处,试验电荷 q_0 所受到的电场力 $\boldsymbol{F}$ 与 q_0 之比为一常矢量,与 q_0 大小无关,只是场点位置的函数。我们将它定义为电场强度,简称场强,用 $\boldsymbol{E}$ 表示,即

$$\boldsymbol{E}=\frac{\boldsymbol{F}}{q_0} \tag{3.1.2}$$

电场强度 $\boldsymbol{E}$ 是矢量,其大小等于单位试验电荷在该点所受到的电场力,其方向与正电荷在该点的受力方向相同。电场强度的单位为牛顿 / 库仑(N/C),或伏特 / 米(V/m)。

一般来说, $\boldsymbol{E}$ 是空间坐标的函数。若 $\boldsymbol{E}$ 的大小、方向均与空间坐标无关,这种电场则称为匀强电场。

§1-4 点电荷的场强

视频 3-1-4

设真空中的静电场是由电量为 q 的点电荷所激发的,下面我们来计算与 q 相距为 $\boldsymbol{r}$ 的任一场点 P 的电场强度。

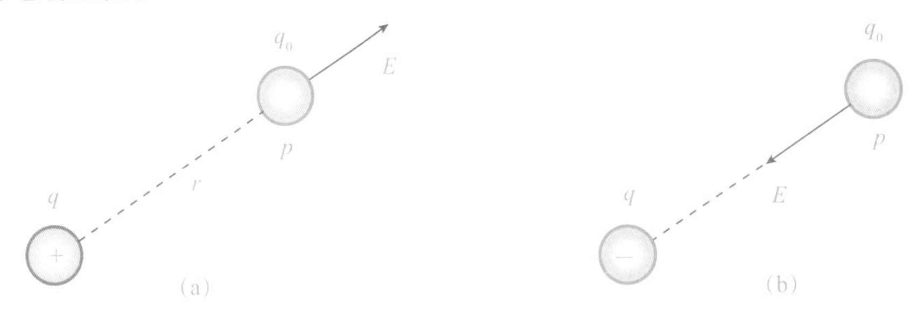

图 3.1.4 点电荷的电场强度

设想把一电量为 q_0 的试验电荷置于电场中的 P 点,由库仑定律知,试验电荷 q_0 所受到的电场力为

$$\boldsymbol{F}=\frac{1}{4\pi\varepsilon_0}\frac{qq_0}{r^2}\hat{\boldsymbol{r}}$$

式中, $\hat{\boldsymbol{r}}$ 是由点电荷 q 指向 P 点的单位矢量。由式(3.1.2)可得 P 点处的电场强度

$$\boldsymbol{E}=\frac{\boldsymbol{F}}{q_0}=\frac{1}{4\pi\varepsilon_0}\frac{q}{r^2}\hat{\boldsymbol{r}} \tag{3.1.3}$$

由式(3.1.3)可见，当 $q>0$ 时，$\boldsymbol{E}$ 与 $\boldsymbol{r}$ 方向相同；当 $q<0$ 时，$\boldsymbol{E}$ 与 $\boldsymbol{r}$ 方向相反；点电荷的场强 $\boldsymbol{E}$ 在空间呈球对称分布：在以点电荷 q 为球心，r 为半径的球面上，各点的场强数值相等，方向与球面垂直。

§1-5 场强叠加原理

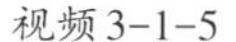

视频 3-1-5

将试验电荷 q_0 置于由 N 个点电荷 $q_1, q_2, \cdots, q_N$ 共同激发的静电场中，实验证明，q_0 在场点 P 处受到的电场力 $\boldsymbol{F}$ 等于各点电荷分别单独存在时 q_0 所受电场力的矢量和，即。

$$\boldsymbol{F}=\boldsymbol{F}_1+\boldsymbol{F}_2+\cdots+\boldsymbol{F}_i+\cdots+\boldsymbol{F}_N$$

式中，$\boldsymbol{F}_i$ 代表 q_i 单独存在时所激发静电场施于试验电荷 q_0 的静电力。以 q_0 同除上式等号两边，得

$$\frac{\boldsymbol{F}}{q_0}=\frac{\boldsymbol{F}_1}{q_0}+\cdots+\frac{\boldsymbol{F}_i}{q_0}+\cdots+\frac{\boldsymbol{F}_N}{q_0}$$

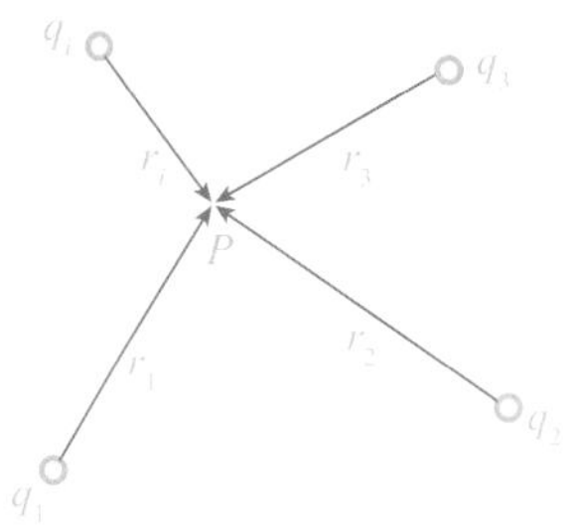

图 3.1.5 点电荷系的场强

故点电荷系在 P 点的场强

$$\boldsymbol{E}=\boldsymbol{E}_1+\cdots+\boldsymbol{E}_i+\cdots+\boldsymbol{E}_N=\sum_{i=1}^{i=N}\boldsymbol{E}_i=\sum_{i=1}^{i=N}\frac{1}{4\pi\varepsilon_0}\frac{q_i}{r_i^2}\hat{\boldsymbol{r}}_i \tag{3.1.4}$$

式中，$\hat{\boldsymbol{r}}_i$ 为第 i 个点电荷到场点 P 位矢方向上的单位矢量。由此我们得到，点电荷系在空间某点产生的场强，等于各个点电荷单独存在时在该点产生的场强的矢量和。这就是场强叠加原理。

若电场是由电荷连续分布的带电体产生的，如图 3.1.6 所示。设想把带电体分割成许多小的电荷元 $\mathrm{d}q$，每个电荷元可视为点电荷，则 $\mathrm{d}q$ 在场点 P 产生的场强为

$$\mathrm{d}\boldsymbol{E}=\frac{1}{4\pi\varepsilon_0}\frac{\mathrm{d}q}{r^2}\hat{\boldsymbol{r}} \tag{3.1.5}$$

式中，r 为 $\mathrm{d}q$ 到场点 P 的距离，$\hat{\boldsymbol{r}}$ 为 $\mathrm{d}q$ 到场点 P 位矢方向上的单位矢量。

整个带电体在 P 点处产生的场强，等于所有电荷元产生场强的矢量和，即

$$\boldsymbol{E}=\int\mathrm{d}\boldsymbol{E}=\int\frac{1}{4\pi\varepsilon_0}\frac{\mathrm{d}q}{r^2}\hat{\boldsymbol{r}} \tag{3.1.6}$$

式中的积分是对整个带电体的电量积分。

(3.1.6)式说明，计算连续分布带电体产生场强的首要问题是选好电荷元 $\mathrm{d}q$，对于电荷连续分布的线带电体、面带电体和体带电体来说，电荷元 $\mathrm{d}q$ 分别为

$$\mathrm{d}q=\lambda\mathrm{d}l \qquad \mathrm{d}q=\sigma\mathrm{d}S \qquad \mathrm{d}q=\rho\mathrm{d}V \tag{3.1.7}$$

其中 λ 为电荷线密度，σ 为电荷面密度，ρ 为电荷体密度。

要注意：(3.1.6)式为矢量积分，在具体计算时，要选择合适的坐标系，将矢量积分转化为

标量积分。例如在直角坐标系中，将 d$\boldsymbol{E}$ 沿坐标轴方向分解为 dE_x，dE_y 和 dE_z，则有

$$\begin{cases} E_x=\int \mathrm{d}E_x=\int \dfrac{1}{4\pi\varepsilon_0}\dfrac{\mathrm{d}q}{r^2}\cos\alpha \\ E_y=\int \mathrm{d}E_y=\int \dfrac{1}{4\pi\varepsilon_0}\dfrac{\mathrm{d}q}{r^2}\cos\beta \\ E_z=\int \mathrm{d}E_z=\int \dfrac{1}{4\pi\varepsilon_0}\dfrac{\mathrm{d}q}{r^2}\cos\gamma \end{cases} \tag{3.1.8}$$

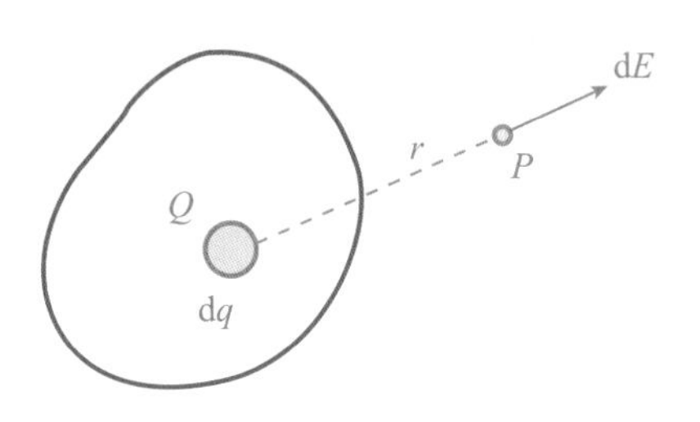

图3.1.6　电荷连续分布带电体的场强

式中，α，β 和 γ 分别表示 $\boldsymbol{r}$ 与 x，y 和 z 轴的夹角。

【例3.1.2】 计算电偶极子中垂线上任意一点 B 的场强。

解 两个带电量分别为 $+q$ 和 $-q$ 的点电荷，相隔一定距离 l，若场点到它们的距离 $y \gg l$ 时，称此带电体系为电偶极子。电偶极子是一个很重要的物理模型，在研究电介质的极化，电磁波的发射和吸收等问题中都要用到它。

建立如图3.1.7所示的坐标系 Oxy，设 $+q$ 和 $-q$ 在 B 点产生的场强分别为 $\boldsymbol{E}_+$ 和 $\boldsymbol{E}_-$，根据场强叠加原理，B 点的合场强为

$$\boldsymbol{E}=\boldsymbol{E}_+ + \boldsymbol{E}_-$$

因为，$\boldsymbol{E}_+$ 和 $\boldsymbol{E}_-$ 在 x 轴上的分量大小相等，方向一致，都沿 x 轴负向；在 y 轴上的分量大小相等，方向相反。故

$$\begin{cases} E_x=E_{+x}+E_{-x}=2E_{+x}=-2E_+\cos\alpha \\ E_y=E_{+y}+E_{-y}=0 \end{cases}$$

由图可见，$E_+=\dfrac{1}{4\pi\varepsilon_0}\dfrac{q}{\left[y^2+(l/2)^2\right]}$，$\cos\alpha=\dfrac{l/2}{\sqrt{y^2+(l/2)^2}}$

故 $\boldsymbol{E}$ 的大小为

$$E=2\frac{1}{4\pi\varepsilon_0}\frac{q}{\left[y^2+(l/2)^2\right]}\frac{l/2}{\sqrt{y^2+(l/2)^2}}=\frac{1}{4\pi\varepsilon_0}\frac{ql}{\left[y^2+(l/2)^2\right]^{\frac{3}{2}}}$$

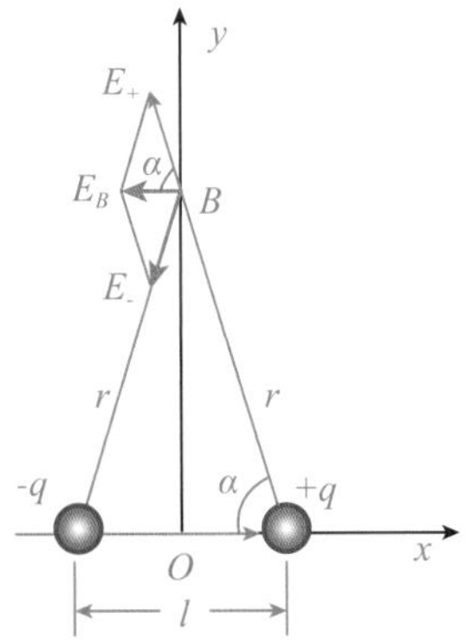

由于 $y \gg l$，用二项式展开并略去高次项得

$$E\approx\frac{1}{4\pi\varepsilon_0}\frac{ql}{y^3}$$

上式可用矢量表示

$$\boldsymbol{E}=-\frac{1}{4\pi\varepsilon_0}\frac{\boldsymbol{P}}{r^3} \tag{3.1.9}$$

图3.1.7 电偶极子中垂线上任意一点的电场强度

式中，定义电偶极矩（简称电矩）$\boldsymbol{P}=q\boldsymbol{l}$，$\boldsymbol{l}$ 的方向由负电荷指向正电荷，它是表征电偶极子特性的一个重要物理量。

【例3.1.3】 求均匀带电细棒外一点 P 的场强。设棒长为 l，电荷线密度为 λ，P 点到细棒的垂直距离为 a。

解 如图3.1.8所示，选 P 点到细棒的垂足 O 为原点，建立坐标系 Oxy。

带电体系为连续分布的线电荷,在细棒离原点距离为 x 处任取一线元 dx,其上所带电量 $dq=\lambda dx$ 可视为点电荷。dq 在 P 点处产生的场强 $d\boldsymbol{E}$ 的大小为

$$dE=\frac{1}{4\pi\varepsilon_0}\frac{\lambda dx}{r^2}$$

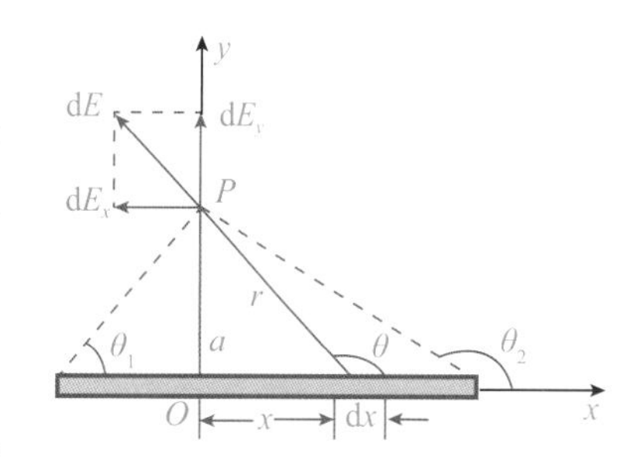

图3.1.8 均匀带电细棒外一点的电场强度

$d\boldsymbol{E}$ 的方向如图所示,与 x 轴的夹角为 θ,故 $d\boldsymbol{E}$ 沿 x 轴和 y 轴的两个分量分别为

$$dE_x=dE\cos\theta\ ,\quad dE_y=dE\sin\theta$$

由于积分中含有 x, r, θ 三个变量,所以为了积分方便,需预先统一变量。由图可知

$$x=a\,\mathrm{ctg}(\pi-\theta)\ \text{和}\ a=r\sin(\pi-\theta)$$

由此可得

$$dx=\frac{a}{\sin^2\theta}d\theta\ \text{和}\ r^2=\frac{a^2}{\sin^2\theta}$$

于是得
$$\begin{cases}E_x=\int dE_x=\int dE\cos\theta=\int_{\theta_1}^{\theta_2}\frac{\lambda}{4\pi\varepsilon_0 a}\cos\theta d\theta=\frac{\lambda}{4\pi\varepsilon_0 a}(\sin\theta_2-\sin\theta_1)\\ E_y=\int dE_y=\int dE\sin\theta=\int_{\theta_1}^{\theta_2}\frac{\lambda}{4\pi\varepsilon_0 a}\sin\theta d\theta=\frac{\lambda}{4\pi\varepsilon_0 a}(\cos\theta_1-\cos\theta_2)\end{cases}$$

【讨论】 若带电细棒是无限长的,即 $\theta_1=0$, $\theta_2=\pi$,则

$$E_x=0,\quad E=E_y=\frac{\lambda}{2\pi\varepsilon_0 a}\tag{3.1.10}$$

即“无限长”均匀带电细棒外一点的场强大小与棒上的线电荷密度 λ 成正比,与该点至棒的距离 a 成反比,其方向与细棒垂直。

本章小结

1. 相对于观察者静止的电荷在其周围激发的电场,称为静电场。它是物质存在的一种形式,可用电场强度矢量 $\boldsymbol{E}$ 和电势标量 V(第三章讨论)来描述。
2. 点电荷之间的相互作用是通过电场实现的。库仑定律表述了真空中点电荷之间的相互作用规律,其表达式为 $\boldsymbol{F}=k\frac{q_1q_2}{r^2}\hat{\boldsymbol{r}}=\frac{1}{4\pi\varepsilon_0}\frac{q_1q_2}{r^2}\hat{\boldsymbol{r}}$
3. 电场强度的定义 $\boldsymbol{E}=\frac{\boldsymbol{F}}{q_0}$

   点电荷的电场强度 $\boldsymbol{E}=\frac{q}{4\pi\varepsilon_0 r^2}\hat{\boldsymbol{r}}$

   点电荷系的电场强度 $\boldsymbol{E}=\sum_{i=1}^{i=N}\frac{1}{4\pi\varepsilon_0}\frac{q_i}{r_i^2}\hat{\boldsymbol{r}}_i$

   连续带电体的电场强度 $\boldsymbol{E}=\int d\boldsymbol{E}=\int\frac{1}{4\pi\varepsilon_0}\frac{dq}{r^2}\hat{\boldsymbol{r}}$

思考题

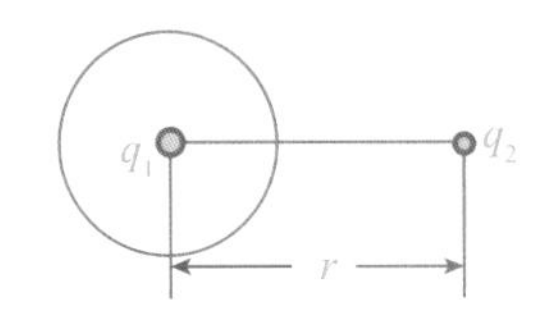

思考题3图

1. 库仑定律的适用条件是什么？当公式 $\boldsymbol{F}=\dfrac{1}{4\pi\varepsilon_0}\dfrac{q_1q_2}{r^2}\hat{\boldsymbol{r}}$ 中的 $r\to 0$ 时，此式是否成立，为什么？
2. 把一点电荷放在一电场中，如果除静电力外不受其他力的作用，把它由静止状态释放，问此电荷是否沿着电力线运动？
3. q_1 和 q_2 为分别置于导体空腔内、外的两个点电荷，它们相距 r，如图所示。问 q_1 对 q_2 是否有作用力？此力多大？
4. 根据点电荷的场强公式 $\boldsymbol{E}=\dfrac{q}{4\pi\varepsilon_0 r^2}\hat{\boldsymbol{r}}$，当所考察的场点和点电荷的距离时，场强 $\boldsymbol{E}\to\infty$，这是没有物理意义的，对这似是而非的问题应如何解释？

习 题

1. 1964年，盖尔曼等人提出基本粒子是由更基本的夸克（Quark）构成，中子就是由一个带 $2e/3$ 电量的上夸克和两个带 $-e/3$ 电量的下夸克构成。将夸克作为经典粒子处理（夸克线度约为 10^{-20} m），中子内的两个下夸克之间相距 2.60×10^{-15} m，求它们之间的斥力。
2. 如图所示，四个点电荷到坐标原点的距离均为 d，求 O 点电场强度的矢量表达式。

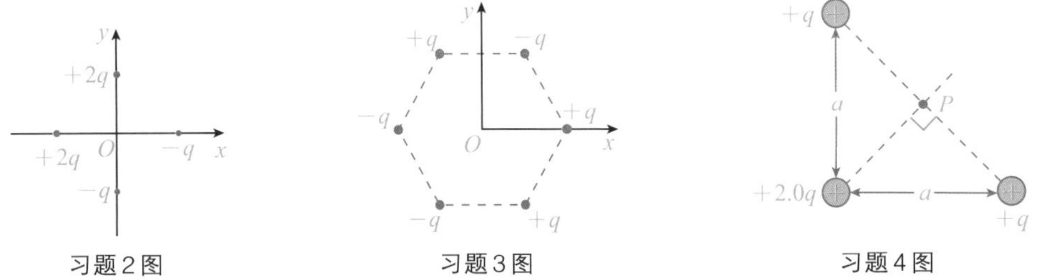

习题2图　　习题3图　　习题4图

3. 如图在一边长为 a 的正六边形的六个顶点放置六个点电荷 $+q$（或 $-q$），求此六边形中心 O 处的场强大小和方向。
4. 计算题图中 P 点处由三个点电荷所激发的电场强度的大小及方向。
5. 用绝缘细线弯成的半圆环，半径为 R，其上均匀地带有正电荷 $+Q$，试求圆心 O 点的电场强度，用矢量式表达。

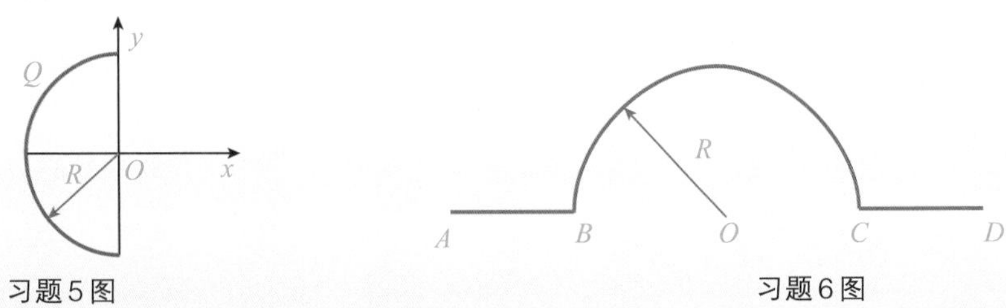

习题5图　　习题6图

6. 一电荷线密度为 λ 的均匀带电线弯成如图所示的形状，其中 AB 段和 CD 段的长度均为 R，试求圆心 O 点处电场强度的大小和方向。

第2章　高斯定理

§2-1 电场线、电通量

视频 3-2-1

电场既是客观存在的物质，但又是很抽象的概念。根据法拉第提出的力线思想，我们可以用电场线来直观地描绘电场。

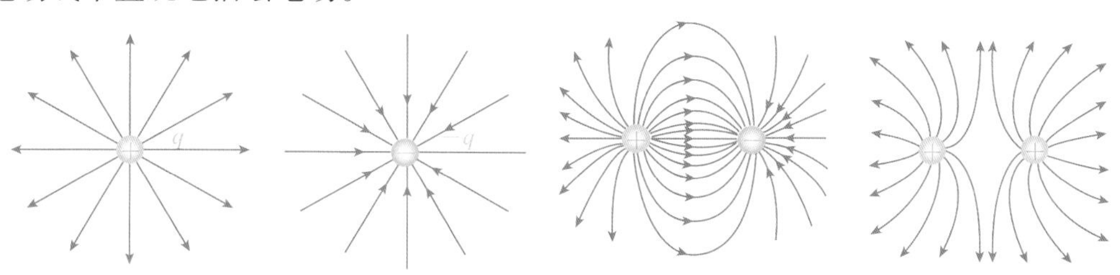

图3.2.1 几种典型的电场线

上图展现了几种电荷分布的电场线。它不仅仅是一种几何描述，同时具有明确的物理意义：

（1）电场线总是起始于正电荷，终止于负电荷，不形成闭合曲线；

（2）电场线上每一点的切线方向都与该点的电场强度方向一致，所以，任意两根电场线都不会相交；

（3）电场线的疏密程度表示了该处电场强度的大小。通常将通过电场中某点垂直于该点电场强度 $\boldsymbol{E}$ 的单位面积的电场线数目 $\mathrm{d}N$，定义为该点电场强度 $\boldsymbol{E}$ 的大小，即，若 $\mathrm{d}S_{\perp}$ 表示与 $\boldsymbol{E}$ 垂直的面元，则 $\boldsymbol{E}=\dfrac{\mathrm{d}N}{\mathrm{d}S_{\perp}}$

通过电场中某一个面的电场线数量称为通过该面的电通量，也称电场强度通量（ $\boldsymbol{E}$ 通量），用符号 $\boldsymbol{\Phi}_e$ 表示，$\boldsymbol{\Phi}_e$ 的严格表述按照(3.2.2)定义。

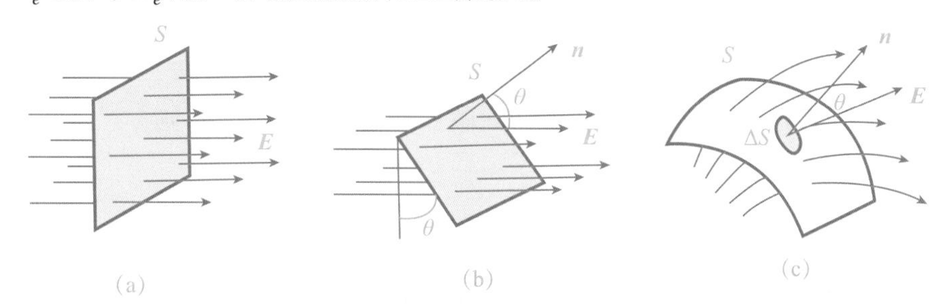

图3.2.2 电通量

在均匀电场中，有一面积为 S 的平面，其空间方位与电场强度 $\boldsymbol{E}$ 垂直，即其正法线 $\boldsymbol{n}$ 与 $\boldsymbol{E}$ 平行（见图3.2.2(a)），则通过该面的电通量为

$$\boldsymbol{\Phi}_e=ES \tag{3.2.1a}$$

若平面 S 与 $\boldsymbol{E}$ 不垂直，即 $\boldsymbol{n}$ 与 $\boldsymbol{E}$ 不平行，夹角为 θ（见图3.2.2(b)），则通过平面 S 的电通

量为

$$\boldsymbol{\Phi}_e = ES\cos\theta = \boldsymbol{E}\cdot\boldsymbol{S} \tag{3.2.1b}$$

如果电场是非均匀电场，且面 S 不是平面，而是一个任意曲面，如图3.2.2(c)所示。这时可把曲面分解成无限多个面积元 $\mathrm{d}S$，每个面积元 $\mathrm{d}S$ 都可看成是一个小平面，而且在面积元 $\mathrm{d}S$ 上，电场强度 $\boldsymbol{E}$ 也可看成是均匀的。设面积元 $\mathrm{d}S$ 的法线 $\boldsymbol{n}$ 与该处电场强度 $\boldsymbol{E}$ 的夹角为 θ，则通过面积元 $\mathrm{d}S$ 的电通量为

$$\mathrm{d}\boldsymbol{\Phi}_e = E\mathrm{d}S\cos\theta = \boldsymbol{E}\cdot\mathrm{d}\boldsymbol{S} \tag{3.2.1c}$$

因此，通过整个曲面 S 的电通量为

$$\boldsymbol{\Phi}_e = \int_S \mathrm{d}\Phi_e = \int_S E\mathrm{d}S\cos\theta = \int_S \boldsymbol{E}\cdot\mathrm{d}\boldsymbol{S} \tag{3.2.2}$$

如果 S 为闭合曲面，则上式可表示为

$$\boldsymbol{\Phi}_e = \oint_S E\mathrm{d}S\cos\theta = \oint_S \boldsymbol{E}\cdot\mathrm{d}\boldsymbol{S} \tag{3.2.3}$$

式中，“$\oint_S$”表示对封闭曲面进行积分。对于封闭曲面，一般规定 $\mathrm{d}S$ 的正法线方向指向曲面的外部。由此得到，当电场线由闭合曲面内向外穿出时，$\theta<90°$，$\cos\theta>0$，电通量为正；反之，$\theta>90°$，电通量为负。

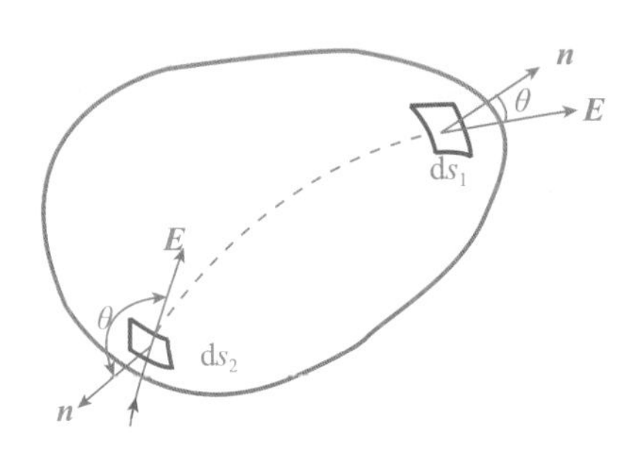

图3.2.3 通过闭合曲面的电通量

§2-2 高斯定理

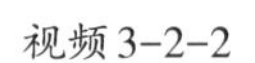
视频3-2-2

高斯定理揭示了通过闭合曲面（通常称为高斯面）的电通量与面内电荷的关系，它可表述为：在真空中通过一个任意闭合曲面的电通量等于该曲面内所有电荷电量的代数和除以 ε_0。其数学表达式为

$$\boldsymbol{\Phi}_e = \oint_S \boldsymbol{E}\cdot\mathrm{d}\boldsymbol{S} = \frac{1}{\varepsilon_0}\sum_{(S内)} q_i \tag{3.2.4}$$

高斯定理可以从库仑定律出发，利用场强叠加原理导出，这里证明从略。下面我们以点电荷为例，从一个侧面来印证高斯定律的正确性。

点电荷 $+Q$ 在周围激发电场，由于该静电场呈球对称辐射状分布，故若以点电荷所在处为中心，以任意半径 r 做一球面（见图3.2.4），则球面上各点电场强度 $\boldsymbol{E}$ 的大小均为

$$E = \frac{1}{4\pi\varepsilon_0}\frac{+Q}{r^2}\text{，}\boldsymbol{E}\text{ 的方向沿径矢向外}$$

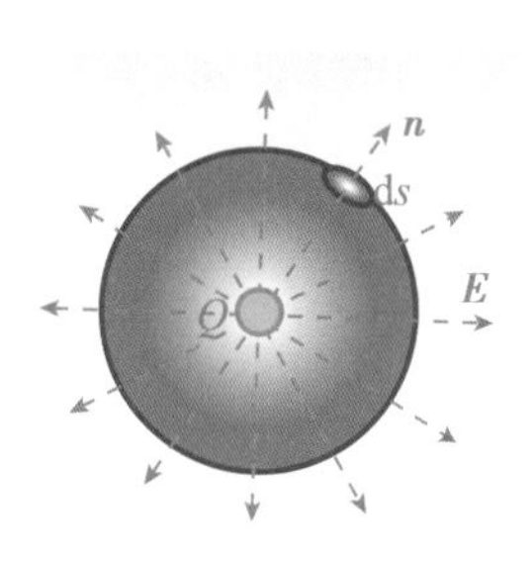

图3.2.4 点电荷在球形高斯面的中心

若在球面上取任一面积元 $\mathrm{d}S$，其正法线 $\boldsymbol{n}$ 亦沿径矢方向向外，则 $\boldsymbol{E}//\mathrm{d}\boldsymbol{S}$，故通过 $\mathrm{d}S$ 的电场强度通量为

$$\mathrm{d}\boldsymbol{\Phi}_e = \boldsymbol{E}\cdot\mathrm{d}\boldsymbol{S} = E\mathrm{d}S\cos 0° = \frac{1}{4\pi\varepsilon_0}\frac{+Q}{r^2}\mathrm{d}S$$

于是，通过整个球面的电场强度通量为

$$\boldsymbol{\Phi}_e=\oint_S \mathrm{d}\Phi_e=\oint_S \boldsymbol{E}\cdot\mathrm{d}\boldsymbol{S}=\frac{1}{4\pi\varepsilon_0}\frac{+Q}{r^2}\oint_S \mathrm{d}S=\frac{1}{4\pi\varepsilon_0}\frac{+Q}{r^2}4\pi r^2$$

因此,得

$$\boldsymbol{\Phi}_e=\oint_S \boldsymbol{E}\cdot\mathrm{d}\boldsymbol{S}=\frac{+Q}{\varepsilon_0}$$

高斯定理是静电场中的一个重要定理,要正确理解高斯定理,须注意以下几点:

(1)通过高斯面的电通量 $\boldsymbol{\Phi}_e$,只与高斯面内的电荷电量有关,与高斯面内的电荷分布以及高斯面外的电荷无关。

(2)高斯面上任一点的场强 $\boldsymbol{E}$,是高斯面内、外所有电荷共同激发的总场强,不能理解为高斯面上的场强仅仅是由高斯面内的电荷所产生的。

(3)高斯面内电荷的代数和为零,只说明通过高斯面的电通量为零,并不意味着高斯面上各点的场强也一定为零。

高斯定理反映了静电场的一个基本性质,即静电场是有源场,电场线始于正电荷,终止于负电荷。此外高斯定理不仅对静电场适用,对变化的电场、对运动电荷的电场也适用。它是电磁场理论的基本方程之一。

高斯(K. F. Gauss,1777—1855),德国数学家、物理学家和天文学家。1785—1789 年在哥廷根大学学习,1799 年获博士学位。1807 年任哥廷根大学数学教授和哥廷根天文台台长,直到逝世。

高斯长期从事数学并将数学应用于物理、天文学等的研究,有"数学王子"美称。在物理学中,他发现了静电学的高斯定理。后人为了纪念高斯在电磁学上的卓越贡献,在 CGS 单位制(emu)中将磁感应强度的单位定为高斯。高斯利用几何学知识研究光学中的近轴光线成像行为,建立了高斯光学。高斯还结合试验数据的测算,发展了概率统计理论和误差理论,发明了最小二乘法,引入高斯误差曲线。

§2-3 应用高斯定理求场强

视频 3-2-3

高斯定理是静电场的基本规律之一,对某些具有对称分布的电场,应用高斯定理求解往往比用点电荷场直接叠加简单得多。下面举例说明利用高斯定理求场强的具体方法。

(1)均匀带电球面的电场:设电荷 q 均匀地分布在半径为 R 的球面上,如图 3.2.5(a)所示。因电荷分布具有球对称性,场强 $\boldsymbol{E}$ 在空间的分布也具有球对称性。

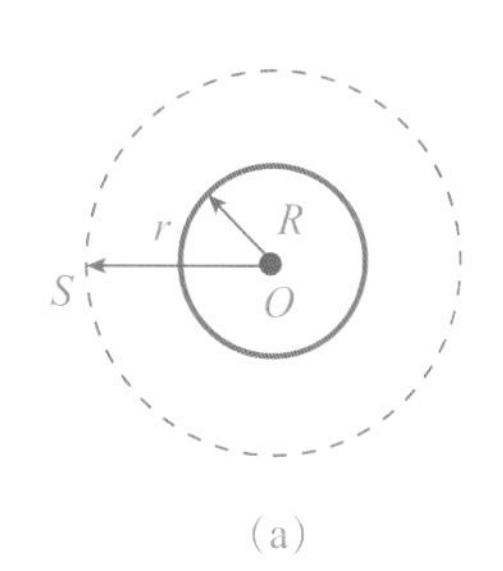

(a)

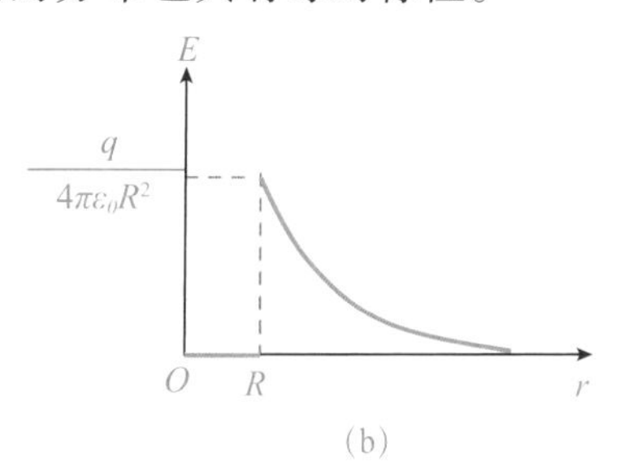

(b)

图 3.2.5 均匀带电球面的电场

以球心 O 为中心,场点到球心的距离 r 为半径做一球面 S(高斯面),则其上各点 $\boldsymbol{E}$ 的大小必定相等,且方向均与该点 $\mathrm{d}\boldsymbol{S}$ 的方向平行,于是,通过高斯面的电通量

$$\boldsymbol{\Phi}_e=\oint_S \boldsymbol{E}\cdot\mathrm{d}\boldsymbol{S}=E\oint_S \mathrm{d}S=E4\pi r^2$$

根据高斯定理有

$$\boldsymbol{\Phi}_e=E4\pi r^2=\begin{cases}0 & (r<R)\\ \dfrac{q}{\varepsilon_0} & (r>R)\end{cases}$$

故均匀带电球面的场强 $\boldsymbol{E}$ 的大小

$$E=\begin{cases}0 & (r<R)\\ \dfrac{q}{4\pi\varepsilon_0 r^2} & (r>R)\end{cases} \tag{3.2.5}$$

可见,均匀带电球面内的场强为零,球面外的场强相当于将球面上的电荷集中于球心上时产生的场强。E-r 关系如图3.2.5(b)所示,在球面的两侧,场强有一突变。

(2)均匀带电球体的电场:一半径为 R 的均匀带电球体,所带电量为 q,如图3.2.6(a)所示。由于电荷是球对称分布的,所以其电场也应呈球对称分布。

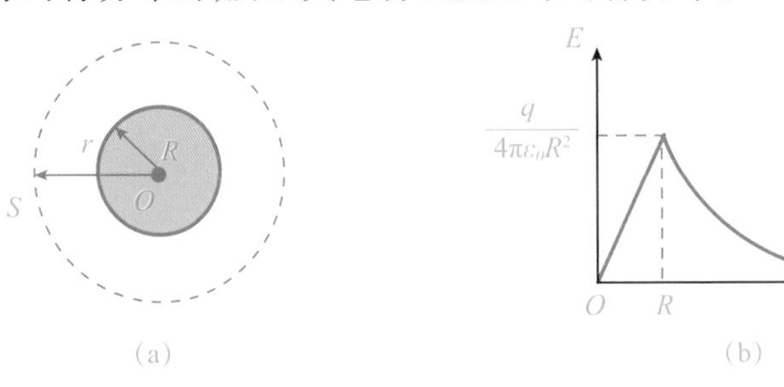

图3.2.6 均匀带电球体的电场

以球心 O 为中心,场点至球心的距离 r 为半径做一球面 S(高斯面),则通过 S 的 $\boldsymbol{E}$ 通量

$$\boldsymbol{\Phi}_e=\oint_S \boldsymbol{E}\cdot \mathrm{d}\boldsymbol{S}=E\oint_S \mathrm{d}S=E4\pi r^2$$

根据高斯定理有

$$\boldsymbol{\Phi}_e=E4\pi r^2=\begin{cases}\dfrac{q}{\varepsilon_0\frac{4}{3}\pi R^3}\cdot\dfrac{4}{3}\pi r^3=\dfrac{qr^3}{\varepsilon_0 R^3} & (r<R)\\ \dfrac{q}{\varepsilon_0} & (r>R)\end{cases}$$

于是有

$$E=\begin{cases}\dfrac{qr}{4\pi\varepsilon_0 R^3} & (r<R)\\ \dfrac{q}{4\pi\varepsilon_0 r^2} & (r>R)\end{cases} \tag{3.2.6}$$

可见,在均匀带电球体内,E 与 r 成正比;在球体外,E 与 r^2 成反比,相当于将整个球体的电荷集中于球心时所产生的场强一样。$E-r$ 的关系曲线如图3.2.6 (b)所示,场强在球面处连续。

(3)“无限长”均匀带电直线的电场:设一“无限长”均匀带电直线,其线电荷密度为 λ。显然此带电体的场强分布具有轴对称性:距带电直线距离相等的各点,其场强大小相等,方向与带电直线垂直。

如图3.2.7所示,以带电直线为轴,场点至轴的距离 a 为半径,高为 L 的封闭圆柱面 S 为高斯面。在 S 的上、下底面 S_1, S_2 上的任一点其场强 $\boldsymbol{E}\perp \mathrm{d}\boldsymbol{S}$;在侧面 S_3 上的任一点其场强 $\boldsymbol{E}/\!/\mathrm{d}\boldsymbol{S}$,且 $\boldsymbol{E}$ 的大小处处相等。所以,通过高斯面 S 的电通量

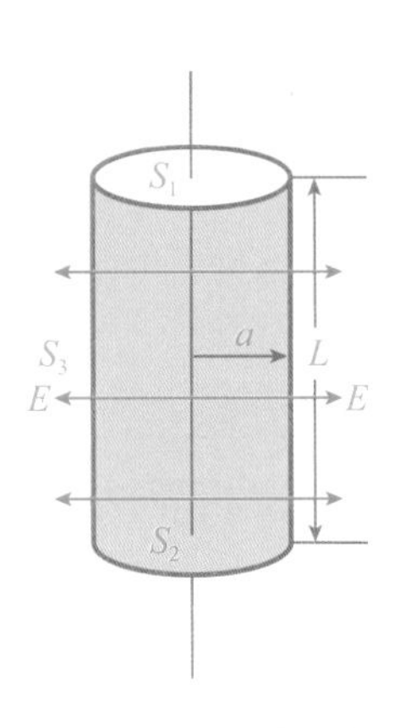

图3.2.7 “无限长”均匀带电直线的电场

$$\boldsymbol{\Phi}_e=\oint_S \boldsymbol{E}\cdot d\boldsymbol{S}=\int_{S_1}\boldsymbol{E}\cdot d\boldsymbol{S}+\int_{S_2}\boldsymbol{E}\cdot d\boldsymbol{S}+\int_{S_3}\boldsymbol{E}\cdot d\boldsymbol{S}$$

$$=\int_{S_3}\boldsymbol{E}\cdot d\boldsymbol{S}=\int_{S_3}E dS\cos 0°=E\int_{S_3}dS=E2\pi aL$$

根据高斯定理有

$$E2\pi aL=\frac{\lambda L}{\varepsilon_0}$$

解之得

$$E=\frac{\lambda}{2\pi\varepsilon_0 a} \tag{3.2.7}$$

这与上一章例3.1.3用场强叠加原理积分计算的结果(3.1.10)完全一致,但方法却要简便得多。

【例3.2.1】 闪电是大气中激烈的放电现象,它是大气被强电场击穿的结果。云地闪电通常是发生在雷雨云的负电区与地之间,上左图是用高速摄影技术捕捉到的一幅云地闪电图像,上右图是闪电过后高尔夫球杆附近草皮被电击后的情景。设空气的击穿场强是$3\times10^6\,\text{V/m}$,在柱状闪电内电荷的典型线密度为$-1\times10^{-3}\,\text{C/m}$,试估算柱状闪电的半径。

解 $r=\dfrac{\lambda}{2\pi\varepsilon_0 E}=\dfrac{1\times10^{-3}}{(2\pi)\left(8.85\times10^{-12}\right)\left(3\times10^6\right)}=6(\text{m})$

(4)“无限大”均匀带电平面的电场:设一均匀带电的“无限大”平面,其面电荷密度为σ。显然,带电大平面的电场分布具有面对称性:在平面两侧与平面相距等远的点其场强大小相等,方向垂直于平面,若$\sigma>0$,则场强方向指向远方,若$\sigma<0$,则场强方向指向带电平面。

如图3.2.8所示,取一封闭的圆柱面S为高斯面,令其两底面S_1,S_2平行于带电平面并距平面等远,所求场点在S_1或S_2面上;侧面S_3与带电平面垂直。设S_1,S_2的面积均为ΔS,据以上分析可知,在侧面S_3上的各点,$\boldsymbol{E}\perp d\boldsymbol{S}$;在$S_1$,$S_2$面上各点,$\boldsymbol{E}/\!/d\boldsymbol{S}$。于是,穿过高斯面$S$的电通量

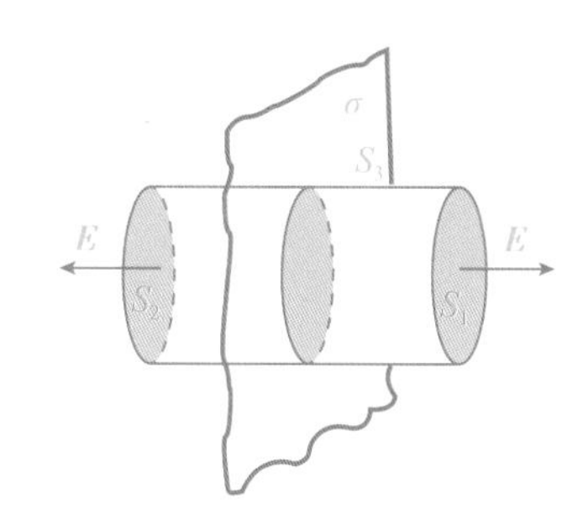

图3.2.8 “无限大”均匀带电平面的电场

$$\Phi_e=\oint_S \boldsymbol{E}\cdot d\boldsymbol{S}=\int_{S_1}\boldsymbol{E}\cdot d\boldsymbol{S}+\int_{S_2}\boldsymbol{E}\cdot d\boldsymbol{S}+\int_{S_3}\boldsymbol{E}\cdot d\boldsymbol{S}$$

$$=\int_{S_1}E dS+\int_{S_2}E dS=E\Delta S+E\Delta S=2E\Delta S$$

根据高斯定理有

$$2E\Delta S=\frac{\sigma\Delta S}{\varepsilon_0}$$

解之得

$$E=\frac{\sigma}{2\varepsilon_0} \tag{3.2.8}$$

【例3.2.2】 如图3.2.9所示是两块“无限大”的均匀带电薄片，分别带有电荷面密度为 $\sigma_+=6.8\mu C/m^2$ 正电荷和 $\sigma_-=-4.3\mu C/m^2$ 的负电荷，求：(1)在两薄片的左方；(2)两薄片之间；(3)两薄片右方的电场强度矢量 $\boldsymbol{E}$？

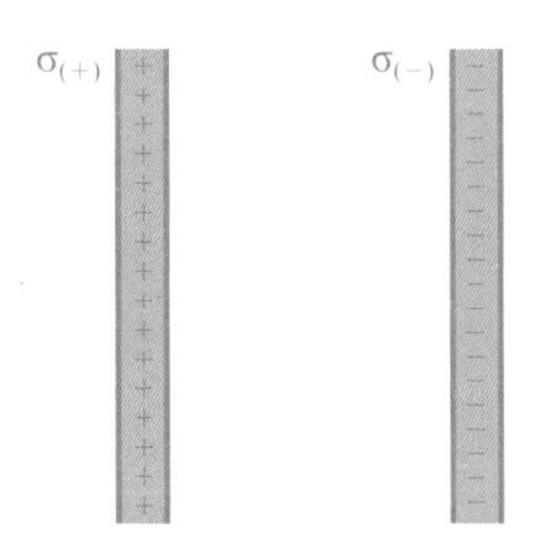

图3.2.9 两块“无限大”均匀带电薄片的电场

解 因为无限大均匀带电 (σ) 平面外场强 $E=\frac{\sigma}{2\varepsilon_0}$，方向与平面垂直。现取向右为正方向，故有

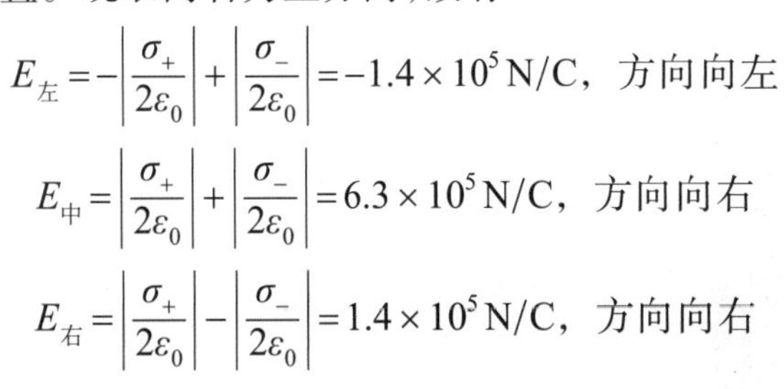

$$E_{左}=-\left|\frac{\sigma_+}{2\varepsilon_0}\right|+\left|\frac{\sigma_-}{2\varepsilon_0}\right|=-1.4\times10^5\,\mathrm{N/C}，\text{方向向左}$$

$$E_{中}=\left|\frac{\sigma_+}{2\varepsilon_0}\right|+\left|\frac{\sigma_-}{2\varepsilon_0}\right|=6.3\times10^5\,\mathrm{N/C}，\text{方向向右}$$

$$E_{右}=\left|\frac{\sigma_+}{2\varepsilon_0}\right|-\left|\frac{\sigma_-}{2\varepsilon_0}\right|=1.4\times10^5\,\mathrm{N/C}，\text{方向向右}$$

从以上几个求场强的计算过程可见，应用高斯定理求场强一般包含两个步骤：首先，根据电荷分布的对称性分析电场分布的对称性，从而选取合适的高斯面，计算 $\boldsymbol{E}$ 的通量；然后再利用高斯定理计算场强数值。其要点是选择合适的高斯面，使待求场点位于其上；且在所选的高斯面上，或使 $\boldsymbol{E}//\mathrm{d}\boldsymbol{S}$，且 $\bar{E}$ 为常量；或使 $\boldsymbol{E}\perp\mathrm{d}\boldsymbol{S}$，从而能简捷地算出 $\boldsymbol{E}$ 的通量。

本章小结

1. 电通量 $\boldsymbol{\Phi}_e=\boldsymbol{E}\cdot\boldsymbol{S}=ES\cos\theta$（均匀电场），$\boldsymbol{\Phi}_e=\int_S\boldsymbol{E}\cdot\mathrm{d}\boldsymbol{S}$（非均匀电场）
2. 高斯定理 $\boldsymbol{\Phi}_e=\oint_S\boldsymbol{E}\cdot\mathrm{d}\boldsymbol{S}=\frac{1}{\varepsilon_0}\sum_{(S内)}q_i$
3. (1)均匀带电球面的场强 $E=\begin{cases}0 & (r<R)\\ \frac{q}{4\pi\varepsilon_0 r^2} & (r>R)\end{cases}$

   (2)“无限长”均匀带电直线的场强 $E=\frac{\lambda}{2\pi\varepsilon_0 a}$

   (3)“无限大”均匀带电平面的场强 $E=\frac{\sigma}{2\varepsilon_0}$

思考题

1. 电场线能相交吗？为什么？电场线能否在无电荷处中断？为什么？
2. 电力线、电通量和电场强度三者之间有何关系？电通量正、负分别表示什么物理意义？

3. 有一边长为 a 的正方形平面，在其中垂线上距中心 O 点 $a/2$ 处，有一电荷为 q 的正点电荷，如图所示，则通过该平面的电场强度通量为多少？

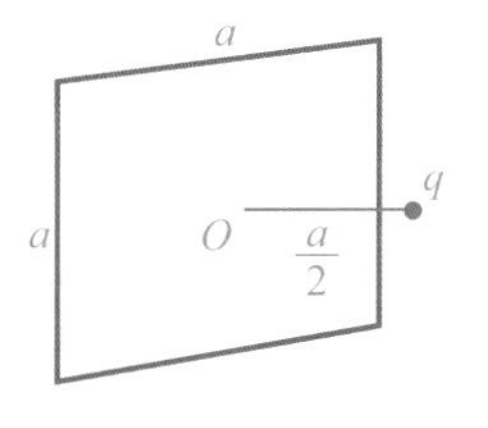

思考题3图

4. 一点电荷 q 位于边长为 a 的立方体的中心。(1)试问通过立方体每一面的电场强度通量是多少？(2)若将这点电荷移至立方体的一个角上，这时通过立方体每一面的电场强度通量又为多少？
5. 万有引力和静电力都服从平方反比律，都存在高斯定理。有人企图把引力场屏蔽起来，这能否做到？引力场和静电场有什么重要差别？
6. 能否直接从库仑定律导出高斯定理？如果库仑定律中 r 的指数不是恰好为2，高斯定理是否仍能成立？
7. 在均匀带电球面上任一点的电场强度值是否等于 $\dfrac{q}{4\pi\varepsilon_0 R^2}$？为什么？式中 R 为球的半径。
8. 一点电荷 q 放在球形高斯面的中心，试问下列情况下，穿过这球形高斯面的电通量是否改变？高斯面上个点的场强 $\boldsymbol{E}$ 是否改变？(1)另一个点电荷放在高斯面外附近；(2)另一个点电荷放在高斯面内；(3)将原来的点电荷移离高斯面的中心，但仍留在高斯面内。
9. 高斯定理是否仅在对称分布的电场才成立？什么情况下能用高斯定理求场强 $\boldsymbol{E}$？应用高斯定理求场强时，高斯面应该怎样选取才合适？
10. 静电场的电场线有何特点？用静电场环路定理证明：静电场的电场线永不闭合。

习　题

1. 有一非均匀电场，其电场强度为 $\boldsymbol{E}=\left(E_0+kx\right)\boldsymbol{i}$（式中 k 为常量），求通过如图所示的边长为 0.53 m 的立方体的电通量。
2. 地球周围的大气层犹如一部大电机，由于雷雨云和大气气流的作用，在晴天区域大气电离层总是带有大量的正电荷，地球表面必然带有负电荷。实验测得，晴天大气电场的平均场强约为 120 N/C，方向指向地面，试求地球表面单位面积所带的过剩电荷？ 试以每平方厘米的电子数表示。
3. 半径为 R 的非金属带电球体，其电荷体密度 $\rho=kr^2$，k 为常量，r 为空间某点至球心的距离。求这带电球体产生的电场的场强分布：(1)在球外；(2)在球内。
4. 一无限长均匀带电直线在距离 2.0 cm 处产生 4.5×10^4 N/C 的电场，计算其电荷线密度。
5. 真空中两平行的无限长均匀带电直线，电荷线密度分别为 $+\lambda$ 和 $-\lambda$，点 P_1 和 P_2 与两带电线共面，其位置如图所示，取向右为坐标正方向。求：(1) P_1 点的电场强度 $\boldsymbol{E}_1$ 的大小和方向；(2) P_2 点的电场强度 $\boldsymbol{E}_2$ 的大小和方向。

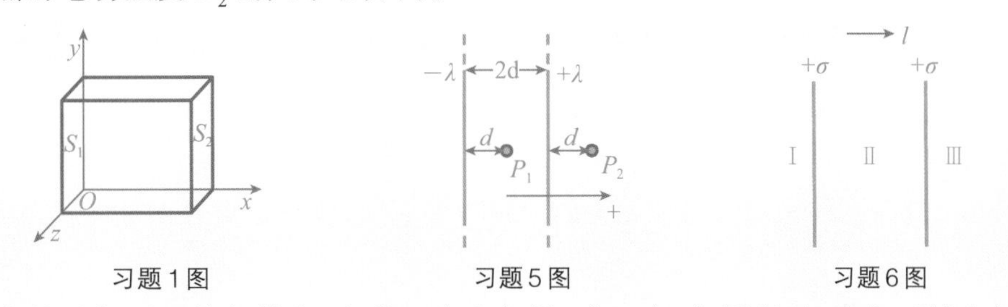

习题1图　　习题5图　　习题6图

6. 两无限大的平行平面均匀带电，电荷面密度都是 $\sigma(\sigma>0)$，如图所示，求各区域内场强。

第3章　电　势

前面两章我们都是围绕电场强度这一矢量来描述和研究静电场的，电场强度被定义为 $\boldsymbol{E}=\dfrac{\boldsymbol{F}}{q_0}$，也就是说电场强度着重讨论的是静电场的力学特性。本章我们从研究静电场力做功特点入手，通过电势能，引入电势标量，从能量角度来描述和研究静电场的性质。

§3-1 静电场力是保守力

视频 3-3-1

设电量为 q_0 的试验电荷处于电量为 q 的静止点电荷的电场中。将 q_0 由 P 点沿任意路径 PLQ 移至 Q 点，如图 3.3.1 所示。

为了求出此过程中电场力做的功，可在路径上任取一位移元，电场力在这一位移元中对 q_0 所做的元功

$$\mathrm{d}W=\boldsymbol{F}\cdot\mathrm{d}\boldsymbol{l}=q_0\boldsymbol{E}\cdot\mathrm{d}\boldsymbol{l}=q_0E\mathrm{d}l\cos\theta$$

式中，$\boldsymbol{E}$ 为位移元 $\mathrm{d}\boldsymbol{l}$ 处的场强，θ 为 $\boldsymbol{E}$ 与 $\mathrm{d}\boldsymbol{l}$ 间的夹角。

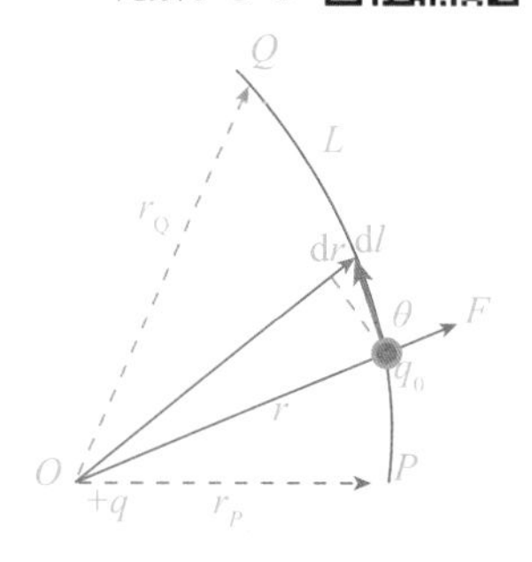

图 3.3.1 静电场力做功

由图 3.3.1 可知，$\mathrm{d}l\cos\theta=\mathrm{d}r$，而 $E=\dfrac{q}{4\pi\varepsilon_0r^2}$，故

$$\mathrm{d}W=q_0E\mathrm{d}r=\frac{1}{4\pi\varepsilon_0}\frac{qq_0}{r^2}\mathrm{d}r$$

所以在试验电荷 q_0 由 P 点经任意路径 PLQ 移至 Q 点的过程中，电场力做的功

$$W=\int_{PLQ}\mathrm{d}W=\int_{r_P}^{r_Q}\frac{1}{4\pi\varepsilon_0}\frac{qq_0}{r^2}\mathrm{d}r=\frac{qq_0}{4\pi\varepsilon_0}\left(\frac{1}{r_P}-\frac{1}{r_Q}\right)\tag{3.3.1}$$

式中，r_P，r_Q 分别表示电荷 q 至点 P，点 Q 的距离。

式(3.3.1)表明，在点电荷的电场中移动试验电荷时，静电场力所做之功除与其电量 q_0 成正比外，只与移动时试验电荷的始、末位置有关，而与具体路径无关。

上述结论对于任何带电体产生的静电场都是正确的，因为任何带电体总可以划分为许多电荷元，每一电荷元均可看成一个点电荷，因此可把任何带电体视为点电荷系。由电场的叠加原理，其合力所做的功等于各分力所做的功的代数和，即

$$W=\int\mathrm{d}W=\int\boldsymbol{F}\cdot\mathrm{d}\boldsymbol{l}=q_0\int\left(\boldsymbol{E}_1+\boldsymbol{E}_2+\cdots+\boldsymbol{E}_N\right)\cdot\mathrm{d}\boldsymbol{l}=W_1+W_2+\cdots+W_N=\sum_i W_i$$

由于上式右边的每一项都与路径无关，所以总静电场力的功 W 也与路径无关，这就是静电场力做功的特点。

在力学中，曾将这种做功与路径无关的力称为保守力，故静电场力也是保守力。

§3-2 静电场环路定理

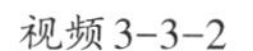
视频3-3-2

静电场力是保守力，其做功特点还可表述成另一种形式。

若使试验电荷 q_0 沿任一闭合回路 L 绕行一周，重回到出发点，则点电荷的静电场力所做之功为零，即：$W=\oint_L q_0\boldsymbol{E}\cdot\mathrm{d}\boldsymbol{l}=0$，因为 $q_0\neq 0$，所以有

$$\oint_L \boldsymbol{E}\cdot\mathrm{d}\boldsymbol{l}=0 \tag{3.3.2}$$

上式表明：在静电场中场强沿任一闭合回路的线积分恒等于零，此结论称为静电场的环路定理，它反映了静电场的另一基本性质：静电场是保守力场。

§3-3 电势能 电势

视频3-3-3

力学中已经说明，在保守力场中，可以引入势能的概念。由于静电场是保守力场，所以在静电场中也可以引入势能的概念，称为电势能。设 U_P，U_Q 分别表示试验电荷 q_0 在起点 P，终点 Q 的电势能。我们已经知道：保守力所做的功等于相应势能增量的负值，所以有

$$W_{PQ}=\int_P^Q q_0\boldsymbol{E}\cdot\mathrm{d}\boldsymbol{l}=-\left(U_Q-U_P\right)=U_P-U_Q \tag{3.3.3}$$

当静电场力做正功时，电荷与静电场间的电势能减小；做负功时，电势能增加。可见，电场力的功是电势能改变的度量。

电势能是电荷与电场间的相互作用能，是电荷与电场所组成的系统共有的。电势能与其他势能一样，是空间坐标的函数，其量值具有相对性，但电荷在电场中两点的电势能之差却有确定的值。为了确定电荷在电场中某点的电势能，应事先选择某一点作为电势能的零点。电势能零点的选择是任意的，一般以方便合理为前提。若选 Q 点为电势能零点，即 $U_Q=0$，则有

$$U_P=\int_P^{U_Q=0} q_0\boldsymbol{E}\cdot\mathrm{d}\boldsymbol{l} \tag{3.3.4}$$

式(3.3.4)说明，试验电荷 q_0 在静电场中 P 点的电势能，在量值上等于将试验电荷由 P 点沿任意路径移至电势能为零处的过程中，电场力所做的功。

由式(3.3.4)知，试验电荷在 P 点的电势能不仅与 P 点的位置有关，而且还与试验电荷的电量 q_0 有关。因此，电势能不能用来描述电场的性质。但比值 U_P/q_0 却与 q_0 无关，仅由电场的性质及 P 点的位置来决定，为此，我们定义此比值为电场中 P 点的电势，用 V 表示，即

$$V_P=\frac{U_P}{q_0}=\int_P^{V_Q=0}\boldsymbol{E}\cdot\mathrm{d}\boldsymbol{l} \tag{3.3.5}$$

这就是说，电场中任意点 P 的电势 V_P，在数值上等于单位正电荷在该点所具有的电势能；或等于单位正电荷从该点沿任意路径移至电势能零点处的过程中，电场力所做的功。式(3.3.5)称为场强与电势的积分关系，也是电势的定义式。电势的单位为伏特，简称为伏(V)。

由于电势能是相对的，故据式(3.3.5)可知，电势也是相对的，其值与电势的零点选择有关。原则上电势零点可以随意选取。对有限带电体，常选取无限远为零电势点，对“无限带电

体”，零电势常选取在有限远点，但在实际中，常选取地球（或电气设备的外壳）做电势零点。

若将电量为 q_0 的试验电荷由 P 点移至 Q 点，据式（3.3.3）、（3.3.5）可得静电场力做的功

$$W_{PQ}=U_P-U_Q=q_0\left(V_P-V_Q\right)=\int_P^Q q_0\boldsymbol{E}\cdot\mathrm{d}\boldsymbol{l} \tag{3.3.6}$$

这就是说，静电场力做的功，等于始、末位置电势差与移动电量的乘积。

顺便指出，在原子、原子核物理中，电子、质子的能量（包括电势能和动能等）也常用电子伏特做单位，符号为 eV 。1eV 表示 1 个电子通过 1V 电势差时所获得的能量。电子伏特与焦耳间的关系为：$1\ \mathrm{eV}=1.60\times10^{-19}\ \mathrm{J}$

§3-4 电势的计算

视频 3-3-4

点电荷的电势

在点电荷 q 的电场中，若选无限远处为电势零点，由电势的定义可知，在与 q 相距为 r 的场点 P 上的电势为

$$V_P=\frac{U_P}{q_0}=\int_P^\infty\boldsymbol{E}\cdot\mathrm{d}\boldsymbol{l}=\int_r^\infty\frac{1}{4\pi\varepsilon_0}\frac{q}{r^2}\mathrm{d}r=\frac{q}{4\pi\varepsilon_0 r} \tag{3.3.7}$$

这就是计算点电荷的电势公式，它是计算其他带电体系电势的基础。

电势叠加原理

由电势的定义式和场强叠加原理可导出电势的叠加原理。设真空中有一个由 N 个点电荷组成的点电荷系，其电量分别为 $q_1,\cdots,q_N$，单独存在时产生的场强依次为 $\boldsymbol{E}_1,\cdots,\boldsymbol{E}_N$ 。于是，根据电势的定义式，可得点电荷系中场点 P 的电势为

$$V_P=\int_P^\infty\boldsymbol{E}\cdot\mathrm{d}\boldsymbol{l}=\int_P^\infty\left(\boldsymbol{E}_1+\boldsymbol{E}_2+\cdots+\boldsymbol{E}_N\right)\cdot\mathrm{d}\boldsymbol{l}=\int_P^\infty\boldsymbol{E}_1\cdot\mathrm{d}\boldsymbol{l}+\int_P^\infty\boldsymbol{E}_2\cdot\mathrm{d}\boldsymbol{l}+\cdots+\int_P^\infty\boldsymbol{E}_N\cdot\mathrm{d}\boldsymbol{l}$$

即

$$V_P=V_{1P}+V_{2P}+\cdots+V_{NP}=\sum_{i=1}^N V_{iP}=\frac{1}{4\pi\varepsilon_0}\sum_{i=1}^N\frac{q_i}{r_i} \tag{3.3.8}$$

上式表明，在点电荷系的电场中，某一点的电势等于各点电荷单独存在时在该点的电势的代数和。这一结论称为电势的叠加原理。

对电荷连续分布的带电体，可将带电体看成由许多个电量为 $\mathrm{d}q$ 的电荷元组成。这时带电体的电场中任意一点 P 的电势

$$V_P=\int_q\frac{1}{4\pi\varepsilon_0}\frac{\mathrm{d}q}{r} \tag{3.3.9}$$

式中，r 表示电荷元 $\mathrm{d}q$ 至 P 点的距离。

由以上讨论可知，电势是标量，叠加时求代数和；场强是矢量，叠加时求矢量和，所以电势叠加运算比场强叠加运算要简单得多。

电势的计算

电势是描述电场性质的重要物理量。计算电势通常有两种方法：一种是已知产生电场的电荷分布求电势，这时以点电荷的电势为基础，利用电势叠加原理来计算；另一种是已知场强 $\vec{E}$ 的分布求电势，这时可用电势与场强的积分关系计算电势。在实际应用中，采用哪一种方法，视具体情况决定。

【例3.3.1】 如图3.3.2所示，一点电荷位于坐标原点，带电量 $q_1=5.0\ \mu\text{C}$，另一带电量 $q_2=-2.0\ \mu\text{C}$ 的点电荷位于 x 轴上，坐标为 $(3.0,0)$。取无限远处为电势零点，求：点 $P(0,4.0)$ 的电势。

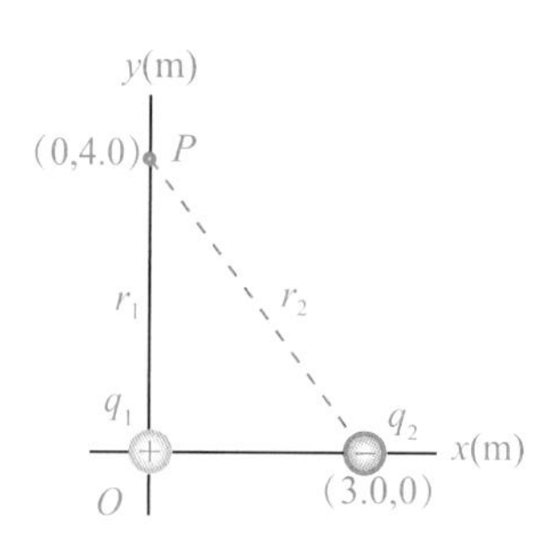

图3.3.2 两点电荷的电势

解 点电荷 q_1 在 P 点的电势

$$V_{1P}=\frac{q_1}{4\pi\varepsilon_0 r_1}=1.12\times10^4(\text{V})$$

点电荷 q_2 在 P 点的电势

$$V_{2P}=\frac{q_2}{4\pi\varepsilon_0 r_2}=-0.36\times10^4(\text{V})$$

所以，P 点的电势

$$V_P=V_{1P}+V_{2P}=7.6\times10^3(\text{V})$$

【例3.3.2】 已知电量为 q 的电荷均匀地分布在半径为 R 的球面上，求空间任意一点的电势（设无限远处的电势为零）。

解 在上一章，我们由高斯定理已求得均匀带电球面的场强分布为

$$E=\begin{cases}\dfrac{q}{4\pi\varepsilon_0 r^2} & (r>R)\\ 0 & (r<R)\end{cases}\quad \boldsymbol{E}\ \text{的方向沿径矢}$$

由电势与场强的积分关系，球面外任一点 P 的电势

$$V_P=\int_P^{\infty}\boldsymbol{E}\cdot\mathrm{d}\boldsymbol{l}=\int_r^{\infty}\frac{q}{4\pi\varepsilon_0 r^2}\mathrm{d}r=\frac{q}{4\pi\varepsilon_0 r}\quad (r>R)$$

同法可得球面内任一点 P 的电势

$$V_P=\int_P^{\infty}\boldsymbol{E}\cdot\mathrm{d}\boldsymbol{l}=\int_r^{R}\boldsymbol{E}\cdot\mathrm{d}\boldsymbol{l}+\int_R^{\infty}\boldsymbol{E}\cdot\mathrm{d}\boldsymbol{l}=0+\int_R^{\infty}\frac{q}{4\pi\varepsilon_0 r^2}\mathrm{d}r$$

$$=\frac{q}{4\pi\varepsilon_0 R}\quad (r<R)$$

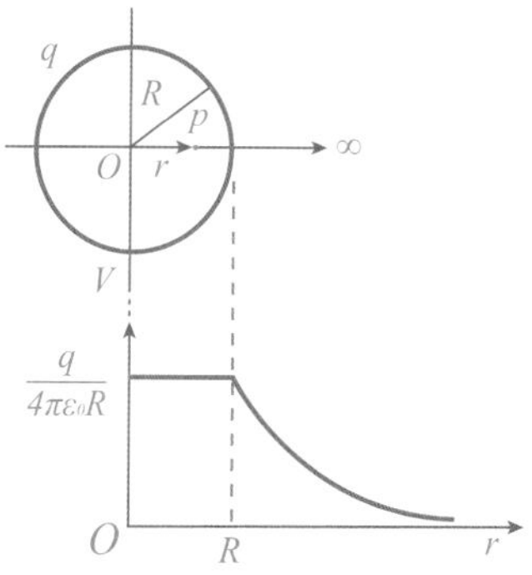

图3.3.3 均匀带电球面的电势

于是，均匀带电球面的电势

$$V_P=\begin{cases}\dfrac{q}{4\pi\varepsilon_0 r} & (r>R)\\ \dfrac{q}{4\pi\varepsilon_0 R} & (r<R)\end{cases}\tag{3.3.10}$$

即，均匀带电球面内各点的电势相同，其值等于球面上的电势；球面外的电势与电荷全部集中在球心上的点电荷的电势相同。$V-r$ 关系如图3.3.3所示。

§3-5 电场强度与电势的微分关系

视频 3-3-5

电场强度和电势是描述静电场性质的两个基本物理量，电场强度的分布可以用电场线形象地表示，电势的分布我们用等势面来表示。另外，电势的定义给出了电场强度和电势的积分关系，下面我们用与力学类比的方法来得出电场强度与电势的微分关系。

在力学中我们讲过：一维情况下，保守力的大小等于势能增量的负值，即

$$F=-\frac{\mathrm{d}U_p(x)}{\mathrm{d}x}$$

静电场力 $\boldsymbol{F}=q\boldsymbol{E}$ 也是保守力，电势能 $U=qV$，代入上式并消去等式两边的 q，有

$$E_x=-\frac{\mathrm{d}V(x)}{\mathrm{d}x}$$

在直角坐标系中，电势 V 一般是坐标 x，y 和 z 的函数，因此，电场强度沿这三个方向的分量分别为

$$E_x=-\frac{\partial V}{\partial x},\ E_y=-\frac{\partial V}{\partial y},\ E_z=-\frac{\partial V}{\partial z}$$

于是电场强度的矢量表达式为

$$\boldsymbol{E}=-\left(\frac{\partial V}{\partial x}\boldsymbol{i}+\frac{\partial V}{\partial y}\boldsymbol{j}+\frac{\partial V}{\partial z}\boldsymbol{k}\right) \tag{3.3.11}$$

式中负号表明，电力线（电场强度）的方向总是指向电势下降最快的方向。如果已知电势的分布函数，根据（3.3.11）式电场强度与电势的微分关系可计算电场强度。

本章小结

1. 静电场力做功与路径无关，静电场力是保守力，静电场环路定律 $\oint_L \boldsymbol{E}\cdot\mathrm{d}\boldsymbol{l}=0$

2. 静电场的性质

   静电场是有源场 $\boldsymbol{\Phi}_e=\oint_S \boldsymbol{E}\cdot\mathrm{d}\boldsymbol{S}=\frac{1}{\varepsilon_0}\sum_{(S内)}q_i$（高斯定理）

   静电场是保守场 $\oint_L \boldsymbol{E}\cdot\mathrm{d}\boldsymbol{l}=0$（环路定律）

3. 电荷 q_0 在电场中某一点的电势能 $U=q_0V$

   移动电荷 q_0 时电场力所做的功 $W_{PQ}=U_P-U_Q=q_0(V_P-V_Q)$

   电场中两点的电位差 $V_{PQ}=V_P-V_Q=\int_P^Q \boldsymbol{E}\cdot\mathrm{d}\boldsymbol{l}$

4. 电势的定义 $V_P=\int_P^{\infty}\boldsymbol{E}\cdot\mathrm{d}\boldsymbol{l}$（取无限远处为零电势点）

   点电荷电势 $V_P=\frac{q}{4\pi\varepsilon_0 r}$

   点电荷系电势 $V_P=\frac{1}{4\pi\varepsilon_0}\sum_{i=1}^{N}\frac{q_i}{r_i}$，连续带电体电势 $V_P=\int_P^{\infty}\frac{1}{4\pi\varepsilon_0}\frac{\mathrm{d}q}{r}$

5. 均匀带电球面的电势分布 $V=\begin{cases}\dfrac{q}{4\pi\varepsilon_0 r} & (r>R)\\ \dfrac{q}{4\pi\varepsilon_0 R} & (r<R)\end{cases}$

6. 电场强度与电势的微分关系 $\boldsymbol{E}=-\left(\dfrac{\partial V}{\partial x}\boldsymbol{i}+\dfrac{\partial V}{\partial y}\boldsymbol{j}+\dfrac{\partial V}{\partial z}\boldsymbol{k}\right)$

思考题

1. 两个半径相同的导体球 A 和 B，都带负电，但 A 球比 B 球电势高，用细导线把两球连接起来后，问电子怎样流动？
2. 试判断下列说法是否正确，并举一例加以说明。(1)场强大处，电势一定高；(2)场强为零处，电势一定为零；(2)电势为零处，场强一定为零；(3)电势相等的区域，场强也处处相等。
3. 如果只知道电场中某点的场强，能否求出该点的电势？如果只知道电场中某点的电势，能否求出该点的场强？为什么？
4. 有一球形的橡皮气球，电荷均匀分布在气球表面上，问在气球吹大的过程中，下列各点的场强和电势怎么变化？(1)始终在气球内部的点；(2)始终在气球表面上的点；(3)始终在气球外部的点。
5. 半径和带电量均相同的均匀带电球面和非均匀带电球面比较，两者球内外的电场强度和电势分布是否相同？球心处的电势是否相同？(设无限远处的电势为零)
6. 一只小鸟停在一根几万伏的高压输电线上，它是否有受到电击的危险？试说明理由。
7. 在实际工作中，有时将电学仪器或机器外壳选做电势零点。若机壳未接地，机壳是否带电？人站在地上是否可以随意接触机壳？若机壳接地，情况又如何？

习 题

1. 在带电量为 $+Q$ 的点电荷 A 的静电场中，将另一带电量为 q 的点电荷 B 从 a 点移到 b 点，a，b 两点距离点电荷 A 的距离分别为 r_1 和 r_2，如图所示。求在电荷移动过程中电场力所做的功。

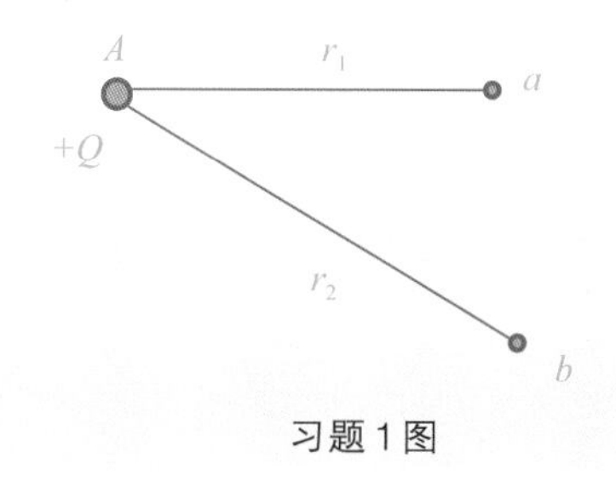

习题1图

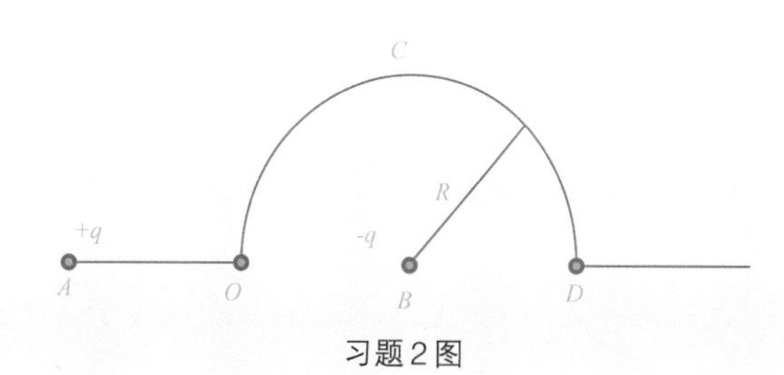

习题2图

2. 如图所示，OCD 是以 B 为圆心，R 为半径的半圆。已知 $AB=2R$，A 点和 B 点分别放置 $+q$ 和 $-q$ 的电荷，试问：(1)将一点电荷 $+q_0$ 分别置于 O 点和 D 点时，其电势能各为多少？(2)将点电荷 $+q_0$ 从 O 点沿 OCD 移到 D 点，电场力所做的功为多少？(3)将点电荷 $-q_0$ 从 D 点沿 DBA 的延长线移至无限远处，电场力所做的功为多少？(4)把点电荷 $+q_0$ 沿 $OCDBO$ 移动一周，电场力做功为多少？
3. 有两个带电量都为 q 的点电荷，相距为 $2a$，CD 为其中垂线，且 $\overline{CD}=a$，求：① C，D 两点的电势差 $\Delta V=V_C-V_D$ 为多少；②若有一点电荷 q_0 从 C 点沿直线移动到 D 点，问电场力做功 W_{CD} 为多少？

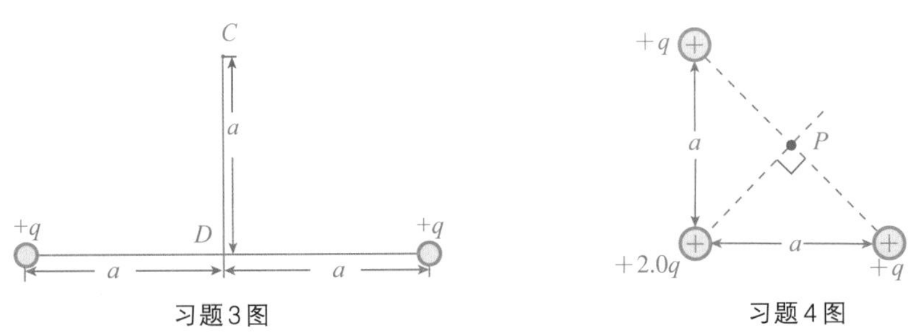

习题3图　　习题4图

4. 如图所示，取无穷远处电势为零，计算由三个点电荷所激发的电场中 P 点处的电势。
5. 真空中半径为 R 的细圆环均匀带电，电量为 Q。设无穷远处为电势零点，求：(1)圆环中心 O 点的电势为 V_O？(2)若将一带电量为 $+q$ 的点电荷由 O 点移到无穷远处，则电场力所做的功 $W_{O\infty}$ 为多少？

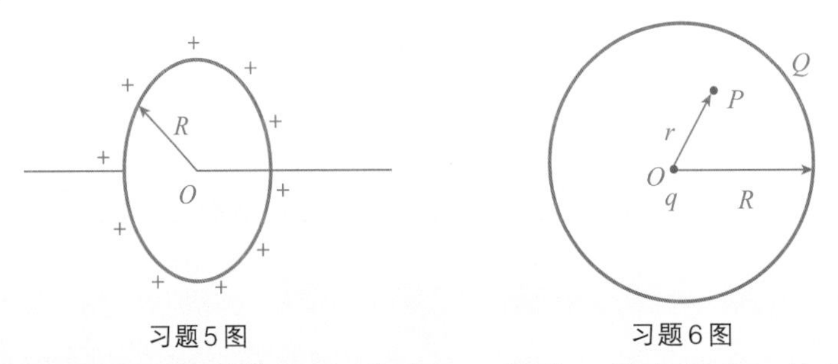

习题5图　　习题6图

6. 真空中一半径为R的球面均匀带电 Q，在球心 O 处有一带电量为 q 的点电荷，如图所示。设无穷远处为电势零点，求在球内离球心 O 距离为 r 的 P 点处的电势。
7. 半径为 R 的均匀带电球面带电量为 Q；沿半径方向上有一均匀带电细棒，电荷线密度为 λ，长度为 l，细棒近端离球心距离也为 l，如图所示。假设球和细棒上的电荷分布保持不变，求细棒的电势能。
8. 电荷 q 均匀分布在长为 l 的细棒上，细棒置于 x 轴上，左端点离坐标原点 O 距离为 a，如图所示。求：坐标原点 O 处的电势？(取无穷远处为电势零点)。

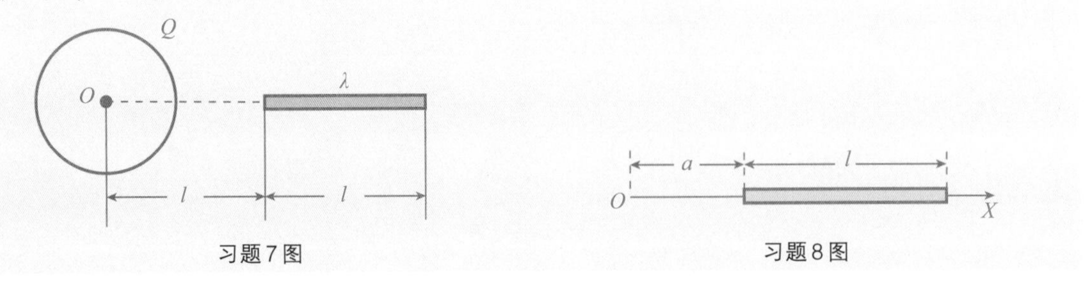

习题7图　　习题8图

9. 一电荷线密度为 λ 的均匀带电线弯成如图所示的形状，其中 AB 段和 CD 段的长度均为 R，试求圆心 O 点的电势。
10. 有一对点电荷，带有等量电荷 q，它们间的距离为 $2l$。试就下述两种情形求这两点电荷连线中点的场强和电势大小：(1)两点电荷为等量同号电荷；(2)两点电荷为等量异号电荷。
11. 如图所示，两个同心球面，半径分别为 $R_1=10\ \text{cm}$ 和 $R_2=30\ \text{cm}$，小球均匀带有正电荷 $q_1=1\times10^{-8}\ \text{C}$，大球均匀带有正电荷 $q_2=1.5\times10^{-8}\ \text{C}$。求离球心分别为(1) $20\ \text{cm}$，(2) $50\ \text{cm}$ 的各点的电势。

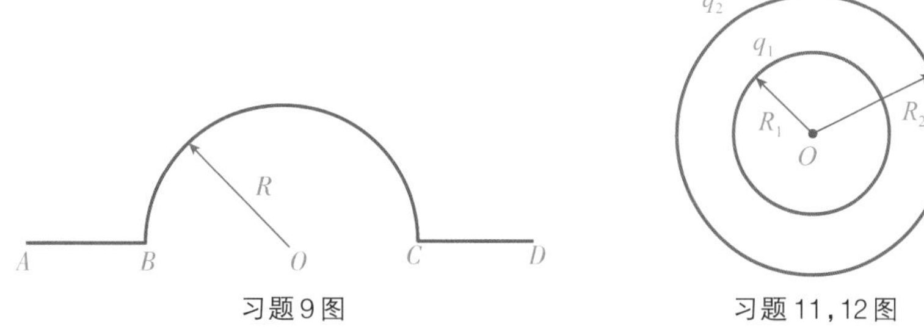

习题9图　　习题11，12图

12. 如图所示，两个同心的均匀带电球面，半径分别为 $R_1=0.05\ \text{m}$，$R_2=0.2\ \text{m}$，已知内球面的电势为 $V_1=60\ \text{V}$，外球面的电势为 $V_2=-30\ \text{V}$。求：(1)内、外球面上所带的电量；(2)球面间何处的电势为零？
13. 一无限长的均匀带电直线，电荷线密度为 $\lambda=4\times10^{-9}\ \text{C/m}$，带电直线附近有 a，b 两点，如果 b 点离带电直线的距离是 a 点的两倍，求 a，b 两点间的电势差。
14. 某电场的电势分布函数为 $V=a\left(x^2+y^2\right)+bz^2$，其中 a，b 为常量。求该电场中任一点的电场强度 $\boldsymbol{E}$。
15. 已知某静电场的电势函数 $V=6x-6x^2y-7y^2(\text{SI})$，试由电场与电势之间的关系式，求点 $(2,3,0)$ 处的电场强度矢量？

第4章　静电场中的导体和电介质

前面我们一直讨论的是真空中的静电场及其特性。实际上,静电场中总是存在着导体和电介质。在静电场的作用下,导体内的自由电荷将重新分布,电介质内将出现极化电荷。这些新电荷也会产生电场,从而改变原来的电场分布。

§4-1 静电场中的导体

视频3-4-1

导体的静电平衡条件

本节讨论的导体均指金属导体,其内部含有大量的自由电子和带正电的晶体点阵(原子核)。当导体不带电、也不受外电场作用时,自由电子做无规则的热运动并在导体内均匀分布,所以整个导体不显电性。

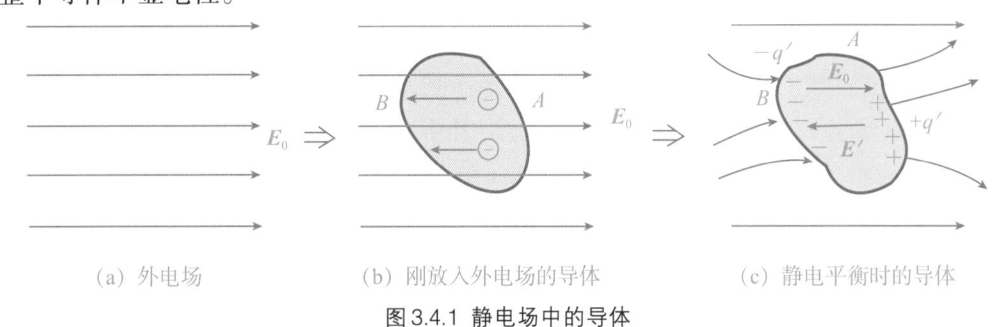

图3.4.1 静电场中的导体

若将导体放入场强为 $\boldsymbol{E}_0$ 的外电场中,导体内的自由电子在做无规则热运动的同时,还将在外电场力的作用下做宏观的定向漂移运动,从而引起导体内的电荷重新分布,在导体的两端出现等量异号电荷,如图3.4.1所示,这种现象称为静电感应,由静电感应现象产生的电荷称为感生电荷。

感生电荷也会产生电场,称为附加电场,用 E' 表示,因此,导体内部的场强应为外电场 $\boldsymbol{E}_0$ 和附加电场 $\boldsymbol{E}'$ 的叠加,即

$$\boldsymbol{E}=\boldsymbol{E}_0+\boldsymbol{E}'$$

显然,导体中自由电子将在 E_0 的作用下向图3.4.1(b)中左方运动,使左端的自由电子不断增加,而导体右端相应出现的等量正电荷亦同时增加,因而附加场强 $\bar{E}'$ 也随之增大。容易理解,当 $\boldsymbol{E}=\boldsymbol{E}_0+\boldsymbol{E}'=0$ 时,导体内的自由电子将停止定向移动,这时我们就说导体达到了静电平衡。根据以上的讨论可知,导体达到静电平衡的条件是:

(1)导体内部的场强处处为零(否则电子的定向运动不会停止);

(2)导体表面的场强处处垂直于导体表面(否则电子将会在场强沿表面分量作用下,做定向运动)。

导体的静电平衡条件也可用电势来表述。由于在静电平衡时,导体内部的电场强度为零,

因此，如在导体内任取两点 P 和 Q，则这两点间的电势差为：

$$V_{PQ}=V_P-V_Q=\int_P^Q \boldsymbol{E}\cdot \mathrm{d}\boldsymbol{l}=0\text{，亦即 }V_P=V_Q$$

这表明，在静电平衡时，导体内任意两点间的电势是相等的。至于导体的表面，由于在静电平衡时，导体表面的电场强度与表面垂直，电场强度沿表面的分量为零，因此导体表面上任意两点的电势差亦应为零，导体表面为一等势面。不言而喻，导体表面的电势与导体内部的电势相等，否则就仍会发生电荷的定向运动。总之，当导体处于静电平衡时，导体上的电势处处相等，导体为一等势体。

静电平衡时导体上的电荷分布

应用高斯定理可以证明，在静电平衡状态下，由于导体内部的场强 $\boldsymbol{E}=0$，因而导体内部不再有净余电荷，电荷只能分布在导体的外表面上。

进一步研究表明，一般情况下，孤立导体表面的电荷分布与导体的形状有关，如图3.4.2所示，导体表面曲率大的地方，电荷面密度大，曲率小的地方，电荷面密度小。

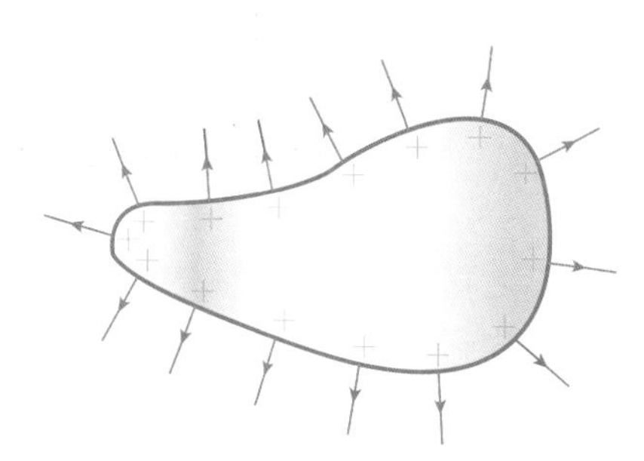

图3.4.2 电荷在导体表面的分布

利用高斯定理及静电平衡条件还可以证明，导体表面外附近空间的场强 $\boldsymbol{E}$ 与该处表面的电荷面密度 σ 有如下关系：$E=\dfrac{\sigma}{\varepsilon_0}$，场强方向垂直于该处导体表面。因此，导体上曲率大的地方场强数值也较大，即尖端附近场强最大，平坦的地方场强较小。当场强大到超过空气的击穿场强时，此处的空气被电离，其中与尖端上电荷符号相反的离子被吸引到尖端，与尖端上的电荷中和；与尖端上电荷同号的离子受到排斥而飞向远方，形成尖端放电。

例如，在温度较高、气压较低的大气中，在高压输电线上会看到尖端放电现象，这时输电线上有大量电荷向周围介质流散，从而增加了能量损耗。为了尽量避免尖端放电，高压输电线表面一般做得很光滑，其半径也不能过小。在电气工程中，为防止尖端放电，对一些带有高压的器件要消灭尖端、磨平糙面，不使电荷在局部高度集中，必要时，还要为它们加上绝缘层。

静电屏蔽

在静电平衡状态下，导体内部的场强处处为零。这一规律，在工程技术上可用来进行静电屏蔽。如图3.4.3(a)所示，将一空腔导体放在静电场中，静电平衡时，导体内和空腔中的场强处处为零。表明利用空腔导体可以屏蔽外电场，使空腔内部物体免受外部电场的影响，即起到了屏蔽作用。

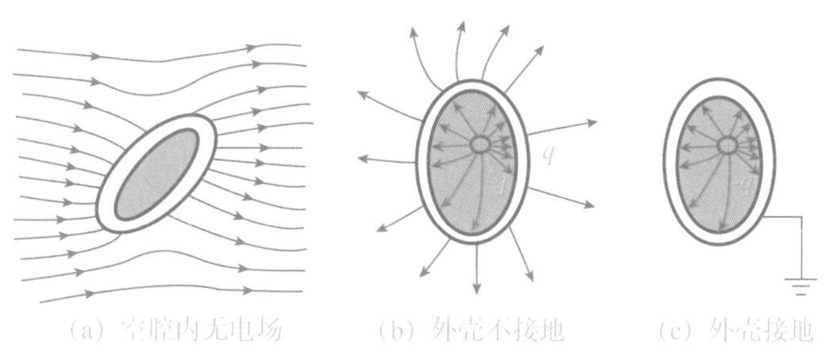

(a) 空腔内无电场　(b) 外壳不接地　(c) 外壳接地

图3.4.3 静电屏蔽

如果在金属空腔内置一带电体，如图3.4.3(b)所示，由于静电感应，会使空腔内、外表面分别感应出等量异号电荷。导体外表面上的感应电荷对导体外部的电场必然会产生影响。但若将外表面接地，如图3.4.3(c)所示，则外表面上的感应电荷因接地而被中和，与之相应的电场也随之消失，此时空腔内的带电体对空腔外的影响也就不存在了。

图3.4.4 法拉第笼子

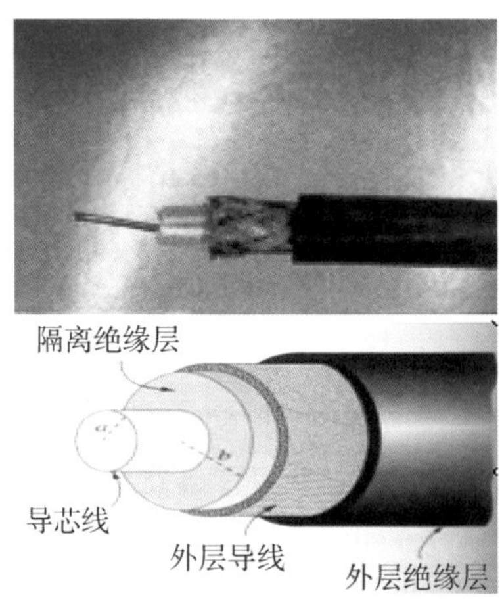

图3.4.5 屏蔽线

总之，任何空腔导体内的物体，不会受到空腔外电场的影响；接地导体空腔内的带电体，也不会影响到空腔外的物体，这种排除或抑制静电场干扰的技术措施，称为静电屏蔽。

静电屏蔽的实际应用非常广泛。例如，为了不使精密电磁测量仪器受到外界电场的干扰，常在仪器外面加上金属外壳或金属网状外罩。又如，为了不使高压设备影响其他仪器的正常工作，常将设备的金属外壳接地。对一些传送弱信号的导线，如电视机的公共天线、收录机的内录线等，为防止外界干扰，多采用外部包有一层金属网的屏蔽线。

【例3.4.1】 半径为 R_1 的导体球 A 带有电荷 q，球外套有一个同心导体球壳 B，其内外半径分别为 R_2 和 R_3，球壳上带有电荷 Q，试求：(1)球和球壳上的电荷分布。(2)球与球壳之间的电势差。(3)若用导线将球和球壳连接，结果如何呢？

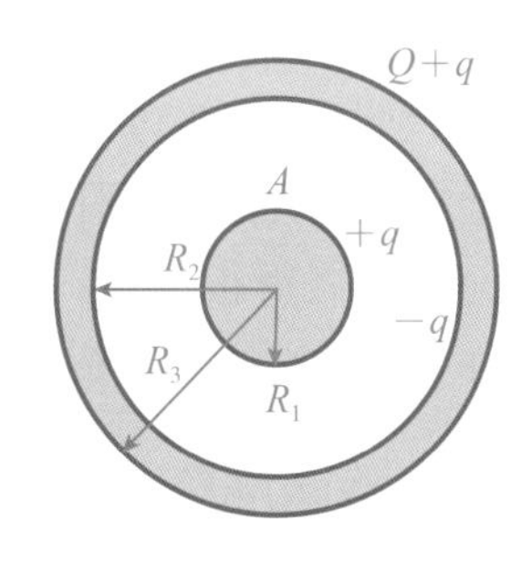

图3.4.6 例3.4.1图

解 (1)根据静电平衡条件，导体球 A 和球壳 B 内场强均为零。电荷均匀地分布在它们的表面上，导体球 A 外表面带电量为 $+q$，导体球壳 B 内表面带电量为 $-q$，外表面带电量为 $Q+q$。

(2)注意到导体球和球壳上的电荷分布具有球对称性，应用高斯定理容易求得球与球壳间的场强大小

$$E=\frac{q}{4\pi\varepsilon_0 r^2}\quad (R_1<r<R_2)$$

根据电势差定义式可知，导体球 A 与球壳 B 之间的电势差为

$$V_A-V_B=\int_A^B \boldsymbol{E}\cdot \mathrm{d}\boldsymbol{l}=\int_{R_1}^{R_2}\frac{q}{4\pi\varepsilon_0 r^2}\mathrm{d}r=\frac{q}{4\pi\varepsilon_0}\left(\frac{1}{R_1}-\frac{1}{R_2}\right)$$

(3)若用导线将球和球壳连接，则球壳 B 内表面和球 A 表面的电荷会完全中和，两者之间的电场、电势差皆变为零。此时，球壳外表面上电荷仍保持为 $Q+q$，且均匀分布，A，B 成了等势体，即

$$V_A = V_B = \int_{R_3}^{\infty} \frac{Q+q}{4\pi\varepsilon_0 r^2} \mathrm{d}r = \frac{Q+q}{4\pi\varepsilon_0 R_3}$$

§4-2 静电场中的电介质

视频 3-4-2

电介质的极化

电介质就是通常所说的绝缘体，如玻璃、琥珀、丝绸、橡胶、云母、塑料、陶瓷等。在电介质中几乎不存在自由电子，因此在一般情况下不导电。

若将一块均匀电介质放在外电场 $\boldsymbol{E}_0$ 中，我们将发现，在电介质与外电场垂直的两表面上出现了电荷 $\pm q'$，如图 3.4.7 所示。这种在外电场作用下，电介质表面出现电荷的现象叫电介质的极化，出现的电荷叫极化电荷。极化电荷与导体中的自由电荷不同，它们不能离开电介质而转移到其他带电体上，也不能在电介质内部自由运动，所以极化电荷又称为束缚电荷。

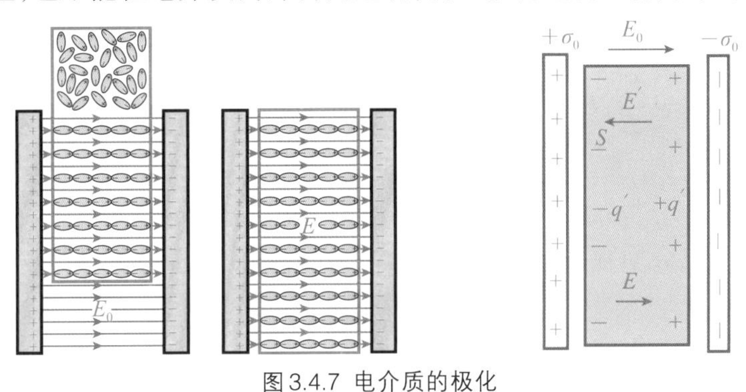

图 3.4.7 电介质的极化

电介质中的总场强 $\boldsymbol{E}$ 为外加电场 $\boldsymbol{E}_0$ 和极化电荷产生的附加电场 $\boldsymbol{E}'$ 两者的矢量和，附加电场 $\boldsymbol{E}'$ 与外加电场 $\boldsymbol{E}_0$ 反向，使外加电场 $\boldsymbol{E}_0$ 在电介质内受到削弱，即

$$\boldsymbol{E} = \boldsymbol{E}_0 + \boldsymbol{E}' < \boldsymbol{E}_0 \tag{3.4.1}$$

实验表明，介质极化程度依赖于外电场 $\boldsymbol{E}_0$ 的强弱。$\boldsymbol{E}_0$ 愈强，极化程度愈高，$\boldsymbol{E}'$ 值愈大。在线性各向同性电介质中，外电场 $\boldsymbol{E}_0$ 与总场强 $\boldsymbol{E}$ 的比值定义为电介质的相对介电常数 ε，即

$$\varepsilon = \frac{\boldsymbol{E}_0}{\boldsymbol{E}} \geqslant 1 \tag{3.4.2}$$

真空中 $\varepsilon = 1$，电介质的相对介电常数 ε 反映了电介质的极化性能和对电场的影响，是一个无量纲的比例系数。表 3.4.1 给出了几种常见的电介质的相对介电常数。

表 3.4.1 几种常见的电介质的相对介电常数

电 介 质	ε	电 介 质	ε
真空	1	聚氯乙烯	3.1 ~ 3.5
空气（0℃，1 atm）	1.00059	聚苯乙烯	2.5
石蜡	2.0 ~ 2.3	绝缘用瓷	5.0 ~ 6.5
玻璃	5 ~ 10	纯水	81.5
云母	6～8	钛酸钡	1000～10000

电介质中的高斯定理

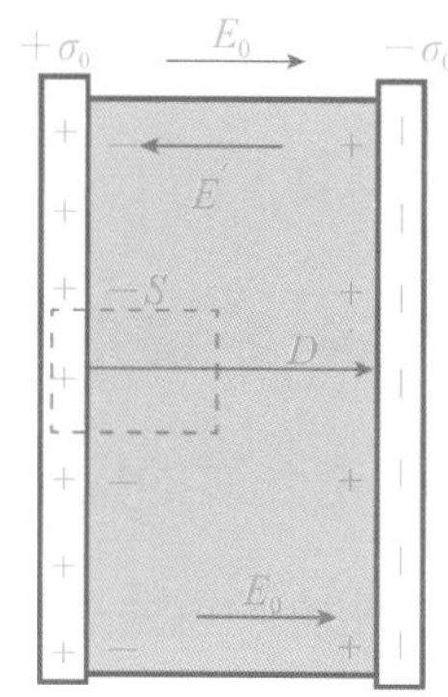

图3.4.8 电介质中的高斯定理

以下我们以平行板电容器为例来研究电介质中的高斯定理。

设电容器两极板间充满各向同性的均匀电介质，电介质的相对介电常数为 ε，在外场 $\boldsymbol{E}_0$ 作用下，两极板表面上分别出现等量的正负极化电荷。如图3.4.8所示，在图中任做一圆柱形的高斯面 S。设高斯面内包围的自由电荷为 q_0，极化电荷电量为 q'，则由静电场的高斯定理得

$$\oint_S \boldsymbol{E}\cdot \mathrm{d}\boldsymbol{S}=\oint_S\left(\boldsymbol{E}_0+\boldsymbol{E}'\right)\cdot \mathrm{d}\boldsymbol{S}=\frac{q_0+q'}{\varepsilon_0} \tag{3.4.3}$$

因为极化电荷 q' 是难以测定的，于是我们采用另一思路来处理。在无电介质存在的情况下有

$$\oint_S \boldsymbol{E}_0\cdot \mathrm{d}\boldsymbol{S}=\frac{q_0}{\varepsilon_0}，\ 即\ \oint_S \varepsilon_0\boldsymbol{E}_0\cdot \mathrm{d}\boldsymbol{S}=q_0 \tag{3.4.4}$$

注意到(3.4.2)式，$\varepsilon=\dfrac{\boldsymbol{E}_0}{\boldsymbol{E}},\boldsymbol{E}_0=\varepsilon\boldsymbol{E}$，可得

$$\oint_S \varepsilon\varepsilon_0\boldsymbol{E}\cdot \mathrm{d}\boldsymbol{S}=q_0 \tag{3.4.5}$$

为了便于研究有电介质存在时的电场，通常引入另一个辅助性物理量——电位移矢量 $\boldsymbol{D}$，定义为

$$\boldsymbol{D}=\varepsilon\varepsilon_0\boldsymbol{E} \tag{3.4.6}$$

式中，$\varepsilon\varepsilon_0$ 称为电介质的电容率(电介质的介电常数)，其单位与 ε_0 相同。于是，式(3.4.5)便可表示为：$\oint_S \boldsymbol{D}\cdot \mathrm{d}\boldsymbol{S}=q_0$，亦即

$$\oint_S \boldsymbol{D}\cdot \mathrm{d}\boldsymbol{S}=\sum_{(S内)}q_i \tag{3.4.7}$$

其中 $\Phi_D=\oint_S \boldsymbol{D}\cdot \mathrm{d}\boldsymbol{S}$ 称为电位移通量，简称 $\boldsymbol{D}$ 通量。(3.4.7)式表明：穿过电场中任一封闭曲面(高斯面 S)的电位移通量 Φ_D 等于 S 面内自由电荷的代数和。这一结论称为电介质中的高斯定理。

§4-3 电容 电容器

视频3-4-3

电容器的电容

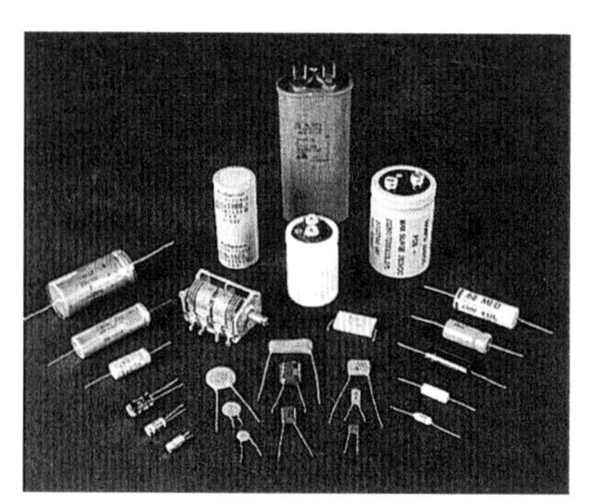
图3.4.9 各种各样的电容器

电容器是电气设备中的一种重要元件，在电工及电子线路中有广泛的应用。交流电路中电流和电压的控制，发射机中振荡电流的产生，接收机中的调谐、整流电路中的滤波，电子线路中时间延迟等等都要用到电容器。

在两个正对的平行金属板中间夹上一层绝缘物质

——电介质，就组成一个最简单的平行板电容器，这两个金属板叫做电容器的极板。实际上，任何两个彼此绝缘又相隔很近的导体，都可以看成是一个电容器。

若使两块金属板 A 、B 带上等量异号的电荷 $\pm q$ ，则两极间电势差 V_{AB} 与极板上所带的电量 q 成正比，其比值 q/V_{AB} 定义为电容器的电容

$$C=\frac{q}{V_{AB}}=\frac{q}{V_A-V_B} \tag{3.4.8}$$

式中 C 与导体的尺寸和形状有关，它是一个与 q , V_{AB} 无关的常数，其物理意义是使导体二极板的电位差每升高单位电位时所需的电量。可见，电容是表示电容器容纳电荷本领的物理量。

在国际单位中，电容的单位是法拉，用 F 表示，$1\,\mathrm{F}=1\,\mathrm{C}\cdot\mathrm{V}^{-1}$ 。法拉单位太大，通常用微法 (μF) 和皮法 (pF) 等单位，$1\mathrm{F}=10^6\mu\mathrm{F}=10^{12}\mathrm{pF}$ 。

计算机键盘的每一个揿键就是一个平行板电容器，如图 3.4.10 所示。我们现在使用的智能手机和平板电脑的触摸屏也都是电容式的。下面我们来推导平行板电容器电容的计算公式。

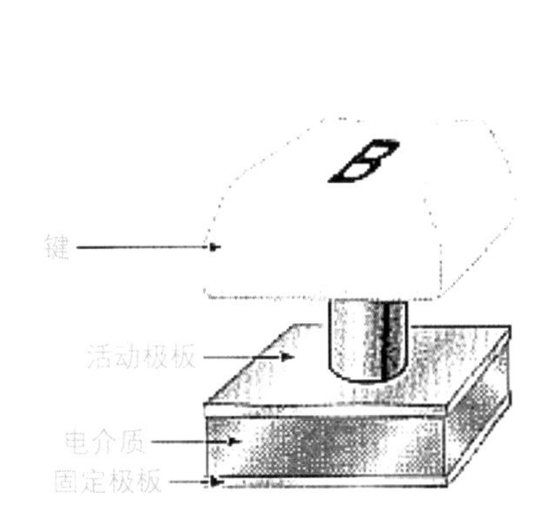

图 3.4.10 计算机键盘的揿键

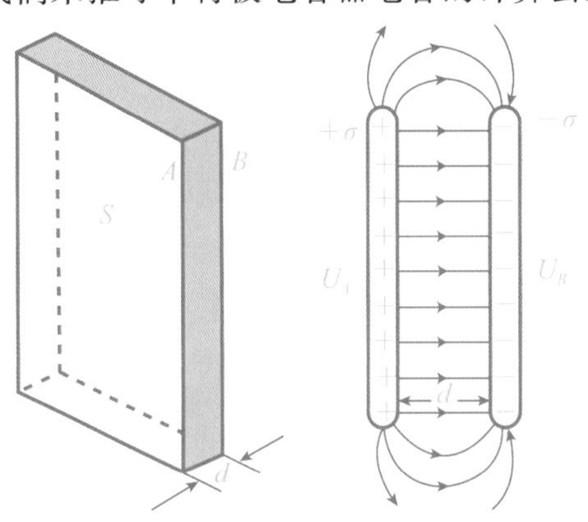

图 3.4.11 平行板电容器

设平行板电容器极板面积为 S ，二极板间距为 d ，二极板所带的电荷面密度分别为 $\pm\sigma$ ，极板间充满介电常数为 $\varepsilon\varepsilon_0$ 的均匀电介质，如图 3.4.11 所示。由电介质中的高斯定理可得二极板间的场强为

$$E=\frac{D}{\varepsilon\varepsilon_0}=\frac{\sigma}{\varepsilon\varepsilon_0}$$

则 $V_{AB}=V_A-V_B=Ed=\dfrac{qd}{\varepsilon\varepsilon_0 S}$ ，由电容的定义，得

$$C=\frac{q}{V_{AB}}=\frac{q}{V_A-V_B}=\frac{\varepsilon\varepsilon_0 S}{d} \tag{3.4.9}$$

可见，平行板电容器的电容与极板的面积 S 和相对介电常数 ε 成正比，与两极板间的距离 d 成反比，与所带电量无关。显然，通过增加极板面积来加大电容是有限制的。通常的做法是改变电容器的形状和结构，以及寻找合适的高相对电容率 ε 的电介质材料，或者把电容器组合起来等。

如图 3.4.12 所示，两同心金属球壳构成球形电容器。设内球壳 A 的外半径为 R_1 ，外球壳 B 的内半径为 R_2 ，A ，B 间充满介电常数为 $\varepsilon\varepsilon_0$ 的均匀电介质。设 A ，B 上分别带有等量异号电荷

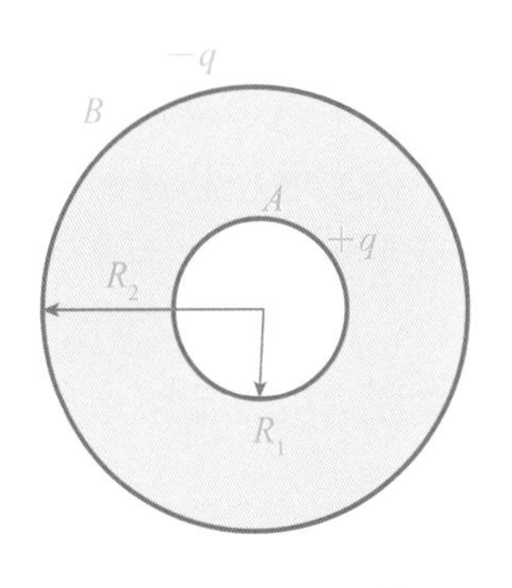

图 3.4.12 同心球形电容

$\pm q$，由电介质中的高斯定理可求得两极板（两球壳）间的场强为

$$E=\frac{D}{\varepsilon\varepsilon_0}=\frac{q}{4\pi\varepsilon\varepsilon_0 r^2}\quad (R_2>r>R_1)$$

则

$$V_{AB}=V_A-V_B=\int_A^B \boldsymbol{E}\cdot d\boldsymbol{l}=\frac{q}{4\pi\varepsilon\varepsilon_0}\int_{R_1}^{R_2}\frac{dr}{r^2}=\frac{q}{4\pi\varepsilon\varepsilon_0}\left(\frac{1}{R_1}-\frac{1}{R_2}\right)$$

由电容的定义得

$$C=\frac{q}{V_A-V_B}=\frac{4\pi\varepsilon\varepsilon_0 R_1R_2}{R_2-R_1}\tag{3.4.10}$$

当 $R_2>>R_1$ 或 $R_2\to\infty$ 时，$C=4\pi\varepsilon\varepsilon_0R_1$，即为孤立导体球（半径为 R_1）电容器。

【例3.4.2】 设平行板电容器极板面积为 S，二极板间距为 d，在未放入电介质前电容为 C_0，两极板间电势差为 V_0，极板上的电量为 q_0，则 $C_0=\frac{q_0}{V_0}$。若在电容器两极板间充满相对介电常数为 ε 的电介质，如图3.4.13所示。证明充满电介质后电容器容量比无电介质时增大 ε 倍，即 $C=\varepsilon C_0$

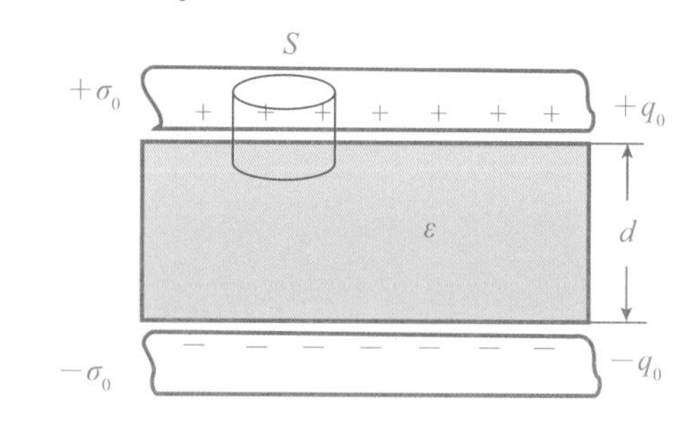

图3.4.13 平行板电容器充满电介质后电容增加

证明 如图3.4.13所示，在上极板作一圆柱形高斯面，由电介质中的高斯定理可得

$$\oint_S \boldsymbol{D}\cdot d\boldsymbol{S}=\sum_{(S内)}q_i\ \rightarrow\ DS=q_0\rightarrow D=\frac{q_0}{S}=\sigma_0$$

由电位移矢量 $\boldsymbol{D}$ 与电场强度 $\boldsymbol{E}$ 的关系式 $\boldsymbol{D}=\varepsilon\varepsilon_0\boldsymbol{E}$ 及未放入电介质时极板间场强 $E_0=\frac{\sigma_0}{\varepsilon_0}$，得

$$E=\frac{D}{\varepsilon\varepsilon_0}=\frac{\sigma_0}{\varepsilon\varepsilon_0}=\frac{E_0}{\varepsilon}$$

充满电介质后电容器的电容为

$$C=\frac{q_0}{V}=\frac{q_0}{Ed}=\frac{\varepsilon q_0}{E_0d}=\frac{\varepsilon q_0}{V_0}=\varepsilon C_0$$

可见，充满电介质后电容器容量比无电介质时增大 ε 倍，这也就是 ε 既可称为相对介电常数，亦可称为相对电容率的原因。

电容器的串联和并联

一个电容器不仅有一定的容量，而且有一最高允许工作电压，称为耐压值。如果在使用过程中外加电压超过耐压值，电容器两极板间的电介质就会被击穿而损坏，所以对电容器来说，电容量和耐压值这两个表征电容器性能的重要指标在其表面均会有标注。我们在实际使用过程中，常会遇到电容器电容量不合要求，或耐压值不够高等问题，一般是通过把若干个电容器串联或并联成电容器组来予以解决。

(1)电容器串联

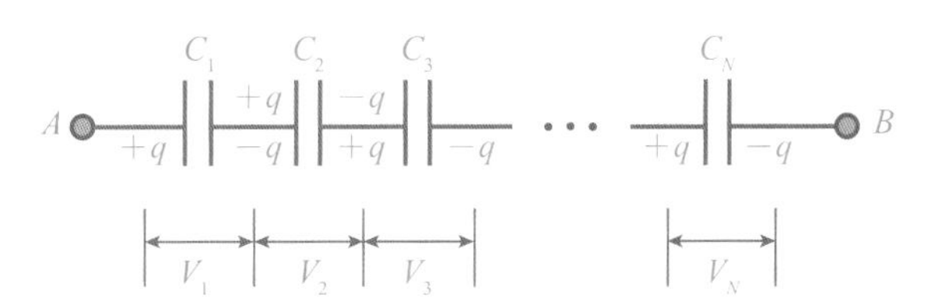

图3.4.14 电容器串联

如图3.4.14所示,电容器串联就是将每个电容器的极板只和另一个电容器的极板相连,电源接到整个电容器组两端的两个极板上。若给 C_1 的左极板带上电荷 $+q$,其右极板将由于静电感应产生电荷 $-q$,由此,在其他电容器的两板上将分别感应出等量的电荷 $+q$ 和 $-q$,于是每个电容器上电压为

$$V_1=\frac{q}{C_1},\ V_2=\frac{q}{C_2},\ \cdots,\ V_N=\frac{q}{C_N} \tag{3.4.11}$$

若把电容组看成一个电容为 C ,极板间电压为 V 的等效电容器,则有

$$V=V_1+V_2+\cdots+V_N=\frac{q}{C_1}+\frac{q}{C_2}+\cdots+\frac{q}{C_N}=\frac{q}{C} \tag{3.4.12}$$

由此得出

$$\frac{1}{C}=\frac{1}{C_1}+\frac{1}{C_2}+\cdots+\frac{1}{C_N} \tag{3.4.13}$$

这标明,电容器串联时,电容组的等效电容的倒数等于各个电容器电容的倒数之和。

(2)电容器并联

如图3.4.15所示,把 N 个电容器连接起来,称为电容器的并联。若使其中任意电容器带电 q ,电荷将在各个电容器之间流动,直到静电平衡时各电容器两极板间电势相等为止。设每一电容器分别带电 q_1 , q_2 , $\cdots$, q_N ,那么,电容器极板间的电压为

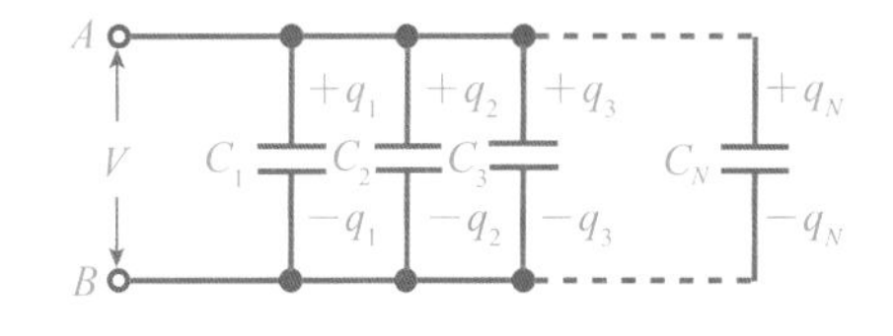

图3.4.15 电容器并联

$$V=\frac{q_1}{C_1}=\frac{q_2}{C_2}=\cdots=\frac{q_N}{C_N} \tag{3.4.14}$$

若把这种并联的电容组看成一个电容为 C、总电量为 q 的等效电容器,则有

$$q=q_1+q_2+\cdots+q_N=C_1V+C_2V+\cdots+C_NV=CV \tag{3.4.15}$$

即

$$C=C_1+C_2+\cdots+C_N \tag{3.4.16}$$

这标明,电容器并联时,电容组的等效电容等于各个电容器的电容之和。

§4-4 静电场的能量

电容器储存的能量

电容器是一种重要的储能元件,下面我们以平行板电容器为例,来讨论充电后电容器储存的能量。

如图3.4.16所示，设想电容器的充电过程是外力将无限多个电荷元一个一个地从一个极板移到另一个极板的过程，当过程结束时，两个极板分别带 $+Q$ 及 $-Q$ 的电量。

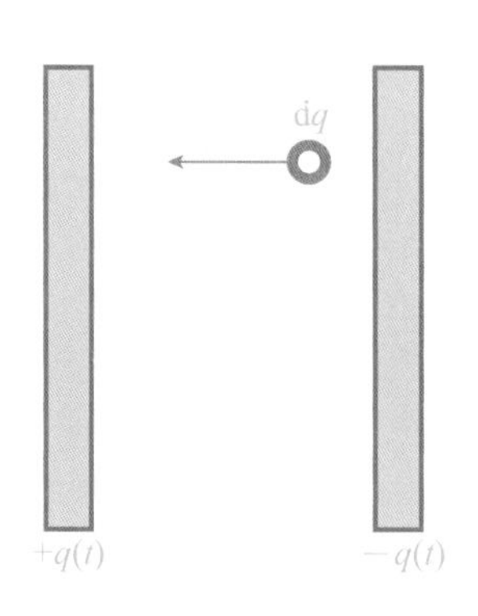

图3.4.16 电容器的能量

设某一时刻，两极板上已带电量分别为 $+q$ 和 $-q$，极板间的电势差为 V_q，这时将 $\mathrm{d}q$ 由负极板移到正极板上时，外力对电荷元做的功：$\mathrm{d}W=\mathrm{d}qV_q=\mathrm{d}q\dfrac{q}{C}$，式中 C 为平行板电容器的电容。

在电容器充电的整个过程中，外力做的总功 $W=\int\mathrm{d}W=\int_0^Q\dfrac{q}{C}\mathrm{d}q=\dfrac{1}{2}\dfrac{Q^2}{C}$

根据功与能的关系，外力所做的功等于电容器的能量增量，此能量增量亦即充电过程中储存于电容器中的能量

$$U_e=W=\frac{1}{2}\frac{Q^2}{C}$$

若充电完成后两极板电势差为 V，则 $Q=CV$，于是有

$$U_e=\frac{1}{2}\frac{Q^2}{C}=\frac{1}{2}QV=\frac{1}{2}CV^2 \tag{3.4.17}$$

上式说明，电容器的电容愈大，充电电压愈高，电容器储存的能量就愈多。

电容器储存的能量可在极短的时间内放出，瞬间产生较大的功率，因而在生产和生活中均有广泛的应用。例如，中小变电站的保护跳闸电源就是靠电容器储存的能量来提供的；照相机中闪光灯的照明也应用了这一原理。

静电场的能量

由公式 $U_e=\dfrac{1}{2}\dfrac{Q^2}{C}=\dfrac{1}{2}QV=\dfrac{1}{2}CV^2$ 很容易认为电容器储存的能量是由电荷携带的。随着电磁波的发现，人们认识到，电容器的能量是由电场携带的，它分布在两极板间的电场中，下面仍以平行板电容器为例来说明。

设平行板电容器的极板面积为 S，距离为 d，两极板间充满了相对电容率为 ε 的电介质，此电容器的电容 $C=\varepsilon C_0=\varepsilon\left(\dfrac{\varepsilon_0 S}{d}\right)$。当充电电压达到 V 时，电容器储存的能量

$$U_e=\frac{1}{2}CV^2=\frac{1}{2}\left(\frac{\varepsilon\varepsilon_0 S}{d}\right)V^2$$

由于 $V=Ed$，所以

$$U_e=\frac{1}{2}\left(\frac{\varepsilon\varepsilon_0 S}{d}\right)(Ed)^2=\frac{1}{2}\left(\varepsilon\varepsilon_0 E^2\right)(Sd)=\frac{1}{2}\left(\varepsilon\varepsilon_0 E^2\right)V'$$

式中，$V'=Sd$ 为平行板电容器中电场占据的体积。上式说明，电容器储存的能量与电介质、场强大小、电场占据的空间有关。

由于平行板电容器内的电场是匀强电场，所以它所储存的能量也应是均匀分布的，因此单位体积中电场储存的能量，即电场能量密度

$$\omega_{\mathrm{e}}=\frac{U_{\mathrm{e}}}{V'}=\frac{1}{2}\varepsilon\varepsilon_0 E^2 \tag{3.4.18a}$$

由于 $D=\varepsilon\varepsilon_0 E$，故上式又可写成

$$\omega_{\mathrm{e}}=\frac{1}{2}DE=\frac{1}{2}\frac{D^2}{\varepsilon\varepsilon_0}=\frac{1}{2}\boldsymbol{D}\cdot\boldsymbol{E} \tag{3.4.18b}$$

式(3.4.18a)(3.4.18b)说明，能量与场有不可分割的联系，场强不为零的地方，必定储存有能量。式(3.4.18)虽是由一均匀电场的特例导出的，但理论上可以证明，这一公式是普遍适用的。

如果一个带电系统在空间的电场分布为已知，则这个系统储存于电场中的能量为

$$U_{\mathrm{e}}=\iiint_V \omega_e \mathrm{d}V=\iiint_V \frac{1}{2}\varepsilon\varepsilon_0 E^2 \mathrm{d}V=\iiint_V \frac{1}{2}\boldsymbol{D}\cdot\boldsymbol{E}\mathrm{d}V \tag{3.4.19}$$

【例3.4.3】 计算半径为 R，带电量为 q 的导体球壳电场中的总电势能。设球壳内外皆为真空。

解 电场能量密度为 $\omega_{\mathrm{e}}=\frac{1}{2}\varepsilon_0 E^2(\varepsilon=1)$

在导体球壳内，场强为零；球壳外，场强为 $E=\frac{1}{4\pi\varepsilon_0}\frac{q}{r^2}$

在球壳外半径为 r 的球面上，取半径从 r 到 $r+\mathrm{d}r$ 之间的体积元 $\mathrm{d}V=4\pi r^2\mathrm{d}r$，可得电场中的能量为

$$U_e=\int_V \frac{1}{2}\varepsilon_0 E^2 \mathrm{d}V=\int_R^{\infty}\frac{1}{2}\varepsilon_0\left(\frac{q}{4\pi\varepsilon_0 r^2}\right)^2 4\pi r^2\mathrm{d}r=\frac{q^2}{8\pi\varepsilon_0 R}$$

本章小结

1. 导体置于电场中要产生静电感应现象，最后达到静电平衡。

   导体静电平衡性质：(1) $\boldsymbol{E}_{内}=0$，$\boldsymbol{E}_{表}\perp$表面；

   (2)净电荷分布在导体表面，$\sigma=\frac{E}{\varepsilon_0}$，$q_{内}=0$；

   (3)导体为等势体，表面为等势面

3. 电介质置于电场中要产生极化现象。

   各向同性的均匀介质中的电场强度为 $\boldsymbol{E}=\frac{\boldsymbol{E}_0}{\varepsilon}$

   电位移矢量 $\boldsymbol{D}=\varepsilon_0\varepsilon\boldsymbol{E}$

   电介质中的高斯定理 $\boldsymbol{\Phi}_D=\oint_S \boldsymbol{D}\cdot\mathrm{d}\boldsymbol{S}=\sum_{(S内)} q_i$

4. 孤立导体的电容 $C=\frac{Q}{V}$

   电容器的电容 $C=\frac{Q}{V_A-V_B}$

   孤立导体球电容 $C=4\pi\varepsilon_0\varepsilon R$，平行板电容器 $C=\frac{\varepsilon_0\varepsilon S}{d}$

   电容器的串联 $\frac{1}{C}=\frac{1}{C_1}+\frac{1}{C_2}+\cdots+\frac{1}{C_n}$，电容器的并联 $C=C_1+C_2+\cdots+C_n$

5. 电场的能量密度 $\omega_e=\frac{1}{2}\varepsilon\varepsilon_0 E^2=\frac{1}{2}\boldsymbol{D}\cdot\boldsymbol{E}$

电场的能量 $U_e=\int_V \omega_e \mathrm{d}V=\int_V \frac{1}{2}\varepsilon\varepsilon_0 E^2 \mathrm{d}V=\int_V \frac{1}{2}\boldsymbol{D}\cdot\boldsymbol{E}\mathrm{d}V$

思考题

1. 什么是导体的静电平衡？处于静电平衡的导体有哪些性质？
2. 导体静电平衡的条件是什么？导体静电平衡时如果带电，那么这些电荷分布在哪里？
3. 当不带电导体移近一带正电导体时，带电导体的电势有何变化？为什么？
4. 将一个带正电的导体 A 移近一接地导体 B 时（设地的电势为零），导体是否仍维持零电势？其上是否带电？为什么？
5. 将一个带电体移近一个空腔导体时，带电体单独在导体空腔内产生的电场是否等于零？静电屏蔽如何来体现？
6. 如果考虑平行板电容器的边缘效应，其电容比不考虑边缘效应时大还是小？
7. 既然每个导体都有电容，为什么一般电容器通常都要用两个相距很近的电极板？
8. 平行板电容器的电容公式可写成 $C=\frac{\varepsilon_0\varepsilon S}{d}$，当两极板间距 $d\to 0$ 时，$C\to\infty$。在实际应用中，我们为什么不能用尽量减小 d 的办法来制造大容量的电容器呢？
9. 如图所示，同心金属薄球壳 A 和 B 分别带有电荷 q 和 Q，现测得 A，B 间的电势差为 V_{AB}，则此时由 A，B 组成的球形电容器的电容值该如何确定？

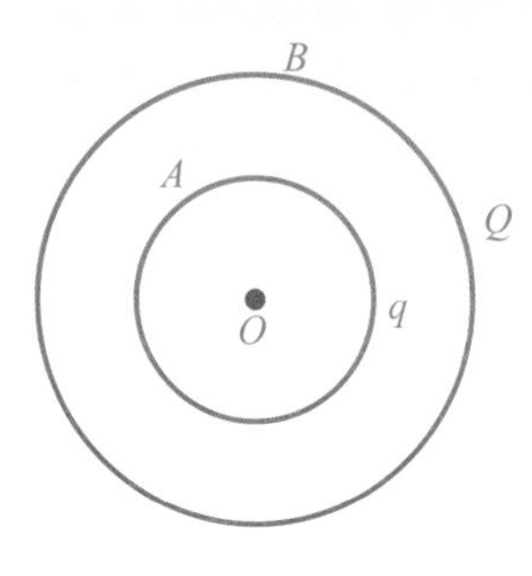

思考题9图

10. 已知无限大均匀带电平面的电荷面密度为 σ，其两侧的场强为 $E=\frac{\sigma}{2\varepsilon_0}$；又已知静电平衡的导体表面某处电荷面密度为 σ，在其表面处紧靠该处的场强为 $E=\frac{\sigma}{\varepsilon_0}$，为什么前者比后者小一半，试解释之。
11. 在电量为 q 的点电荷附近，有一细长的圆柱形均匀电介质棒。有人用有介质时的高斯定理计算出图示 P 点处的 $D=\frac{q}{4\pi r^2}$，再根据 $D=\varepsilon_0\varepsilon E$ 求出 P 点场强 $E=\frac{D}{\varepsilon\varepsilon_0}=\frac{q}{4\pi\varepsilon\varepsilon_0 r^2}$，他的解法是否正确？为什么？

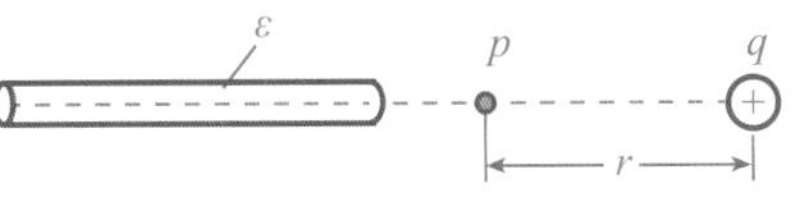

思考题11图

12. 两导体球 A，B 相距很远（因此它们都可看成是孤立的），其中 A 原来带电，B 不带电。现用一根细长导线将两球相连接，电荷将按怎样的比例在两球上分配？
13. 试说明电介质的极化与导体的静电感应有何异同之处。
14. 高层建筑上的避雷针如果接地导线遭到损坏，会出现什么危险？
15. 在高压电气设备周围，通常都要围上一接地的金属网，以保证网外人身的安全，试说明其理由。
16. 真空中均匀带电的球体与球面，若它们的半径与所带的总电量都相等，它们产生的静电场能量是否相等？

习 题

1. 在半径为 R 的不带电金属球壳外有一点电荷 q，与球心 O 相距 l，如图所示。设它们离地和其他物体都很远，试问：(1)球内各点电势多大？(2)若把金属球壳接地，则球上的感应电荷 q' 有多大？

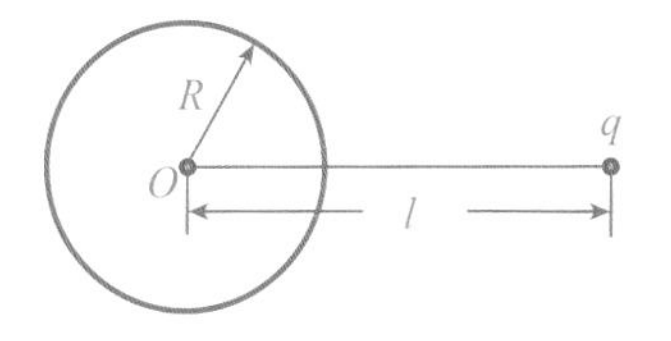

习题1图

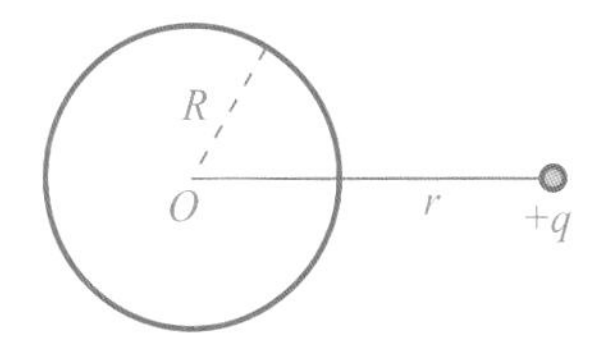

习题2图

2. 如图所示，在一不带电的半径为 R 的金属球旁，有一点电荷 $+q$，点电荷 $+q$ 与金属球球心 O 的距离为 r，试求：(1)金属球上感应电荷在球心处产生的电场强度？(2)若取无限远处为电势零点，金属球的电势为多少？(3)若将金属球接地，球上的感应电荷 q' 是多少？

3. 如图，两块相同的金属板 A 和 B，面积均为 S，平行放置，两板间距远小于板的线度，两板分别带电 q_A 和 q_B，求两板四个表面的电荷面密度以及左、中、右空间的电场分布。

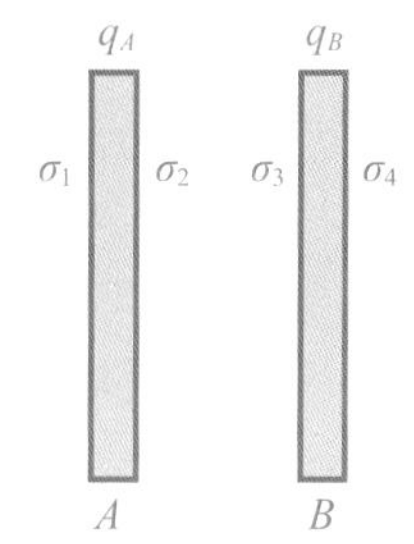

习题3图

4. 一不带电的导体球壳的内、外半径分别为 $R_1=2\ \mathrm{cm}$，$R_2=3\ \mathrm{cm}$，现有带电量为 $q=4\times10^{-10}\ \mathrm{C}$ 的点电荷位于球壳内距球心1 cm处，试说明球壳内、外表面上的电荷分布情况(电量大小，分布是否均匀)，并计算球壳的电势。

5. 半径为 $R_1=0.1\ \mathrm{m}$ 的金属球 A，带电量 $q=1.0\times10^{-8}\ \mathrm{C}$，把一个原来不带电的内、外半径分别为 $R_2=0.2\ \mathrm{m}$ 和 $R_3=0.25\ \mathrm{m}$ 的金属球壳 B 同心地罩在 A 球的外面，如图所示。求：(1)金属球壳 B 内、外表面感应的电量；(2)金属球壳 B 的电势 V_B；(3)离开球心 O 点为 $r=0.15\ \mathrm{m}$ 处 P 点的电势 V_P；(4)把 A 和 B 用导线连接后，再求 P 点的电势。

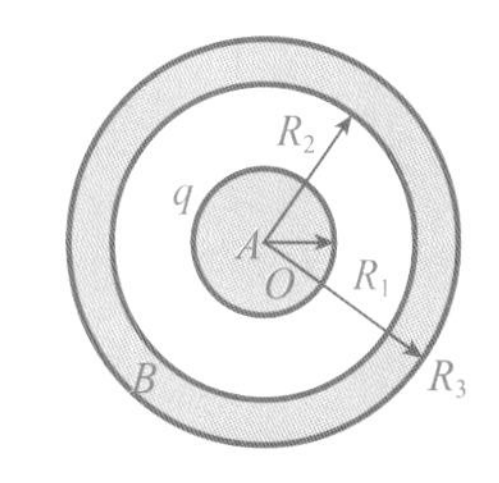

习题5图

6. 紧邻复印机带电硒鼓表面的电场具有大小 $E=2.3\times10^5\ \mathrm{N/C}$，问硒鼓上的电荷面密度是多少？假设硒鼓是导体。

7. 一半径为 R 的导体球带有自由电荷 q，周围充满无限大的均匀电介质，其相对介电常数为 ε，求电介质内任一点的电场强度和电势？

8. 有一平行板电容器，充电后极板上电荷面密度为 $\sigma_0=4.5\times10^{-5}\ \mathrm{C/m^2}$，现将两极板与电源断开，然后再把相对介电常数为 $\varepsilon=2.0$ 的电介质插入两极板之间。问此时电介质中的 $\boldsymbol{D}$ 和 $\boldsymbol{E}$ 各为多少？

9. 用两面夹有铝箔的厚为 $5\times10^{-2}\ \mathrm{mm}$，相对介电常量为2.3的聚乙烯膜做一电容器。如果电容为3.0 μF，则膜的面积要多大？

10. 电介质的相对介电常数是材料的重要参数之一，利用平行板电容器就可测定材料的相对介电常数。现有某介质材料(如 $BaTiO_3$)样品，其厚度为 $d=5\times10^{-3}\ \mathrm{m}$，面积 $S=7.85\times10^{-5}\ \mathrm{m^2}$。把样品放入如图所示的平行板电容器，在精密的电容电导电桥上

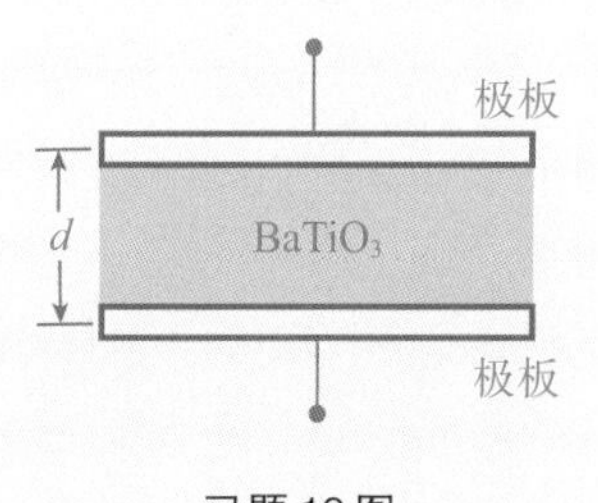

习题10图

测得电容值 $C=873$ pF，试求此材料的相对介电常数。

11. 一平行板电容器，极板面积为 $S=15\ \mathrm{cm}^2$，两极板间距为 $d=0.3$ cm，(1)求该平行板电容器的电容 C_1；(2)当两极板间充满相对介电常数为 $\varepsilon=4$ 的电介质后，再求该电容器的电容 C_2？
12. 一空气平行板电容器，充电后断开电源，其电势差 $V_0=3000$ V，当电介质充满两板间以后，则电势差降至 1000 V，求该电介质的相对介电常数 ε。
13. 有两块平行板，面积各为 $100\ \mathrm{cm}^2$，极板上带有 8.9×10^{-7} C 的等值异号电荷，两板间充以电介质，已知介质内部电场强度为 1.4×10^6 V/m，求该电介质的相对介电常数。
14. 两个半径相同的金属球，其中一个是实心的，另一个是空心的，问电容是否相同？如果把地球看做半径为 6400 km 的球形导体，试计算其电容。

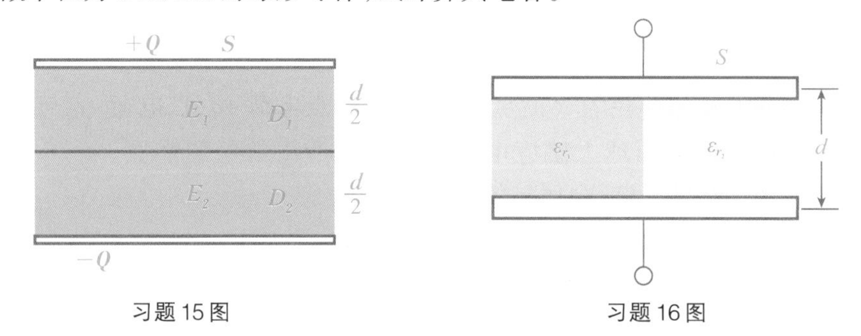

习题 15 图　　　　习题 16 图

15. 一平行板电容器，极板面积为 S，两极板间距离为 d，现在极板中插入厚度分别为 $d/2$，相对介电常数分别为 ε_1 和 ε_2 的两种电介质，如图所示。两极板充电后 $(\sigma=Q/S)$，求：(1)电介质 1 中的电位移 $\boldsymbol{D}_1$ 和电场强度 $\boldsymbol{E}_1$ 的大小；(2)电介质 2 中的电位移 $\boldsymbol{D}_2$ 和电场强度 $\boldsymbol{E}_2$ 的大小；(3)插入电介质后，该电容器的电容 C。
16. 如图所示，在平行板电容器中填入两种介质，每一种介质各占一半体积。试证明其电容为：$C=\dfrac{\varepsilon_{r_1}+\varepsilon_{r_2}}{2}\dfrac{\varepsilon_0 S}{d}$。
17. C_1，C_2 两个电容器，分别标明为 200pF，500V 和 300pF，900V，把它们串联起来后，等值电容多大？如果两端加上 1000 V 的电压，是否会击穿？
18. 一平行板电容器的电容为 100 pF，极板面积为 $100\ \mathrm{cm}^2$，两极板间填满相对介电常数 $\varepsilon=5.4$ 的云母。试计算：(1)在 50 V 的电势差下，极板上自由电荷的大小；(2)云母中的电场强度 $\boldsymbol{E}$ 的大小。
19. 球形导体的电极浮在相对介电常数 $\varepsilon=3$ 的油槽中，导体球的一半浸在油中，另一半在空气中。已知电极带电 $Q_0=2.0\times10^{-6}$ C，问球形电极上、下部分各带有多少电荷？

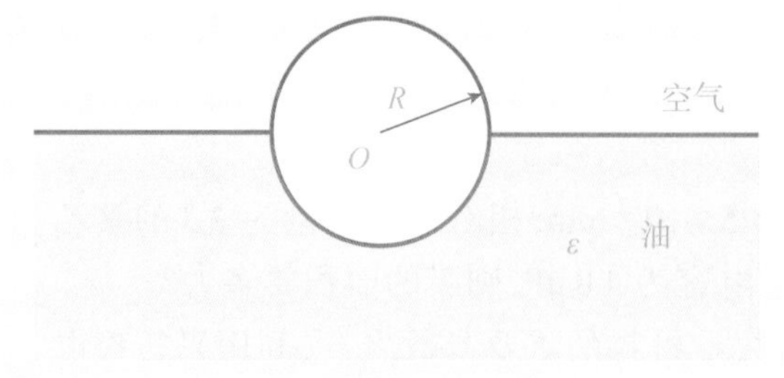

习题 19 图

第5章　稳恒磁场

实验指出,运动电荷周围不仅存在电场,而且还存在磁场。与电场一样,磁场也是一种特殊的物质形态,它们之间有许多相似之处,我们可以仿照研究电场的方法来研究磁场。本章主要讨论稳恒磁场的基本性质及规律,磁场对电流、运动电荷的作用,以及与磁介质的相互作用。

§5-1 磁场 磁感应强度

视频 3-5-1

磁现象

人类对磁现象的认识与研究有着悠久的历史,早在春秋时期(公元前6世纪),我们的祖先就已有了"磁石召铁"的记载(见《管子》);晋代发明了指南车(约3—4世纪);宋朝我国大科学家沈括发明了指南针,且将其用于航海。这表明,我国古代人民对磁学的建立和发展做出了很大的贡献。

图 3.5.1　奥斯特发现电流磁效应

1820年,丹麦科学家奥斯特(1777—1851)发现了小磁针在载流导线附近发生偏转,同年法国科学家安培(1775—1836)发现两条平行载流导线之间存在相互作用,这些相互作用力均被称为磁力。进一步的研究表明,产生磁力的根源是运动电荷与运动电荷之间的相互作用。我们知道,静止电荷之间的相互作用是通过电场来实现的。与此相似,运动电荷之间的相互作用则是通过磁场来实现的。一切运动电荷(电流)都会在其周围空间激发磁场,而此磁场又会对处于其中的另一些运动电荷(电流)产生磁力作用,其关系为:

$$运动电荷(电流) \Leftrightarrow 磁场 \Leftrightarrow 运动电荷(电流)$$

为了解释物质的磁性,安培于1822年提出了分子电流假说。他认为,磁现象的根源是电流;宏观物质的内部存在有分子电流,每个分子电流均有自己的效应,物质的磁性就是这些分子电流对外表现出的磁效应的总和:当各分子电流取向倾向一致时,物质便会对外表现出磁性;当各分子电流取向无规则时,各分子电流的磁效应相互抵消,物质便不对外表现出磁性。

安培的分子电流假说与现代的物质结构理论相符。物质结构理论指出,一切物质均由分子组成,分子由原子组成,原子由原子核和核外电子组成;电子除绕核运动外,还做自旋运动,分子电流就是由原子内带电粒子的运动而形成的,因而可以认为,一切物质的磁性均起源于电荷的运动,磁相互作用的实质就是运动电荷之间的相互作用。

电流 电流密度

大量电荷的定向运动形成电流,电荷的携带者可以是自由电子、质子、正负离子,这些带电粒子亦称为载流子。由带电粒子定向运动形成的电流叫做传导电流。此外,带电物体做机械运动时也能形成电流,这种电流叫做运流电流。

电流的强弱用电流强度 I(简称电流)来描述,定义为单位时间内通过某一截面的电荷,即

$$I=\frac{\mathrm{d}q}{\mathrm{d}t} \tag{3.5.1}$$

电流是七个基本物理量之一,其单位为安培(A)。电流不是矢量,是标量。人们常说的"电流的方向",只是指"正电荷的流向"。

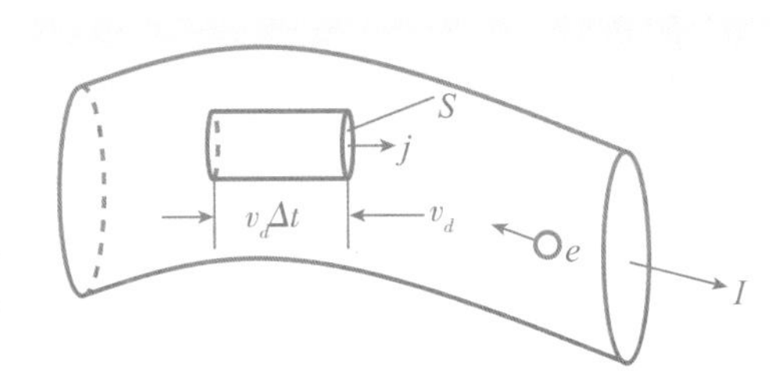

图3.5.2 推导电流强度微观表达式用图

设每个电荷 q 的平均漂移速率为 v_d,导体中单位体积的电荷数为 n,则在 $\mathrm{d}t$ 时间内通过横截面 S 的电荷数为 $nSv_d\mathrm{d}t$,通过的总电荷为 $\mathrm{d}q=nqSv_d\mathrm{d}t$,所以

$$I=\frac{\mathrm{d}q}{\mathrm{d}t}=nqSv_d \tag{3.5.2}$$

当电流在大块导体中流动时,导体内各处的电流分布将是不均匀的。为了细致地描述导体内各点电流分布的情况,引入一个新的物理量——电流密度 $\boldsymbol{j}$。电流密度是矢量,电流密度的方向和大小规定如下:导体中任意一点电流密度 $\boldsymbol{j}$ 的方向为该点正电荷的运动方向;$\boldsymbol{j}$ 的大小等于在单位时间内,通过该点附近垂直于正电荷运动方向的单位面积的电荷。因此,通过导体任一有限截面 S 的电流为

$$I=\int_S \boldsymbol{j}\cdot \mathrm{d}\boldsymbol{S} \tag{3.5.3}$$

磁感应强度

试验表明,磁场既有强弱,也有方向。为了定量地描述磁场的性质及规律,引入一个重要物理量——磁感应强度。我们仿照电场强度的定义方法,从磁场对运动电荷的作用入手引入磁感应强度。

实验发现，磁场对运动电荷的作用有如下规律：

(1)磁场中任一点 P 都有一确定的方向，它与场中可转动的小磁针静止时 N 极的指向一致。我们将这一方向规定为磁场的方向，当电荷沿此方向运动时，其受力为零。

(2)运动电荷在磁场中任一点的受力方向均垂直于该点的磁场与速度方向决定的平面，受力的大小与运动电荷的电量 q，速度 v 及速度与磁场方向的夹角 θ 有关；当 v 与磁场方向垂直时，其受力最大，以 F_{max} 表示，且 v，F_{max} 与磁场方向两两相互垂直，如图3.5.3所示。

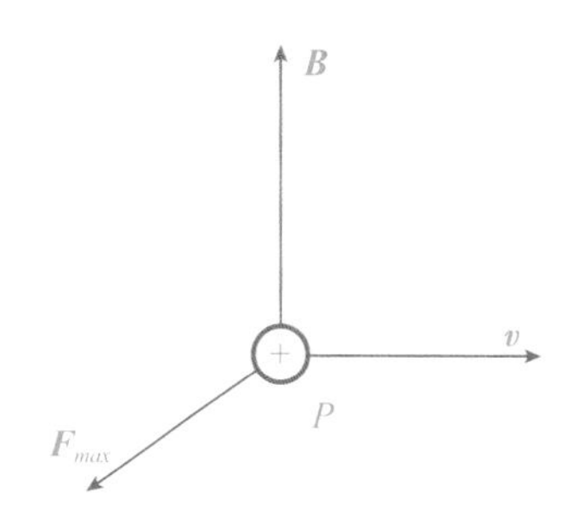

图3.5.3 定义磁感应强度矢量

(3)不管 q，v，θ 如何不同，对于给定点，比值 F_{max}/qv 不变，其值仅由磁场的性质决定。我们将这一比值定义为该点的磁感应强度，以 $\boldsymbol{B}$ 表示，即

$$\boldsymbol{B}=\frac{\boldsymbol{F}_{max}}{q\boldsymbol{v}} \tag{3.5.4}$$

由图3.5.3可以看出，磁场的方向与 $\boldsymbol{F}_{max}\times\boldsymbol{v}$ 相同。磁感应强度 $\boldsymbol{B}$ 的单位为特斯拉(T)，$1T=1N\cdot A^{-1}\cdot m^{-1}$。有时也采用另一单位——高斯(G)，它与特斯拉的关系为：$1\,T=10^4\,G$。表3.5.1列举了一些磁场的典型数值。

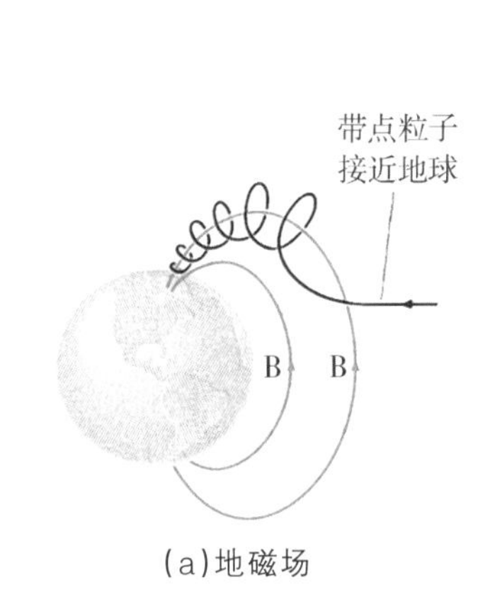

(a)地磁场

(b)极光现象

图3.5.4

表3.5.1 自然界某些磁场的近似值

中子星(估计)	10^8 T	地球赤道附近	3×10^{-5} T
超导电磁铁	5~40 T	地球两极附近	6×10^{-5} T
大型电磁铁	1~2 T	月球磁场	10^{-9} T
太阳磁场	10^{-4} T	人体磁场	10^{-12} T

§5-2 毕奥-萨伐尔定律

视频3-5-2

毕奥-萨伐尔定律

电流相当于大量电荷的定向运动。19世纪20年代，毕奥和萨伐尔通过实验发现了电流和它所产生的磁感应强度之间的关系，尔后，拉普拉斯又对他们的发现进行了数学反推，得到了

如下的结论：电流元 $I\mathrm{d}\boldsymbol{l}$（其中 I 为导线中的电流，$\mathrm{d}\boldsymbol{l}$ 的大小为电流元的长度，方向为电流元中的电流方向）在真空中某一点 P 处产生的磁感应强度 $\mathrm{d}\boldsymbol{B}$ 的大小与电流元的大小及电流元和它到 P 点的位矢 $\boldsymbol{r}$ 之间的夹角 θ 的正弦乘积成正比，与位矢大小的平方成反比；方向与 $I\mathrm{d}\boldsymbol{l}\times\boldsymbol{r}$ 的方向相同，如图所示。这一结论称为毕奥-萨伐尔定律，其数学表达式为

$$\mathrm{d}\boldsymbol{B}=\frac{\mu_0}{4\pi}\frac{I\mathrm{d}\boldsymbol{l}\times\boldsymbol{r}}{r^3}=\frac{\mu_0}{4\pi}\frac{I\mathrm{d}\boldsymbol{l}\times\hat{\boldsymbol{r}}}{r^2} \tag{3.5.5a}$$

式中 $\mu_0=4\pi\times10^{-7}\ \mathrm{N\cdot A^{-2}}$ 称为真空磁导率。在计算中通常将上式写成标量式

$$\mathrm{d}B=\frac{\mu_0}{4\pi}\frac{I\mathrm{d}l\sin\theta}{r^2} \tag{3.5.5b}$$

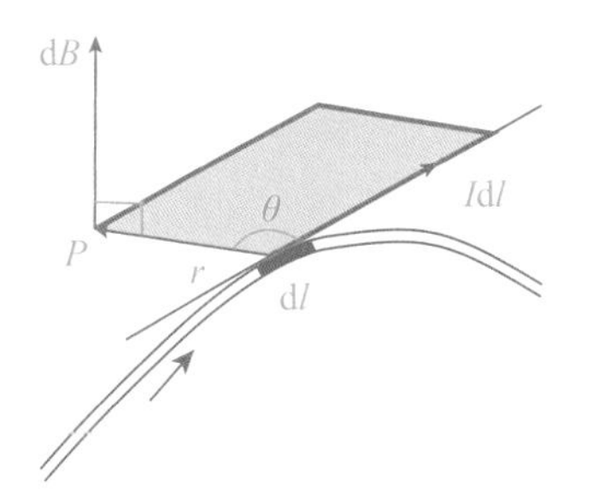

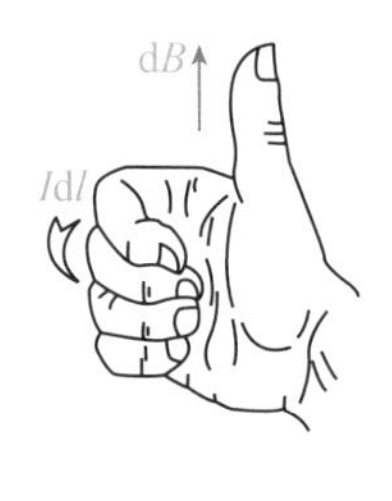

图3.5.5 电流元 $I\mathrm{d}\boldsymbol{l}$ 产生的磁场大小及方向确定

实验表明，磁场亦遵守叠加原理。于是，整个载流导线在空间某场点产生的磁感应强度

$$\boldsymbol{B}=\int\mathrm{d}\boldsymbol{B}=\int_l\frac{\mu_0}{4\pi}\frac{I\mathrm{d}\boldsymbol{l}\times\boldsymbol{r}}{r^3}=\int_l\frac{\mu_0}{4\pi}\frac{I\mathrm{d}\boldsymbol{l}\times\hat{\boldsymbol{r}}}{r^2} \tag{3.5.6}$$

这是一个矢量积分，实际中根据具体情况，需化成标量积分来处理。

应当指出，毕奥-萨伐尔定律是在实验的基础上经过科学分析抽象出来的，它不可能用实验直接加以验证，因为电流元不可能单独存在。毕奥-萨伐尔定律的正确性是通过间接的方法得到证实的，因为由它所推出的所有结果都很好地与实验事实相符。

下面利用毕奥-萨伐尔定律来讨论几种典型的载流导线的磁场。

【例3.5.1】 求载流直导线的磁场

解 设导线长度为 L，通过电流为 I，考虑在这直导线旁距离直导线为 r_0 的任意一点 P 的磁感应强度（如图3.5.6所示）。

将直线电流分成许多电流元，每个电流元在 P 点产生的磁感应强度的方向相同（垂直纸面向里），故在求总磁感应强度 $\boldsymbol{B}$ 的大小时，只需求 $\mathrm{d}B$ 的代数和。

在距离坐标原点 l 处任取一电流元 $I\mathrm{d}\boldsymbol{l}$，它在 P 点产生的磁感应强度的大小为

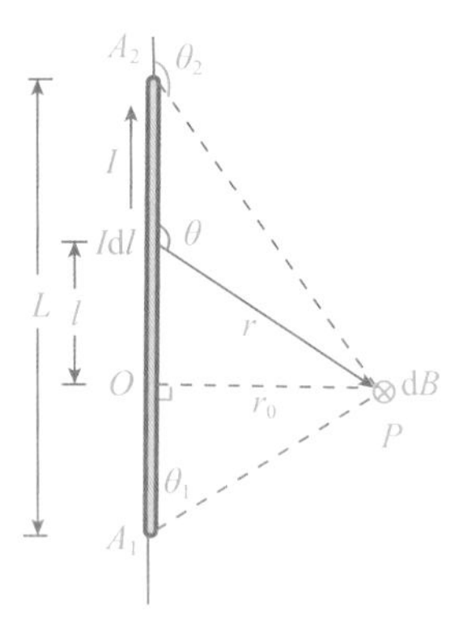

图3.5.6 载流直导线的磁场

$$\mathrm{d}B=\frac{\mu_0}{4\pi}\frac{I\mathrm{d}l\sin\theta}{r^2}$$

统一变量用 θ，$l=r_0\,\mathrm{ctg}(\pi-\theta)=-r_0\,\mathrm{ctg}\,\theta$，$\mathrm{d}l=r_0\csc^2\theta\mathrm{d}\theta$，$r^2=r_0^{\ 2}\csc^2\theta$，则

$$\mathrm{d}B=\frac{\mu_0}{4\pi}\frac{Ir_0\csc^2\theta\mathrm{d}\theta\sin\theta}{r^2\csc^2\theta}=\frac{\mu_0 I}{4\pi r_0}\sin\theta\mathrm{d}\theta$$

于是整个直导线在 P 点产生的磁感应强度为

$$B=\int_L \mathrm{d}B=\int_{\theta_1}^{\theta_2}\frac{\mu_0 I}{4\pi r_0}\sin\theta\mathrm{d}\theta=\frac{\mu_0 I}{4\pi r_0}\left(\cos\theta_1-\cos\theta_2\right) \tag{3.5.7}$$

若导线为“无限长”，即 $\theta_1=0,\theta_2=\pi$，则

$$B=\frac{\mu_0 I}{2\pi r_0} \tag{3.5.8}$$

可见，载流无限长导线周围的磁感应强度 $\boldsymbol{B}$ 与距离 r_0 成反比。

【例3.5.2】 求载流圆线圈轴线上的磁场

解 设圆线圈的半径为 R，通有电流 I。以圆线圈中心为坐标原点 O，圆线圈轴线为 x 轴，如图所示。电流元 $I\mathrm{d}\boldsymbol{l}$ 在 P 点产生的磁感应强度 $\mathrm{d}B$ 大小为

$$\mathrm{d}B=\frac{\mu_0}{4\pi}\frac{I\mathrm{d}l}{r^2}$$

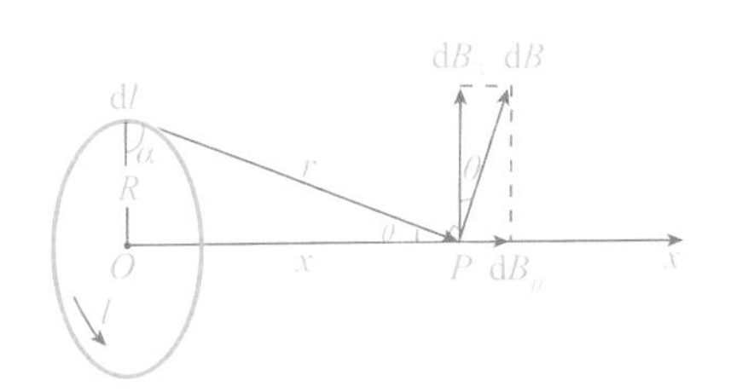

图3.5.7 载流圆线圈轴线上的磁场

$\mathrm{d}\boldsymbol{B}$ 的方向可分解成 $\mathrm{d}B_{/\!/}$ 和 $\mathrm{d}B_{\perp}$，由于对称性关系，整个圆电流在 P 点产生的磁感应强度的竖直分量相互抵消，即 $\mathrm{d}B_{\perp}$ 之和为零。所以，总磁感应强度 $\boldsymbol{B}$ 沿轴线方向。由于 P 点位置一定，r，θ 都不是变量，所以

$$B=B_{/\!/}=\int_L \mathrm{d}B_{/\!/}=\frac{\mu_0 I\sin\theta}{4\pi r^2}\int_0^{2\pi R}\mathrm{d}l=\frac{\mu_0 IR\sin\theta}{2r^2}=\frac{\mu_0 IR^2}{2\left(R^2+x^2\right)^{3/2}}$$

$$\left(\sin\theta=\frac{R}{r},r^2=R^2+x^2\right)$$

讨论：(1)在圆心 O 处，$x=0$， $B_O=\dfrac{\mu_0 I}{2R}$ (3.5.9)

(2)如果载流导线为一段圆弧，它对圆心的张角为 θ，由式(3.5.9)可知，圆心处的磁感应强度的大小： $B_O=\dfrac{\mu_0 I\theta}{4\pi R}$ (3.5.10)

(3)当 $x\gg R$ 时， $B=\dfrac{\mu_0 R^2 I}{2x^3}$ (3.5.11)

在静电场中，我们曾讨论电偶极子的电场，并引入电偶极矩 $\boldsymbol{P}_e$ 这一物理量。与此相似，我们有时亦引入磁矩 $\boldsymbol{P}_m$ 来表示载流线圈的磁场，为此定义磁矩

$$\boldsymbol{P}_m=IS\boldsymbol{n} \tag{3.5.12}$$

式中，S 为平面载流线圈的面积，I 为电流，$\boldsymbol{n}$ 为线圈法线的单位矢量，其方向与电流方向组成如右手螺旋关系(如图所示)。

采用磁矩概念后，当 $x\gg R$ 时，式(3.5.11)可写为

$$B=\frac{\mu_0 R^2 I}{2x^3}=\frac{\mu_0 IS}{2\pi x^3}=\frac{\mu_0 P_m}{2\pi x^3} \tag{3.5.13}$$

其矢量式(注意到 $\boldsymbol{B}$ 的方向与 $\boldsymbol{P}_m$ 相同)为

$$\boldsymbol{B}=\frac{\mu_0}{2\pi}\frac{\boldsymbol{P}_m}{x^3}$$

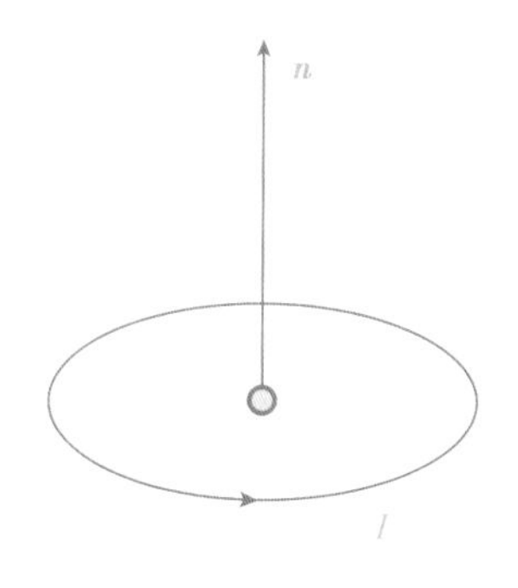

图3.5.8 磁偶极子

【例3.5.3】 通有电流 I 的无限长导线 $abcde$ 被弯曲成如图3.5.9所示的形状。图中，R 为圆弧半径，$\theta_1=45^0$，$\theta_2=135^0$，求该载流导线在 O 点处产生的磁感应强度。

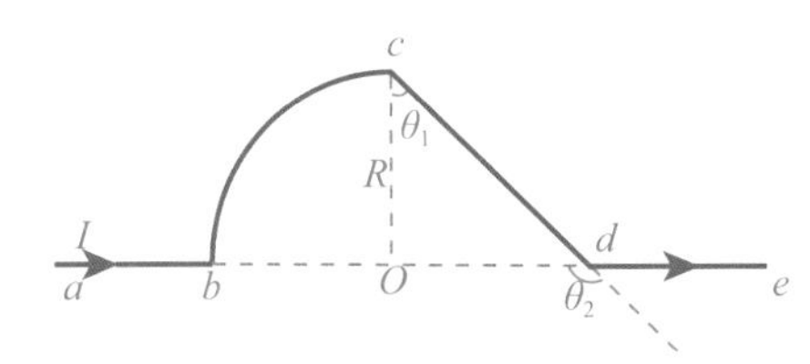

图3.5.9 例3.5.3图

解 将载流导线分为 ab，bc，cd 及 de 四段，它们各自在圆心 O 点处产生的磁感强度的矢量和即为整个载流导线在圆心 O 点产生的磁感强度。

由于 O 点在 ab 及 de 的延长线上，由式(3.5.7)知

$$B_{ab}=B_{de}=0$$

由题图知，弧 bc 对 O 点的张角为 $\frac{\pi}{2}$，由式(3.5.10)得

$$B_{bc}=\frac{\mu_0 I\theta}{4\pi R}=\frac{\mu_0 I}{4\pi R}\times\frac{\pi}{2}=\frac{\mu_0 I}{8R}$$，其方向垂直于纸面向里

由式(3.5.7)得

$$B_{cd}=\frac{\mu_0 I}{4\pi r_0}(\cos\theta_1-\cos\theta_2)=\frac{\mu_0 I}{4\pi R\sin\frac{\pi}{4}}\left(\cos\frac{\pi}{4}-\cos\frac{3\pi}{4}\right)=\frac{\mu_0 I}{2\pi R}$$

其方向垂直于纸面向里。

故 O 点处的磁感应强度的大小为

$$B=B_{bc}+B_{cd}=\frac{\mu_0 I}{8R}+\frac{\mu_0 I}{2\pi R}=\frac{\mu_0 I}{8R}\left(1+\frac{4}{\pi}\right)$$，方向垂直于纸面向里。

运动电荷的磁场

我们知道电流是由带电粒子的定向运动形成的。因此，从本质上讲，电流的磁场就是带电粒子运动时所产生磁场的总和。利用毕奥-萨伐尔定律可得运动电荷磁场的计算公式。

设 t 时刻点电荷运动的速度为 $\boldsymbol{v}$，它所产生的电流元

$$I\mathrm{d}\boldsymbol{l}=\frac{\mathrm{d}q}{\mathrm{d}t}\mathrm{d}\boldsymbol{l}=q\boldsymbol{v}$$

将之代入式(3.5.5b)，则得运动电荷在 P 点所产生的磁场

$$\boldsymbol{B}=\frac{\mu_0}{4\pi}\frac{q\boldsymbol{v}\times\hat{\boldsymbol{r}}}{r^2}=\frac{\mu_0}{4\pi}\frac{q\boldsymbol{v}\times\boldsymbol{r}}{r^3} \tag{3.5.14}$$

【例3.5.4】 设半径为 R 的带电薄圆盘的电荷面密度为 σ，并以角速率 ω 绕通过盘心垂直盘面轴转动，求圆盘中心处的磁感强度。

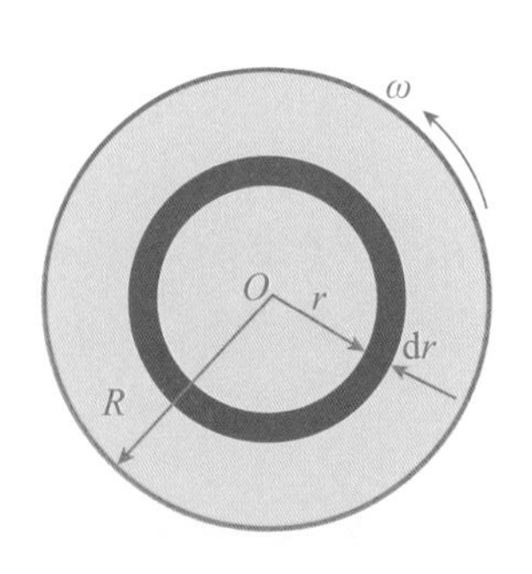

图3.5.10 旋转带电薄圆盘的磁场

解 设圆盘带正电荷，且绕轴 O 逆时针旋转。在圆盘上取一半径分别为 r 和 $r+\mathrm{d}r$ 的细环带。此环带的电荷为 $\mathrm{d}q$。

利用(3.5.14)式，有 $\mathrm{d}B=\frac{\mu_0}{4\pi}\frac{\mathrm{d}qv}{r^2}$，其中 $\mathrm{d}q=\sigma 2\pi r\mathrm{d}r$，$v=r\omega$，

故有

$$\mathrm{d}B=\frac{\mu_0\sigma\omega}{2}\mathrm{d}r$$

于是圆盘转动时，在盘心 O 处 $\boldsymbol{B}$ 的值为

$$B=\int \mathrm{d}B=\frac{\mu_0\sigma\omega}{2}\int_0^R \mathrm{d}r=\frac{\mu_0\sigma\omega R}{2}$$

由于已设圆盘带正电，故 $\boldsymbol{B}$ 的方向垂直纸面向外。

§5-3 磁场的高斯定理

视频3-5-3

磁感应线

为了形象地描述磁场在空间的分布，我们仿照引入电场线的相似方法引入磁感应线（简称 $\boldsymbol{B}$ 线，又称磁力线），它是人们假想的一系列曲线。为了能用它来描述磁场，我们规定：

（1）曲线上任一点的切线方向与该点 $\boldsymbol{B}$ 的方向一致。

（2）垂直通过某点附近单位面积的磁感应线数（即磁感应线密度）等于该点 $\boldsymbol{B}$ 的大小。照此规定 $\boldsymbol{B}$ 值大的地方，$\boldsymbol{B}$ 线要密一些；对于均匀磁场，$\boldsymbol{B}$ 线可用一系列等密度的平行直线表示。将洒有铁粉的玻璃板置于磁场中便可显示出磁感应线的形状。图3.5.11给出的是几种典型载流导线的磁感应线图。

从以上的讨论可以看出：

（1）磁感应线总是闭合的，它既没有起点，也没有终点；磁感应线的这一特性和静电场中的电场线不同，静电场中的电场线起始于正电荷，终止于负电荷。

（2）磁感应线不能相交（否则交点处便有两个磁场方向）；磁感应线的这个特性和电场线是一样的。

（3）磁感应线的方向与电流方向组成右手螺旋关系：以弯曲的右手四指代表电流方向，则伸直拇指代表的就是磁场方向。利用这种关系可以确定电流或磁场的方向。

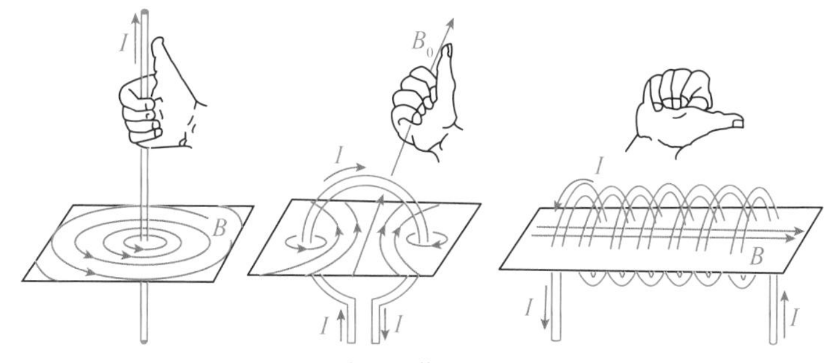

图3.5.11 几种典型载流导线的磁感应线

磁通量

通过磁场中任一曲面的磁感应线数称为通过此面的磁通量（或称 B 通量），用 $\boldsymbol{\Phi}_m$ 表示。其计算方法与电通量的计算方法相似。

如图3.5.12所示，设 $\mathrm{d}S$ 为磁感强度为 $\boldsymbol{B}$ 的磁场中的某一面元，据定义，穿过此面元的磁通量：

$$\mathrm{d}\boldsymbol{\Phi}_m=B\cos\theta\mathrm{d}S=\boldsymbol{B}\cdot\mathrm{d}\boldsymbol{S} \qquad (3.5.15\text{a})$$

式中，θ 为面元法线 $\boldsymbol{n}$ 与 $\boldsymbol{B}$ 的夹角。于是，通过整个曲面 S 的磁通量：

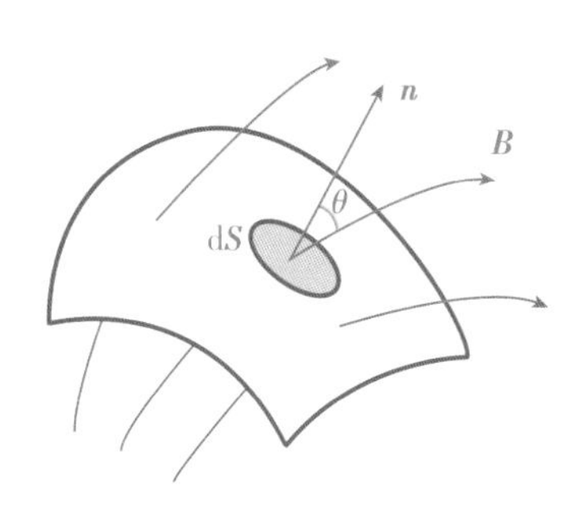

图3.5.12 磁通量

$$\Phi_m=\int \mathrm{d}\Phi_m=\int_S B\cos\theta \mathrm{d}S=\int_S \boldsymbol{B}\cdot \mathrm{d}\boldsymbol{S} \tag{3.5.15b}$$

磁通量的单位为韦伯(Wb)，$1\ \mathrm{Wb}=1\ \mathrm{T}\cdot\mathrm{m}^2$。

【例3.5.5】 在电流为 I 的长直载流导线附近有一与导线共面的单匝矩形线圈，其一边与导线平行，如图所示。求通过此线圈的磁通量。

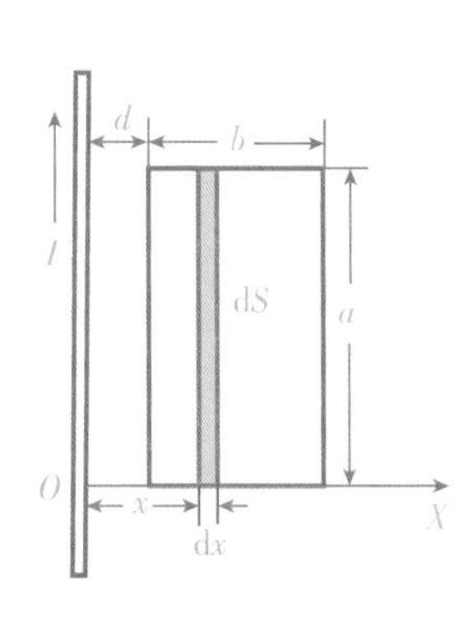

图3.5.13 例3.5.5图

解 建立如图3.5.13所示的坐标系。在线框内距导线 x 处取一长为 a，宽为 $\mathrm{d}x$ 的矩形面元 $\mathrm{d}S$，面元中各点的磁感应强度的大小

$$B=\frac{\mu_0 I}{2\pi x}$$，其方向垂直纸面向里

若规定 $\mathrm{d}S$ 的法线方向也向里，则通过此面元的磁通量

$$\mathrm{d}\Phi_m=\boldsymbol{B}\cdot\mathrm{d}\boldsymbol{S}=\frac{\mu_0 I}{2\pi x}a\mathrm{d}x$$

通过整个线圈的磁通量

$$\Phi_m=\int \mathrm{d}\Phi_m=\int_d^{d+b}\frac{\mu_0 Ia}{2\pi}\frac{\mathrm{d}x}{x}=\frac{\mu_0 Ia}{2\pi}\ln\frac{d+b}{d}$$

磁场的高斯定理

由于磁感应线是闭合的，有多少磁感应线穿入闭合曲面，就一定有同样数目的磁感应线穿出闭合曲面，使通过该曲面的总磁通量恒为零，即

$$\oint_S \boldsymbol{B}\cdot\mathrm{d}\boldsymbol{S}=0 \tag{3.5.16}$$

这一结论称为磁场的高斯定理，它表明磁场是无源场，即不存在单独的磁极——磁单极。

但是，1931年，英国物理学家狄拉克(1933年诺贝尔物理学奖获得者)却从理论上推出了磁单极的存在，不过至今仍未获得实验的最后证实。近十年来，规范场理论也认为磁单极很可能存在。但它具有的巨大的质量使它只可能存在于宇宙大爆炸的瞬间(约 10^{-35} s)，尔后，随着宇宙的冷却，正、负磁单极湮灭了。但也可能有残留下来的。因此，研究磁单极对探讨宇宙起源及发展甚为重要，一旦磁单极的存在被证实，则物理学必将发生又一次飞跃。

§5-4 安培环路定理

视频3-5-4

利用毕奥-萨伐尔定律及场的叠加原理可以证明：在真空中，磁感应强度 $\boldsymbol{B}$ 沿任一闭合回路 L 的线积分(亦称 $\boldsymbol{B}$ 的环流)，等于该闭合回路所包围(或穿过以该回路为周界的曲面)的电流强度代数和的 μ_0 倍，即

$$\oint_L \boldsymbol{B}\cdot\mathrm{d}\boldsymbol{l}=\mu_0\sum I_i \tag{3.5.17}$$

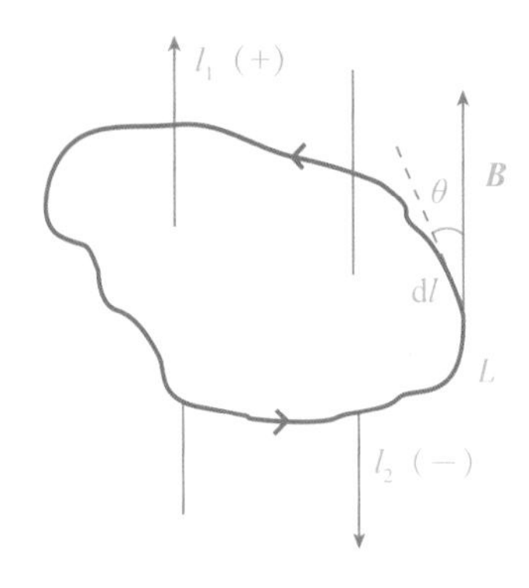

图3.5.14 安培环路定理

此结论称为真空中的安培环路定理，它表明，磁场是非保守场，不能引入磁势的概念。式中，电流的正负规定如下：当电流方

向与回路绕行方向成右手螺旋关系时，I 为正；反之为负。

应该注意，式(3.5.17)中的 $\boldsymbol{B}$ 是回路内、外所有电流共同产生的，它们都对 $\boldsymbol{B}$ 值有影响，但回路的线积分却只与回路所包围的电流有关。如果回路内没有电流，而回路外有电流，则 $\boldsymbol{B}$ 的环流为零，但回路上的 $\boldsymbol{B}$ 却不一定为零。

安培环路定理的应用

安培环路定理是稳恒磁场的一条基本规律，有着深刻的含义和广泛的应用。下面举例说明如何利用安培环路定理来求具有某种对称分布的电流的磁场。

【例3.5.6】 求通有电流 I 的长直密绕螺线管内部的磁感应强度(设螺线管单位长度线圈的匝数为 n)。

解 由于是长螺线管，管内中心区域的磁场是均匀的。选取3.5.15图示的矩形闭合回路 $ABCDA$ 为安培环路 L，由安培环路定理得

$$\oint_L \boldsymbol{B}\cdot \mathrm{d}\boldsymbol{l} = \int_{\overline{AB}} \boldsymbol{B}\cdot \mathrm{d}\boldsymbol{l} + \int_{\overline{BC}} \boldsymbol{B}\cdot \mathrm{d}\boldsymbol{l} + \int_{\overline{CD}} \boldsymbol{B}\cdot \mathrm{d}\boldsymbol{l} + \int_{\overline{DA}} \boldsymbol{B}\cdot \mathrm{d}\boldsymbol{l} = \mu_0 \overline{AB} nI$$

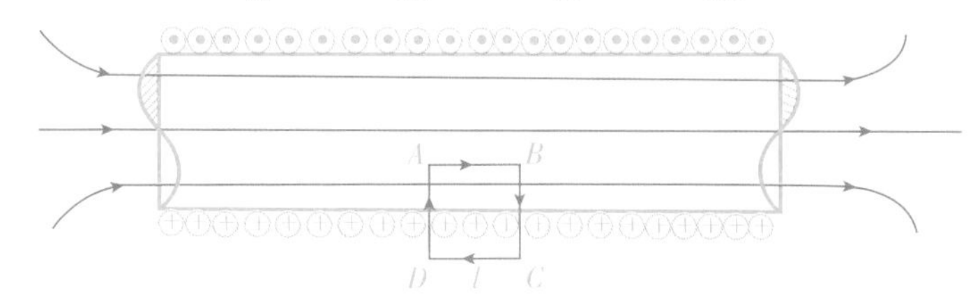

图3.5.15 载流长直密绕螺线管内部的磁场

由于 CD 在螺线管外，$B=0$；BC 和 DA 都与 $\boldsymbol{B}$ 垂直，因此上式线积分的后三项为零。由此得

$$\int_{\overline{AB}} \boldsymbol{B}\cdot \mathrm{d}\boldsymbol{l} = B\cdot \overline{AB} = \mu_0 \overline{AB} nI$$

所以
$$B=\mu_0 nI \tag{3.5.18}$$

$\boldsymbol{B}$ 的方向水平向右，与电流绕向符合右手螺旋法则。

【例3.5.7】 求载流螺绕环内、外的磁场分布。

解 设螺绕环很细，环的平均半径为 R，总匝数为 N，通过的电流强度为 I，如图3.5.16所示。

(a) 环形螺旋管

(b) 环形螺旋管内的磁场

图3.5.16 载流螺绕环的磁场

安培(A. M. Ampere，1775—1836)，法国物理学家，电动力学的创始人，法国科学院院士，英国皇家学会会员。安培的生活很艰苦，18岁丧父，29岁丧妻，但他对电磁学的贡献很大，半个世纪后，麦克斯韦称安培是“电磁学的牛顿”。

1820年4月，奥斯特发现了电流的磁效应，这极大地震动了法国的学术界，两个月后安培发现了电流间的相互作用，提出了描述载流导线在磁场中受力的安培定律以及判断载流导线激发磁场方向的安培右手定则。安培还提出了著名的分子电流假设，认为每个分子的圆电流形成一个小磁体，并以此作为物体宏观磁性形成的内在根据。在1822年法国科学学会上，安培正式公布了他发现的安培环路定理。为了纪念他的贡献，以他的名字命名了电流的单位。

由电流的对称性可知与环共轴的圆周上的磁感应强度大小相等，方向沿圆周的切线方向。取安培环路 L 为螺绕环内的与它同心的圆，其半径为 r，穿过 L 的电流共 N 次。由安培环路定理得

$$\oint_L \boldsymbol{B}\cdot \mathrm{d}\boldsymbol{l} = B2\pi r = \mu_0 \sum I = \mu_0 NI$$

解之得

$$B = \frac{\mu_0 NI}{2\pi r}$$

因为螺绕环很细，环内距中心 O 不同的各处 B 值相差很小，可用平均半径 R 代替 r，即

$$B = \frac{\mu_0 NI}{2\pi R} = \mu_0 nI$$

若将安培环路 L 取在环外的空间中，并与它共轴，则穿过 L 的电流 $\sum I = 0$，故环外 $B=0$。

§5-5 磁场对载流导线的作用

视频 3-5-5

安培定律

1820年，安培从众多的实验结果中分析总结出一条规律：磁场对电流元 $I\mathrm{d}\boldsymbol{l}$ 作用力 $\mathrm{d}\boldsymbol{F}$ 的大小正比于电流强度 I、线元长度 $\mathrm{d}l$、电流元所在处磁感应强度 $\boldsymbol{B}$ 的大小以及 $\boldsymbol{B}$ 与 $I\mathrm{d}\boldsymbol{l}$ 之间夹角 θ 的正弦，即 $\mathrm{d}F = I\mathrm{d}lB\sin\theta$；其方向与电流元和磁感应强度的矢积 $I\mathrm{d}\boldsymbol{l}\times\boldsymbol{B}$ 方向一致。这一结论称为安培定律。安培定律用矢量形式可表示为

$$\mathrm{d}\boldsymbol{F} = I\mathrm{d}\boldsymbol{l}\times\boldsymbol{B} \tag{3.5.19}$$

有限长载流导线在磁场中所受的安培力应等于各电流元所受磁场力之和，即

$$\boldsymbol{F} = \int_l \mathrm{d}\boldsymbol{F} = \int_l I\mathrm{d}\boldsymbol{l}\times\boldsymbol{B} \tag{3.5.20}$$

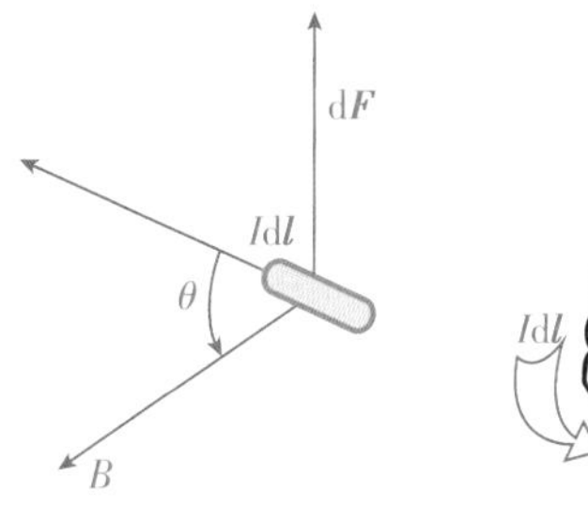

图3.5.17 电流元 $I\mathrm{d}\boldsymbol{l}$ 所受安培力大小及方向确定

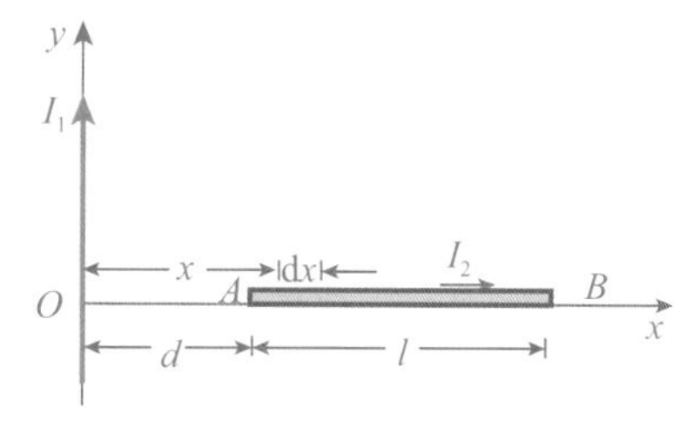

图3.5.18 例3.5.8图

【例3.5.8】 一长为 l，载有电流 I_2 的直导线 AB，置于通有电流 I_1 的无限长直导线附近，如图3.5.18所示，求直导线 AB 所受的安培力。

解 无限长载流直导线激发的磁场为非均匀磁场，在离无限长直导线距离为 x 处其产生的磁感应强度的大小为

$$B = \frac{\mu_0 I_1}{2\pi x},\qquad \text{方向垂直于纸面向里}$$

在导线 AB 上取电流元 $I_2\mathrm{d}x$，它受到的安培力为

$$\mathrm{d}\boldsymbol{F}=I_2\mathrm{d}\boldsymbol{x}\times\boldsymbol{B}$$

AB 导线所受的安培力为

$$\boldsymbol{F}=\int_l \mathrm{d}\boldsymbol{F}=\int_l I_2\mathrm{d}\boldsymbol{x}\times\boldsymbol{B}$$

由于 *AB* 上各处的电流元所受的安培力方向相同。因此,载流导线 *AB* 所受的安培力 $\boldsymbol{F}$ 的大小为

$$F=\int_l I_2B\mathrm{d}x=\int_d^{d+l}\frac{\mu_0 I_1}{2\pi x}I_2\mathrm{d}x=\frac{\mu_0 I_1 I_2}{2\pi}\ln\frac{d+l}{d},\quad \text{安培力的方向沿 } y \text{ 轴正向}$$

磁场对载流线圈的作用

工程上常用磁电式电表来指示电路中的电流和电压,利用电动机将电能转换成机械能等,其基本原理都依据磁场对载流线圈的作用。

任何形状的线圈,都可以看做是许多微小的直线段构成。因此,载流线圈在磁场中所受的力,可以看做是各直线段电流受力之和。根据这个思路,我们以矩形线圈为例,来研究载流线圈在磁场中的受力情况。

如图 3.5.19(a)所示,导线 *BC* 和 *AD* 所受的磁场作用力 $\boldsymbol{F}_4$ 和 $\boldsymbol{F}_3$ 大小相等,即 $F_4=Il_1B\sin\left(\frac{\pi}{2}-\theta\right)=Il_1B\sin\left(\frac{\pi}{2}+\theta\right)=F_3$,方向相反,二力都在竖直线上,因此,相互抵消。

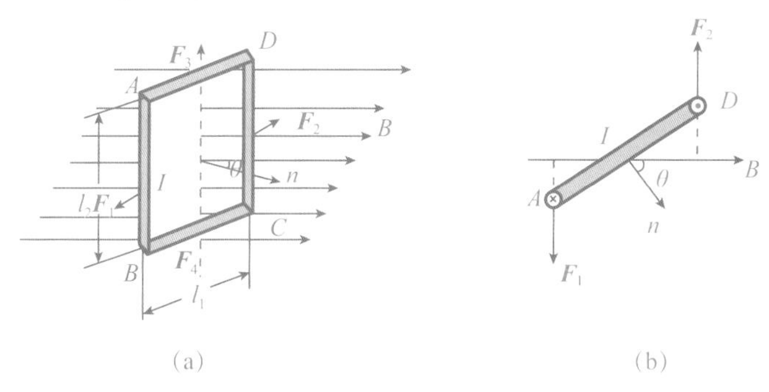

图3.5.19 平面载流线圈在匀强磁场中所受的力矩

导线 *AB* 和 *CD* 所受磁场力 $\boldsymbol{F}_1$ 和 $\boldsymbol{F}_2$ 大小均为 BIl_2,但方向相反,且不在同一直线上,因此,形成了一力偶。力偶矩 $\boldsymbol{M}$ 的大小为

$$M=F_1\frac{l_1}{2}\sin\theta+F_2\frac{l_1}{2}\sin\theta=BIl_2l_1\sin\theta=ISB\sin\theta$$

式中 $S=l_1l_2$ 为矩形线圈的面积。

力偶矩是一个矢量,可以用矢量积表示出来

$$\boldsymbol{M}=I\boldsymbol{S}\times\boldsymbol{B}=\boldsymbol{P}_m\times\boldsymbol{B} \tag{3.5.21}$$

可以证明,上式对于均匀磁场中任意形状的平面载流线圈均成立。需要说明的是磁矩 $\boldsymbol{P}_m=I\boldsymbol{S}=IS\boldsymbol{n}$ 是描述平面载流线圈磁性质的物理量,但并非只有平面载流线圈才具有磁矩。带电粒子沿闭合回路运动以及微观粒子的自旋也都具有磁矩,前者为轨道磁矩,后者称为自旋磁矩。分子、原子、原子核也都有磁矩。分子磁矩可视为分子中各个原子磁矩的矢量和,而原子磁矩则可视为原子中各电子的轨道磁矩、自旋磁矩和核磁矩的矢量和。磁矩在研究磁介质的磁性质、原子能级的精细结构,以及磁共振等方面都有重要意义。

【例3.5.9】 求半圆形线圈所受磁力矩。

解 设线圈半径为 R，通有电流 I，磁场方向与线圈平面平行，如图3.5.20所示。

线圈磁矩为：$P_m = IS = \frac{1}{2}\pi R^2 I$，方向垂直于纸面向外。

线圈所受磁力矩为：$M = P_m B = \frac{1}{2}\pi R^2 IB$，方向竖直向上。即磁力矩的方向力图使线圈的磁矩（或线圈平面法线 $\boldsymbol{n}$）转到外磁场 $\boldsymbol{B}$ 的方向。

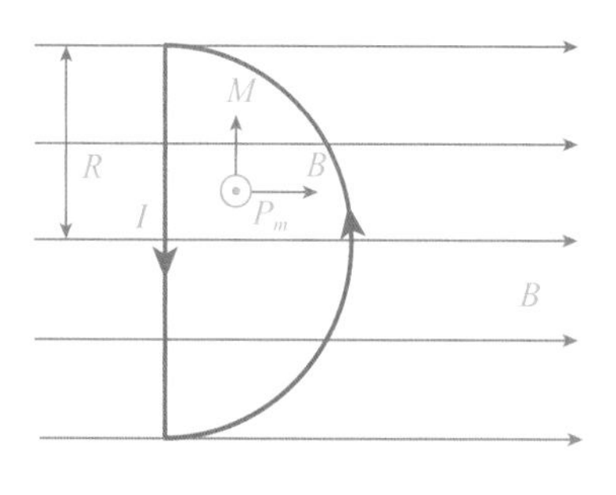

图3.5.20 例3.5.9图

§5-6 霍尔效应

视频3-5-6

1879年，年仅24岁的美国物理学家霍尔（E.H. Hall）在实验中发现，当电流垂直于外磁场方向通过导体薄板时，在导体薄板的垂直于磁场和电流方向的两个端面之间出现了电势差，这一现象称为霍尔效应。所出现的电势差，称为霍尔电压。实验表明：霍尔电势差 V_{H} 与通过导体薄板的电流强度 I、磁场的磁感应强度 B 成正比，而与板的厚度 d 成反比，即

$$V_{\mathrm{H}} = R_{\mathrm{H}} \frac{IB}{d} \tag{3.5.22}$$

图3.5.21 霍尔效应

霍尔效应可以用带电粒子在磁场中运动时受到洛伦兹力的作用来解释。如图3.5.21所示，设一宽为 b，厚为 d 的半导体薄片，有电流 I 自右向左通过，均匀磁场 $\boldsymbol{B}$ 自下而上，若薄片内正电荷 q 的平均速度为 v，则其受到的洛伦兹力的大小为：$F_m = qvB$，方向平行于薄片右侧面向里。因此，在薄片内侧端面有正电荷积累，而在外侧端面上将积累了负电荷。随着电荷积累，在两端面间将产生一个电场。这个电场会对电荷施加一个与洛伦兹力方向相反的电场力 F_e，两端面上积累的电荷越多，这个电场力就越大。当电场力大到恰与洛伦兹力等值时，就达到动态平衡。这时两端面间有了稳定的霍尔电压，用 V_H 表示。

由于 $F_m = F_e$，所以 $qvB = qE_{\mathrm{H}}$，或 $E_{\mathrm{H}} = vB$。设载流子浓度为 n，则电流强度 $I = nqvbd$，因此，霍尔电压

$$V_{\mathrm{H}} = E_{\mathrm{H}} b = vBb = \frac{I}{nqbd} Bb = \frac{1}{(nq)} \frac{IB}{d} \tag{3.5.23}$$

将式（3.5.23）与式（3.5.22）比较，得霍尔系数为

$$R_{\mathrm{H}} = \frac{1}{nq} \tag{3.5.24}$$

在金属导体中，由于自由电子的密度很大，达到 $10^{28}/\mathrm{m}^3$ 数量级，相应的 R_H 值很小，因而霍尔电压很低，霍尔效应不显著；而在半导体材料中载流子的浓度要小得多，约为 $10^{15}/\mathrm{m}^3$ 数量

级，能产生较大的霍尔电压，因此，目前实际使用的霍尔元件多是用半导体材料制成的。

以上讨论的是正载流子情况。若载流子带负电(如 n 型半导体)，则所产生的霍尔电压为负值。所以，从霍尔电压的正、负，就可以判断半导体的类型。

利用霍尔效应制成的半导体元件称为霍尔元件，它具有对磁场敏感、结构简单、牢固、体积小、频率响应宽、输出电压变化范围大和使用寿命长、成本低廉等一系列优点，因此，在测量技术、自动化技术、信息处理和磁流体发电技术等方面有着广泛的应用。

本章小结

1. 电流强度、电流密度及微观表达式

$$I=\int_S \boldsymbol{j}\cdot \mathrm{d}\boldsymbol{S}\ ,\ I=\frac{\mathrm{d}q}{\mathrm{d}t}=nqSv_d\ ,\ \boldsymbol{j}=nqv_d$$

2. 毕奥–萨伐尔定律

$$\mathrm{d}\boldsymbol{B}=\frac{\mu_0}{4\pi}\frac{I\mathrm{d}\boldsymbol{l}\times\hat{\boldsymbol{r}}}{r^2}=\frac{\mu_0}{4\pi}\frac{I\mathrm{d}\boldsymbol{l}\times\boldsymbol{r}}{r^3}\ ,\ \boldsymbol{B}=\int_l \mathrm{d}\boldsymbol{B}=\int_l\frac{\mu_0}{4\pi}\frac{I\mathrm{d}\boldsymbol{l}\times\hat{\boldsymbol{r}}}{r^2}=\int_l\frac{\mu_0}{4\pi}\frac{I\mathrm{d}\boldsymbol{l}\times\boldsymbol{r}}{r^3}$$

3. 磁场的基本性质

安培环路定律 $\oint_L \boldsymbol{B}\cdot\mathrm{d}\boldsymbol{l}=\mu_0\sum I_i$，表明磁场是非保守场。

磁场的高斯定理 $\oint_S \boldsymbol{B}\cdot\mathrm{d}\boldsymbol{S}=0$，表明磁感线是闭合的，即磁场为无源场。

4. 磁通量

$$\boldsymbol{\Phi}_m=\boldsymbol{B}\cdot\boldsymbol{S}=BS\cos\theta\ (\text{均匀磁场}),\ \boldsymbol{\Phi}_m=\int_S\boldsymbol{B}\cdot\mathrm{d}\boldsymbol{S}\ (\text{非均匀磁场})$$

5. 几种典型电流磁场的分布

(1)有限长载流直导线的磁场：$B=\frac{\mu_0 I}{4\pi r_0}\left(\cos\theta_1-\cos\theta_2\right)$，式中 r_0 为场点到长直导线的垂直距离，θ_1 和 θ_2 分别为导线两端电流元 $I\mathrm{d}\boldsymbol{l}$ 与矢径 $\boldsymbol{r}$ 间的夹角。

无限长载流直导线的磁场：$B=\frac{\mu_0 I}{2\pi r_0}$；半长载流直导线的磁场：$B=\frac{\mu_0 I}{4\pi r_0}$；

载流直导线延长线上一点的磁场：$B=0$

(2)载流圆线圈轴线上的磁场：$B=\frac{\mu_0 IR^2}{2\left(R^2+x^2\right)^{3/2}}$

载流圆线圈圆心 O 处($x=0$)的磁场：$B_O=\frac{\mu_0 I}{2R}$；

部分载流圆线圈(对圆心张角为 θ)圆心处的磁场：$B_O=\frac{\mu_0 I\theta}{4\pi R}$

(3)载流长直密绕螺线管内的磁场：$B=\mu_0 nI$，n 为螺线管单位长度线圈的匝数

载流密绕螺绕环内的磁场：$B=\frac{\mu_0 NI}{2\pi R}=\mu_0 nI$，$R$ 为螺绕环半径

6. 磁场力

对运动电荷的洛伦兹力 $\boldsymbol{F}=q\boldsymbol{v}\times\boldsymbol{B}$

对载流导线的安培力 $\mathrm{d}\boldsymbol{F}=I\mathrm{d}\boldsymbol{l}\times\boldsymbol{B}$　$\boldsymbol{F}=\int_l I\mathrm{d}\boldsymbol{l}\times\boldsymbol{B}$　（安培定律）

对载流线圈的力矩 $\boldsymbol{M}=I\boldsymbol{S}\times\boldsymbol{B}=\boldsymbol{P}_m\times\boldsymbol{B}$

7. 霍尔效应

霍尔电势差 $V_{\mathrm{H}}=R_{\mathrm{H}}\dfrac{IB}{d}$，霍尔系数 $R_{\mathrm{H}}=\dfrac{1}{nq}$

思考题

1. 电流是电荷的定向运动，在电流密度 $j\neq0$ 的地方，电荷的体密度是否也一定不为零？为什么？
2. 一铜导线，外涂有薄银层。当两端加上电压后，在铜线和银层中的电场强度是否相同？电流密度是否相同？
3. 用木梳与羊毛摩擦，有可能产生 10^4V 的电势差，为什么这个高电压并不危险，而由普通电机的供给的电压远比这个电压为低，反而很危险？
4. 单位正电荷从电源正极出发，沿闭合回路一周，又回到电源正极时，下列说法，哪种正确？(1)静电力所做总功为零；(2)非静电力所做总功为零；(3)静电力和非静电力所做功代数和为零；(4)在电源内只有非静电力做功，在外电路只有静电力做功。
5. 磁感应线（磁力线）与电场线（电力线）在表征场的方面有哪些相同？哪些不同？
6. 试比较毕奥–萨伐尔定律 $\mathrm{d}\boldsymbol{B}=\dfrac{\mu_0}{4\pi}\dfrac{I\mathrm{d}\boldsymbol{l}\times\hat{\boldsymbol{r}}}{r^2}$ 与点电荷的场强公式 $\mathrm{d}\boldsymbol{E}=\dfrac{1}{4\pi\varepsilon_0}\dfrac{\mathrm{d}q}{r^2}\hat{\boldsymbol{r}}$ 的类似和差别之处。
7. 一匀速运动着的电荷，在真空中给定点所产生的磁场是否是稳恒磁场？为什么？
8. 安培定律 $\mathrm{d}\boldsymbol{F}=I\mathrm{d}\boldsymbol{l}\times\boldsymbol{B}$ 中的三个矢量，哪两个始终正交？哪两个之间可以有任意的角度？
9. 在某些电子仪器中，常把载有大小相等但方向相反电流的那些导线扭在一起，其用意何在？
10. 用安培环路定理能否求出下列两种情况下的磁感应强度？说明理由。(1)有限长载流直导线产生的磁场；(2)圆电流产生的磁场。
11. 两根载有等量但流向相反电流的无限长直导线平行放置，$I_1=I_2=I$，如图所示，构造三个闭合回路 a，b，c。(1)试分别写出对各个回路的安培环路定理表达式；(2)试问在每个回路上的 $\boldsymbol{B}$ 大小是否相等？(3)试问在回路 c 上，各点的 $\boldsymbol{B}$ 是否为零？

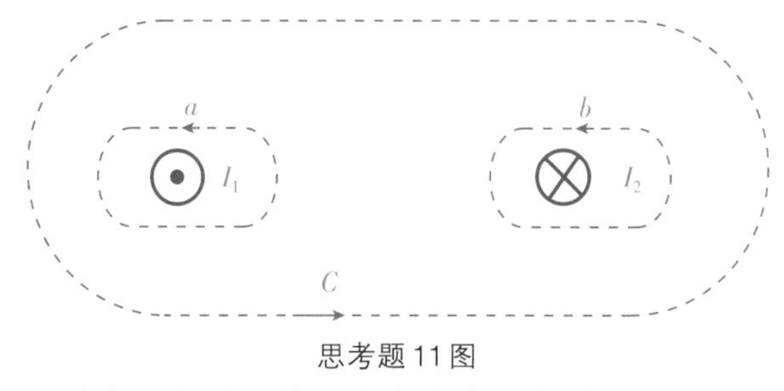

思考题11图

12. 一平面载流线圈置于均匀磁场中，其法线方向与磁场方向夹角为多大时磁力矩有最大值和最小值？
13. 在均匀磁场中有两个面积相等、形状不同的线圈，一个是矩形，另一个是圆形，并统一相同的电流。问这两个线圈的磁力矩是否相等？两者在磁场中的取向相同时所受磁力矩是否相同？

14. 如图所示，有两个竖直放置的载流圆环，它们的直径几乎相等，可绕同一竖直轴转动。当两圆环所在的平面相互垂直时，在两圆环中通以大小相等的电流，试问这两个圆环如何运动？

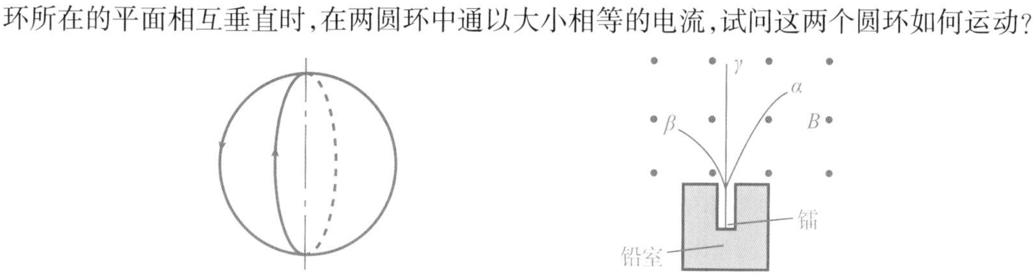

思考题 14 图　　思考题 15 图

15. 如图所示，放射性元素镭放出的射线进入磁场后分成三束，向左偏转的叫 β 射线，向右偏转的叫 α 射线，不偏转的叫 ν 射线。试分析这三种射线中的粒子是否带电？带正电还是负电？

16. 图示为一云室照片的示意图，显示的是一带电粒子的径迹，云室内有一垂直于纸面向里的磁场，中央部分为一水平放置的铅板。(1)因带电粒子穿过铅板将损失一部分动能，是判断该粒子穿过铅板的方向；(2)试问该粒子所带电荷是正，还是负？1932年，美国物理学家安德森(C. D.Anderson)就是利用这个办法发现正电子的，为此他获得了1936年诺贝尔物理学奖。

17. 半导体材料常分为 p 型(载流子为带正电的空穴)和 n 型(载流子为带负电的电子)两种。现有一半导体元件通以电流 I，置于均匀磁场 $\boldsymbol{B}$ 中，其上下表面积累电荷如图所示。请判断这是哪一类型的半导体。

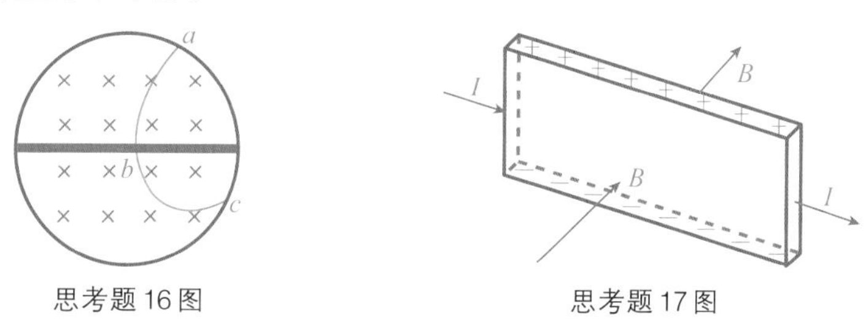

思考题 16 图　　思考题 17 图

习　题

1. 在闪电中，电流可高达 2.00×10^4 A，若将闪电电流视做长直电流，间距闪电电流 1.00 m 处的磁感应强度有多大？

2. 高压输电线在地面上空 25 m 处，通过电流为 1.8×10^3 A。(1)求在地面上由这电流所产生的磁感应强度多大？(2)在上述地区，地磁场为 6.0×10^{-5} T，问输电线产生的磁场与地磁场相比如何？

3. 求下列各图中 P 点的磁感应强度 $\boldsymbol{B}$ 的大小和方向，导线中的电流为 I。(a) P 在半径为 a 的圆的圆心，且在直线的延长线上；(b) P 在半圆中心；(c) P 在正方形的中心。

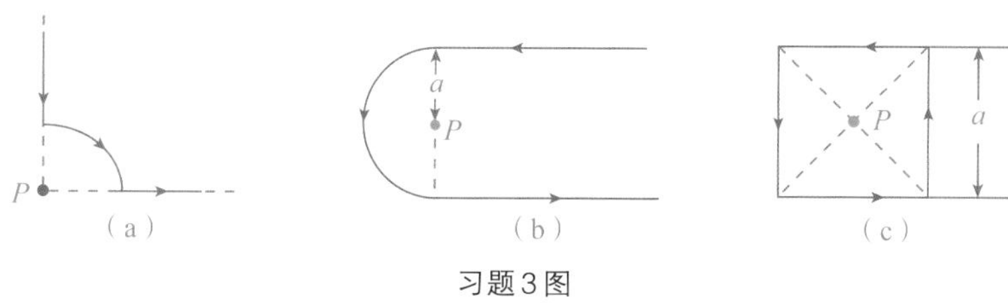

习题 3 图

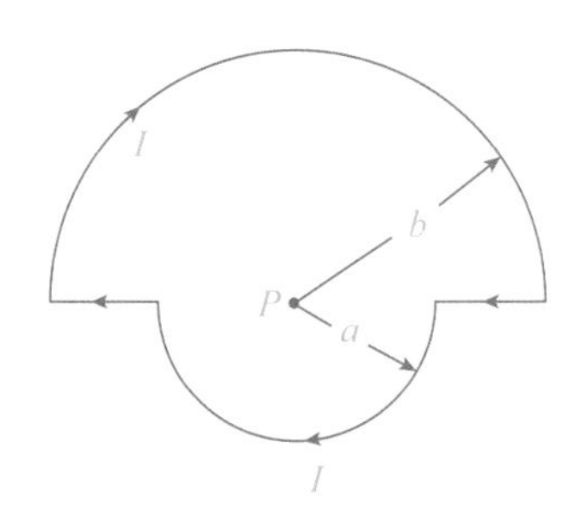

习题4图

4. 如图所示，一闭合回路由半径为 a 和 b 的两个同心半圆连成，载有电流 I，试求圆心 P 点处磁感应强度 $\boldsymbol{B}$ 的大小和方向。

5. 在真空中有两根相互平行的无限长直导线 L_1 和 L_2，相距 10 cm，通有数值均为 $I=20\text{ A}$ 但方向相反的电流，试求与两根导线在同一平面内且在导线 L_2 两侧并与导线 L_2 的距离均为 5 cm 的两点的磁感应强度的大小。

6. 如图所示，在由圆弧形导线 ACB 和直导线 BA 组成的回路中通电流 $I=5.0\text{ A}$，$R=0.12\text{ m}$，$\varphi=90°$，计算 O 点的磁感应强度。

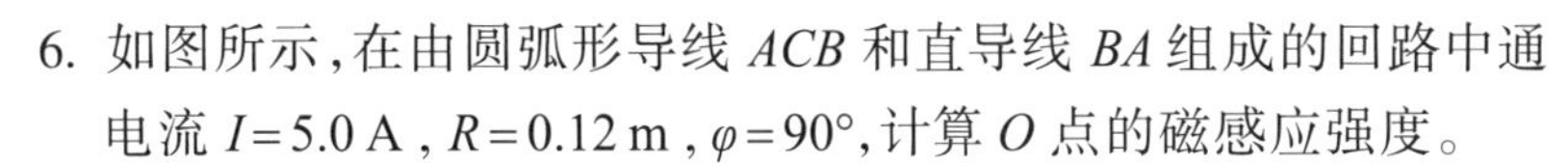

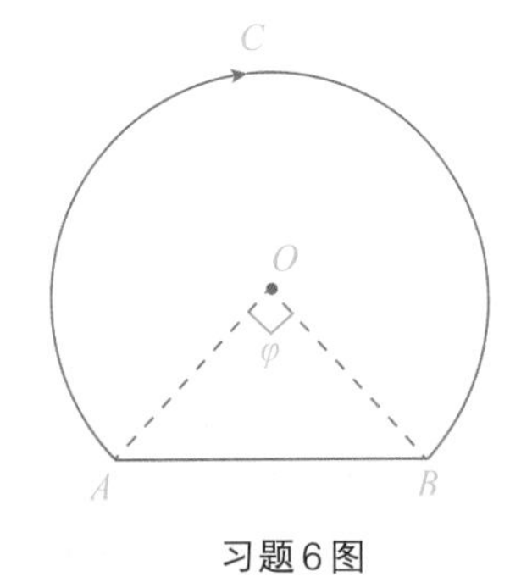

习题6图

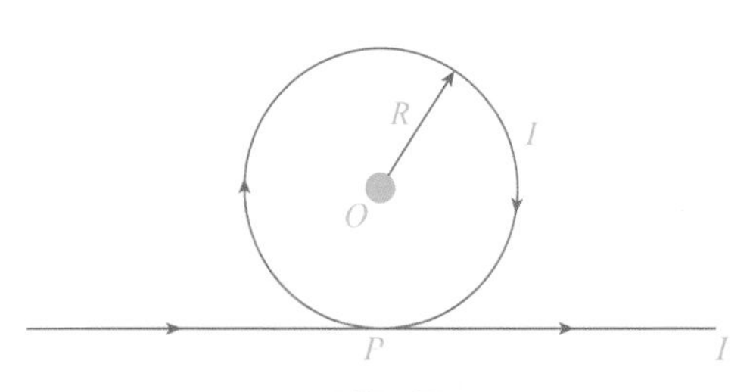

习题7图

7. 一根无限长直导线通有电流 I，在 P 点处被弯成了一个半径为 R 的圆，且 P 点处无交叉和接触，求圆心 O 处的磁感应强度 $\boldsymbol{B}$ 的大小和方向。

8. 如图所示，长度为 a 的直导线载有电流 i，试证明电流在 P 点产生的磁感应强度 $\boldsymbol{B}$ 的大小为：$B=\dfrac{\sqrt{2}\mu_0 i}{8\pi a}$。

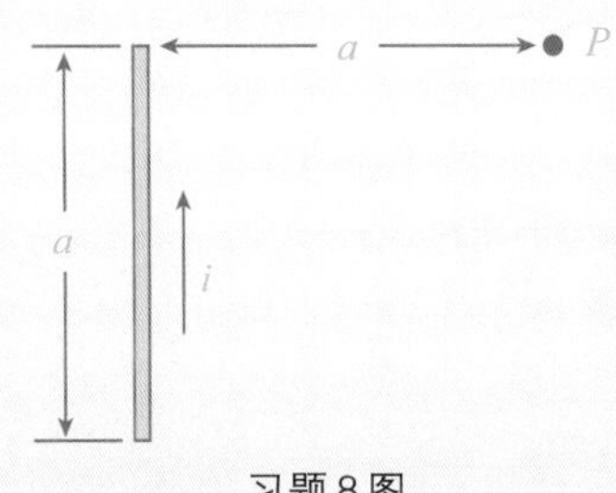

习题8图

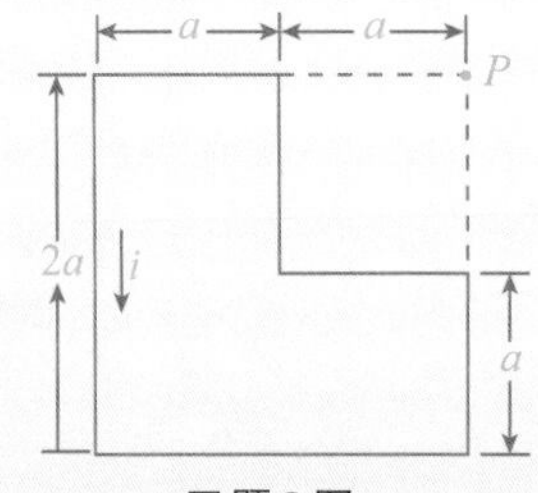

习题9图

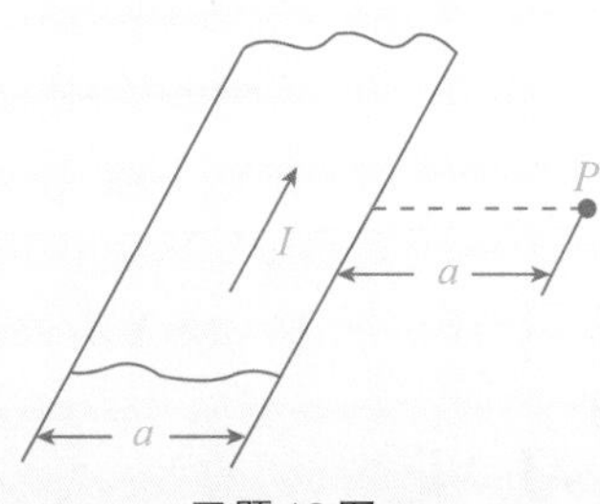

习题10图

9. 利用上题的结论，求本题图中 P 点的磁感应强度 $\boldsymbol{B}$ 的大小和方向。

10. 一宽度为 a 的无限长金属薄板，通有电流 I。试求在薄板平面上，距板的一边为 a 的 P 点处的磁感应强度。

11. 半径为 R 的薄圆盘均匀带电，电荷面密度为 $+\sigma$，当圆盘以角速度 ω 绕通过盘心 O 并垂直于盘面的轴沿逆时针方向转动时，求圆盘中心点 O 处的磁感强度。

12. 已知均匀磁场的磁感应强度 $B=2.0\times10^{-2}\text{ T}$，方向沿 x 轴正方向，求通过题图中，$abcd$、$befc$、$aefd$ 三个面的磁通量（$ab=40\text{ cm}$，$be=30\text{ cm}$，$ad=50\text{ cm}$）。

13. 如图所示，两条通有稳恒电流的无限长导线，流入纸面的电流 $I_1=3\text{A}$，流出纸面的电流 $I_2=1\text{A}$，则由安培环路定理可得：$\oint_a \boldsymbol{B}\cdot \mathrm{d}\boldsymbol{l}=$____________；$\oint_b \boldsymbol{B}\cdot \mathrm{d}\boldsymbol{l}=$____________；$\oint_c \boldsymbol{B}\cdot \mathrm{d}\boldsymbol{l}=$____________。

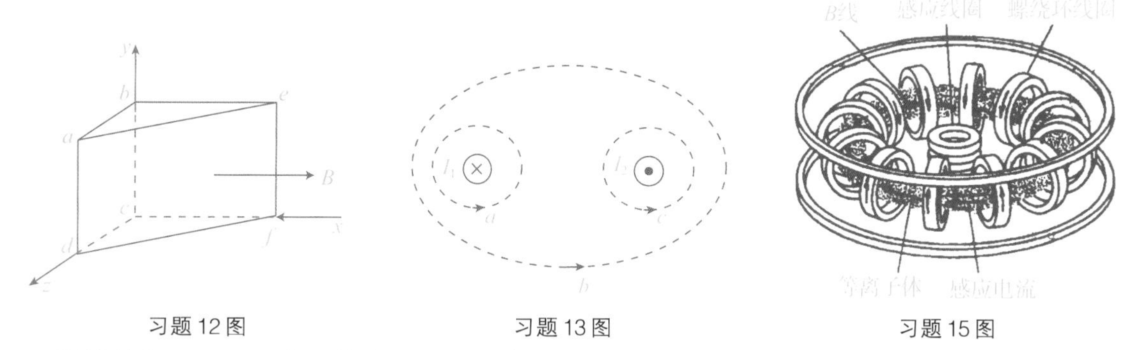

习题12图　　习题13图　　习题15图

14. 螺线管长 0.50 m，总匝数为 2000，问当通以 1 A 的电流时，求螺线管内部中央部分的磁感强度为多少。

15. 研究受控热核反应的托卡马克装置中，用螺绕环产生的磁场来约束其中的等离子体。设某一托卡马克装置中环管轴线的半径为 2.0 m，管截面半径为 1.0 m，环上均匀绕有 10 km 长的水冷铜线。求铜线内通入峰值为 7.3×10^4 A 的脉冲电流时，管内中心的磁场峰值多大?（近似地按恒定电流计算。）

16. 设真空中有一无限长载流圆柱形导体，圆柱半径为 R，圆柱截面上均匀地通有电流 I 沿轴线流动，求载流圆柱导体周围空间磁场的分布。

17. 一长直导线，半径为 3.0 mm，载有在其横截面上均匀分布的恒定电流。如果电流密度为 $100\,\text{A/m}^2$，试分别求：（1）在距导线中轴线 2.0 mm 处；（2）在距导线中轴线 4.0 mm 处，磁感应强度的大小。

18. 图示为无限长载流空心直圆柱形导体的横截面，内径 $a=2.0$ cm，外径 $b=4.0$ cm，圆柱截面中有从纸面流入的电流，且横截面中的电流密度 $j=cr^2$，式中 $c=3.0\times10^6\,\text{A/m}^4$，$r$ 按米计算。试求离圆柱中轴 3.0 cm 处某点的磁感应强度大小。

19. 一长为 $L=0.10$ m 带电量 $q=1.0\times10^{-10}$ C 的均匀带电细棒，以速率 $v=1.0$ m/s 沿 x 轴正方向运动。当细棒运动到与 y 轴重合的位置时，细棒的下端点与坐标原点 O 的距离为 $a=0.10$ m，如图所示。求此时 O 点的磁感强度。

20. 长为 l，载有电流 I' 的直导线 ab，置于与其共面且通有电流 I 的无限长直导线附近，如图所示，$\overline{Oa}=d$，求直导线 ab 所受的安培力大小。

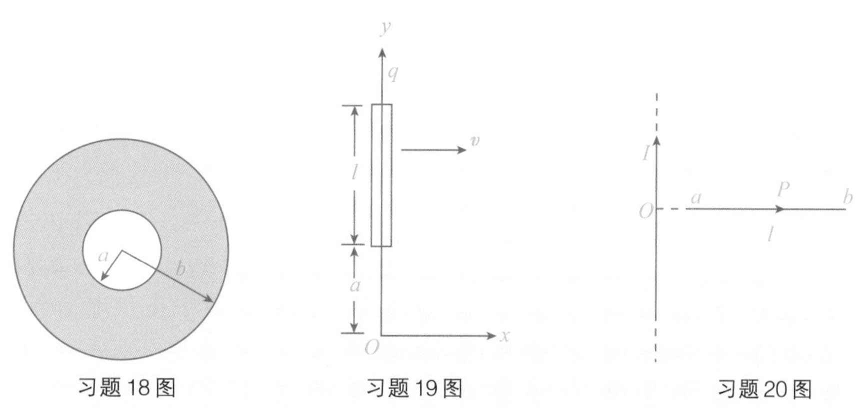

习题18图　　习题19图　　习题20图

21. 如图所示，磁表式电流计线圈共有 250 匝，线圈长为 0.02 m，宽为 0.01 m，线圈所在处 $B=0.2$ T。当线圈偏转 θ 角时，游丝（即弹簧）产生的扭力矩 $M=C\theta$。设扭转系数

$C = 3.3\times10^{-8}\ \mathrm{N\cdot m\cdot deg^{-1}}$，当线圈中通以电流后，线圈偏转 $30°$，问流过的电流多大？

22. 一半圆形闭合线圈，半径 $R = 0.2\ \mathrm{m}$，通过电流 $I = 5\ \mathrm{A}$，放在均匀磁场中，磁场方向与线圈平面平行，磁感应强度 $B = 0.5\ \mathrm{T}$，如图所示。求线圈所受到磁力矩大小？

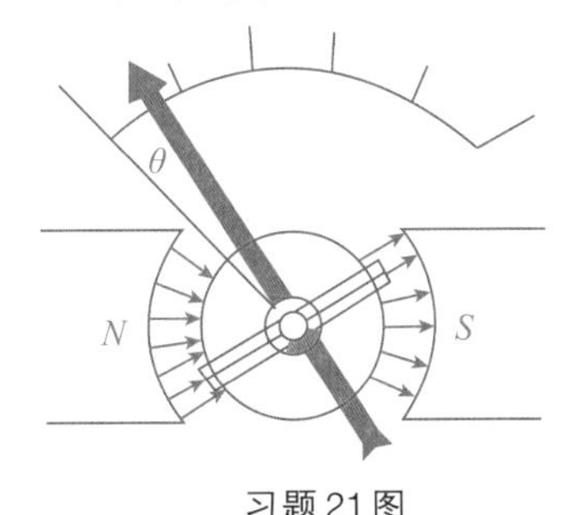

习题21图

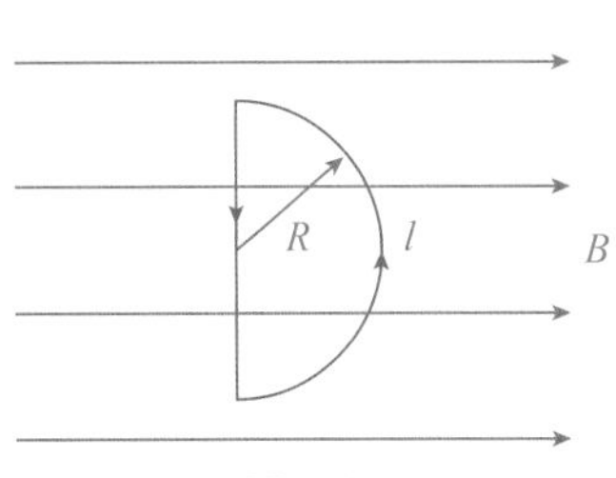

习题22图

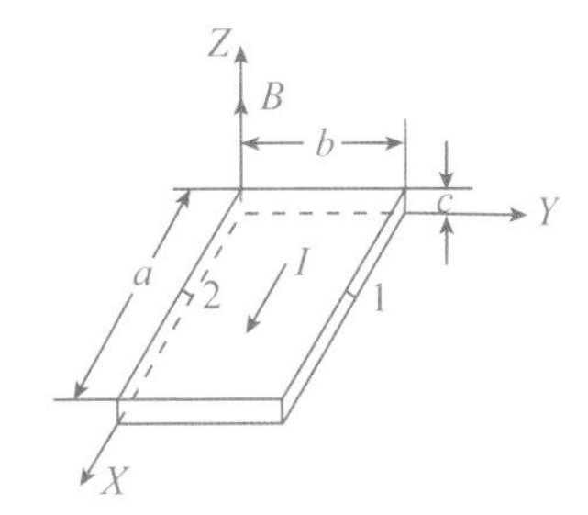

习题23图

23. 如图所示，一块半导体样品平放在 XY 面上，其长、宽和厚度依次沿 X，Y 和 Z 轴方向。已知沿 X 轴方向有电流通过，在 Z 轴方向加有均匀磁场，现测得：$a = 1.0\ \mathrm{cm}$，$b = 0.35\ \mathrm{cm}$，$c = 0.10\ \mathrm{cm}$，$I = 0.10\ \mathrm{mA}$，$B = 0.30\ \mathrm{T}$，在宽度为 0.35 cm 两侧的电势差 $U_1 - U_2 = 6.55\ \mathrm{mV}$。(1)试问这块半导体是 p 型(空穴导电)还是 n 型(电子导电)半导体？(2)试求载流子的浓度。

24. 硅片掺入砷成为 n 型半导体，假设其电子浓度为 $n = 2.0\times10^{21}/\mathrm{m^3}$，电阻率为 $\rho = 1.6\times10^{-2}\ \Omega\cdot\mathrm{m}$。用这种硅片做成霍尔探头可以测量磁场，其尺寸为 $0.50\ \mathrm{cm}\times0.20\ \mathrm{cm}\times0.0050\ \mathrm{cm}$。将此硅片长度方向的两端接入电压为 1.0 V 的直流电路中，当探头放在磁场某处并使其最大表面与磁场方向垂直时，测得宽度为 0.2 cm 两侧的霍尔电势差为 1.05 mV，试求磁场中该处的磁感应强度。

25. 霍尔效应可用来测量血管中血流的速度，其原理如图所示。在动脉血管两侧分别安装电极并加上磁场(实际应用中的磁场由交流电产生)。设血管直径是 2.0 mm，磁场为 0.08 T，毫伏表测出的电压为 0.1 mV，则血流的速度多大？

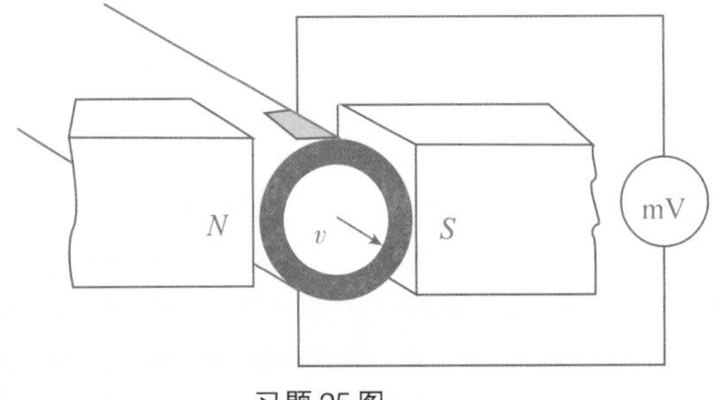

习题25图

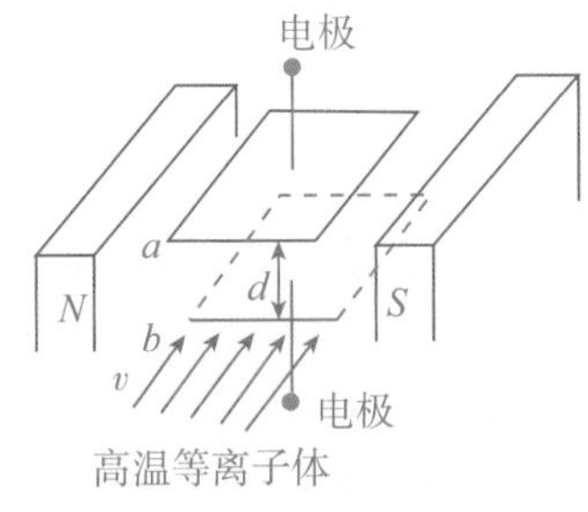

习题26图

26. 磁流体发电机是利用导电流体的霍尔效应制成的新型发电装置，主要由磁场、导电管、导电管电极组成。它利用燃烧石油、煤等燃料或核反应堆的余热，将气体加热到很高的温度(约 3000 K)使之电离，形成等离子体，后者以高速(约 1000 m/s)通过处在强磁场中耐高温材料制成的导电管发电。如图所示，设导电管中上、下两平板的电极为 a 和 b，板间的距离为 d。若磁感应强度为 B，高温等离子体速度为 v，试问气流中正负电荷各向何板积累？哪个极板电势高？ 两极板的电势差可达多大？

第6章 磁介质

前面讨论的是真空中磁场的特性，没有涉及磁场中有介质存在时的情况。在实际的磁场中大多存在有各种各样的物质，处于磁场中的物质会表现出不同程度的磁性，我们将物质具有磁性的物理过程称为磁化，一切能够被磁化的物质称为磁介质。

§6-1 磁介质的磁化

视频 3-6-1

我们知道，置于静电场中的电介质由于电极化而激发附加电场，并对原电场产生影响。与此类似，置于磁感应强度为 $\boldsymbol{B}_0$ 的外磁场中的磁介质也会被磁化，进而激发附加磁场，用 $\boldsymbol{B}'$ 表示。根据叠加原理可知，此时介质中的磁场应为真空磁场与附加磁场的矢量和，即

$$\boldsymbol{B}=\boldsymbol{B}_0+\boldsymbol{B}' \tag{3.6.1}$$

从式(3.6.1)可以看出，如果 $\boldsymbol{B}'$ 与 $\boldsymbol{B}_0$ 同向，则 $\boldsymbol{B}>\boldsymbol{B}_0$；如果 $\boldsymbol{B}'$ 与 $\boldsymbol{B}_0$ 反向，则 $\boldsymbol{B}<\boldsymbol{B}_0$。因此，从 $\boldsymbol{B}$ 与 $\boldsymbol{B}_0$ 的比较中也可看出介质磁化后对磁场的影响情况。为了便于从实验上研究介质的磁学特性，我们定义 $\boldsymbol{B}$ 与 $\boldsymbol{B}_0$ 的比值

$$\mu=\frac{\boldsymbol{B}}{\boldsymbol{B}_0} \tag{3.6.2}$$

为磁介质的相对磁导率。显然，它是一个无量纲的纯数，其大小反映了介质磁化后对原磁场的影响程度，因而是一个可以用来描述磁介质特性的物理量。表3.6.1列出了几种磁介质在常温常、压下的相对磁导率。

表 3.6.1 几种磁介质在常温常压下的相对磁导率

物质名称(顺磁质)	μ	物质名称(抗磁质)	μ	物质名称(铁磁质)	μ
空气	$1+3.6\times10^{-7}$	氢气	$1-2.1\times10^{-9}$	纯铁	$1.0\times10^{4}\sim2.0\times10^{5}$
氧气	$1+2.0\times10^{-5}$	氮气	$1-5.0\times10^{-9}$	坡莫合金	$2.5\times10^{3}\sim1.5\times10^{5}$
镁	$1+1.2\times10^{-5}$	钠	$1-7.6\times10^{-6}$	硅钢	$4.5\times10^{2}\sim8.0\times10^{4}$
铝	$1+2.3\times10^{-5}$	铜	$1-9.0\times10^{-6}$	铁氧体	1.0×10^{3}

依据相对磁导率 μ 的大小，磁介质可分为三类：

(1)**顺磁质**　$\mu>1$，且与1相差不大的介质称为顺磁质，如氧、镁、铝等均为顺磁质。其特点是磁化后产生的附加磁场与原磁场方向一致，因而使介质中的磁场增强。

(2)**抗磁质**　$\mu<1$，且与1相差不大的磁介质称为抗磁质，如氢、钠、铜等都是抗磁质。其特点是磁化后所产生的附加磁场与原磁场方向相反，因而使介质中的磁场减弱。

(3)**铁磁质**　$\mu>>1$ 的介质称为铁磁质，如铁、钴、镍及其合金等都是铁磁质。其特点是磁化后所产生的磁场与原磁场同向，且比原磁场大得多。

由于顺磁质和抗磁质的 μ 与1相差不大，磁化后对原来的磁场影响不显著，因而均称弱磁质。铁磁质的 μ 与1相差很大，磁化后对原来的磁场影响很大，故称强磁质。弱磁质的顺磁性和抗磁性的微观机理与强磁质的铁磁性显著不同。弱磁质的磁化机制是由于构成磁介质的分子、原子磁矩在外磁场中取向或旋进，进而在磁介质表面形成束缚的磁化电流。强磁质的磁化机制我们将在稍后讨论。

§6-2 磁介质中的安培环路定律

视频 3-6-2

磁介质在外磁场中要被磁化，产生磁化电流，改变原磁场，而为了回避对磁化电流的测量，通常在研究磁介质中的磁场时引入一个辅助量 $\boldsymbol{H}$，称为磁场强度，在各向同性均匀磁介质内，它与磁感应强度 $\boldsymbol{B}$ 的关系为

$$\boldsymbol{H}=\frac{\boldsymbol{B}}{\mu_0\mu}\ ,\ \boldsymbol{B}=\mu_0\mu\boldsymbol{H} \tag{3.6.3}$$

式中 $\mu_0\mu$ 称为磁介质的磁导率。 (3.6.4)

在引入辅助量 $\boldsymbol{H}$ 后，磁介质中的安培环路定律就可用下式表示，即

$$\oint_L \boldsymbol{H}\cdot \mathrm{d}\boldsymbol{l}=\sum I_i \tag{3.6.5}$$

于是，欲求有磁介质情况下的 $\boldsymbol{B}$ 时，可用式(3.6.5)先求出 $\boldsymbol{H}$，再按式(3.6.3)求出 $\boldsymbol{B}$ 就行了。

【例3.6.1】 如图3.6.1所示为一细螺绕环，其表面由绝缘的导线在铁环上密绕而成，每厘米绕10匝线圈。当导线中的电流 $I=2\ \mathrm{A}$ 时，测得环内磁感应强度 $B=1\ \mathrm{T}$，求铁环的相对磁导率 μ。

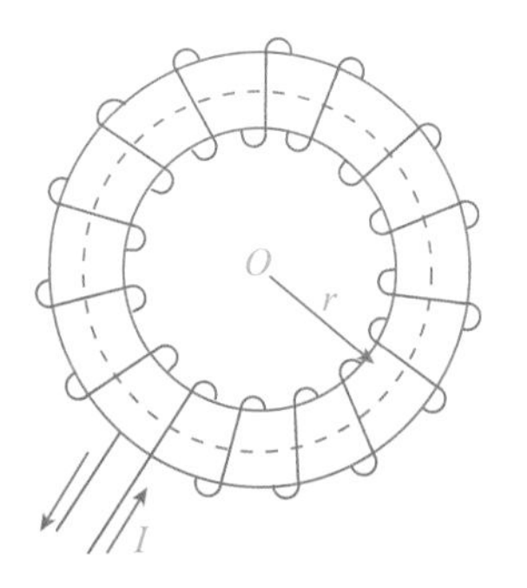

图3.6.1 细螺绕环

解 由有磁介质存在时的安培环路定律，得

$$\oint_L \boldsymbol{H}\cdot \mathrm{d}\boldsymbol{l}=\sum I_i \to H\times 2\pi r=NI \to H=\frac{N}{2\pi r}I=nI$$

因为

$$\boldsymbol{H}=\frac{\boldsymbol{B}}{\mu_0\mu}$$

所以有

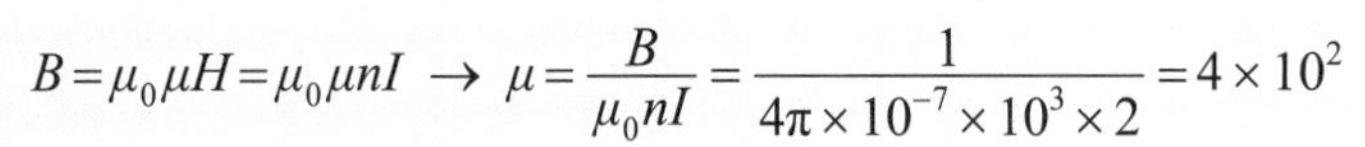

$$B=\mu_0\mu H=\mu_0\mu nI \ \to\ \mu=\frac{B}{\mu_0 nI}=\frac{1}{4\pi\times 10^{-7}\times 10^3\times 2}=4\times 10^2$$

§6-3 铁磁质的磁化规律

视频 3-6-3

铁磁质的主要特点是：① $\mu\gg 1$，且不是常量；②存在一个临界温度，称为居里温度或居里点，当温度超过居里点，铁磁质就变为一般的顺磁质；③存在剩磁现象，即使铁磁质磁化的外磁场撤去以后，仍能保留部分剩磁。由于上述特性，铁磁质在现代电力工程和无线电工程上具有广泛的应用。如在电磁铁、电机、变压器、电表线圈里都要放置铁磁性物质。下面我们简单说明一下铁磁质的特性。

(1)磁畴

实验发现,铁磁质放人磁场中,能大大地增强原来磁场的原因是铁磁质内电子间因自旋引起的相互作用是非常强烈的。在这种作用下,铁磁质内部形成一个个微小区域,称为磁畴。每个磁畴包含约 10^{17}～10^{21} 个原子或分子,体积约 10^{-12}～10^{-8} m^3 。每一个磁畴中各个原子的自旋磁矩排列得很整齐,取向相同,因而具有很强的磁性,这叫做自发磁化。

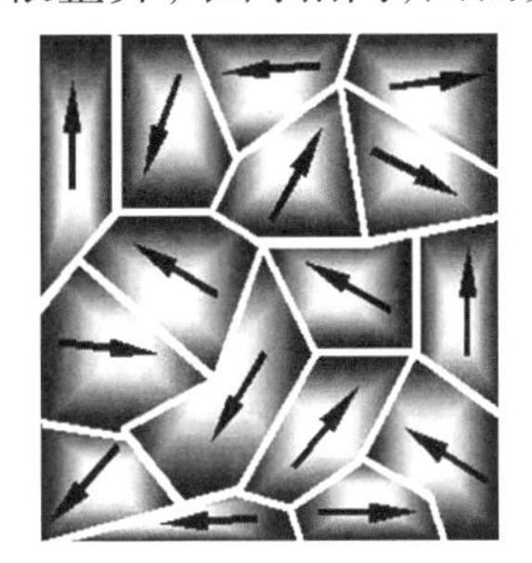
图 3.6.2 磁畴

图 3.6.3 用偏光显微镜观察到的石榴石单晶磁性薄膜的迷宫式磁畴

在无外磁场的情况下;由于热运动各个磁畴的排列方向紊乱,各个磁畴的磁矩彼此抵消,对外不显出磁性,如图 3.6.4(a)所示。当加上外磁场后,各个磁畴在外磁场的作用下,都趋于沿外磁场方向规则地排列起来,如图 3.6.4(b)(c)所示。所以,通常在不太强的外磁场作用下,铁磁质也可表现出很强的磁性来。

铁磁质的磁化与温度有关,随着温度的升高,它的磁化本领逐渐减弱。当温度升高到居里点时,铁磁质中自发磁化区域遭到分子热运动的破坏,磁畴也就不复存在,铁磁质的磁性就完全消失,过渡到顺磁质。不同铁磁质的居里点(温度)不一样,例如铁的居里点为 770℃。

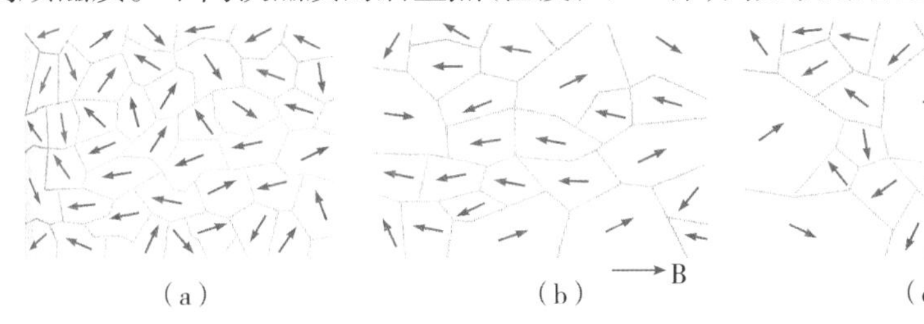

图 3.6.4 铁磁质的磁化过程

(2)磁滞回线

当外磁场改变时铁磁质的 B-H 曲线叫磁化曲线,它显示出 B 与 H 之间存在着非线性关系,如图 3.6.5 所示。实验表明,当外磁场 H 逐渐减小时,磁感强度 B 并不沿起始磁化曲线减小,而是沿图中曲线 aba' 缓慢地减小。这种 B 落后于 H 变化的现象称为磁滞现象。

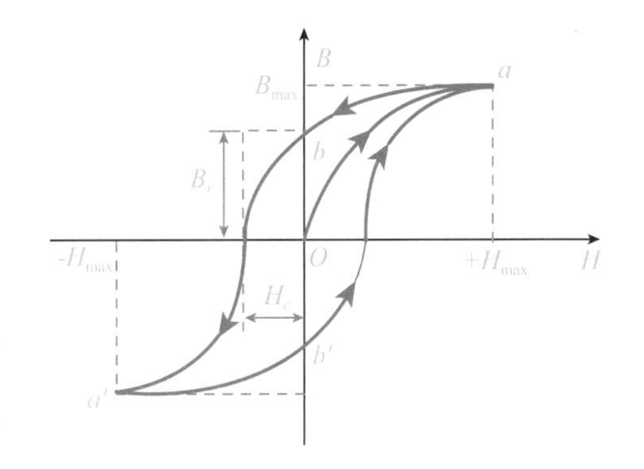

图 3.6.5 铁磁质的磁滞回线

显然,由于磁滞原因,当 H 减小到零时,B 并不等于零,而是仍有一定的数值 B_r,称为剩磁。表明这块铁磁质已被磁化过。由图中可看出,随着反向磁场的增加,B 逐渐减小,当 $H=-H_c$ 时,B 值等于零,表示这时已消去了剩磁。通常称 H_c 为矫顽力。当反向磁场继续增强到 $-H_{max}$ 时,材料的反向磁化同样也达到饱和点 a'。此后,当反向磁场逐渐减小至零,B-H 曲线沿 $a'b'$ 变化。以后随着正

向磁场增加到 $+H_{max}$ 时，$B-H$ 曲线则沿着 $b'a$ 变化，从而形成一个闭合曲线，称为磁滞回线。

应当指出，不同铁磁质的磁滞回线是不同的，图3.6.6是三种不同铁磁材料的磁滞回线。

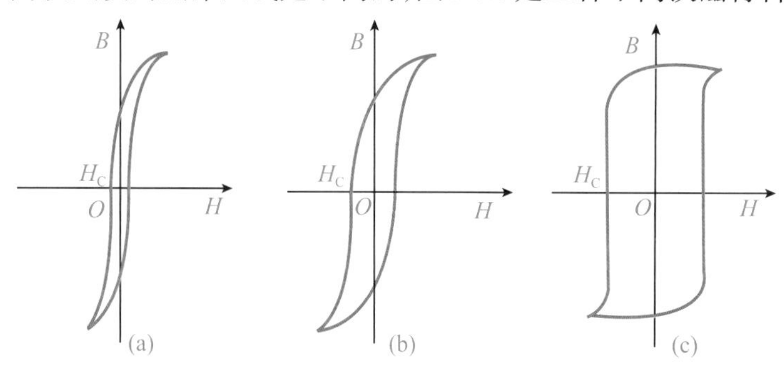

图3.6.6 软磁、硬磁和矩磁材料的磁滞回线

磁滞回线的形状较细长的是软磁材料，如图3.6.6(a)所示，其特点是矫顽力 H_c 比较小，磁滞特性不显著，磁滞回线包围面积很小，磁滞损耗低，容易被磁化，也容易去磁。因此，软磁材料常被用于制造电磁铁，变压器，交流电动机及交流发电机中的铁心。

硬磁材料又称为永磁材料，其特点是剩磁 B_r 和矫顽力 H_c 都比较大，磁滞回线包围面积大，磁滞特性非常显著，如图3.6.6(b)所示。因此，硬磁材料适宜制造永磁体。在各种电表及其他一些电器设备中，常用永磁铁产生稳定的磁场。我们常用的录音磁带和录像磁带，是在塑料基带上涂以磁性氧化物得到的，磁性涂层采用 Fe_2O_3，Cr_2O_3 等铁氧体。

为了寻找宇宙之谜，由美、中、俄等国科学家发起组织了20世纪末最为壮观的太空实验，其核心装置为一台“阿尔法磁谱仪”，设计用它在太空中捕捉理论已被证实、而在地球上很难得到的“反物质”。我国科学家和工程师研制的永磁体，直径1.2 m，重 2.0×10^3 kg，由钕铁硼硬磁材料制成，是阿尔法磁谱仪上的关键器件。这是人类首次成功地送入太空的第一块大型永磁体。

矩磁铁氧体材料其磁滞回线接近于矩形，如图3.6.6(c)所示，具有高的磁导率及高的电阻率，所以涡流损失小。在电子计算机和高频技术中，铁氧体有许多特殊应用。它可用来制作记忆元件、开关、振荡器、放大器、检波器、频率倍加器等等。某些铁氧体还具有很强的磁滞伸缩特性，即铁磁性物体的形状、体积在磁场变化时会发生变化，可以作为机电换能器，用于钻孔、清洗等。也可作为声电换能器，用于海洋探测等。

本章小结

1. 磁介质的分类 $\begin{cases}\text{顺磁质} & \mu>1\\ \text{抗磁质} & \mu<1\\ \text{铁磁质} & \mu\gg1\end{cases}$，$\mu=\dfrac{B}{B_0}$ 为磁介质的相对磁导率

2. 磁介质存在时的安培环路定律 $\oint_L \boldsymbol{H}\cdot d\boldsymbol{l}=\sum I_i$，　$\boldsymbol{H}=\dfrac{\boldsymbol{B}}{\mu_0\mu}$

思考题

1. 试分别说明顺磁质和抗磁质在外磁场中产生磁化的微观原因和宏观表现。
2. 把两种磁介质小棒分别放在两个磁极N、S间，它们被磁化后在磁极间处于如图所示的不同位置，试说明哪种是顺磁质，哪种是抗磁质？

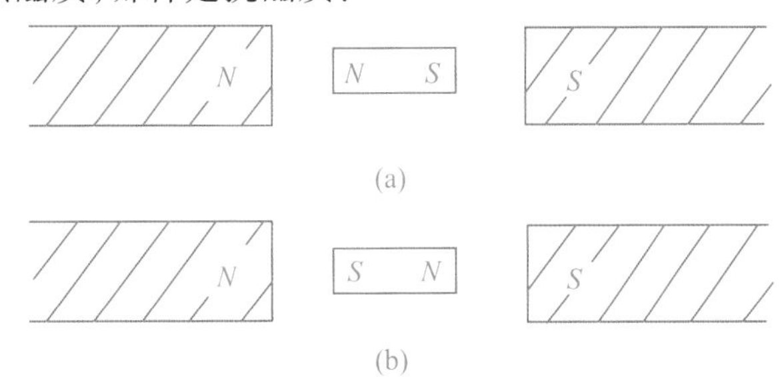

思考题2图

3. 钢铁厂搬运赤红的钢锭时，为什么不用电磁铁起重机？
4. 图中所示是两种不同铁磁质的磁滞回线，试问用哪一种制造永久磁铁较为合适？用哪一种制造电磁铁较为合适？为什么？
5. 磁铁能吸引铁钉之类的未被磁化的铁制物体，试解释。
6. 一种介质可否既是电介质又是磁介质？
7. 如图所示，三条实线分别表示不同磁介质的磁化曲线，虚线表示在真空中的B~H关系，试指出哪一条是表示顺磁质？哪一条是表示抗磁质？哪一条是表示铁磁质？

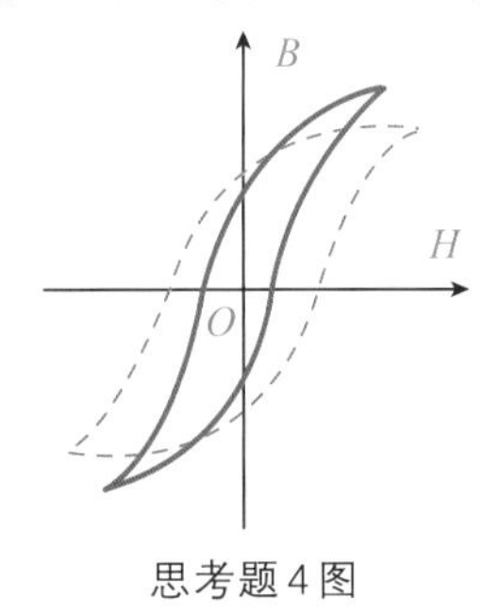

思考题4图

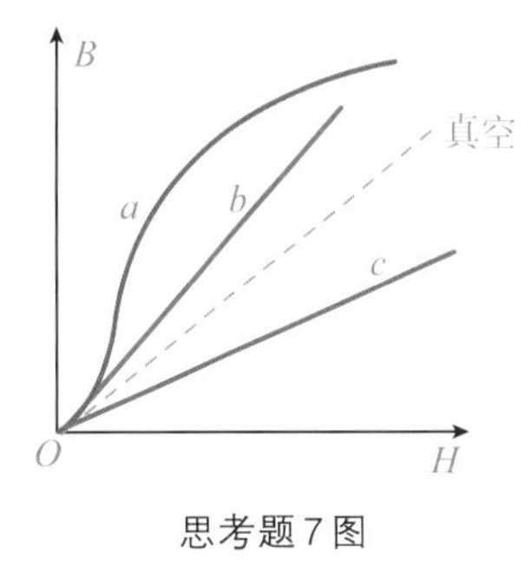

思考题7图

习 题

1. 一切在外磁场中能够被磁化的物质叫做磁介质，通常可分为三类，它们分别叫做________、________、________。
2. 用细导线均匀密绕成长为l、半径为R（$l \gg R$）、总匝数为N的长直螺线管，若线圈中载有电流I，问管内中部任意一点的磁场强度H为多少？
3. 螺绕环中心周长为10 cm，环上均匀密绕线圈200匝，线圈中通有电流0.1 A。若管内充满相对磁导率$\mu=4200$的均匀磁介质，则管内的B和H的大小各是多少？

4. 一螺绕环的环芯为相对磁导率 $\mu=500$ 的磁介质，平均半径 $R=1.0\times10^{-1}\ \text{m}$，截面半径 $r=1.0\times10^{-2}\ \text{m}$，环上密绕 $N=628$ 匝线圈，通以的电流 $I=5.0\ \text{A}$，试计算环内的磁场强度 $\boldsymbol{H}$ 和磁感应强度 $\boldsymbol{B}$ 的大小。

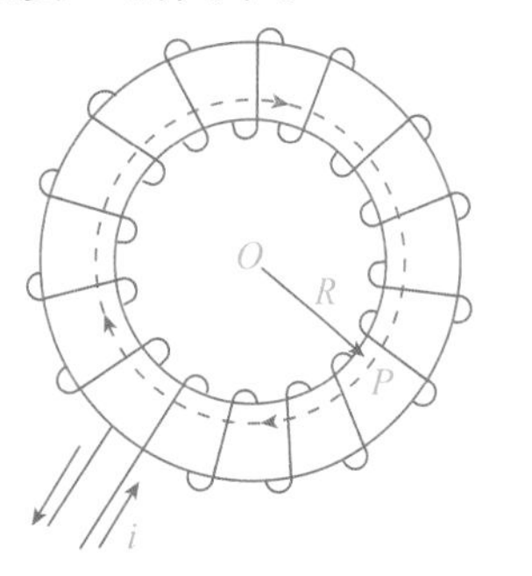

习题4图

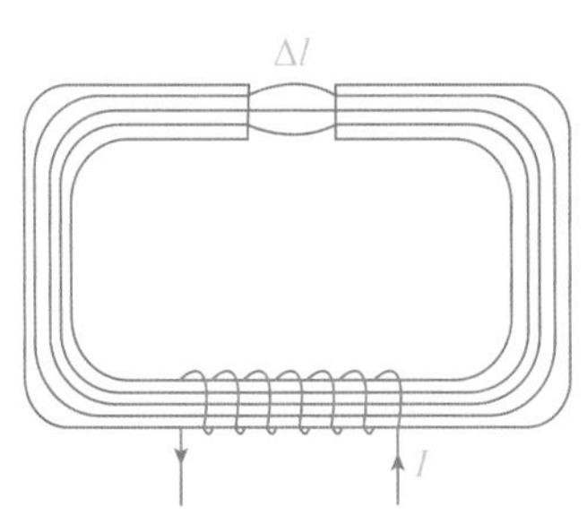

习题5图

5. 由于铁磁材料的磁导率很大，所以铁芯有使磁场集中到它内部的作用。如图所示，磁感应线几乎沿着铁芯。设非闭合铁芯长 $l=0.6\ \text{m}$，气隙宽 $\Delta l=5\ \text{mm}$。铁芯上绕有 $N=200$ 匝线圈，线圈中通电流 $I=1\ \text{A}$，铁芯的 $\mu=6000$，求铁芯气隙中的磁感应强度 B 的数值。

6. 如图所示，铁环的平均周长为 61 cm，空气隙长 1 cm，环上线圈总数为 1000 匝。当线圈中电流为 1.5 A 时，空气隙中的磁感应强度 B 为 0.18 T。求铁心的 μ 值。(忽略空气隙中磁感应强度线的发散。)

7. 如图所示是退火纯铁的起始磁化曲线。用这种铁做芯的长直螺线管的导线中通入 6.0 A 的电流时，管内产生 1.2 T 的磁场。如果抽出铁心，要使管内产生同样的磁场，需要在导线中通入多大电流？

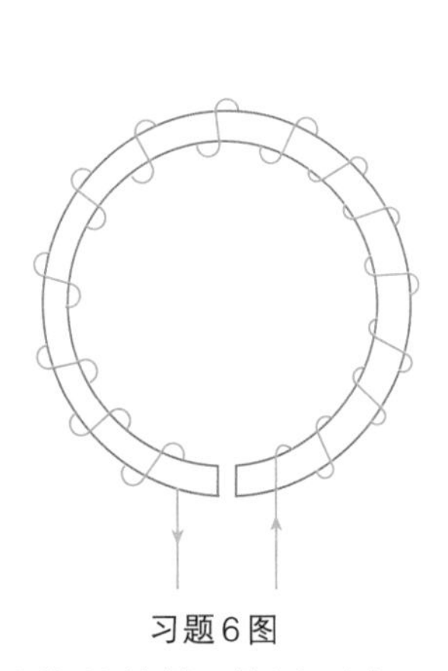
习题6图

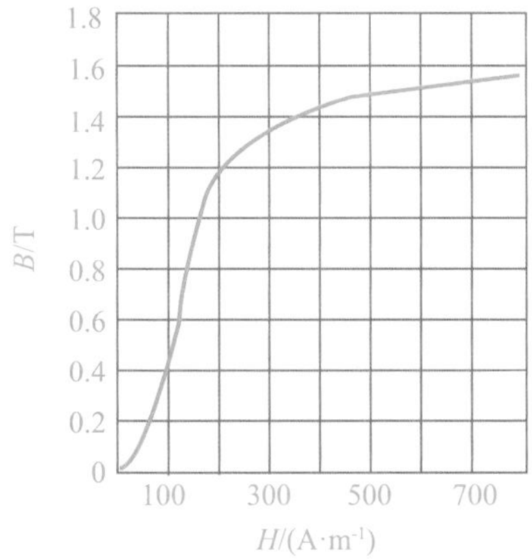

习题7图

8. 有一根均匀磁化的铁棒，其矫顽力 $H_c=4.0\times10^3\ \text{A/m}$，现将它放人长为 0.12 m、绕有 60 匝线圈的长直螺线管中退磁，问线圈中至少需通以多大的电流？

第7章　电磁感应

§7-1　电磁感应的基本规律 视频3-7-1

自1820年奥斯特发现电流的磁效应后，很多科学家便对它的逆效应产生了兴趣。英国物理学家法拉第经过近十年努力，终于在1831年发现了电磁感应现象，并总结出了电磁感应定律。

实验表明：不论何种原因使通过闭合回路所包围面积的磁通量 $\boldsymbol{\Phi}_m$ 发生变化时，回路中便有电流产生，这种现象称为电磁感应现象，回路中所产生的电流称为感应电流。在回路中产生电流，表明回路中有电动势存在，这种在回路中由于磁通量变化而引起的电动势称为感应电动势。感应电动势 ε_i 正比于穿过回路的磁通量对时间变化率的负值。这个结论称为法拉第电磁感应定律，其表达式为

$$\varepsilon_i=-\frac{\mathrm{d}\boldsymbol{\Phi}_m}{\mathrm{d}t} \tag{3.7.1}$$

式中的负号反映感应电动势的方向与磁通量变化的关系，乃是楞次定律的数学表示。感应电动势 ε_i 的单位为伏特(V)，1伏特＝1韦伯／秒(1Wb/s)。

1833年，楞次从实验中总结出一条规律：感应电流产生的磁通量总是反抗回路中原磁通量的变化。这一规律称为楞次定律，它是判断感应电流方向的简单而直观的方法。

【例3.7.1】 一矩形回路与一无限长载流直导线共面，矩形回路的一个边与长直导线平行，它到导线的距离为 d，导线中的电流为 $I=I_0\sin\omega t$，如图3.7.1所示，求回路中的感应电动势。

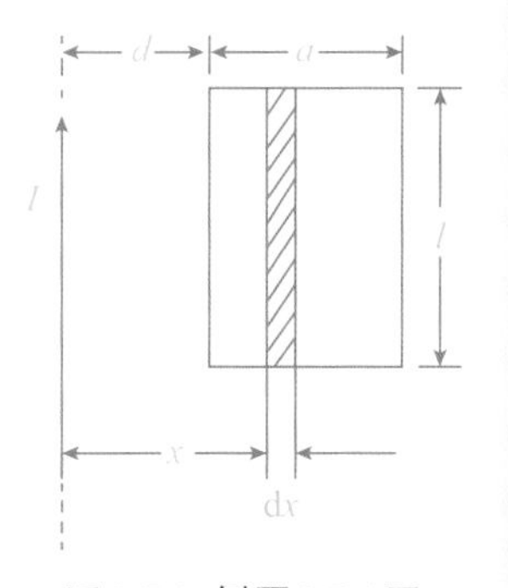

图3.7.1 例题3.7.1图

解 由于电流随时间变化，所以，直导线周围的磁场也随时间变化。回路虽然不动，但回路中的磁通量发生变化，回路中有感应电动势产生。

无限长载流直导线在距直导线为 x 处一点产生的场强为 $B=\dfrac{\mu_0 I}{2\pi x}$，方向垂直于纸面向内。

法拉第(Michael Faraday，1791—1867)是英国杰出的物理学家和化学家。1791年9月22日，法拉第出生在伦敦一个铁匠家庭。由于家境贫寒，他一生几乎没有受过什么正规教育。12岁时曾在一家书店当报童，一年后当了装订学徒工。其间，几乎所有的业余时间，他都用来拼命读书。《大英百科全书》《化学漫谈》等著作的电现象及化学实验开拓了他的视野，深深地吸引着他。

1811年，法拉第有机会听了当时很有名望的化学家戴维的演讲。通过种种努力，法拉第终于当上了戴维的助手。1813年10月到1815年3月，法拉第随戴维夫妇到法国、意大利、瑞士等欧洲国家做科学旅行，使法拉第眼界大开。回国后，他开始进行独立的科学研究。1816年到1820年间，他共发表了18篇论文。1821年，30岁的法拉第出任皇家学院实验室总督和代理实验室主任。受奥斯特电磁实验的启发，他开始进行电和磁的研究。1821年10月，他发表了第一篇电磁学论文《论某些新的电磁运动兼磁学理论》。1824年，他正式开始研究如何"将磁变成电"。最终在1831年8月29日发现了电磁感应现象。

除此而外，1833至1834年间，他发现了电解定律；1837年，他最先提出了“场”的概念，并用“力线”来表现场的物理实在。场和力线的概念，生动地展示了电磁世界的图景，不仅在电磁学上是一个创举，而且对整个科学观念的发展都有深刻的影响。1838年，法拉第发现了电介质对电容的影响，并首先引入电容率的概念。1845年，他发现了磁致旋光效应，不久又发现了物质的抗磁性。他的许多观点，至今仍是电磁理论和现代电工学的基础。

1867年8月25日，法拉第在他家中的座椅上安详去世，终年76岁。遵照他的遗嘱，他被安葬在海格特公墓，其墓碑上仅刻了他的名字和生卒年月。

通过图示面元 $dS=ldx$ 的磁通量为

$$d\boldsymbol{\Phi}_m=\boldsymbol{B}\cdot d\boldsymbol{S}=BdS=\frac{\mu_0 Il}{2\pi x}dx$$

则通过线圈所围面积的磁通量为

$$\boldsymbol{\Phi}_m=\int_S d\boldsymbol{\Phi}_m=\frac{\mu_0 Il}{2\pi}\int_d^{d+a}\frac{dx}{x}=\frac{\mu_0 Il}{2\pi}\ln\frac{d+a}{d}$$

根据法拉第电磁感应定律，回路中感应电动势的大小为

$$|\varepsilon_i|=\frac{d\boldsymbol{\Phi}_m}{dt}=\left(\frac{\mu_0 l}{2\pi}\ln\frac{d+a}{d}\right)\frac{dI}{dt}=\frac{\mu_0 l}{2\pi}\ln\frac{d+a}{d}I_0\omega\cos\omega t$$

其绕向随时间作周期性变化。

§7-2 动生电动势与感生电动势

视频3-7-2

电动势

在一段均匀导体内，维持稳恒电流的条件是两端有恒定的电势差。而要维持两极板之间稳定的电势差，就必须把正极板流向负极板的正电荷不断地从负极板通过电源内部搬运到正极板。然而静电力只能使正电荷从高电势移向低电势，要做到在两极板之间使正电荷从低电势移向高电势，必须依靠在本质上不同于静电力的某种非静电力。我们把能够提供非静电力的装置称为电源。

电源的种类很多，如干电池，蓄电池，发电机等。不同类型的电源形成非静电力的原因不同。但无论哪种电源，电源内部非静电力在搬运电荷的过程中，都要克服静电力做功。这个做功过程，实际上就是把其他形式的能量转换成电能的过程。所以也可以说，电源就是把其他形式的能量转换成电能的一种装置。

各种不同的电源，把其他形式的能量转换成电能的本领不同。为了反映在电源内部非静电力做功本领的大小，我们引入电源电动势的概念。

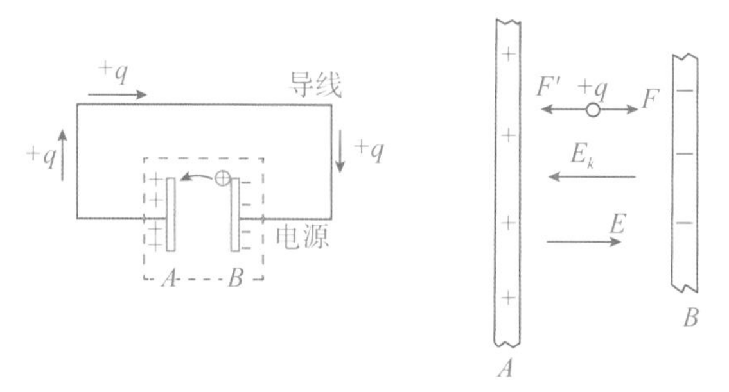

图3.7.2 电源与电动势

如图3.7.2所示，用导线将电源连成闭合回路，这时在电

源内部同时存在静电力 $\boldsymbol{F}$ 和非静电力 $\boldsymbol{F}'$，静电力是由静电场 $\boldsymbol{E}$ 产生的。非静电力 $\boldsymbol{F}'$ 的性质，因电源的不同而不同。依照静电场场强的定义方法，定义非静电场场强 $\boldsymbol{E}_K$ 为

$$\boldsymbol{E}_K = \frac{\boldsymbol{F}'}{q}$$

当正电荷 q 通过电源内部绕闭合回路一周时，电场力所做的功

$$W = \oint q\left(\boldsymbol{E}+\boldsymbol{E}_K\right)\cdot \mathrm{d}\boldsymbol{l} = W_{静} + W_{非} = q\oint \boldsymbol{E}\cdot \mathrm{d}\boldsymbol{l} + q\oint \boldsymbol{E}_K\cdot \mathrm{d}\boldsymbol{l}$$

由于静电场力移动电荷沿闭合回路做功为零，故

$$W = W_{非} = q\oint \boldsymbol{E}_K\cdot \mathrm{d}\boldsymbol{l}$$

非静电力对单位电荷所做的功为

$$\frac{W_{非}}{q} = \oint \boldsymbol{E}_K\cdot \mathrm{d}\boldsymbol{l}$$

由于这个功的数值与电荷 q 无关，能够反映电源的性质，因此定义：单位正电荷沿闭合回路移动一周时，非静电力所做的功，称为电源的电动势，用 ε 表示。

$$\varepsilon = \frac{W_{非}}{q} = \oint \boldsymbol{E}_K\cdot \mathrm{d}\boldsymbol{l} \tag{3.7.2}$$

式(3.7.2)是电动势的一般表达式，它普遍适用于各种非静电性场强。对于可分清内外电路的电源，由于在外电路中不存在非静电力，所以，电源的电动势就是把单位正电荷从负极通过电源内部移到正极时，非静电力所做的功，即

$$\varepsilon = \int_{-}^{+} \boldsymbol{E}_K\cdot \mathrm{d}\boldsymbol{l} \tag{3.7.3}$$

电动势为标量，为了方便，通常也给它规定一个方向：即在电源内部从负极指向正极的方向。

动生电动势

前面，我们讨论了感应电动势产生机理以及如何确定它的大小和方向。可以看出，在一般情况下，式(3.7.1)可写成两个组成部分，即

$$\varepsilon_i = -\frac{\mathrm{d}\boldsymbol{\Phi}_m}{\mathrm{d}t} = -\frac{\mathrm{d}\left(\boldsymbol{B}\cdot\boldsymbol{S}\right)}{\mathrm{d}t} = -\left[\boldsymbol{B}\cdot\frac{\mathrm{d}\boldsymbol{S}}{\mathrm{d}t} + \frac{\mathrm{d}\boldsymbol{B}}{\mathrm{d}t}\cdot\mathrm{d}\boldsymbol{S}\right]$$

式中，$\boldsymbol{B}\cdot\frac{\mathrm{d}\boldsymbol{S}}{\mathrm{d}t}$ 是由于回路面积变化（如导线切割磁感应线的情况），或者说是由于导体的机械运动而导致 $\boldsymbol{\Phi}_m$ 变化产生的感应电动势，称为动生电动势；而 $\frac{\mathrm{d}\boldsymbol{B}}{\mathrm{d}t}\cdot\boldsymbol{S}$ 这一项，则代表导体或回路静止，由于磁场 $\boldsymbol{B}$ 随时间变化而产生的感应电动势，称为感生电动势。而 ε_i 就统称为感应电动势。

另外，我们已经知道，电动势是某种非静电力做功的结果。那么，动生电动势和感生电动势分别是哪种非静电力在做功呢？让我们先来分析动生电动势的形成机理。

如图3.7.3所示，在磁感强度为 $\boldsymbol{B}$ 的均匀磁场中，有一长为 l 的导线 OP 以速度 $\boldsymbol{v}$ 向右运动，且 $\boldsymbol{v}$ 与 $\boldsymbol{B}$ 垂直。

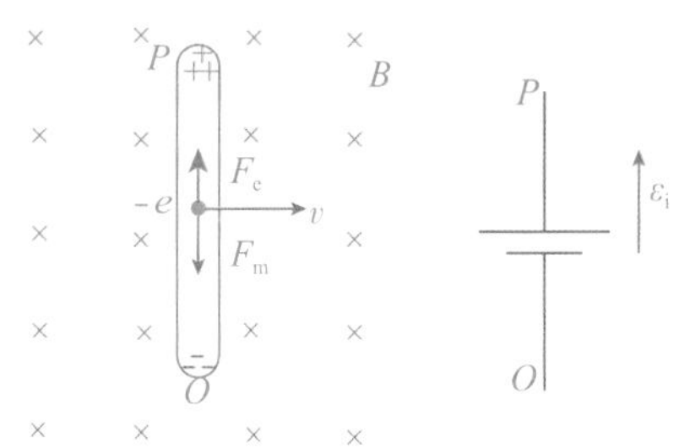

图3.7.3 动生电动势与洛伦磁力

导线内每个自由电子都受到洛伦兹力 $\boldsymbol{F}_m$ 的作用，由洛伦兹力公式有

$$\boldsymbol{F}_m = (-e)\boldsymbol{v} \times \boldsymbol{B}$$

式中 $(-e)$ 为电子的电量，$\boldsymbol{F}_m$ 的方向与 $\boldsymbol{v} \times \boldsymbol{B}$ 的方向相反，由 P 指向 O。这个力是非静电力，它驱使电子沿导线由 P 向 O 移动，致使 O 端积累了负电，P 端则积累了正电，从而在导线内建立起静电场。当作用在电子上的静电场力 $\boldsymbol{F}_e$ 与洛伦兹力 $\boldsymbol{F}_m$ 相平衡（即 $\boldsymbol{F}_e + \boldsymbol{F}_m = 0$）时，$O$，$P$ 两端间便有稳定的电势差。由于洛伦兹力是非静电力，所以，如以 $\boldsymbol{E}_K$ 表示非静电的电场强度，则有

$$\boldsymbol{E}_K = \frac{\boldsymbol{F}_m}{-e} = \boldsymbol{v} \times \boldsymbol{B}$$

由电动势的定义可得，在磁场中运动导线 OP 所产生的动生电动势为

$$\varepsilon_i = \oint \boldsymbol{E}_K \cdot \mathrm{d}\boldsymbol{l} = \int_{OP} (\boldsymbol{v} \times \boldsymbol{B}) \cdot \mathrm{d}\boldsymbol{l} \tag{3.7.4}$$

这就是计算动生电动势的一般表达式。必须指出，中学里常用的 $\varepsilon_i = Blv$ 是(3.7.4)式的特例，只适用于计算匀强磁场中，直导体以恒定速度垂直于磁场方向运动时所产生的动生电动势。

综上所述，动生电动势存在于运动导体中，其非静电力为洛伦兹力。计算动生电动势的方法通常有两种：一种是用动生电动势的计算公式(3.7.4)来求解，另一种是直接用法拉第电磁感应定律。动生电动势的方向常用洛伦兹力或楞次定律来判断。

【例3.7.2】 一无限长直导线，通有电流 $I = 10\ \mathrm{A}$，竖直放置，另一长 $l = 0.9\ \mathrm{m}$ 的水平导体杆 AC 处于其附近（如图3.7.4所示）并以速度 $v = 2\mathrm{m/s}$ 向上作匀速平动。已知杆 AC 与长直载流导线共面，杆的 A 端距该导线的距离 $d = 0.1\ \mathrm{m}$，求 AC 杆中的动生电动势。

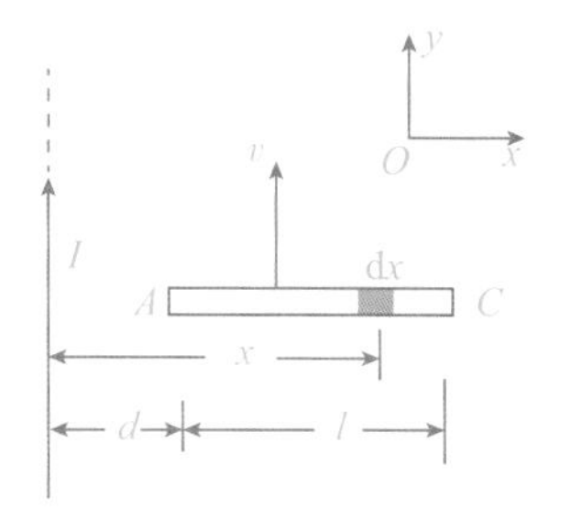

图3.7.4 例3.7.2图

解 由于导体杆 AC 是在非均匀磁场中运动，所以要用动生电动势的一般表达式(3.7.4)来计算。为此，我们在杆上距导线为 x 处取一线元 $\mathrm{d}x$，线元 $\mathrm{d}x$ 的动生电动势为

$$\mathrm{d}\varepsilon_i = (\boldsymbol{v} \times \boldsymbol{B}) \cdot \mathrm{d}x\,\boldsymbol{i} = (-vB\sin 90^0\,\boldsymbol{i}) \cdot \mathrm{d}x\,\boldsymbol{i} = -vB\mathrm{d}x = -\frac{\mu_0 I v}{2\pi x}\mathrm{d}x$$

整个导体杆 AC 的动生电动势为

$$\varepsilon_i = \int_A^C \mathrm{d}\varepsilon_i = -\int_d^{d+l} \frac{\mu_0 I v}{2\pi x}\mathrm{d}x = -\frac{\mu_0 I v}{2\pi}\ln\frac{d+l}{d} = -9.2 \times 10^{-6}\mathrm{V}$$

由于 $\varepsilon_i < 0$，所以动生电动势的方向为 C 指向 A，A 端电势高。

【例3.7.3】 如图3.7.5所示，一长为 L 的铜棒，在磁感应应强度为 $\boldsymbol{B}$ 的均匀磁场中绕其一端 O 以角速度 ω 转动。设转轴与 $\boldsymbol{B}$ 平行，求棒上的动生电动势。

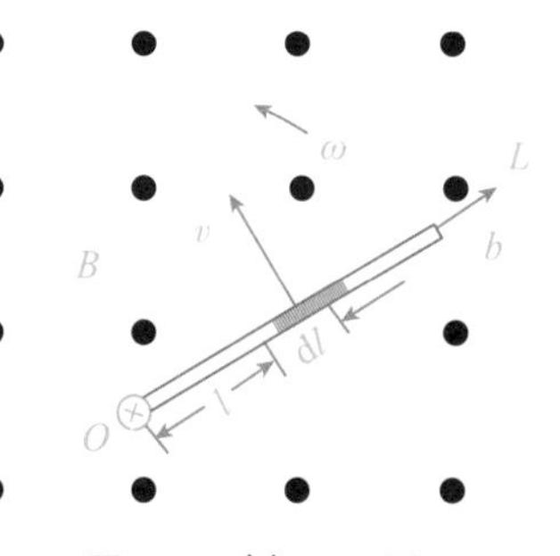

图3.7.5 例3.7.3图

解 (1)用动生电动势计算公式求解：

如图3.7.5所示，设 t 时刻棒转到 Ob 位置，在棒上距 O 为 l 处取一线元 $\mathrm{d}\boldsymbol{l}$，其速度大小为 ωl，方向与棒及 $\boldsymbol{B}$ 均垂直，且 $\boldsymbol{v} \times \boldsymbol{B}$ 与 $\mathrm{d}\boldsymbol{l}$ 同向。于是，$\mathrm{d}\boldsymbol{l}$ 产生的元电动势

$$\mathrm{d}\varepsilon_i = (\boldsymbol{v} \times \boldsymbol{B}) \cdot \mathrm{d}\boldsymbol{l} = vB\mathrm{d}l = \omega lB\mathrm{d}l$$

由于 Ob 上各线元的 $\boldsymbol{v} \times \boldsymbol{B}$ 方向均相同，故有

$$\varepsilon_{Ob}=\varepsilon_i=\int_O^b(\boldsymbol{v}\times\boldsymbol{B})\cdot\mathrm{d}\boldsymbol{l}=B\omega\int_0^L l\mathrm{d}l=\frac{1}{2}B\omega L^2$$

其计算为正值表示 b 端的电势高于 O 端的电势，即 ε_i 的方向为 $O\to b$ 。

(2)用法拉第电磁感应定律求解：

设经过一段时间后，棒由 Oa 位置转至 Ob 位置，转过角度为 θ ，扫过面积 $S=\frac{\pi L^2\theta}{2\pi}=\frac{1}{2}L^2\theta$ ；穿过此面积的磁通量

$$\boldsymbol{\Phi}_m=BS=\frac{1}{2}BL^2\theta$$

由法拉第定律得回路的动生电动势

$$\varepsilon_i=\varepsilon_{Oa}+\varepsilon_{ab}+\varepsilon_{bO}=-\frac{\mathrm{d}\boldsymbol{\Phi}_m}{\mathrm{d}t}=-\frac{1}{2}BL^2\frac{\mathrm{d}\theta}{\mathrm{d}t}=-\frac{1}{2}BL^2\omega$$

因为 $\varepsilon_{Oa}=0$， $\varepsilon_{ab}=0$ ，故 $\varepsilon_i=\varepsilon_{bO}=-\frac{1}{2}BL^2\omega$

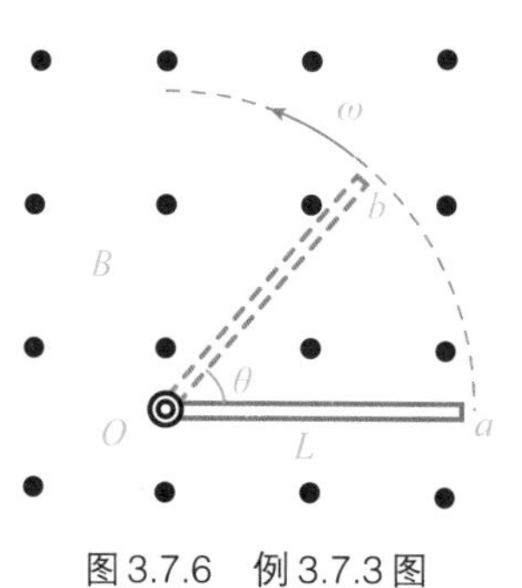

图3.7.6 例3.7.3图

式中，负号表示 O 端电势低于 b 端电势，即棒上动生电动势的方向由 $O\to b$ 。

感生电动势

我们知道：处于静止状态的导体或导体回路，由于内部的磁场变化而产生的感应电动势称为感生电动势。由于产生感生电动势时导体或导体回路不运动，因此，感生电动势的起因不能用洛伦兹力来解释。

为了解释构成感生电动势的非静电力的起源，物理学家麦克斯韦在实验的基础上提出了涡旋电场的假设：变化的磁场总能在其周围空间激发一种电场，它能对处于其中的带电粒子施以力的作用。这种电场称为涡旋电场（或感生电场）。涡旋电场施于导体内电荷的力就是导体中产生感生电动势的非静电力。

若用 $\boldsymbol{E}_K$ 表示涡旋电场，由麦克斯韦假设，沿任意闭合回路的感生电动势为

$$\varepsilon_i=\oint\boldsymbol{E}_K\cdot\mathrm{d}\boldsymbol{l}=-\frac{\mathrm{d}\boldsymbol{\Phi}_m}{\mathrm{d}t}=-\frac{\mathrm{d}}{\mathrm{d}t}\int_S\boldsymbol{B}\cdot\mathrm{d}\boldsymbol{S}=-\int_S\frac{\partial\boldsymbol{B}}{\partial t}\cdot\mathrm{d}\boldsymbol{S} \tag{3.7.5}$$

需要说明的是：

①涡旋电场与静电场的共同点就是对位于场中的电荷有作用力。不同点一是起源不同：**静电场是由静止电荷激发的，而涡旋电场是由变化磁场激发的。**二是性质不同：**静电场的电力线起始于正电荷，终止于负电荷，是有源无旋场（电力线不闭合），从而静电场是保守场。**而**涡旋电场的电力线则是闭合的，是无源有旋场，从而涡旋电场是非保守场。**

②由麦克斯韦涡旋电场假设而得到的感生电动势表达式(3.7.5)，不只对由导体所构成的闭合回路，甚至对真空，全都是适用的。这就是说，只要穿过空间某一闭合回路所围面积的磁通量发生变化，那么此闭合回路上的感生电动势总是等于涡旋电场 $\boldsymbol{E}_K$ 沿该闭合回路的环流。

涡旋电场（感生电场）的存在早已为实验所证实。电磁波的产生和传播，电子感应加速器的成功应用等都是涡旋电场（感生电场）存在的例证。

【例3.7.4】 半径为 R 的长直螺线管的线圈中通有变化的电流，从而在管内产生一个变化的磁场，且 $\frac{\mathrm{d}B}{\mathrm{d}t}>0$（常数），如图3.7.7(a)所示。求螺线管内、外的涡旋电场。

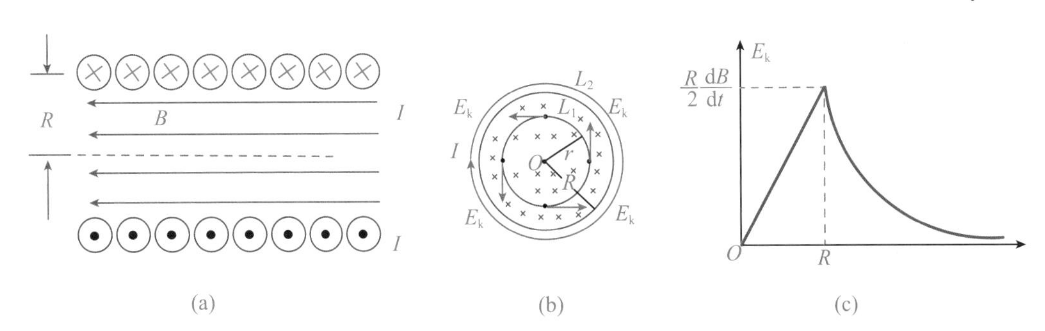

通入变化电流的长直螺线管内外的感生电场分布

(a)$dI/dt\neq0$激发变化的磁场；(b)变化的磁场在螺线管内外激发感生电场；

(c)感生电场E_k随r的变化曲线

图3.7.7 例3.7.4图

解 (1)螺线管内($r<R$)

螺线管的横截面如图3.7.7(b)所示，由于$\frac{dB}{dt}\neq0$，所以管内有涡旋电场。由对称性可知，在截面内半径为r的圆周L_1上各点涡旋电场场强的大小相等，方向与回路相切，对应的电力线为闭合的同心圆。

$$\varepsilon_i=\oint_{L_1}\boldsymbol{E}_K\cdot d\boldsymbol{l}=-\frac{d\Phi_m}{dt},\ 2\pi rE_K=-\pi r^2\frac{dB}{dt},\ E_K=-\frac{r}{2}\frac{dB}{dt}$$

(2)螺线管外($r>R$)

选半径为r的积分回路L_2，由式(3.7.5)可得

$$\varepsilon_i=\oint\boldsymbol{E}_K\cdot d\boldsymbol{l}=-\frac{d\boldsymbol{\Phi}_m}{dt}=-\frac{d}{dt}\int_S\boldsymbol{B}\cdot d\boldsymbol{S}=-\int_S\frac{\partial\boldsymbol{B}}{\partial t}\cdot d\boldsymbol{S}$$

$$2\pi rE_K=-\pi R^2\frac{dB}{dt},\ E_K=-\frac{R^2}{2r}\frac{dB}{dt}$$

根据楞次定律，因为$\frac{dB}{dt}>0$，所以可以判断$\boldsymbol{E}_K$的方向沿逆时针方向。$\boldsymbol{E}_K$与r的关系如图3.7.7(c)所示。

由上述结果可知，尽管磁场集中在螺线管内，但变化的磁场所激发的涡旋电场却扩展到整个空间。

§7-3 自感与互感

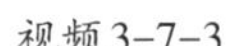

视频3-7-3

自感——磁能存储及转换器

当闭合回路中的电流发生变化时，通过回路自身的磁通量也要发生变化，进而在回路中产生感生电动势。这种现象称为自感现象，这种电动势称为自感电动势。

设某回路由N匝相同的线圈组成，回路所载电流为I。根据毕奥-萨伐尔定律，此电流产生的磁场在空间任一点的磁感应强度与电流成正比。因此，通过此回路的磁通量亦与电流成正比，即

$$\boldsymbol{\Phi}_m=LI,\quad L=\frac{\boldsymbol{\Phi}_m}{I}\tag{3.7.6}$$

式中,比例系数 L 称为自感系数,或简称自感,其数值与回路的大小、几何形状、匝数及磁介质的性质有关,在数值上等于电流为1A 时通过自身回路的磁通量。

利用法拉第电磁感应定律可以求得自感电动势

$$\varepsilon_L=-\frac{\mathrm{d}\boldsymbol{\Phi}_m}{\mathrm{d}t}=-\left(L\frac{\mathrm{d}I}{\mathrm{d}t}+I\frac{\mathrm{d}L}{\mathrm{d}t}\right)$$

如果回路的形状、大小和周围介质的磁导率不变,则 $\frac{\mathrm{d}L}{\mathrm{d}t}=0$,于是,上式又可写为

$$\varepsilon_L=-L\frac{\mathrm{d}I}{\mathrm{d}t} \qquad (3.7.7)$$

式中的负号是楞次定律的数学表示,它表明自感电动势将反抗回路中电流的改变。也就是说,电流增加时,自感电动势与原有电流的方向相反;电流减小时,自感电动势与原有电流的方向相同。可见,要使任何回路中的电流发生变化,都会引起自感电动势阻碍电流的变化,回路的自感系数越大,自感的作用就越强,改变回路中的电流也越困难。自感系数这种具有保持回路中原有电流不变的性质,与力学中的惯性类似,所以又称为“电磁惯量”。自感的单位为亨利,简称为亨 (H) 。常用的自感单位还有 $1\ \mathrm{mH}=10^{-3}\ \mathrm{H}$, $1\ \mu\mathrm{H}=10^{-6}\ \mathrm{H}$ 。

自感系数通常多由实验方法测定,只有某些结构比较简单、对称的物体(线圈)才可由定义式计算出来。

【例3.7.5】 有一长密绕直螺线管,长度为 l ,横截面积为 S ,线圈的总匝数为 N ,管中介质的相对磁导率为 μ 。试求其自感系数。

解 对于长直螺线管,当有电流 I 通过时,可以把管内的磁场近似看作是均匀的,其磁感强度 $\boldsymbol{B}$ 的大小为

$$B=\mu_0\mu nI=\mu_0\mu\frac{N}{l}I$$

$\boldsymbol{B}$ 的方向可看成与螺线管的轴线平行,穿过螺线管的磁通量为

$$\boldsymbol{\Phi}_m=N\mu_0\mu\frac{N}{l}IS=\mu_0\mu\frac{N^2}{l}IS$$

由自感系数的定义式可得

$$L=\frac{\boldsymbol{\Phi}_m}{I}=\mu_0\mu\frac{N^2}{l}S=\mu_0\mu n^2V \qquad (3.7.8)$$

式中, $n=N/l$ 为螺线管单位长度上线圈的匝数, $V=lS$ 为螺线管的体积。

可见,欲获得较大自感的螺线管,通常采用较细导线密绕并充以磁导率较大的磁介质。

在工程技术和日常生活中,自感现象的应用很广泛的。如无线电技术和电工中常用的扼流圈,日光灯上用的镇流器,电子仪器中的滤波装置等就是实例。但是在有些情况下,自感现象也会带来危害,必须采取措施予以防止。例如在大自感和强电流的电路中,接通和断开电路时会产生很大的自感电动势,击穿空气,形成电弧,造成事故,或烧坏设备,或危及工作人员的生命安全。为避免这类事故的发生,电业部门须在输电线路上加装一种特殊的“灭弧”开关——油开关或负荷开关,以避免电弧的产生。

互感——电能转移的手段

根据法拉第电磁感应定律,当一个线圈的电流发生变化时,必定会在邻近的另一线圈中产生感应电动势,反之亦然。这种现象称为互感现象,这种电动势称为互感电动势。

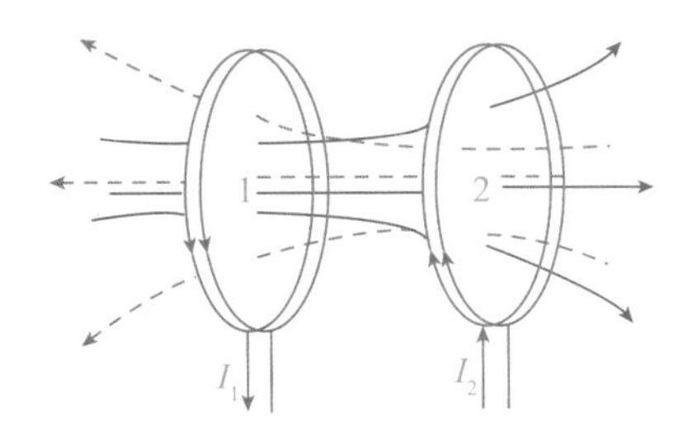

图 3.7.8 互感现象

如图 3.7.8 所示，设有两个相邻近的线圈 1 和 2，分别通有电流为 I_1 和 I_2。当线圈 1 中的电流发生变化时，定会在线圈 2 中产生互感电动势；反之，当线圈 2 中的电流发生变化时，也会在线圈 1 中产生互感电动势。若两个线圈的形状、大小、相对位置及周围介质的磁导率均保持不变，则根据毕奥–萨伐尔定律可知，线圈 1 中的电流 I_1 所产生并通过线圈 2 的磁通量应与 I_1 成正比，即 $\boldsymbol{\Phi}_{21}=M_{21}I_1$。

同理，线圈 2 中的电流 I_2 所产生并通过线圈 1 的磁通量亦应与 I_2 成正比，即 $\boldsymbol{\Phi}_{12}=M_{12}I_2$。

上述两式中的 M_{21}, M_{12} 为两个比例系数。可以证明，$M_{21}=M_{12}$，可统一用 M 表示，称为两线圈的互感系数，简称互感，其数值与两个线圈的形状、大小、相对位置及周围介质的磁导率有关。于是，上述两式又可简化为

$$\boldsymbol{\Phi}_{21}=MI_1,\quad \boldsymbol{\Phi}_{12}=MI_2$$

由此可得

$$M=\frac{\Phi_{21}}{I_1}=\frac{\Phi_{12}}{I_2} \tag{3.7.9}$$

根据法拉第电磁感应定律，当线圈 1 中的电流 I_1 发生变化时，线圈 2 中的互感电动势

$$\varepsilon_{21}=-\frac{\mathrm{d}\boldsymbol{\Phi}_{21}}{\mathrm{d}t}=-M\frac{\mathrm{d}I_1}{\mathrm{d}t} \tag{3.7.10a}$$

同理，线圈 2 中的电流 I_2 发生变化时，线圈 2 中的互感电动势

$$\varepsilon_{12}=-\frac{\mathrm{d}\boldsymbol{\Phi}_{12}}{\mathrm{d}t}=-M\frac{\mathrm{d}I_2}{\mathrm{d}t} \tag{3.7.10b}$$

互感的单位亦为亨利。与自感一样，互感的计算亦较复杂，一般须由实验确定。只是对于某些结构比较简单的物体(线圈)，它们的互感才可用定义式进行计算，其方法与自感的计算相似。

【例 3.7.6】 一无限长直导线中通有电流 $I=I_0\sin\omega t$，有一绝缘的矩形线框与直导线共面，如图 3.7.9 所示。试求：(1)直导线与线框的互感系数；(2)线框的互感电动势。

解 (1)在线框上取一平行于长直导线的细长条面元 $\mathrm{d}S=a\mathrm{d}x$，通过 $\mathrm{d}S$ 的磁通量为

$$\mathrm{d}\boldsymbol{\Phi}_m=\boldsymbol{B}\cdot\mathrm{d}\boldsymbol{S}=\frac{\mu_0 I}{2\pi x}a\mathrm{d}x$$

由于矩形线框在导线左右两侧的磁通量部分抵消，只需计算导线右侧 $\frac{a}{2}$ 到 $\frac{3a}{2}$ 的磁通量，这也就是通过整个矩形线框的总磁通量

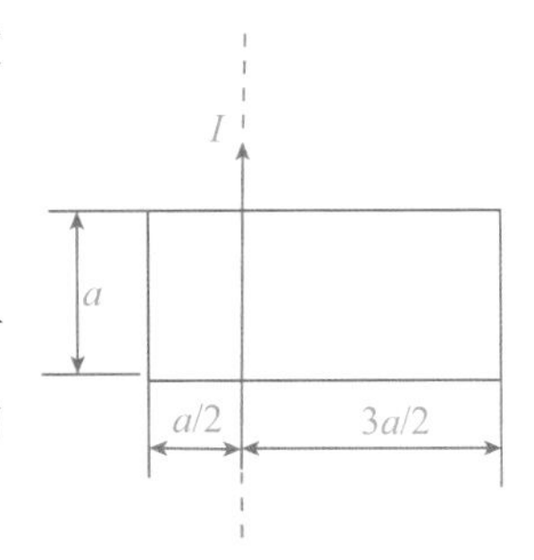

图 3.7.9 例 3.7.6 图

$$\boldsymbol{\Phi}_m=\int_{\frac{a}{2}}^{\frac{3a}{2}}\mathrm{d}\boldsymbol{\Phi}_m=\int_{\frac{a}{2}}^{\frac{3a}{2}}\frac{\mu_0 I}{2\pi x}a\mathrm{d}x=\frac{\mu_0 Ia}{2\pi}\ln 3$$

故互感系数

$$M=\frac{\boldsymbol{\Phi}_m}{I}=\frac{\mu_0 a}{2\pi}\ln 3$$

(2)线框中的互感电动势 $\varepsilon_M=-M\frac{\mathrm{d}I}{\mathrm{d}t}=-\frac{\mu_0 aI_0\omega}{2\pi}\cos\omega t\cdot\ln 3$

利用互感现象可以将电能从一个回路转移到另一个回路，这种能量转移的方法在电工、无线电技术中有广泛的应用。例如，电业部门输变电工程中用的电力（升压、降压）变压器，这在中学物理中已有过介绍。电子仪器设备中用的电源变压器以及用来测量高电压、大电流的互感器等；此外，实验室中用的感应圈、汽油发动机上用的点火器等也都要用到互感规律。但是，在某些情况下，互感也有害处，应尽量避免。例如，电路之间的互感会使电路相互干扰，影响仪器的正常工作。这时，可用磁屏蔽等方法进行屏蔽，以减少相互干扰。

§7-4 磁场的能量

视频 3-7-4

与电场一样，磁场也有能量。下面用一自感线圈通电的例子来说明。

如图 3.7.10 所示，将一自感系数为 L 的长直螺线管与电源相连。当接通电源时，通过线圈的电流突然增加，因而便在线圈中激起自感电动势以反抗电流的增加。故欲使线圈中的电流由零变化到稳定值，电源必须反抗自感电动势做功。设 $\mathrm{d}t$ 时间内通过线圈的电荷为 $\mathrm{d}q$，则电源反抗自感电动势做的元功

$$\mathrm{d}W=-\varepsilon_L\mathrm{d}q=-\varepsilon_L i\mathrm{d}t=Li\mathrm{d}i$$

当电流由零变化到恒定值 I 时，电源反抗自感电动势做的总功

$$W=\int\mathrm{d}W=\int_0^I Li\mathrm{d}i=\frac{1}{2}LI^2$$

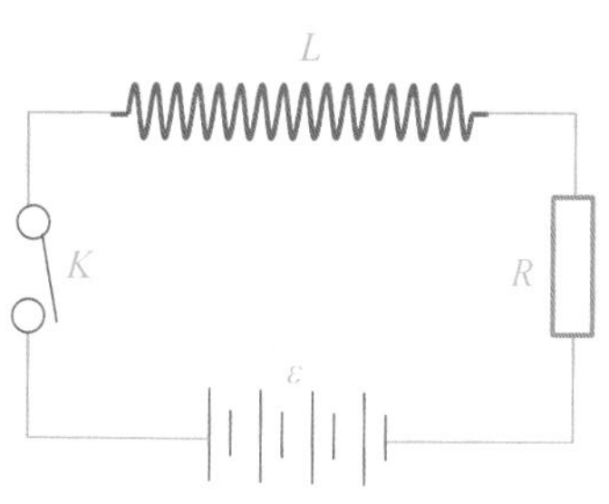

图 3.7.10 LR 电路

由于电源在反抗自感电动势做功的过程中，只是在线圈中逐渐建立起磁场而无其他变化，据功能原理可知，这一部分功必定转化为线圈中磁场的能量（简称磁能），即

$$E_m=E_L=W=\frac{1}{2}LI^2 \tag{3.7.11}$$

前已求出，长直螺线管的自感系数 $L=\mu_0\mu n^2V$，当螺线管内充满相对磁导率为 μ 的均匀介质时，管内的磁场 $B=\mu_0\mu nI$，所以有

$$E_m=\frac{1}{2}LI^2=\frac{1}{2}\mu_0\mu n^2V\left(\frac{B}{\mu_0\mu n}\right)^2=\frac{B^2}{2\mu_0\mu}V \tag{3.7.12}$$

式中，V 为长直螺线管内部空间的体积，亦即磁场存在的空间。由于长直螺线管内的磁场可以认为是均匀分布的，故管内单位体积中的磁能，即磁能密度

$$\omega_m=\frac{W_m}{V}=\frac{B^2}{2\mu_0\mu}$$

注意到 $\boldsymbol{B}=\mu_0\mu\boldsymbol{H}$，则上式又可写为

$$\omega_m=\frac{B^2}{2\mu_0\mu}=\frac{1}{2}\mu_0\mu H^2=\frac{1}{2}\boldsymbol{B}\cdot\boldsymbol{H} \tag{3.7.13}$$

应该指出，式（3.7.13）虽然是从特例中导出的，但它对任何磁场都适用。对于非均匀磁场，可将磁场存在的空间划分成无限多个体积元 $\mathrm{d}V$，使在 $\mathrm{d}V$ 中磁场可视为均匀的。于是，体积元 $\mathrm{d}V$ 内的磁场能量为 $\mathrm{d}E_m=\omega_e\mathrm{d}V=\frac{1}{2}\boldsymbol{B}\cdot\boldsymbol{H}\mathrm{d}V$

存储在有限体积内的磁场能量为

$$E_m=\int_V\omega_e\mathrm{d}V=\int_V\frac{1}{2}\boldsymbol{B}\cdot\boldsymbol{H}\mathrm{d}V \tag{3.7.14}$$

本章小结

1. 法拉第电磁感应定律和楞次定律

   法拉第电磁感应定律：$\varepsilon=-\dfrac{\mathrm{d}\boldsymbol{\Phi}_m}{\mathrm{d}t}$

   楞次定律：感应电流的方向总是使感应电流所产生的穿过导体回路的磁通量，去反抗引起感应电流的磁通量的变化。

2. 根据引起磁通量变化的原因不同，感应电动势可分为

   动生电动势：磁场不变导体在磁场中作切割磁力线运动而产生的感应电动势。

   $$\varepsilon_{ab}=\int_a^b(\boldsymbol{v}\times\boldsymbol{B})\cdot\mathrm{d}\boldsymbol{l}$$

   感生电动势：导体不动，磁场变化引起的感应电动势。

   $$\varepsilon=\oint_L\boldsymbol{E}_K\cdot\mathrm{d}\boldsymbol{l}=-\frac{\mathrm{d}\boldsymbol{\Phi}_m}{\mathrm{d}t}$$，其中 $\boldsymbol{E}_K$ 为涡旋电场强度

   变化的磁场产生感应电场，或称涡旋电场，它是一个非保守力场。

3. 自感与互感是电磁感应的两个特例，在工程上有着广泛的应用。

   自感电动势：$\varepsilon_L=-L\dfrac{\mathrm{d}I}{\mathrm{d}t}$，自感系数：$L=\dfrac{\boldsymbol{\Phi}_m}{I}$

   互感电动势：$\varepsilon_{21}=-M\dfrac{\mathrm{d}I_1}{\mathrm{d}t}$，互感系数：$M=M_{12}=\dfrac{\boldsymbol{\Phi}_{12}}{I_2}=M_{21}=\dfrac{\boldsymbol{\Phi}_{21}}{I_1}$

4. 磁场的能量

   磁场的能量密度：$\omega_m=\dfrac{B^2}{2\mu_0\mu}=\dfrac{1}{2}\mu_0\mu H^2=\dfrac{1}{2}\boldsymbol{B}\cdot\boldsymbol{H}$

   磁场的能量：$E_m=\int_V\omega_e\mathrm{d}V=\int_V\dfrac{1}{2}\boldsymbol{B}\cdot\boldsymbol{H}\mathrm{d}V$

   自感为 L 、通有电流为 I 的磁场能量：$E_m=E_L=\dfrac{1}{2}LI^2$

思考题

1. 法拉第电磁感应定律告诉我们：当通过贿赂的磁通量发生变化时，回路中就要产生感应电动势。试问：有哪些方法能使通过回路的磁通量发生变化？
2. 试分析导致产生动生电动势和感生电动势的异同点。
3. 若一段有限长的导体棒在均匀磁场中做如图所示的运动，试分析它们能否产生感应电动势？若能产生感应电动势，方向如何？

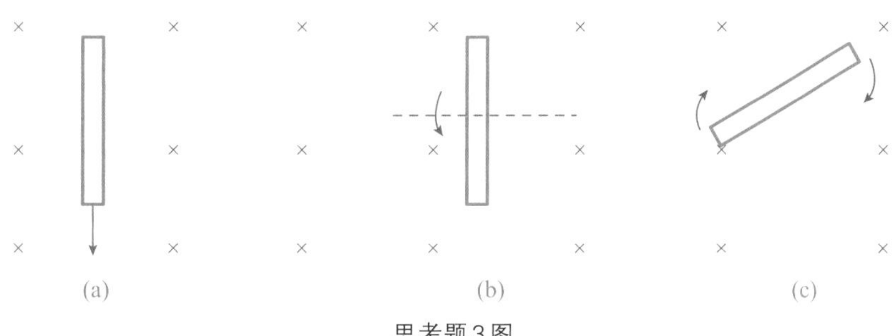

思考题3图

4. 感生电场与静电场有哪些区别?
5. 如图所示,将一块薄铜片放在磁场中。如果我们将该铜片从磁场中拉出或推入,均要受到阻力,试解释这种阻力的来源。
6. 金属探测器的工作原理如图所示。在金属探测器的探头内通入脉冲电流,利用地下金属物品发回的电磁信号,就能发现埋在地下的金属物品,试说明为什么金属物品能发回电磁信号?如果在探头内通入恒定电流,能否探测到地下的金属?

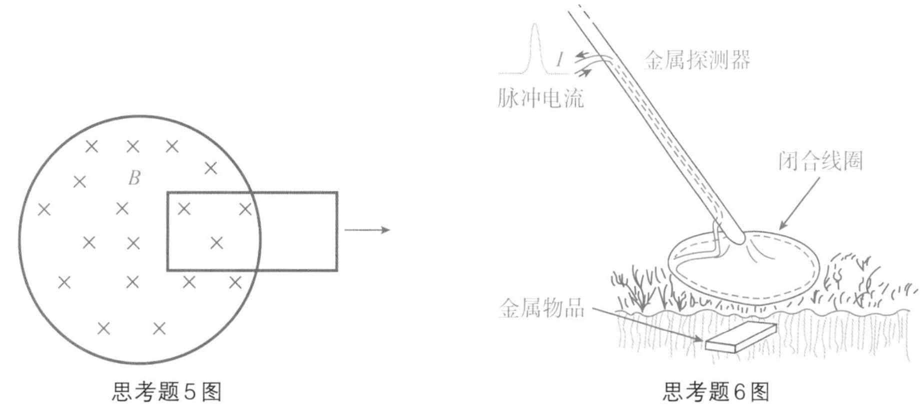

思考题5图　　思考题6图

7. “高频感应炉”常用来熔化金属,它的主要部件是一个铜制线圈,线圈中有一坩埚,坩埚中放有待熔的金属块。当线圈中通以高频电流时,坩埚中的金属被熔化,试分析其工作原理。
8. 用电阻丝绕成的标准电阻要求没有自感,问怎样绕制方能使线圈的自感为零,试说明其理由。
9. 如果你准备绕制一个自感系数较大的线圈,则应从哪些方面去考虑?
10. 两螺线管 A,B,其长度与直径都相同,都只有一层绕阻,相邻各匝紧密相靠,绝缘层厚度可忽略,螺线管 A 由细导线绕成,螺线管 B 则由粗导线绕成。问哪个螺线管的自感系数较大?
11. 如果电路中通有强电流,当突然打开刀闸断电时,就会有一大的电流火花跳过刀闸,这是为什么呢?
12. 有两个半径相接近的线圈,问如何放置方可使其互感最小?如何放置方可使其互感最大?
13. 一般的交流收音机都有一个输入电源变压器和输出变压器,为了减小它们之间的相互干扰,这两个变压器的位置应如何放置?为什么?
14. 变压器的铁芯总是用片状的铁片排列而成,而且每个铁片涂上绝缘漆相互隔开,说明这样做的理由。

习 题

1. 有一匝数 $N=200$ 匝的线圈,今通过每匝线圈的磁通量 $\boldsymbol{\Phi}_B=5\times10^{-4}\sin 10\pi t(\mathrm{Wb})$,求:(1)在任一时刻线圈内的感应电动势;(2)在 $t=10\,\mathrm{s}$ 时,线圈内的感应电动势。

2. 如图所示,圆形回路放在一均匀磁场中,磁场方向垂直于线圈平面向外。设通过该回路的磁通量对时间的函数关系为:$\boldsymbol{\Phi}_m=6t^2+7t+1(\mathrm{SI})$,则当 $t=2\,\mathrm{s}$ 时,求:(1)回路中感应电动势的大小;(2)试说明回路中电流的方向。

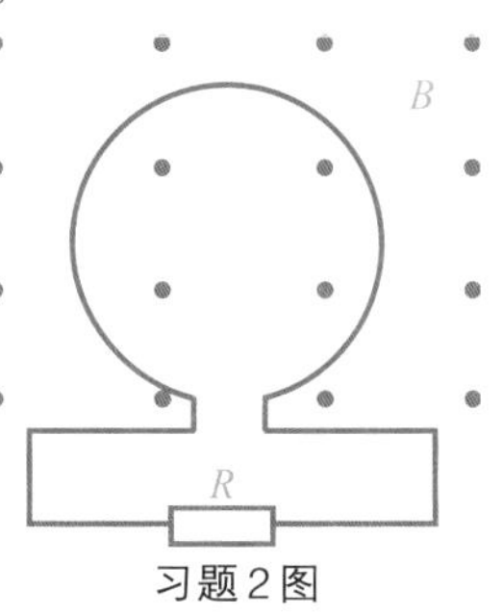

习题2图

3. 如图所示,一导体回路由半径 $r=0.20\,\mathrm{m}$ 的半圆和三段直导线组成,半圆处于一方向垂直纸面向外的匀强磁场 $\boldsymbol{B}$ 中,磁感应强度随时间的变化关系为 $B=4.0\,t^2+2.0\,t+3.0(\mathrm{SI})$。回路中理想电源的电动势 $\varepsilon_{bat}=2.0\,\mathrm{V}$,回路等效电阻 $R=2.0\,\Omega$,求:(1)$t=10\,\mathrm{s}$ 时回路中感应电动势的大小和方向;(2)$t=10\,\mathrm{s}$ 时回路中感应电流的大小。

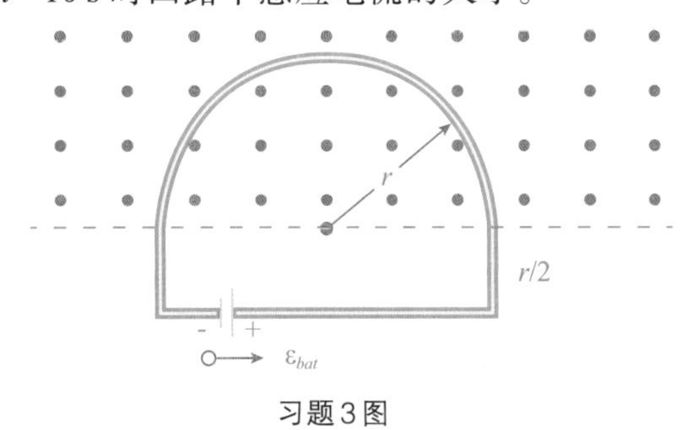

习题3图

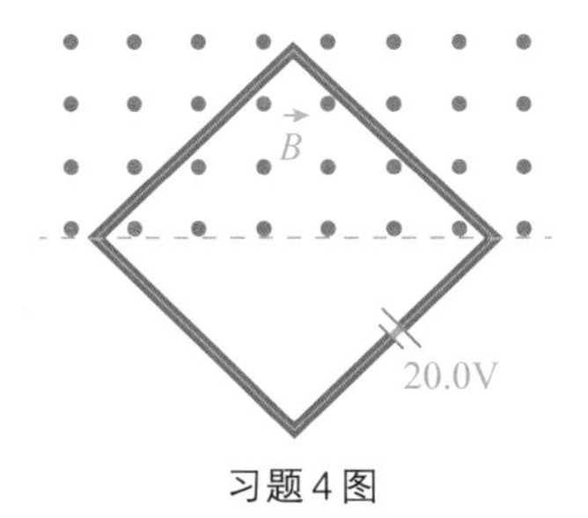

习题4图

4. 如图所示,一边长为 2.00 m 的正方形导线回路垂直于均匀磁场 $\boldsymbol{B}$ 放置,回路的一半面积在磁场中。回路中连有一 20.0 V、内阻可忽略的电池。如果磁场的大小随时间按 $B=0.0420-0.870t$ 变化,B 的单位为特斯拉,t 的单位为秒,求:(1)回路中总的电动势大小;(2)回路中电流的方向。

5. 如图所示,将一边长 $l=0.2\,\mathrm{m}$ 的正方形导电回路,置于方向垂直纸面向里的均匀磁场 $\boldsymbol{B}$ 中,磁感应强度以 $B=3+0.1\,t(\mathrm{T})$ 的规律变化着,求回路中感生电动势的大小及方向。

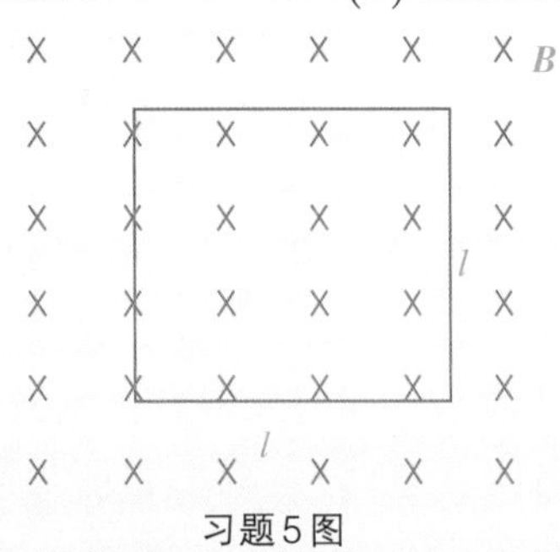

习题5图

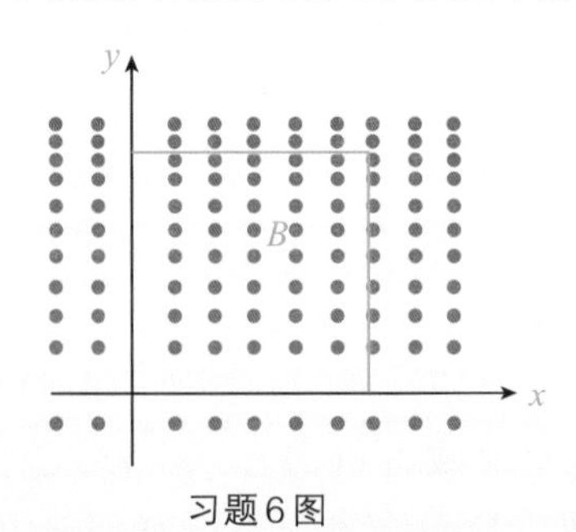

习题6图

6. 如图所示,一非均匀磁场方向垂直纸面向外,磁感应强度的变化规律为 $B=4t^2x(\mathrm{SI})$。若在磁场中放置一边长为 $2\times10^{-3}\,\mathrm{m}$ 的正方形线框,试求当 $t=0.25\,\mathrm{s}$ 时,线框中感应电动势的大小和方向。

7. 如图所示,在均匀磁场 $\boldsymbol{B}$ 中放置一长方形导体回路 $Ocab$,其中,边长为 l 的 ab 段可沿 Ox 轴

方向以匀速 $\boldsymbol{v}$ 向右滑动，设 $t=0$ 时，$x=0$，若磁场 $\boldsymbol{B}$ 的方向垂直于回路平面，磁感应强度的大小 B 随时间 t 的变化规律为 $B=kt$（比例系数 $k>0$），求回路中任意时刻的感应电动势。

8. 如图所示，一高为 $H=2.0\ \text{m}$、宽为 $W=3.0\ \text{m}$ 的长方形导体回路处于方向垂直纸面向里的变化磁场中，磁感应强度为 $B=4t^2x^2$，B 以特斯拉计，t 以秒计，x 以米计。求 $t=0.10\ \text{s}$ 时回路中感应电动势的大小和方向。

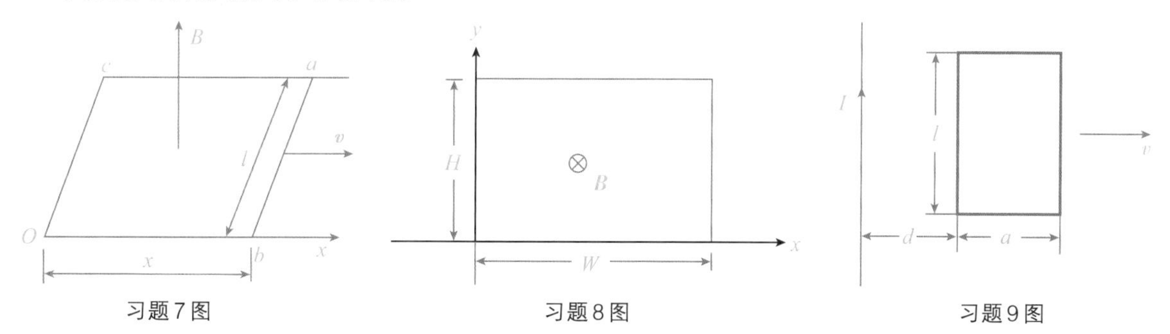

习题7图 习题8图 习题9图

9. 一长直载流导线，载有电流 $I=5.00\ \text{A}$，另一矩形线圈（$a=10.0\ \text{cm}$，$l=20.0\ \text{cm}$，共1000匝）与导线在同一平面，并以 $v=2.00\ \text{m/s}$ 的速度向右平动，求当 $d=10.0\ \text{cm}$ 时线圈中的感应电动势。

10. 上题中若线圈不动，而长直导线通有电流 $I=10.0\sin 100\pi t$，求线圈中的感应电动势。

11. 如图所示，金属杆 AB 以匀度 $v=2.0\ \text{m/s}$ 平行于一长直导线运动，此导线载有电流 $I=4.0\ \text{A}$，试求此金属杆中的感应电动势，A、B 哪一端电势较高？

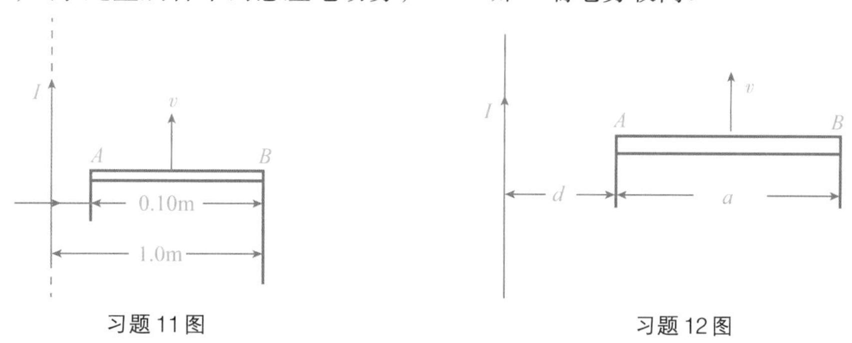

习题11图 习题12图

12. 如图所示，金属杆 AB，以速度 $v=10.0\ \text{m/s}$，平行一长直载流导线向上匀速运动，已知导线载有电流 $I=5.00\ \text{A}$，$d=10.0\ \text{cm}$，$a=20.0\ \text{cm}$。试求此金属杆中的感应电动势，杆的 A，B 哪端的电势高？

13. 某型号大型喷气式飞机两机翼长 70 m，以 1000km/h 速度水平飞行，设飞机所处地磁场的竖直分量为 $5.0\times10^{-5}\ \text{T}$，试求两翼尖之间的感应电动势。

14. 为了探测海洋中水的运动，海洋学家有时依靠水流通过地磁场所产生的动生电动势。假设在某处地磁场的竖直分量为 $0.70\times10^{-4}\ \text{T}$，两个电极垂直插入被测的相距 200 m 的水流中，如果与两极相连的灵敏伏特计指示 $7.0\times10^{-3}\ \text{V}$ 的电势差，求水流速率多大。

15. 如图所示，在 $B=1.0\times10^{-2}\ \text{T}$ 的匀强磁场中，有 $L=0.5\ \text{m}$ 的导体棒 OA，绕其一个端点 O 在水平面内逆时针转动，转速为每秒钟 50 转，磁场方向垂直纸面向外，求导体棒中的感应电动势大小及方向。

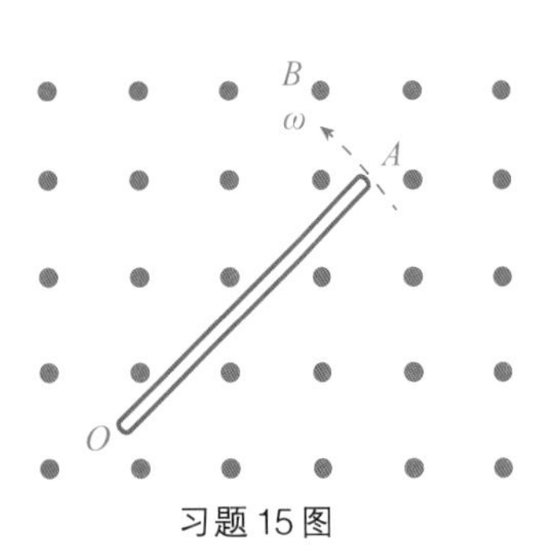

习题15图

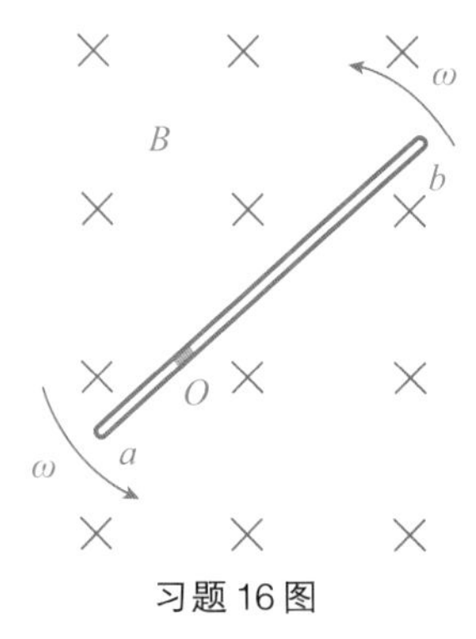

习题16图

16. 如图所示，棒 ab 长为 l，在磁感应强度为 $\boldsymbol{B}$ 的均匀磁场中绕过 O 点的轴以角速度 ω 逆时针转动。设 O 轴与磁场平行，且 $\overline{Ob}=2\overline{Oa}$，求 ab 上的感应电动势的大小，并指出 a，O，b 三点中哪一点的电势最高。

17. 法拉第圆盘发电机是一个在磁场中转动的导体圆盘。设圆盘的半径为 R，它的轴线与均匀外磁场 $\boldsymbol{B}$ 平行，它以角速度 ω 绕轴线转动，如图所示。(1)求盘边与盘心间的电位差 U；(2)当 $R=15\ \text{cm}$，$B=0.60\ \text{T}$，转速为每秒 30 圈时，U 等于多少？ (3)盘边与盘心哪处电位高？ 当盘反转时，它们电位的高低是否也会反过来？

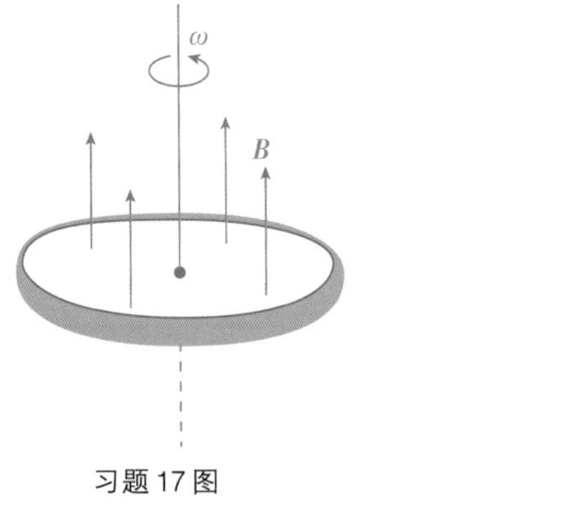

习题17图

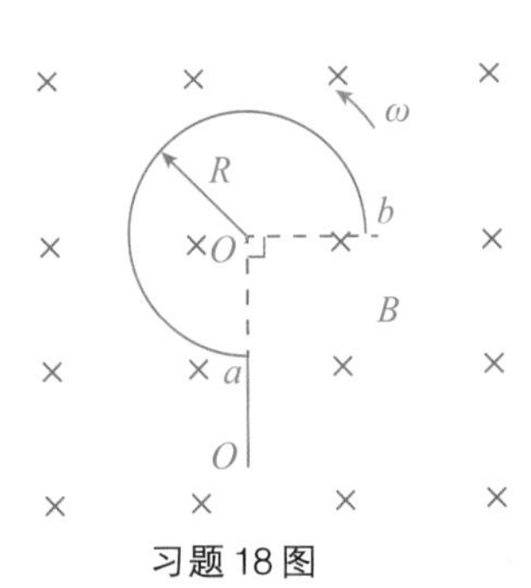

习题18图

18. 一导线被弯成如图所示的形状，放在均匀磁场 $\boldsymbol{B}$ 中，ab 为半径为 R 的 3/4 圆弧，$\overline{Oa}=R$，若此导线以角速度 ω 绕通过 O 点并与磁场平行的轴逆时针匀速转动，求导线中的动生电动势大小和方向？

19. 一半径 $R=10\ \text{cm}$ 的圆柱形空间的横截面如图所示。圆柱形内充满了磁感强度为 $\boldsymbol{B}$ 的均匀磁场，其大小按 $\dfrac{\mathrm{d}B}{\mathrm{d}t}=0.1(\text{T/s})$ 的规律变化。求 a，b 两点的感生电场(已知 $r_a=5\ \text{cm}$，$r_b=15\ \text{cm}$)。

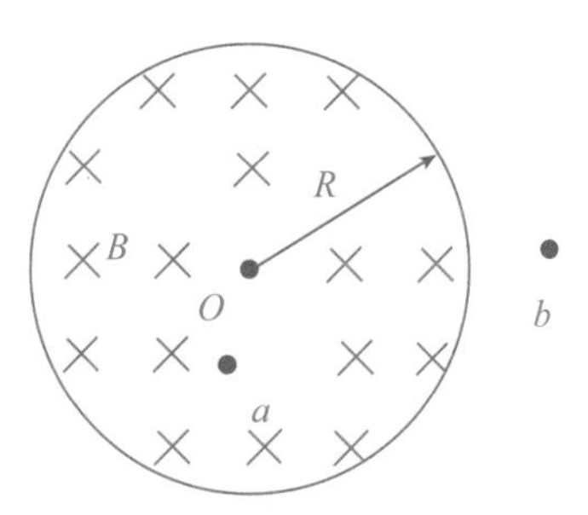

习题19图

20. 长 30.0 cm，半径为 2.0 cm 的螺线管，上面均匀密绕 1200 匝线圈，螺线管内为空气。(1)求这螺线管中自感多大？(2)如果在螺线管中电流以 $3.0\times10^2\ \text{A/s}$ 的速率改变，在线圈中产生的自感电动势多大？

21. 金属丝绕成如图所示的环形螺线管，匝数 $n=5000$匝/m，截面 $2\times10^{-3}\ \text{m}^2$。在环上再绕一个线圈 A，匝数 $N=5$，电阻 $R=2.0\ \Omega$。调节可变电阻使环形螺线管中的电流强度 I 每秒降 20 A，求线圈 A 中产生的感应电动势及感应电流。

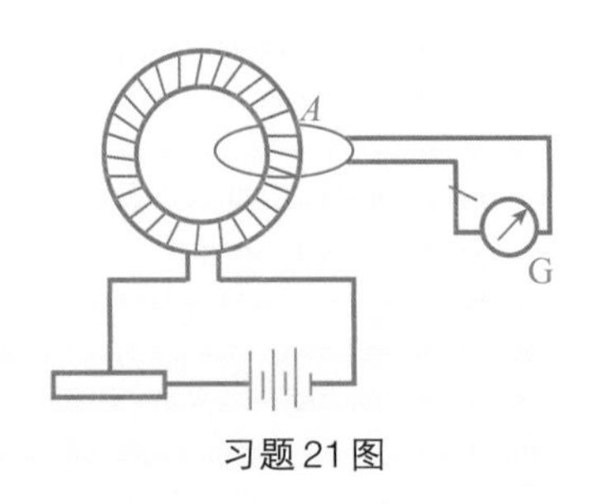

习题21图

22. 一纸筒长为10 cm，半径为2 cm。问：(1)应绕多少匝线圈才能使所构成的螺线管的自感为2 mH？(2)若线圈通以变化率为20 A/s的电流，则线圈的自感电动势为多少？

23. 一薄壁纸筒，长为$l=30$ cm、截面半径为$R=1.5$ cm，筒上绕有$N=500$匝线圈，线圈内通有电流$I=0.3$ A，纸筒内由相对磁导率$\mu=500$的铁芯充满，求纸筒内部磁感应强度大小及线圈的自感系数。（真空中磁导率$\mu_0=4\pi\times10^{-7}$ H/m）

24. 如图所示，真空中有一无限长直导线，与一边长分别为b和l的矩形线圈在同一平面内，矩形线圈的一条边与长直导线的距离为a，求它们的互感系数。

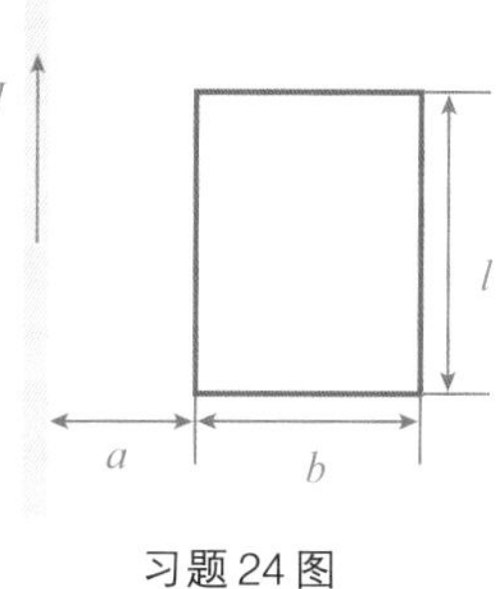

习题24图

25. 两个螺线管是汽车火花线圈的部件。当一个螺线管中的电流在2.5 ms内由6.0 A下降到零时，在另一个螺线管中感应出30 kV的互感电动势，求这两个螺线管的互感系数。

26. 利用高磁导率的铁氧体材料（相对磁导率$\mu=400$），可在实验室中产生$B=0.5$ T的强磁场，试求：(1)该磁场的能量密度ω_m；(2)若要产生能量密度等于该值的电场，则电场强度E应为多大？这在实验上容易做到吗？

27. 一长直的铜导线截面半径为5.5 mm，通有电流20 A。求导线外贴近表面处的电场能量密度和磁场能量密度各是多少？铜的电阻率为$1.69\times10^{-8}\ \Omega\cdot\text{m}$。

第8章　电磁场与电磁波

§8-1 麦克斯韦电磁场理论

视频3-8-1

自从1820年奥斯特发现电现象与磁现象之间的联系以后，由于安培、法拉第、亨利等人的工作，电磁学的理论有了很大发展。到了19世纪50年代，电磁技术也有了明显的进步，各种各样的电流计、电压计制造出来了，发电机、电动机和弧光灯已从实验室步入生活和生产领域，有线电报也从实验室的研究走向社会。这时，在电磁学范围已建立了许多定律、定理和公式，然而，人们迫切地企盼能像经典力学归纳出牛顿运动定律和万有引力定律那样，也能对众多的电磁学定律进行归纳总结，找出电磁学的基本方程。

正是在这种情况下，麦克斯韦总结了从库仑到安培、法拉第以来电磁学的全部成就，并发展了法拉第的场的思想，针对变化磁场能激发电场以及变化电场能激发磁场的现象，提出了涡旋电场和位移电流的概念，从而于1864年底归纳出电磁场的基本方程，即麦克斯韦方程组。在此基础上，麦克斯韦还预言了电磁波的存在，并指出电磁波在真空中的传播速度为$c=1/\sqrt{\varepsilon_0\mu_0}$，其中$\varepsilon_0$和$\mu_0$分别是真空电容率和真空磁导率。将$\varepsilon_0$和$\mu_0$的值代入，可得电磁波在真空中的传播速度为$3\times10^8\,\mathrm{m/s}$，这个值与光速是相同的。过后不久，赫兹就从实验中证实了麦克斯韦关于电磁波的预言，赫兹的实验给予麦克斯韦电磁理论以决定性支持。

位移电流　全电流安培环路定理

前面我们曾讨论过稳恒磁场（由恒定电流产生的磁场）的安培环路定理：磁场强度$\boldsymbol{H}$沿任意闭合回路的环流等于此回路所包围（亦即穿过以此回路为周界的面积）的传导电流的代数和，即

$$\oint_L \boldsymbol{H}\cdot\mathrm{d}\boldsymbol{l}=\sum I_i \tag{3.8.1}$$

如果磁场是非稳恒磁场（即由变化电流产生）的，则其情况又将如何呢，这个定理是否还能适用呢？为简便起见，我们以电容器放电过程作为典型例子进行讨论。

如图3.8.1(a)所示，电容器在放电过程中，电路导线中的电流随时间变化，是非恒定电流。如图3.8.1(b)所示，若在极板A的附近取一个闭合回路L，则以此回路L为边界可做两个曲面S_1和S_2。其中S_1与导线相交，S_2在两极板之间，不与导线相交；S_1和S_2共同构成一个闭合曲面。

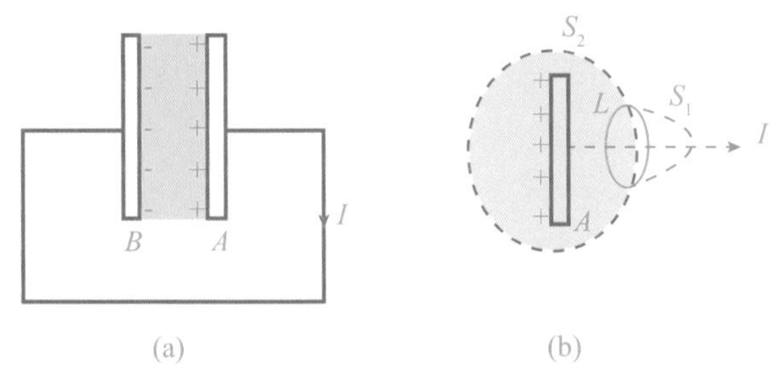

图3.8.1　平行板电容器放电过程

设放电过程中的某一时刻，导线中的传导电流为 I_c 。对曲面 S_1 应用安培环路定理得

$$\oint_L \boldsymbol{H}\cdot \mathrm{d}\boldsymbol{l}=I_c \tag{3.8.2}$$

对曲面 S_2 应用安培环路定理，并注意到传导电流不能通过电容器两极板间的空间，则

$$\oint_L \boldsymbol{H}\cdot \mathrm{d}\boldsymbol{l}=0 \tag{3.8.3}$$

这就突出表明，在非恒定电流的磁场中，磁场强度沿同一闭合回路 L 的环流有两种相互矛盾的结果。这说明，稳恒磁场的安培环路定理对非恒定电流产生的变化磁场是不适用的，必须加以修正。

麦克斯韦注意到，上述矛盾的出现是由于在电容器充放电过程中，穿过 S_1 的传导电流并没有穿过 S_2 ，电容器两极板间不存在电荷的定向运动，即就整个电路而言，传导电流是不连续的。

如图3.8.2所示，设某一时刻电容器的板 A 上有电荷 $+q$ ，其电荷面密度为 $+\sigma$ ；板 B 上有电荷 $-q$ ，其电荷面密度为 $-\sigma$ 。当电容器放电时，设正电荷由板 A 沿导线向板 B 流动，则在 $\mathrm{d}t$ 时间内通过电路中任一截面的电荷为 $\mathrm{d}q$ ，而这个 $\mathrm{d}q$ 也就是电容器极板上失去（或获得）的电荷。

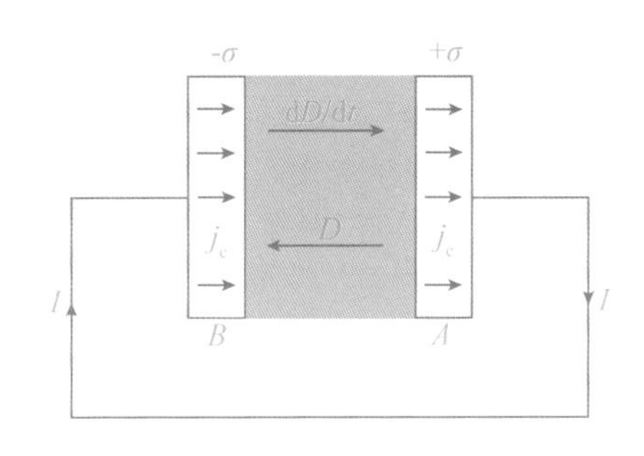

图3.8.2 传导电流与位移电流

若板的面积为 S ，则极板内的传导电流为

$$I_c=\frac{\mathrm{d}q}{\mathrm{d}t}=\frac{\mathrm{d}(\sigma S)}{\mathrm{d}t}=S\frac{\mathrm{d}\sigma}{\mathrm{d}t} \tag{3.8.4}$$

传导电流密度为

$$j_c=\frac{\mathrm{d}\sigma}{\mathrm{d}t} \tag{3.8.5}$$

但是，在电容器的放电过程中，板上的电荷面密度 σ 随时间变化，同时两板间电场中电位移矢量的大小 $D=\sigma$ 和电位移通量 $\boldsymbol{\Phi}_D=\boldsymbol{D}\cdot\boldsymbol{S}=\sigma S$ 也随时间而变化。它们随时间的变化率分别为：

$$\frac{\mathrm{d}\boldsymbol{\Phi}_D}{\mathrm{d}t}=S\frac{\mathrm{d}\sigma}{\mathrm{d}t},\quad \frac{\mathrm{d}D}{\mathrm{d}t}=\frac{\mathrm{d}\sigma}{\mathrm{d}t} \tag{3.8.6}$$

麦克斯韦假设电容器两个极板间存在着一种类似于“电流”的物理量，这个物理量定义为位移电流。麦克斯韦将通过电场中某截面的电位移通量的时间变化率 $\frac{\mathrm{d}\boldsymbol{\Phi}_D}{\mathrm{d}t}$ 定义为通过该面的位移电流。即

$$I_d=\frac{\mathrm{d}\boldsymbol{\Phi}_D}{\mathrm{d}t}=\frac{\mathrm{d}}{\mathrm{d}t}\int_S \boldsymbol{D}\cdot\mathrm{d}\boldsymbol{S},\qquad \boldsymbol{j}_d=\frac{\partial \boldsymbol{D}}{\partial t} \tag{3.8.7}$$

就一般性质来说，麦克斯韦认为电路中可同时存在传导电流 I_c 和位移电流 I_d ，那么，它们之和为：$I=I_c+I_d$ ，叫做全电流，这样就推广了电流的概念。在电容器充放电过程中，在电容器极板表面中断了的传导电流 I_c ，可以由位移电流 I_d 继续下去，整个电流将是连续的。

于是，在一般情况下，安培环路定理可修正为

麦克斯韦(James Clerk Maxwell, 1831–1879)是英国杰出的数学物理学家,经典电磁场理论奠基人,气体动理论创始人之一。他提出了涡旋电场和位移电流的概念,建立了经典电磁理论,这个理论包括电磁现象的所有基本定律,并预言了以光速传播的电磁波的存在。1873年,麦克斯韦系统地总结了他对电磁现象的研究成果,撰写了一部电磁学专著《电磁学通论》。这本书凝聚着富兰克林、库仑、奥斯特、安培、法拉第……的心血,是一部集电磁理论之大成的重要经典著作,被后人评价为足与牛顿的《自然哲学的数学原理》相媲美。麦克斯韦也被誉为自牛顿到爱因斯坦之间的历史时期中世界上最伟大的数学物理学家。在气体动理论方面,他还提出了气体分子按速率分布的统计规律。

$$\oint_L \boldsymbol{H}\cdot \mathrm{d}\boldsymbol{l} = I_c + I_d = \int_S \left(\boldsymbol{j} + \frac{\partial \boldsymbol{D}}{\partial t}\right)\cdot \mathrm{d}\boldsymbol{S} \tag{3.8.8}$$

这就表明,磁场强度 $\boldsymbol{H}$ 沿任意闭合回路的环流等于穿过此回路所围曲面的全电流,这就是全电流安培环路定理。

麦克斯韦方程组的积分形式

在研究电现象和磁现象的过程中,我们曾分别得出静止电荷激发的静电场和恒定电流激发的稳恒磁场的一些基本方程,即

静电场高斯定理:

$$\oint_S \boldsymbol{D}\cdot \mathrm{d}\boldsymbol{S} = \sum_{(S内)} q_i = \int_V \rho \mathrm{d}V \tag{3.8.9}$$

静电场环路定理:

$$\oint_L \boldsymbol{E}\cdot \mathrm{d}\boldsymbol{l} = 0 \tag{3.8.10}$$

磁场高斯定理:

$$\oint_S \boldsymbol{B}\cdot \mathrm{d}\boldsymbol{S} = 0 \tag{3.8.11}$$

安培环路定理:

$$\oint_L \boldsymbol{H}\cdot \mathrm{d}\boldsymbol{l} = \sum I_c = \int_S \boldsymbol{j}\cdot \mathrm{d}\boldsymbol{S} \tag{3.8.12}$$

麦克斯韦在引入涡旋电场和位移电流两个重要概念后,将静电场的环路定理修改为

$$\oint_L \boldsymbol{E}\cdot \mathrm{d}\boldsymbol{l} = -\frac{\mathrm{d}\boldsymbol{\Phi}_m}{\mathrm{d}t} = -\int_S \frac{\partial \boldsymbol{B}}{\partial t}\cdot \mathrm{d}\boldsymbol{S} \tag{3.8.13}$$

将安培环路定理修改为

$$\oint_L \boldsymbol{H}\cdot \mathrm{d}\boldsymbol{l} = \sum I_c + I_d = \int_S \left(\boldsymbol{j} + \frac{\partial \boldsymbol{D}}{\partial t}\right)\cdot \mathrm{d}\boldsymbol{S} \tag{3.8.14}$$

使它们能适用于一般的电磁场。麦克斯韦还认为静电场的高斯定理和磁场的高斯定理不仅适用于静电场和恒定电流的磁场,也适用于一般电磁场。于是,得到电磁场的四个基本方程,

$$\oint_S \boldsymbol{D}\cdot \mathrm{d}\boldsymbol{S} = \sum_{(S内)} q_i = \int_V \rho \mathrm{d}V \tag{3.8.15}$$

$$\oint_L \boldsymbol{E}\cdot \mathrm{d}\boldsymbol{l} = -\frac{\mathrm{d}\Phi_m}{\mathrm{d}t} = -\int_S \frac{\partial \boldsymbol{B}}{\partial t}\cdot \mathrm{d}\boldsymbol{S} \tag{3.8.16}$$

$$\oint_S \boldsymbol{B}\cdot \mathrm{d}\boldsymbol{S} = 0 \tag{3.8.17}$$

$$\oint_L \boldsymbol{H}\cdot \mathrm{d}\boldsymbol{l} = \sum I_c + I_d = \int_S \left(\boldsymbol{j} + \frac{\partial \boldsymbol{D}}{\partial t}\right)\cdot \mathrm{d}\boldsymbol{S} \tag{3.8.18}$$

这四个方程就是麦克斯韦方程组的积分形式。

麦克斯韦方程组的形式既简洁又优美，全面地反映了电场和磁场的基本性质，并把电磁场作为一个整体，用统一的观点阐明了电场和磁场之间的联系。因此，麦克斯韦方程组是对电磁场基本规律所做的一个总结性、统一性的简明而完美的描述。麦克斯韦电磁理论的建立是19世纪物理学发展史上又一个重要的里程碑。正如爱因斯坦所说："这是自牛顿以来物理学所经历的最深刻和最有成果的一项真正观念上的变革"。所以人们常称麦克斯韦是电磁学上的牛顿。

§8-2 电磁波

视频 3-8-2

由麦克斯韦电磁场理论可知，若在空间某区域有变化的电场，则在其邻近区域必定会激发起变化的磁场，尔后又会在较远的区域激发起变化的电场。变化的电场与变化的磁场相互激发，交替产生并以一定的速度由近及远地向四周传播，形成电磁波。

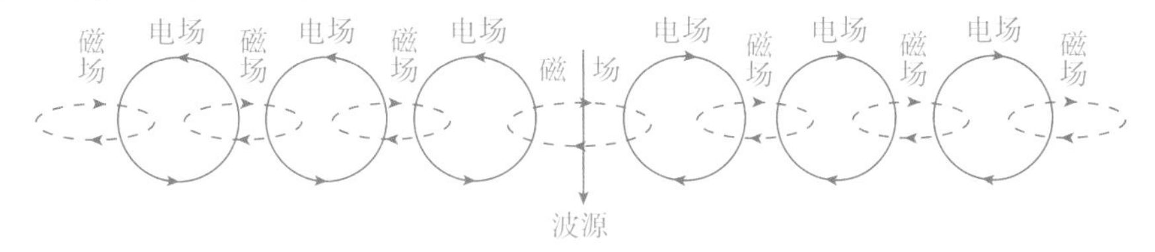

图 3.8.3 变化的电场和变化的磁场传播

电磁波的产生与发射

产生电磁振荡是实现电磁波辐射的基础，而 LC 振荡电路则是产生电磁振荡的振源，它由一个电容器和一个自感线圈串联而成，在电路中，电容器 C 是储存电场能量的元件，自感线圈 L 是储存磁场能量的元件。首先给电容器充电，将电能储存在电容器极板间的电场中，然后再将其与无电阻的自感线圈串联。图 3.8.4 反映了电磁振荡过程中，电场能量和磁场能量在电容器和自感线圈中相互转移、交换和能量守恒的过程。

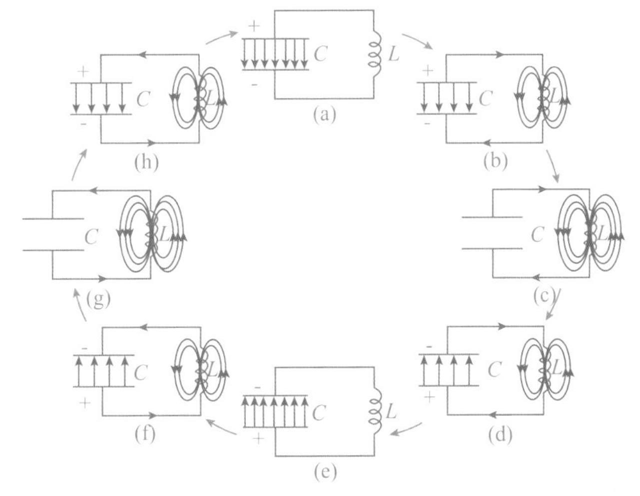

图 3.8.4 LC 振荡回路中电场能量和磁场能量的相互转化和守恒

要将 LC 振荡电路中的电磁能发射出去，必须具备以下条件：(1) 频率必须足够高；(2) 电路必须开放。

赫兹(H. R. Hertz, 1857—1894),德国物理学家。19岁入德累斯顿工学院,次年转入柏林大学,在物理学教授亥姆霍兹指导下学习。1889年,接替克劳修斯担任波恩大学物理学教授,直到逝世。赫兹对人类最伟大的贡献是用实验证实了电磁波的存在(1888年),以及发现了光电效应(1887年)。

赫兹的电磁波实验,不仅证实了麦克斯韦发现的真理,更重要的是开创了无线电技术的新纪元。正当人们对他寄以更大期望时,他却于1894年元旦因血中毒逝世,年仅36岁。为了纪念他的功绩,人们用他的名字来命名各种波动频率的单位,简称"赫"。

对于 LC 振荡电路,其固有频率

$$f=\frac{1}{2\pi\sqrt{LC}} \tag{3.8.19}$$

为提高频率 f 必须减小电路中 C($C=\dfrac{\varepsilon_0\varepsilon S}{d}$)和 L($L=\mu_0\mu n^2V=\mu_0\mu\dfrac{N^2}{l}S$)的数值。改造的趋势是使电容器极板面积减小,间距拉大,自感线圈的匝数减少,见图3.8.5。为了使电路开放,把电磁能发射出去,最后振荡电路就演化为一条直线——振荡电偶极子。

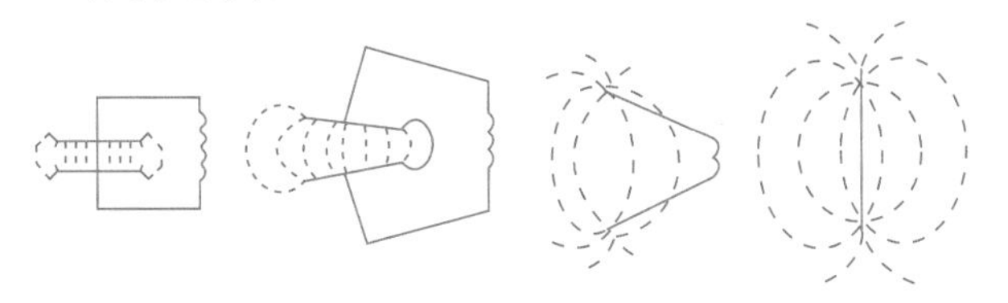

图3.8.5 把 LC 振荡电路改造成振荡电偶极子

电磁波的性质

在自由空间传播的电磁波具有以下基本性质:

(1)电磁波是横波。电磁波中电矢量 $\boldsymbol{E}$ 和磁矢量 $\boldsymbol{H}$ 相互垂直,且均与传播方向垂直,这说明电磁波是横波。

(2)偏振性。$\boldsymbol{E}$ 和 $\boldsymbol{H}$ 分别在各自的平面内振动,这种性质称为偏振。

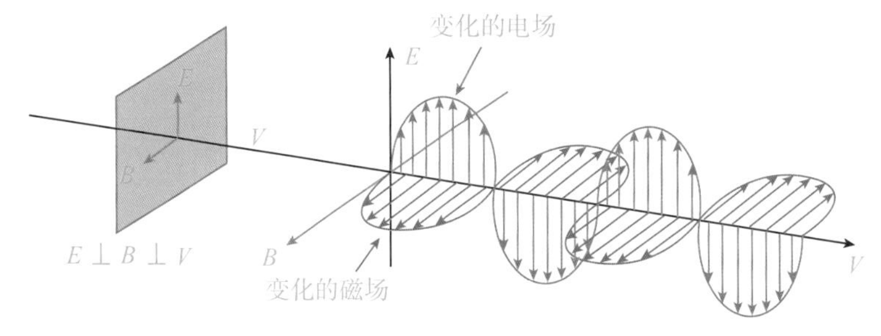

图3.8.6 平面电磁波

(3)$\boldsymbol{E}$ 和 $\boldsymbol{H}$ 同相位。$\boldsymbol{E}$ 和 $\boldsymbol{H}$ 同相位地变化,同时达到最大,同时减到最小。

$$\frac{E}{H}=\frac{E_0}{H_0}=\sqrt{\frac{\mu_0}{\varepsilon_0}} \tag{3.8.20}$$

(4)电磁波的传播速度为

$$v=\frac{1}{\sqrt{\varepsilon_0\mu_0}}=\frac{1}{\sqrt{\varepsilon\varepsilon\mu_0\mu}} \tag{3.8.21}$$

在真空中,$\varepsilon=1$,$\mu=1$,电磁波的传播速度为

$$c=\frac{1}{\sqrt{\varepsilon_0\mu_0}}=\frac{1}{\sqrt{8.85\times10^{-12}\times4\pi\times10^{-7}}}\approx3\times10^{8}(\mathrm{m/s}) \tag{3.8.22}$$

电磁波谱

实验证明，电磁波的范围很广，从无线电波、红外线、可见光、紫外线到 x 射线、γ 射线。虽然它们的频率（或波长）不同，而且有不同的特性，但它们的本质完全相同，其在真空中的传播速度都是 c 。为了对电磁波有全面的了解和便于比较，我们可以按频率或波长的顺序把这些电磁波排列成图表，称为电磁波谱，如图 3.8.7 所示。

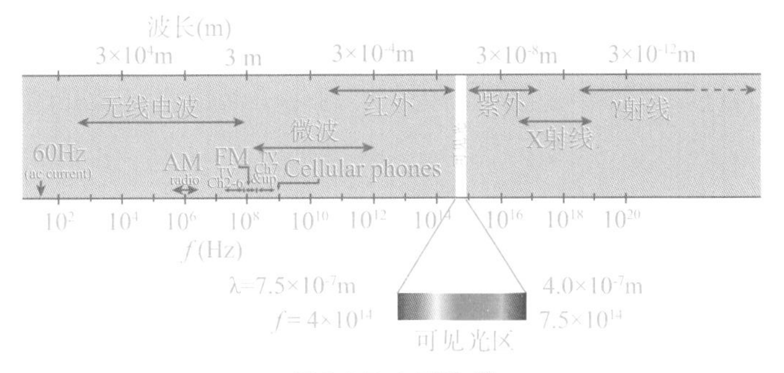

图 3.8.7 电磁波谱

下面对各种波长的电磁波分别做简单介绍：

（1）无线电波：

由电磁振荡电路通过天线发射，波长从几千米到几毫米，各种无线电波的范围和用途见表 3.8.1 所示。

表 3.8.1 各种无线电波的范围和用途

名称	长波	中波	中短波	短波	米波	微波		
						分米波	厘米波	毫米波
波长	30000~3000m	3000~200 m	200~50 m	50~10 m	10~1 m	1 m~10 cm	10 ~1 cm	1 cm~1 mm
频率	10~100 kHz	100~1500 kHz	1.5~6 MHz	6~30 MHz	30~300 MHz	300~3000MHz	3000~30000MHz	30000~300000MHz
主要用途	长距离通信和导航	无线电广播	电报通信、无线电广播	无线电广播、电报通信	调频无线电广播、电视广播、无线电导航	电视、雷达、无线电导航及其专门用途		

（2）红外线：

波长在 0.76~600 μm 之间，它是由炽热的物体、气体放电或其他光源激发分子或原子等微观客体所产生的电磁辐射。红外线具有显著的热效应，能透过浓雾或较厚的气层，而不易被吸收。因此在工业、医疗、资源勘探、气象监测以及军事等许多领域有着广泛的应用。

（3）可见光：

波长在 0.4~0.7 μm 之间，其产生方式与红外线相同。在电磁波谱中，只有这部分能使人的眼睛产生感光作用，所以又叫光波。不同颜色的光，实际上是不同波长的电磁波，而白光则是三种或三种以上不同颜色的光混合的结果。

（4）紫外线：

波长在 5.0×10^{-9} m~0.4 μm 之间，具有显著的生理作用，灭菌杀虫能力较强，还会引起强烈的化学作用，使照相底片感光。

(5) X 射线(伦琴射线)

波长在 10^{-8}~10^{-12} m 之间,是高速电子流轰击原子中的内层电子而产生的电磁辐射,也具有能量大,穿透力强的特点。利用这些性质在医疗中可进行透视、拍片,在工业中进行探伤、检测等。

(6) γ 射线

是一种比伦琴射线波长更短的电磁波,波长在 10^{-10} m 以下,是放射性原子衰变时发出的电磁辐射,或用高能粒子与原子核碰撞所产生,具有能量大,穿透力强等特点,是研究物质微观结构的有力武器。目前,在医疗上已研制处"γ"刀用于治疗癌症,切除肿瘤。

本章小结

1. 变化的电场能激发磁场,变化的磁场能激发电场,这种交替变化的整体称为电磁场,并以电磁波的形式传播。电磁波的广泛应用,开辟了人类文明的新纪元。
2. 位移电流、位移电流密度 $I_d=\dfrac{\mathrm{d}\boldsymbol{\Phi}_D}{\mathrm{d}t}=\dfrac{\mathrm{d}}{\mathrm{d}t}\int_S \boldsymbol{D}\cdot\mathrm{d}\boldsymbol{S}$ $\quad \boldsymbol{j}_d=\dfrac{\mathrm{d}\boldsymbol{D}}{\mathrm{d}t}$
3. 麦克斯韦方程组的积分形式:

$$\begin{cases}\oint_S \boldsymbol{D}\cdot\mathrm{d}\boldsymbol{S}=\sum\limits_{(S内)} q_i=\int_V \rho\,\mathrm{d}V \rightarrow \text{电学的高斯定理}\\ \oint_S \boldsymbol{B}\cdot\mathrm{d}\boldsymbol{S}=0 \rightarrow \text{磁学的高斯定理}\\ \oint_L \boldsymbol{E}\cdot\mathrm{d}\boldsymbol{l}=-\dfrac{\mathrm{d}\boldsymbol{\Phi}_m}{\mathrm{d}t}=-\int_S \dfrac{\partial \boldsymbol{B}}{\partial t}\cdot\mathrm{d}\boldsymbol{S} \rightarrow \text{推广的法拉第电磁感应定律}\\ \oint_L \boldsymbol{H}\cdot\mathrm{d}\boldsymbol{l}=I_c+I_d=\int_S\left(\boldsymbol{j}+\dfrac{\partial \boldsymbol{D}}{\partial t}\right)\cdot\mathrm{d}\boldsymbol{S} \rightarrow \text{全电流安培环路定理}\end{cases}$$

4. 电磁波

(1)电磁波的产生:LC 振荡电路是产生电磁振荡的振源

(2)电磁波的发射条件:频率必须足够高;电路必须开放

(3)电磁波在自由空间传播时具有:横波特性、偏振性、$\boldsymbol{E}$ 和 $\boldsymbol{H}$ 同相性、在真空中的传播速度为 $c=\dfrac{1}{\sqrt{\varepsilon_0\mu_0}}=3\times10^8\ \mathrm{m/s}$ 。

思考题

1. 什么叫做位移电流?什么叫做传导电流?什么叫做全电流?位移电流和传导电流有哪些区别和相似之处?
2. 变化的电场所产生的磁场是否一定随时间而变化?反之,变化的磁场所产生的电场,是否一定随时间而变化?
3. 为什么导线中传导电流的磁效应通常很容易探测到,而电容器中位移电流的磁效应在通常情况下却很难探测到?

4. 试说明麦克斯韦方程组中每个方程所表示的物理意义？确定下列事实为哪个方程所包括？(1)电场线仅起始或终止于电荷或无穷远处；(2)磁感应线无头无尾；(3)变化的电场一定伴随有磁场；(4)变化的磁场一定伴随有电场。
5. 一个做匀速直线运动的点电荷能在其周围空间产生哪些场？
6. 电磁波有哪些基本性质？它和机械波在本质上有何区别？
7. 电磁场的物质性反映在哪些方面？

习　题

1. 由半径为 $R=0.10\,\text{m}$ 的两块圆板构成的平行板电容器，放在真空中。现对电容器匀速充电，使两板间电场的变化率 $\dfrac{\mathrm{d}E}{\mathrm{d}t}=1.0\times10^{13}\,\text{V}\cdot\text{m}^{-1}\cdot\text{s}^{-1}$，试求：(1)两板板间的位移电流；(2)电容器内离两板中心连线 r（$r<R$）处的磁感应强度大小 B_r，以及 $r=R$ 处的 B_R。
2. 在圆形平行板电容器上，加一频率为 $10\times10^{6}\,\text{Hz}$、峰值电压为 $0.2\,\text{V}$ 的正弦交变电压。设电容器的电容 $C=1.0\times10^{-12}\,\text{F}$，求通过两极板间的位移电流的最大值(忽略边缘效应)。
3. 充了电的由半径为 r 的两块圆板组成的平行板电容器，在放电时两极板间的电场强度大小为 $E=E_0\mathrm{e}^{-\frac{t}{RC}}$，式中 E_0,R,C 均为常量，求两极板间的位移电流 I_D。
4. 如图所示，一平行板电容器由两圆形极板组成，极板面积为 A，极板间距为 d，极板外部引线与一电压 $V=V_0\sin\omega t$ 的交流电源连接。试求：(1)穿过电容器的位移电流大小；(2)在电容器中距轴为 r 处的磁感应强度大小。
5. 圆形平行板电容器板间为空气电介质。充电时极板上的电荷面密度随时间不断增加，即 $\sigma=kt$，k 为常量，试求电容器内距轴线距离 r 处的磁感应强度。

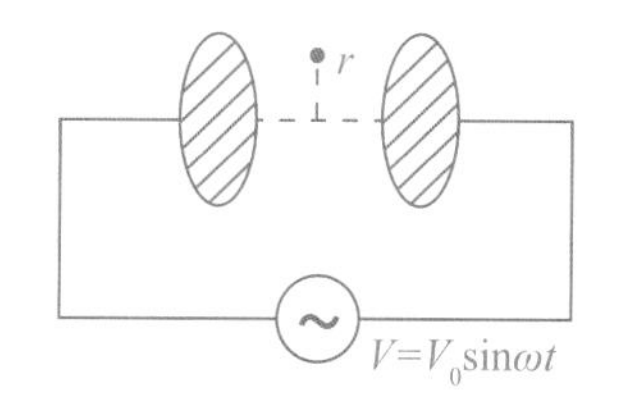

习题4图

6. 已知一平行平板电容器极板间充有相对介电常数为 ε_r 的电介质，极板的面积为 S，板间距离为 d，若两极板间的电势差 $V=kt^2$，求其间的位移电流。
7. 真空中，一平面电磁波的电场由下式给出：

$$E_x=0,\ E_y=6.0\times10^{-2}\cos\left[2\pi\times10^{8}\left(t-\frac{x}{c}\right)\right]\left(\frac{V}{m}\right),\ \ E_z=0$$

求：(1)波长和频率；(2)传播方向；(3)磁场的大小和方向。
8. 已知电磁波在空气中的波速为 $3.0\times10^{8}\text{m/s}$，试计算下列各种频率的电磁波在空气中的波长：(1)上海人民广播电台使用的一种频率 $\nu=990\text{kHz}$；(2)我国第一颗人造地球卫星播放东方红乐曲使用的无线电波的频率 $\nu=20.009\text{MHz}$；(3)上海电视台八频道使用的图像载波频率 $\nu=184.25\text{MHz}$。
9. 无线电收音机中有一个自感为 $260\,\mu\text{H}$ 的线圈，要使收音机接收波长为 $200\sim600\,\text{m}$ 的广播讯号，电容器的电容应在什么范围内变动？
10. 一平面电磁波的波长为 $3.0\,\text{cm}$，电场强度的振幅为 $30\,\text{V/m}$，求：(1)该电磁波的频率为多大；(2)磁场的振幅有多大？

第4篇 光学

光学是一门具有悠久历史的学科。古代中国就记载了许多光学的现象,例如:光的发射,光的直线传播,光与影的关系,针孔成像,平面镜成像、凹凸面镜中物和像的关系等。光学发展史,也是人类对光的本性不断探索和认识的历史。以牛顿(I. Newton)为代表的“微粒说”认为,光是光源发射出来的一束速度极快的微粒流,微粒在均匀物质内按力学规律做等速直线运动。与牛顿同时代的惠更斯(C. Huygens)则提出了光的“波动说”。由于牛顿在科学界的权威性,早期占统治地位的是光的微粒学说。19世纪初,根据杨(T. Young)和菲涅耳(A. J. Fresnel)等科学家的研究成果,才逐渐形成了波动光学体系。光的波动理论成功地解释了光的干涉、衍射和偏振等现象。光的“波动说”在两种学说的抗衡中取得了决定性的胜利,并确认可见光是波长在400~700nm之间的电磁波。在近代物理学中,光的粒子属性被再次确认。然而,光的波动属性并没有被否定。最终,光的波粒二象性被大家所接受。

第1章　惠更斯原理

波在传播时，某一时刻波到达的位置被称做波的波阵面。波阵面上的各点都可看做是发射子波的波源，在以后任一时刻，这些子波的包络面就是波在该时刻的新的波阵面。这个原理叫做惠更斯原理。图4.1.1中红线的位置就是平面波和球面波在不同时刻的波阵面的位置。应用惠更斯原理，可以解释光从一种媒质传播到另一种媒质时，在两种媒质的分界面上产生的反射和折射现象，并可以导出反射和折射定律。

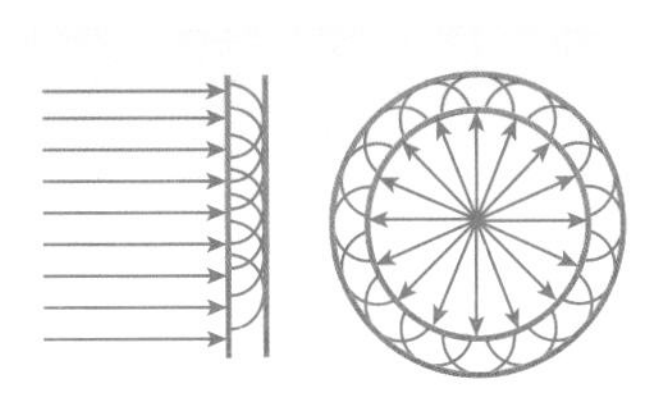
图4.1.1 惠更斯原理

§1-1 光的反射定律

图4.1.2表示的是一束光斜射到两种媒质的分界面 MN 上。定义入射角和反射角是入射光和反射光与界面法线的夹角，入射角为 θ_i，反射角为 θ_e。在 t 时刻，波阵面到达 AB 位置。经过时间 t，B 点发出子波到达分界面的 C 点上。在 t 时间内光走的路程是一样的，因此 A 点发出子波到达以 BC 为半径的球面上。根据惠更斯原理，子波的包络面就是波在下一时刻新的波阵面。新的波阵面应该是经过 C 点的球的切线 CD。显然 ΔABC 全等于 ΔCDA，所以 $\angle BAC=\angle DCA$。根据简单的几何关系，可以得到入射角为等于反射角的结果：

$$\theta_i=\theta_e \tag{4.1.1}$$

这个结论称为光的反射定律。

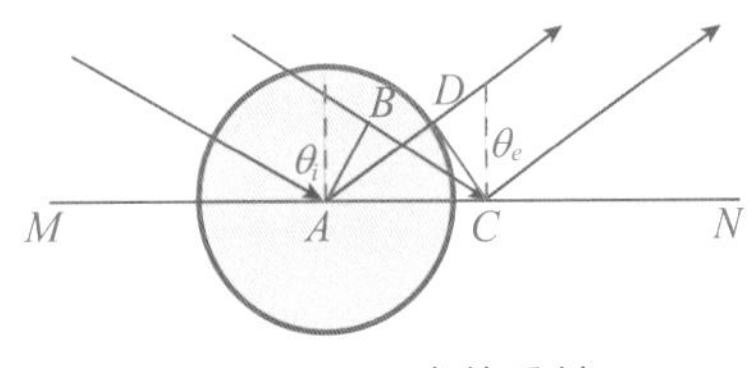

图4.1.2 光的反射

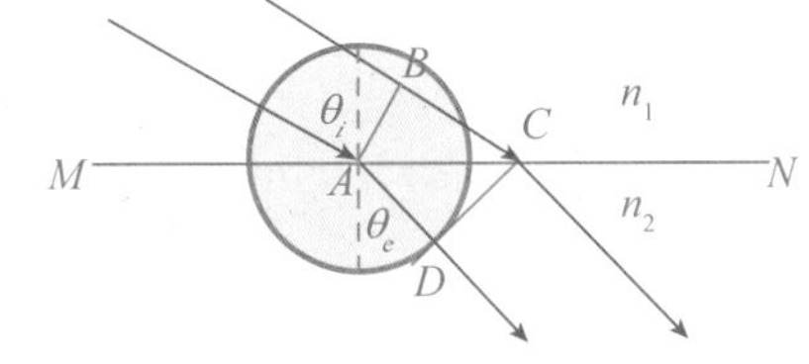

图4.1.3 光的折射

§1-2 光的折射定律

当光从一种媒质进入另一种媒质时，由于光在两种媒质中传播速度不同，其相应的光速分别为 $\frac{c}{n_1}$ 和 $\frac{c}{n_2}$，这里 c 是光在真空中的光速，n_1 和 n_2 分别是上下两种媒质的折射率。光在分界面 MN 上会发生折射现象，见图4.1.3。在 t 时刻，波阵面到达 AB 位置。经过时间 t，B 点发出子波到达分界面的 C 点上。在 t 时间内，A 点发出的光走的路程是 $\frac{n_1}{n_2}BC$，也就是 A 点发出的子波到达以 $\frac{n_1}{n_2}BC$ 为半径的球面上。根据惠更斯原理，子波的包络面就是波在下一时刻新的波阵面。新的波阵面应该是经过 C 点的球的切线 CD。定义入射角和折射角是入射光和折射光与界面法线的夹角，入射角为 θ_i，折射角为 θ_e。显然 $BC=AC\sin\theta_i$，$AD=AC\sin\theta_e$。因为 $AD=\frac{n_1}{n_2}BC$，所以，可以得

$$\frac{n_1}{n_2}=\frac{\sin\theta_e}{\sin\theta_i} \quad 或者 \quad n_1\sin\theta_i=n_2\sin\theta_e \tag{4.1.2}$$

这个结论称为光的折射定律。

当光从折射率大的媒质进入折射率小的媒质时（$n_1>n_2$），见图4.1.4。折射角总是比入射角大，当入射角还没有达到90°时，折射角已经达到90°，如果继续增大入射角，折射光线就不再出现，全部光线都被反射，这种现象被称为全反射现象。

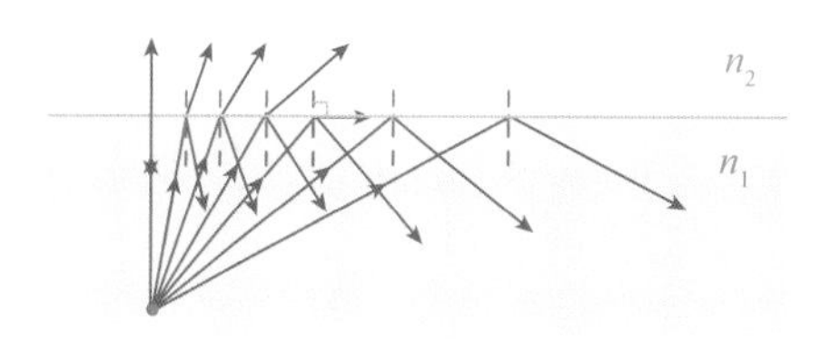

图4.1.4 全反射现象

【例4.1.1】 光从某一媒质进入空气，光在界面反射时，当入射角大于40°时发生全反射，问该媒质的折射率为多大？

解 当入射角大于40°时发生全反射，所以，入射角 $\theta_i=40°$，折射角 $\theta_e=90°$

根据光的折射定律 $n_1\sin\theta_i=n_2\sin\theta_e$，可以得

$$n_1=\frac{n_2\sin\theta_e}{\sin\theta_i}=\frac{n_2}{\sin 40^\circ}$$

空气的折射率 n_2 约等于1，媒质的折射率

$$n_1=\frac{1}{\sin 40^\circ}=1.56$$

根据光的全反射原理，光在用高折射率材料制成的光纤中，没有光线通过折射跑到光纤外面来，光线可以在光纤中跑很长的路而不减弱光的强度（见图4.1.5）。

图4.1.5 光在光纤中的传播

【例4.1.2】 某光纤由折射率为1.5的石英制得，光纤外是一层折射率为1.2保护膜，光在光纤内传播时，没有光线透出光纤，光与光纤壁的夹角必须小于多少度？

解 开始发生全反射时，折射角 $\theta_e=90°$

根据光的折射定律 $n_1\sin\theta_i=n_2\sin\theta_e$

$$\sin\theta_i=\frac{n_2\sin\theta_e}{n_1}=\frac{n_2}{n_1}$$

石英的折射率 $n_1=1.5$，保护膜的折射率 $n_2=1.2$，所以

$$\sin\theta_i=\frac{1.2}{1.5}=0.8 \qquad \theta_i=53^\circ$$

因此，光纤中光的入射角必须大于53°，即光与光纤壁的夹角必须小于37°。

§1-3 光学成像

物体发出的光经过反射和透射后，形成的像可以分为实像和虚像两种。实像的光由像的位置处发出的，虚像的位置上并没有光发出，只不过看起来光好像是从虚像的位置处发出的。根据光的反射定律，可以证明平面反射镜成的是虚像，像与物体关于平面反射镜对称，见图4.1.6。

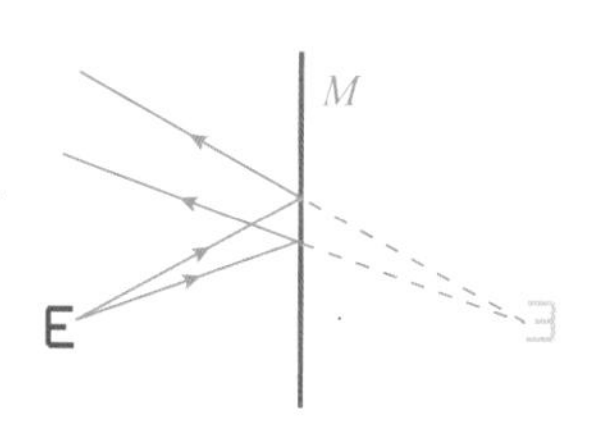

图4.1.6 平面镜成像

根据光的反射定律,可以证明球面反射镜成的像与物体的位置关系是

$$\frac{1}{o}+\frac{1}{i}=\frac{1}{f} \tag{4.1.3}$$

式中 o 是物距,指的是物体到球面反射镜的距离,i 是像距,指的是像到球面反射镜的距离,f 是焦点到球面反射镜的距离,称为焦距,焦距相当于球半径的一半。式(4.1.3)中,以物体所在的一面为正,当像和焦点与物体在同一面,i 和 f 的符号为正,反之为负。当 i 为正时,成的是倒立的实像;当i为负时,成的是正立的虚像。当发光体距离球面反射镜足够远的时候,即 $o\to\infty$。根据(4.1.3)式,$i=f$,即成像在焦点上,见图4.1.7(左)。

根据光的折射定律,也可以证明薄透镜成的像与物体的位置关系是

$$\frac{1}{o}+\frac{1}{i}=\frac{1}{f} \tag{4.1.4}$$

式中 o 是物距,指的是物体到薄透镜的距离,i 是像距,指的是像到薄透镜的距离,f 是焦点到薄透镜的距离,称为焦距。物体在薄透镜的一面,当像和焦点在薄透镜另一面,此时 i 和 f 的符号为正,反之为负。和球面镜一样,当 i 为正时,成的是倒立的实像;当 i 为负时,成的是正立的虚像。当发光体距离薄透镜足够远的时候,即 $o\to\infty$。根据(4.1.4)式,$i=f$,成像也在焦点上,即见图4.1.7(右)。

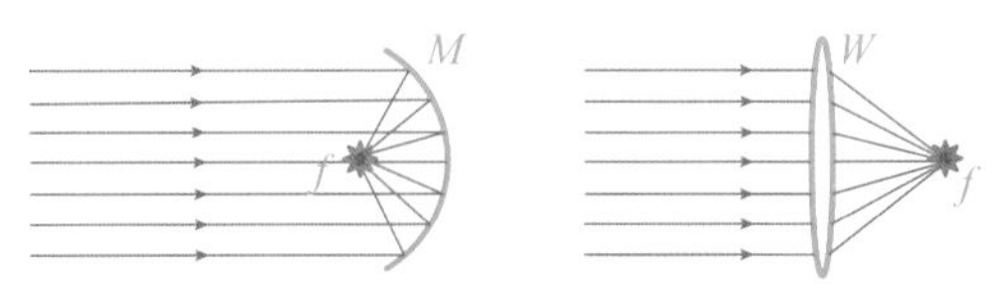

图4.1.7 球面反射镜和薄透镜成像

【例4.1.3】 球面反射镜的焦距为0.5m,当物体离球面反射镜的距离为1.2m时,像的位置是什么?像的性质是什么?当物体以10m/s的速度向球面反射镜靠近,问此时像的速度是多少?朝什么方向?

解 根据球面反射镜成的像与物体的位置关系

$$\frac{1}{o}+\frac{1}{i}=\frac{1}{f}$$

可以得到 $i=\frac{o\cdot f}{o-f}$。现在 $f=0.5\mathrm{m}$,$o=1.2\mathrm{m}$,可以解得 $i=0.86\mathrm{m}$。所以,像的位置离球面反射镜的距离为0.86m,是倒立的实像。在方程 $i=\frac{o\cdot f}{o-f}$ 两边对 t 求导得

$$\frac{\mathrm{d}i}{\mathrm{d}t}=\frac{f}{o-f}\frac{\mathrm{d}o}{\mathrm{d}t}-\frac{o\cdot f}{(o-f)^2}\frac{\mathrm{d}o}{\mathrm{d}t}$$

当物体以10m/s的速度向球面反射镜靠近,$\frac{\mathrm{d}o}{\mathrm{d}t}=-10\mathrm{m/s}$,代入上式:$\frac{\mathrm{d}i}{\mathrm{d}t}=5.1\mathrm{m/s}$。所以,像以5.1m/s的速度离开球面反射镜

【例4.1.4】 两块薄透镜的焦距分别为0.2和0.4m,两块薄透镜相距0.9m,当一个物体放置在离开第一块薄透镜0.6m的地方,问经过第二块薄透镜后像在什么位置?当这两块薄透镜放置得很近时,两块薄透镜所组成的透镜组的焦距是多少?

解 当一个物体放置在离开第一块薄透镜0.6m的地方,根据透镜成的像与物体的位置关系

$$\frac{1}{o_1}+\frac{1}{i_1}=\frac{1}{f_1}$$

可以得

$$i_1=\frac{o_1\cdot f_1}{o_1-f_1}$$

因为 $o_1=0.6\text{m}$，$f_1=0.2\text{m}$，所以

$$i_1=0.3\text{m}$$

物体经过第一块薄透镜后，成的像在距离第一块薄透镜0.3m的地方，两块薄透镜相距0.9m，也就是距离第二块薄透镜0.6m的地方，经过第一块薄透镜成的像，对于第二块薄透镜来说就是物，因此，$o_2=0.6\text{m}$，根据公式

$$i_2=\frac{o_2\cdot f_2}{o_2-f_2}=1.2\text{m}$$

因此，经过第二块薄透镜后，成的像在离开第二块薄透镜1.2m的地方。

经过第一块薄透镜成的像，对于第二块薄透镜来说就是物，当两块薄透镜放置很近，则

$$o_2=-i_1$$

因为

$$i_1=\frac{o_1\cdot f_1}{o_1-f_1}$$

所以

$$o_2=-\frac{o_1\cdot f_1}{o_1-f_1}$$

把它代入 $\frac{1}{o_2}+\frac{1}{i_2}=\frac{1}{f_2}$ 后，得

$$-\frac{o_1-f_1}{o_1\cdot f_1}+\frac{1}{i_2}=\frac{1}{f_2}$$

所以

$$\frac{1}{i_2}+\frac{1}{o_1}=\frac{1}{f_2}+\frac{1}{f_1}$$

两块薄透镜所组成的透镜组的焦距就是 $\frac{1}{f_2}+\frac{1}{f_1}$ 的倒数，即 $f=\frac{f_1\cdot f_2}{f_1+f_2}$

内容要点

1. 光在传播时，某一时刻到达的位置被称做光的波阵面。波阵面上的各点都可看做是发射子波的波源，在以后任一时刻，这些子波的包络面就是波在该时刻新的波阵面。这个原理叫做惠更斯原理。
2. 光在两种媒质的界面上，入射角为 θ_i，反射角为 θ_e，光的反射定律：

$$\theta_i=\theta_e$$

3. n_1 和 n_2 分别是上下两种媒质的折射率，光在两种媒质的界面上，入射角为 θ_i，折射角为 θ_e，那么光的折射定律：

$$\frac{n_1}{n_2}=\frac{\sin\theta_e}{\sin\theta_i}\quad 或者\quad n_1\sin\theta_i=n_2\sin\theta_e$$

4. 平面反射镜成的像与物体关于平面反射镜对称。
5. 球面反射镜成的像与物体的位置关系

$$\frac{1}{o}+\frac{1}{i}=\frac{1}{f}$$

式中 o 是物体到球面反射镜的距离，i 是像到球面反射镜的距离，f 是球面反射镜的焦距，焦距相当于球半径的一半。

6. 薄透镜成的像与物体的位置关系

$$\frac{1}{o}+\frac{1}{i}=\frac{1}{f}$$

式中 o 是物体到薄透镜的距离，i 是像到薄透镜的距离，f 是薄透镜的焦距。

思考题

1. 根据惠更斯原理，一个波阵面为球面的波，在下一个时刻，波阵面会是什么形状？一个波阵面为平面的波，在下一个时刻，波阵面会是什么形状？
2. 光在两种媒质的界面上，n_1 和 n_2 分别是上下两种媒质的折射率，光在界面反射时，反射角与两种媒质的折射率有什么关系？光在界面折射时，折射角与两种媒质的折射率有什么关系？
3. 光在两种媒质的界面上发生全反射的条件是什么？
4. 球面反射镜成的像时，o 是物体到球面反射镜的距离，i 是像到球面反射镜的距离，它们的符号如何确定？
5. 薄透镜成的像时，o 是物体到球面反射镜的距离，i 是像到球面反射镜的距离，它们的符号如何确定？

习　题

1. 光从折射率为1.5的媒质进入空气，光在界面反射时，当入射角大于多少度时发生全反射？
2. 光纤由折射率为1.6的玻璃制得，光纤外是一层折射率为1.2保护膜，光在光纤内传播时，没有光线透出光纤，光与光纤壁的夹角必须小于多少度？
3. 球面反射镜的焦距为0.5m，当物体离球面反射镜的距离为1.5m时，像的位置是什么？像的性质是什么？
4. 球面反射镜的焦距为0.5m，当物体离球面反射镜的距离为1.5m时，以12m/s的速度向球面反射镜靠近，问此时像的速度是多少？朝什么方向？
5. 两块薄透镜的焦距分别为0.2和0.3m，当两块薄透镜相距1.0m，当一个物体放置在离开第一块薄透镜0.4m的地方，问经过第二块薄透镜后像的位置？
6. 两块薄透镜的焦距分别为0.1和0.2m，当两块薄透镜放置得很近时，两块薄透镜所组成的透镜组的焦距是多少？

第2章 光的干涉

干涉现象是波的一个重要特征。两列波在空间相遇，在有些波的叠加区域的振动始终加强，而另一些波的叠加区域的振动始终减弱，波在叠加区域形成振动强弱相间的稳定分布。这种现象被称做干涉现象。对于可见光波，干涉现象则表现为在叠加区域中有些点较亮，而另一些点较暗。由干涉引起的明暗条纹，称为干涉条纹。能够产生干涉现象的两束光波称为相干光波，它们必须满足频率相同、振动方向相同和相位差恒定三个条件，这三个条件称为相干条件。

一个普通光源发出的光由许多独立的光列所组成，这些光的相位差是不确定的。显然，两个独立光源发出的光不可能满足上述相干条件。为获得相干光波，可以设法使一个点光源发出的光波分离为两部分，然后使它们经过不同的路径后再相遇。这样的两束光波，因源于同一束光，必定满足相干条件，在叠加区域会出现干涉现象。

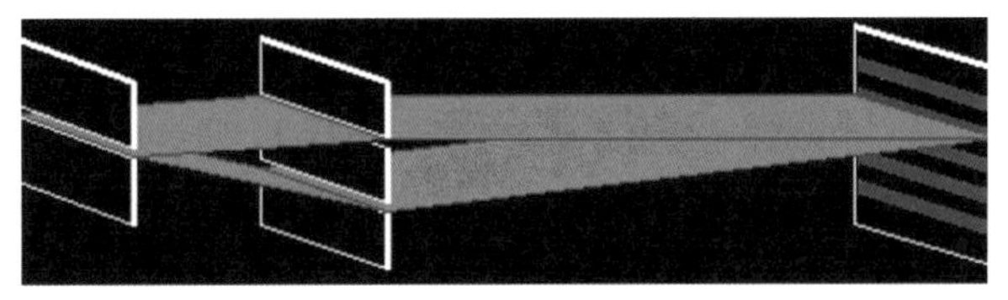

图4.2.1 杨氏双缝干涉装置

§2-1 双缝干涉

1801年英国科学家杨(T. Young)成功地用双缝分波法获得相干光，并观察到光的干涉现象。光的杨氏双缝干涉的基本装置如图4.2.1所示。经过双缝的光经过叠加，在观察屏出现了一系列平行于双缝的明暗相间的条纹。若挡住其中一条缝，干涉条纹立即消失。这就是双缝干涉现象。这种干涉效应成功地证实了光的波动本性。

两束光波在叠加区域的振动方程可以分别写为

$$y_1 = y_{m_1}\cos\left(\omega(t-\frac{r_1}{u_1})+\varphi_1\right) \quad 和 \quad y_2 = y_{m_2}\cos\left(\omega(t-\frac{r_2}{u_2})+\varphi_2\right) \tag{4.2.1}$$

式中的 y_{m1} 和 y_{m2} 分别为两束光的振幅；r_1 和 r_2 分别为两束光从双缝到叠加位置走的路程；u_1 和 u_2 分别为两束光在所在不同媒质中的速度。单色平行光通过双缝透出的两束光波是从同一波阵面分离出来的相干光波，可以假定 $y_{m_1}=y_{m_2}=y_m$，$\varphi_1=\varphi_2=0$，这样(4.2.1)可以写为

$$y_1 = y_m\cos\left(\omega(t-\frac{r_1}{u_1})\right) 和 \ y_2 = y_m\cos\left(\omega(t-\frac{r_2}{u_2})\right) \tag{4.2.2}$$

根据(4.2.2)式，两束光在波叠加时的相位差应该是

$$\Delta\varphi = \omega(\frac{r_2}{u_2}-\frac{r_1}{u_1})$$

$$=\frac{\omega}{c}(n_2r_2-n_1r_1)$$
$$=\frac{2\pi}{\lambda}(n_2r_2-n_1r_1)$$
$$=\frac{2\pi}{\lambda}\delta \tag{4.2.3}$$

式中的 λ 是光在真空中的波长，n_1 和 n_2 是两束光经过不同媒质的折射率。$(n_2r_2-n_1r_1)$ 被称为两束光的光程差，光程差记为 δ，光程差不是简单的路程差，而是光经过的路程和所在媒质折射率的乘积的差值。只有在真空中，光程差才是路程差，即 $\delta=r_2-r_1$。根据同方向振动的叠加原理，相位差为 2π 的整数倍时，叠加的振幅达到最大值；相位差为 2π 的整数倍再加 π 时，叠加的振幅最小。也就是

$$\Delta\varphi=\begin{cases}2k\pi, & \text{明纹}\\(2k+1)\pi, & \text{暗纹}\end{cases} \tag{4.2.4}$$

式中 k 为整数，($k=0,1,2,3,\cdots$) 根据(4.2.3)式中的相位差 $\Delta\phi$ 与光程差 δ 的关系，(4.2.4)式也可以写为

$$\delta=\begin{cases}k\lambda, & \text{明纹}\\(k+1/2)\lambda, & \text{暗纹}\end{cases} \tag{4.2.5}$$

干涉条纹明暗相间。

【例 4.2.1】　一束波长为 500nm 的单色光通过杨氏双缝，如果双缝间距 $d=2\ \mu m$，见图 4.2.2。(1)问什么角度，是第 2 明条纹？(2)如果双缝离开光屏的间距 D=0.5m，干涉的第 2 明条纹在屏上什么位置？(3)如果在其中一束光的光路中加了一片折射率为 1.5 的透明薄片，干涉的第 2 明条纹移动到了屏中央的位置，试求透明薄片的厚度。

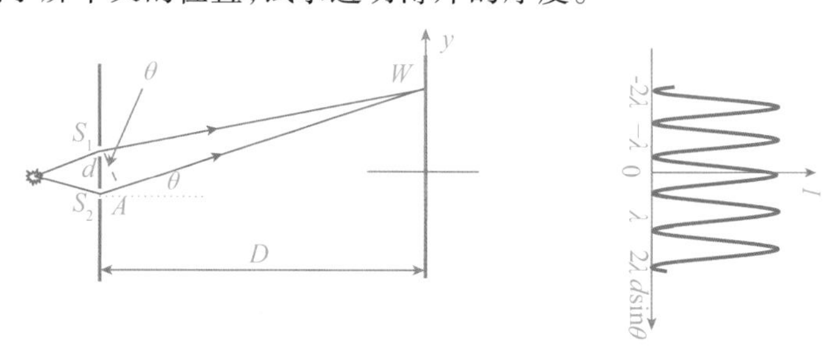

图 4.2.2 杨氏双缝干涉中的光程差　　图 4.2.3 杨氏双缝干涉中的光强

解　(1)在双缝干涉中如果光的偏转角度为 θ，那么两条光的光程差可以在直角三角形 ΔS_1S_2A 中进行计算，$\delta=d\sin\theta$，根据(4.2.5)式，可以确定明暗相间的干涉条纹

$$d\sin\theta=\begin{cases}k\lambda, & \text{明纹}\\(k+1/2)\lambda, & \text{暗纹}\end{cases}$$

明条纹要满足 $d\sin\theta=k\lambda$ 的条件，第二明条纹(k =2)的角位置是

$$\sin\theta=\frac{k\lambda}{d}=\frac{500\times10^{-9}}{2\times10^{-6}}\times2=0.5$$
$$\theta=30^\circ$$

因此，角度为 30° 时是第 2 明条纹。

(2)假设，第 2 明条纹距离屏的中央位置是 y，那么

$$y\approx D\sin\theta=0.5\times0.5=0.25(\text{m})$$

(3)如果在其中一束光的光路中加了一片折射率为1.5的透明薄片。假设,透明薄片的厚度为 l ,两束光在中央位置交叠,那么两条光的光程差来自透明薄片的影响

$$\delta \approx nl - l = 0.5l$$

现在在中央位置是干涉的第2明条纹,因此

$$0.5l = 2\lambda$$

所以透明薄片的厚度

$$l = 4\lambda = 2\mu\text{m}$$

【例4.2.2】"杨氏双缝"中缝间距 $d=2\times10^{-4}$m,屏到双缝的距离 $D=2$m,单色光照到双缝上,屏上20条明纹之间的距离0.1m,问单色光的波长为多少?

解　在双缝干涉中如果光的偏转角度为 θ ,明暗相间的干涉条纹的角位置是

$$d\sin\theta = \begin{cases} k\lambda, & \text{明纹} \\ (k+1/2)\lambda, & \text{暗纹} \end{cases}$$

干涉条纹距离屏的中央位置是 y ,那么

$$d\frac{y}{D} = \begin{cases} k\lambda, & \text{明纹} \\ (k+1/2)\lambda, & \text{暗纹} \end{cases}$$

根据 k 的取值相差1,可以计算相邻的两条明纹或者暗纹的间距

$$d\frac{\Delta y}{D} = \lambda$$

因为屏上20条明纹之间的距离0.1m,那么

$$\Delta y = \frac{0.1}{19} \approx 0.005(\text{m})$$

缝间距 $d=2\times10^{-4}$m,屏到双缝的距离 $D=2$m,所以单色光的波长

$$\lambda = d\frac{\Delta y}{D} = 5\times10^{-7}\text{m}$$

菲涅耳双棱镜的截面为两个完全相等的梯形,当一个点光源 S 发出的光波,通过菲涅耳双棱镜,见图(4.2.4)所示。图中的 S_1 和 S_2 是光源 S 通过双棱镜形成的虚像。屏上形成的干涉条纹可看做从虚光源 S_1 和 S_2 发出的两束相干光叠加形成的。

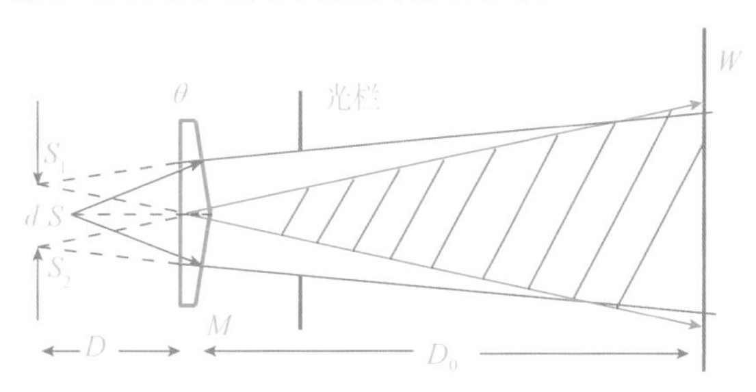

图4.2.4　菲涅耳双棱镜

因此,光波通过菲涅耳双棱镜的干涉条纹的分布可以用杨氏双缝干涉的公式进行计算,两条光的光程差 $\delta = d\sin\theta$,这里 d 为虚光源 S_1 和 S_2 之间的间距。

菲涅耳双面镜中 M_1 和 M_2 是两个夹角很小的平面镜。当一个点光源 S 发出的光波经过菲涅耳双面镜的反射,见图(4.2.5)。图中的 S_1 和 S_2 是光源 S 通过双面镜反射形成的虚像。屏上形成的干涉条纹可看做从虚光源 S_1 和 S_2 发出的两束相干光叠加形成的,因此干涉条纹的分布也可以用杨氏双缝干涉的公式进行计算。两条光的光程差 $\delta = d\sin\theta$, d 为虚光源 S_1 和 S_2 之间的间距。

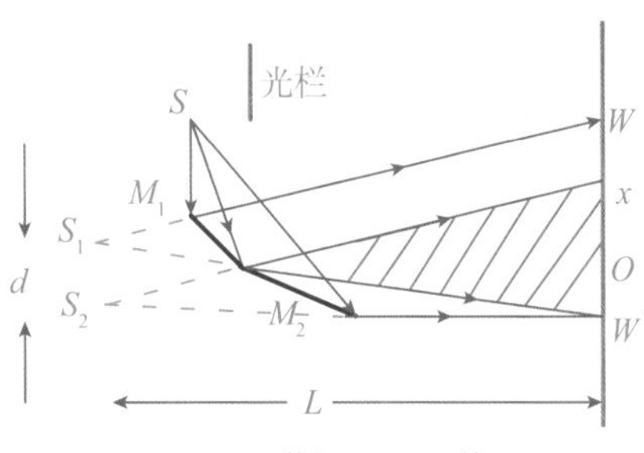

图4.2.5 菲涅耳双面镜

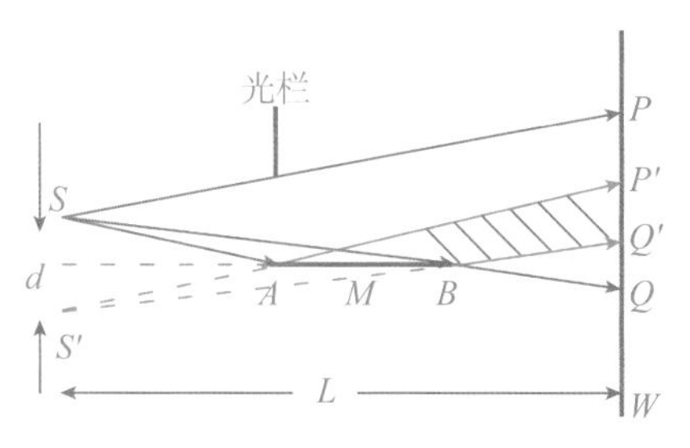

图4.2.6 洛埃镜干涉实验

洛埃(H.Lloyd)镜实验是利用分波阵面法获得相干光的又一方法。如图4.2.6所示，洛埃镜是一块平面镜，来自缝光源S的入射光线几乎与镜面平行，S'是光源S通过洛埃镜反射形成的虚像。屏上形成的干涉条纹可看做从光源S和虚光源S'发出的两束相干光叠加形成的。

由于一条光直接来自光源S，另一条光经过洛埃镜的反射。光程差不是简单的$\delta=d\sin\theta$，而是$\delta=d\sin\theta+\frac{\lambda}{2}$。式中的$d\sin\theta$是由于两束光经过的路程不同，$\frac{\lambda}{2}$是因为其中一条光在洛埃镜上经过了反射。光经过反射也会改变相位，光由光疏媒质（折射率较小的）到光密媒质（折射率较大的）反射时，反射光的相位改变是π，相当于反射光多走了$\frac{\lambda}{2}$的路程，称为半波损失。光波经过菲涅耳双面镜的反射时，两束光都有π的相位改变，相当于两束光都多走了$\frac{\lambda}{2}$的路程。但两束光的光程差则没有变化。

【例4.2.3】 在洛埃镜实验中，缝光源S_1在洛埃镜面上方1mm处，已知从缝光源S_1发出的单色光波长为600 nm，观察屏距离缝光源D=0.5m，求观察屏上相邻干涉条纹的间距。

解 缝光源在洛埃镜面上方1mm处，相当于缝光源和像光源的间距d=2mm，考虑到在洛埃镜面上反射的半波损失，来自缝光源和像光源的光程差

$$\delta=d\sin\theta+\frac{\lambda}{2},$$

观察屏上干涉条纹与中心位置的距离为y，那么

$$\sin\theta\approx\frac{y}{D},$$

因此，缝光源和像光源的光程差

$$\delta=\frac{d}{D}y+\frac{\lambda}{2}$$

观察屏上干涉明条纹的条件是

$$\frac{d}{D}y+\frac{\lambda}{2}=k\lambda$$

和杨氏双缝一样，k的取值相差1，可以计算观察屏上相邻干涉条纹的间距：$\frac{d}{D}\Delta y=\lambda$。所以，观察屏上相邻干涉条纹的间距

$$\Delta y=\frac{D\lambda}{d}=150\mu\text{m}$$

§2-2 薄膜干涉

薄膜干涉是同一个光源发出的光经过薄膜的上表面和下表面反射后再相遇而发生的。这样的两束光波，因源于同一束光，可以满足相干条件，在叠加区域会出现干涉现象。在阳光

照射下，肥皂泡或浮在水面上的薄油层会出现绚丽多彩的条纹，这都是光的薄膜干涉现象。

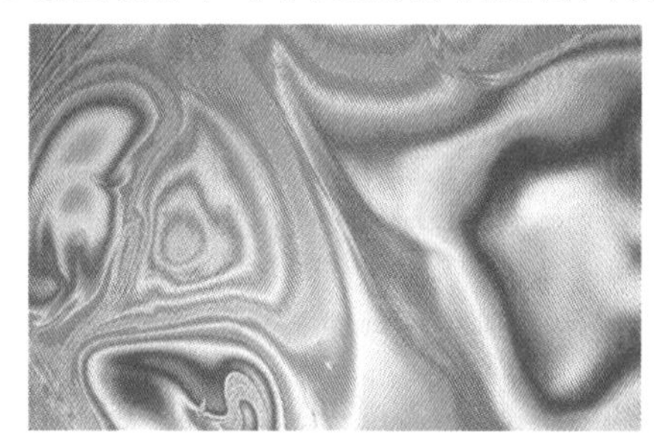

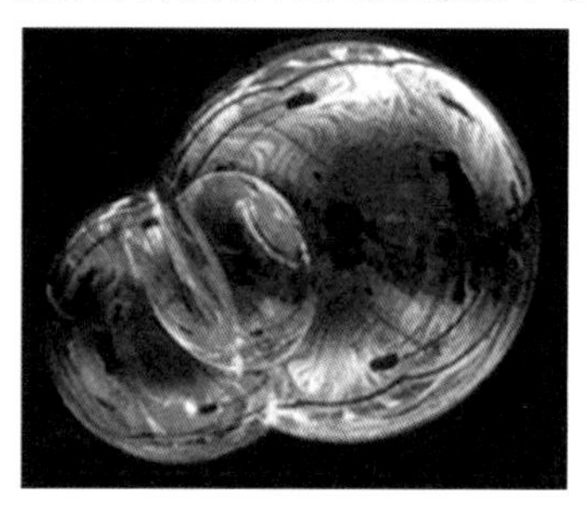

图4.2.7 左图浮在水面上的薄油层的干涉，右图肥皂泡上的干涉

如果薄膜的厚度为e（见图4.2.8），它折射率n_2比外边的折射率n_1大，那么反射光线b在C点反射时相位没有改变；反射光线a在A点反射时，则相位改变了π，相当于反射光线a多走了$\frac{\lambda}{2}$的路程。当入射角i很小时，光线a和b的光程差$\delta=2n_2e+\frac{\lambda}{2}$。反射光线$d$在$C$点和$B$点反射时相位都没有改变。因此，当入射角$i$很小时，光线$c$和$d$的光程差$\delta=2n_2e$。通过计算光线$a$和$b$，$c$和$d$的光程差，根据公式（4.2.5），就可以确定光线干涉的强弱了。

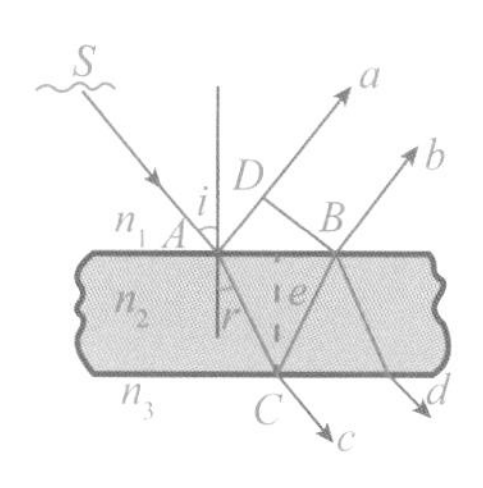

图4.2.8 薄膜干涉光路图

【例4.2.4】 太阳光入射到玻璃上一厚度e=400nm的MgF_2膜上，问什么波长的反射光最强？什么波长的透射光最强？

解 在薄膜上下面的反射光都有半波损失，因此，两反射光的光程差

$$\delta=2n_2e$$

根据（4.2.5）式

$$\delta=\begin{cases}k\lambda, & \text{明纹}\\(k+1/2)\lambda, & \text{暗纹}\end{cases}$$

空气
MgF_2 n_2=1.38 e
玻璃 n_1=1.50

反射光最强的条件是$2n_2e=k\lambda$。当k=1或k>2时，计算得到的波长小于400nm或大于700nm，均为非可见光，当k=2时，得到λ=552nm，该波长的反射光最强。反射光最弱透射光最强的条件是

$$2n_2e=（k+1/2）\lambda$$

当k=1或k>2时，计算得到的波长小于400nm或大于700nm，均为非可见光。

当k=2时，得到λ=442nm，该波长的透射光最强。

在透镜表面镀一层介质薄膜，只要选取合适的厚度，使在膜层上、下两面反射的两束光干涉减弱，就能使反射光减到最小，从而以提高透射能力。这种薄膜称为增透膜。反之，选取合适的厚度，使在膜层上、下两面反射的两束光干涉加强，达到减小透射能力，增加反射能力，这样的薄膜称为高反射膜。制备增透膜和高反射膜都是应用了薄膜干涉的原理。

【例4.2.5】 为了使太阳能电池表面能吸收更多的太阳能（太阳光的中心波长为550nm），减少太阳光的反射，需在Si（n_1=3.5）表面镀一层SiO（n_2=1.45）薄膜。试求SiO层薄膜的最小厚度？如果把SiO层薄膜镀在玻璃（n_3=1.33）表面上，为了减少太阳光的反射，试求SiO层薄膜的最小厚度？

解 在Si（n_1=3.5）表面上，SiO薄膜上下面反射的光线都有半波损失，如果SiO薄膜的厚度为d，那么光程差

$$\delta=2n_2d$$

减少太阳光的反射，增加透射，那么

$$\delta=2n_2d=k\lambda+\frac{\lambda}{2}$$

k=0时，SiO层薄膜的厚度最小，因此

$$2n_2d=\frac{\lambda}{2}\quad 即\quad d=\frac{\lambda}{4n_2}=0.95\times10^{-7}\text{m}$$

在玻璃(n_3=1.33)表面上，SiO薄膜上表面反射的光线有半波损失，下表面反射的光线没有半波损失，因此上表面反射光线的光程差

$$\delta=2n_2d+\frac{\lambda}{2}$$

减少太阳光的反射，增加透射，那么

$$\delta=2n_2d+\frac{\lambda}{2}=k\lambda+\frac{\lambda}{2}$$

k=1时，SiO层薄膜的厚度最小，因此

$$2n_2d=\lambda\ 即\ d=\frac{\lambda}{2n_2}=1.9\times10^{-7}\text{m}$$

当两片平玻璃一端接触，另一端被小物体隔开时，在两玻璃之间形成了夹角极小的劈尖状空气薄膜，见图4.2.9。在单色点光源的照射下，光线在空气薄膜的上、下两面反射，反射光叠加后就会发生干涉现象。在薄膜上可以观察到明暗相交的干涉条纹。这种干涉叫做劈尖干涉，它的本质和薄膜干涉是一样的。

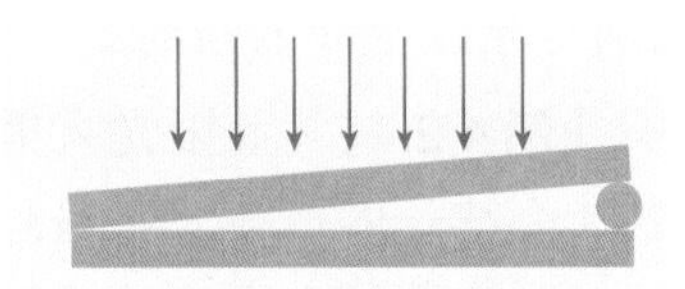

图4.2.9 劈尖干涉

考虑到光线在空气薄膜的下表面的反射光有半波损失，空气的折射率可以近似是1，光线在空气薄膜的上、下两面反射光的光程差 $\delta=2e+\frac{\lambda}{2}$。根据公式(4.2.5)，在相邻的两条明条纹或两条暗条纹之间反射光的光程差的改变量为 λ，因此空气薄膜在相邻的两条明条纹或两条暗条纹之间的厚度差 $\Delta e=\frac{\lambda}{2}$。如果已知明条纹或暗条纹的条数，根据这个关系就可以计算空气薄膜的最大厚度了，也就是隔开两片平玻璃一端的小物体的尺寸。

【例4.2.6】 两片平玻璃一端接触，另一端被小物体隔开，如图4.2.9所示。一束波长为500nm的单色光垂直落到在两玻璃之间的空气劈尖上，如果一共有15条明条纹被观察到，试求两片平玻璃之间的小物体隔的大小。

解 空气劈尖在相邻的两条明条纹之间的厚度差：

$$\Delta e=\frac{\lambda}{2}$$

总共15条明条纹被观察到，从第1条到第15条明条纹的相隔数为14。考虑到光在空气劈尖的下表面上反射有半波损失，在两片平玻璃的接触端空气劈尖的上下表面上反射光的光程差不为零，而是 $\delta=\frac{\lambda}{2}$，因此接触端是一暗条纹。从接触端的暗条纹到第1条明条纹相当于相隔了0.5个条纹。空气劈尖的最大厚度，也就是两片平玻璃之间的小物体隔的大小：

$$d=14.5\times\Delta e=7.25\lambda=3.625\mu\text{m}$$

将一曲率半径相当大的平凸透镜放在一片平玻璃上(凸透镜的凸面向下)，如图4.2.10所

示。在两玻璃面之间形成了类似劈尖的空气薄层。当单色光垂直入射时,在空气薄层上形成的等厚干涉条纹是一组内疏外密的同心圆环,称为牛顿环。和空气劈尖一样,两条明环或两条暗环之间的空气的厚度差 $\Delta e=\dfrac{\lambda}{2}$ 。

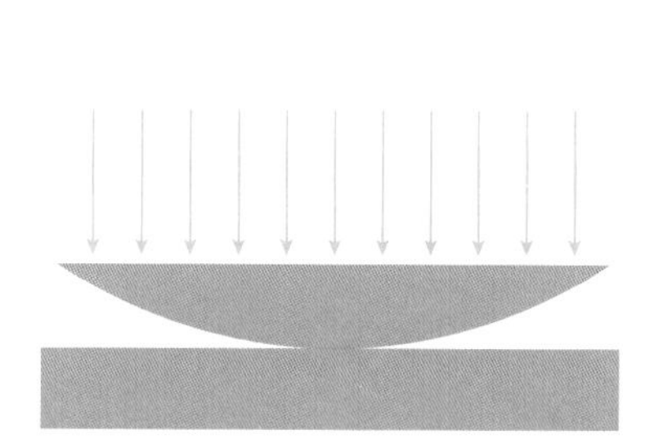
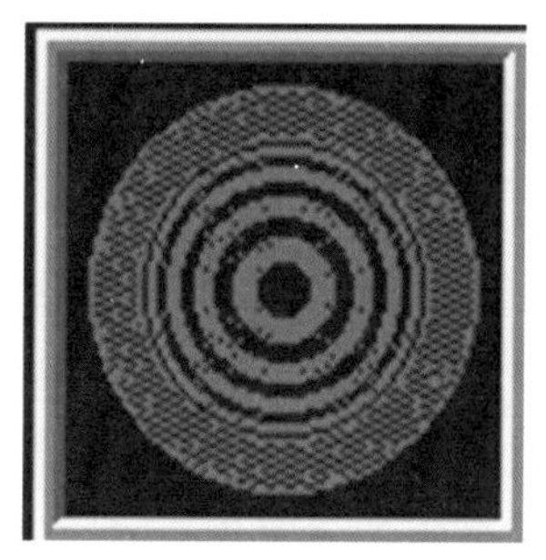

图4.2.10 左为牛顿环实验装置示意图,右为牛顿环图样

【例 4.2.7】 一滴油($n_1=1.20$)放在平玻璃片($n_2=1.52$)上,以波长 $\lambda=600\,\text{nm}$ 的黄光垂直照射。从反射光看到中心暗斑周围有10个亮环。问:油滴的最大厚度是多少?

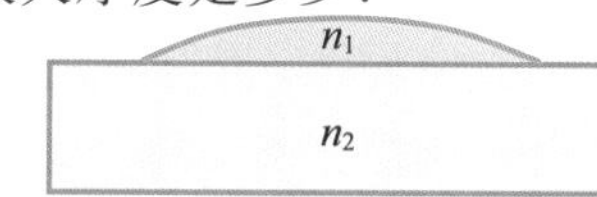

解 滴油在平玻璃片上形成的干涉图像与牛顿环实验类似,两条明环或两条暗环之间的滴油的厚度差

$$\Delta e=\frac{\lambda}{2n_1}$$

一滴油在平玻璃片上,在滴油上下表面反射的光线都有半波损失,光程差 $\delta=2n_1e$,在最边缘处的滴油厚度是零,因此,在最边缘处是一亮环。从最边缘处开始到中心共有10个亮环,中心为暗斑,滴油中心处的最大厚度为 Δe 的9.5倍

$$9.5\Delta e=\frac{9.5\lambda}{2n_1}=2.7\times10^{-6}\text{m}$$

内容要点

1. 能够产生干涉现象的两束光波称为相干光波,相干光波必须满足频率相同、振动方向相同和相位差恒定三个条件,这三个条件称为相干条件。
2. 两束光的相位差是 $\Delta\varphi$,那么

$$\Delta\varphi=\begin{cases}2k\pi, & \text{明纹}\\(2k+1)\pi, & \text{暗纹}\end{cases}$$

式中 k 为整数,($k=0,1,2,3,\cdots$)。

3. 如果,两束光在真空中经过路程分别为 r_1 和 r_2 ,那么

$$r_2-r_1=\begin{cases}k\lambda, & \text{明纹}\\(k+1/2)\lambda, & \text{暗纹}\end{cases}$$

4. 如果, n_1 和 n_2 是两束光经过不同媒质的折射率。 $\delta=(n_2r_2-n_1r_1)$ 被称为两束光的光程差,那么

$$\delta=\begin{cases}k\lambda, & \text{明纹}\\(k+1/2)\lambda, & \text{暗纹}\end{cases}$$

5. 光由光疏媒质(折射率较小的)到光密媒质(折射率较大的)反射时,反射光的相位改变了

π，相当于反射光多走了$\frac{\lambda}{2}$的路程。光由光密媒质(折射率较大的)到光疏媒质(折射率较小的)反射时，反射时光的相位不改变。

思考题

1. 根据相干光波的条件，举例说明获得具有相干条件的两束光的途径。
2. 如果，两束光的相位差是$\Delta\varphi$那么两束光在真空中经过路程差为多少？
3. 如果，两束光在真空中经过路程差为π，那么两束光的相位差是多少？
4. 如果，一束光在真空中走了d一段路，另一束光经在折射率为n的媒质走了d一段路。两束光的光程差为多少？
5. 光由光疏媒质(折射率较小的)到光密媒质(折射率较大的)反射时，反射时光的相位改变了多少？相当于光多走了多少路程？
6. 光由光密媒质(折射率较大的)到光疏媒质(折射率较小的)反射时，反射时光的相位改变了多少？相当于光多走了多少路程？
7. 当单色光垂直入射到牛顿环装置时，在空气薄层上形成的等厚干涉的同心圆环，试解释同心圆环内疏外密的原理。
8. 当落在空气劈尖的光的波长变小，空气劈尖上的干涉条纹的间距如何变化？
9. 以提高透射能力的薄膜称为增透膜，以增加反射能力的薄膜称为高反射膜。这些薄膜的厚度与照射光线的波长有什么关系？

习 题

1. 什么是相干光？在杨氏双缝实验的S_1和S_2缝后面分别放一红色滤光片(能透过红光)和一绿色滤光片(能透过绿光)，那么能否在光屏上观察到干涉条纹？
2. 汞弧灯发出的光通过一绿色滤光片照射两相距0.60 mm的狭缝，进而在2.5 m远处的屏幕上出现干涉条纹。测量相邻两明条纹中心的距离为2.27 mm，试计算入射光的波长。
3. 某单色光照射在缝间距$d=2.2\times10^{-4}$ m的杨氏双缝上，屏到双缝的距离$D=1.8$ m，测出屏上20条明纹之间的距离为9.84×10^{-2} m，则该单色光的波长是多少？
4. 薄钢片上有两条紧靠着的平行细缝。用双缝干涉的方法来测量两缝间距。若$\lambda=5461.1$ nm，$D=330$ mm，测得中央明条纹两侧第5级明纹间距离为12.2 mm，问两缝间距多大？
5. 从两相干光源S_1和S_2发出的相干光，在与S_1、S_2等距离的P点相遇。

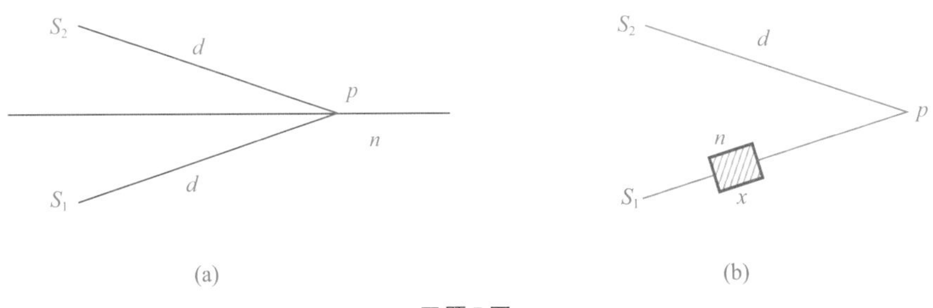

习题5图

(1)若 S_2 位于真空中，S_1 位于折射率为 n 的介质中，P 点位于界面上，计算 S_1 和 S_2 到 P 点的光程差。

(2)若 S_1、S_2 都在真空中，但在 S_1 到 P 点的光路上插入一片折射率为 n、厚度为 x 的介质片，S_1 和 S_2 到 P 点的光程差又是多少?

6. 如图所示，由空气中一单色点光源 S 发出的光，一束掠入射到平面反射镜 M 上，另一束经折射率为 n，厚为 d 的介质薄片 N 后直接射至屏 E 上，若 $SA=AP=l$，$SP=D$，求两相干光束 SDP 与 SAP 在 P 点的光程差。

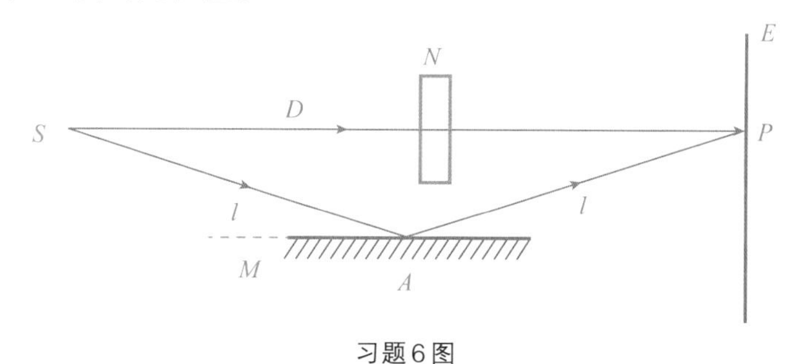

习题6图

7. 用很薄的云母片（$n=1.58$）覆盖在双缝实验中的一条缝上，这时屏幕上的零级明条纹移动到原来的第七级明条纹的位置上。如果入射光波长为 550.0 nm，试问此云母的厚度为多少?

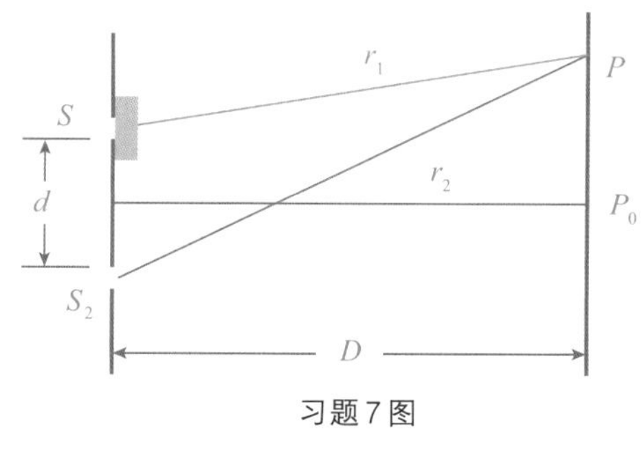

习题7图

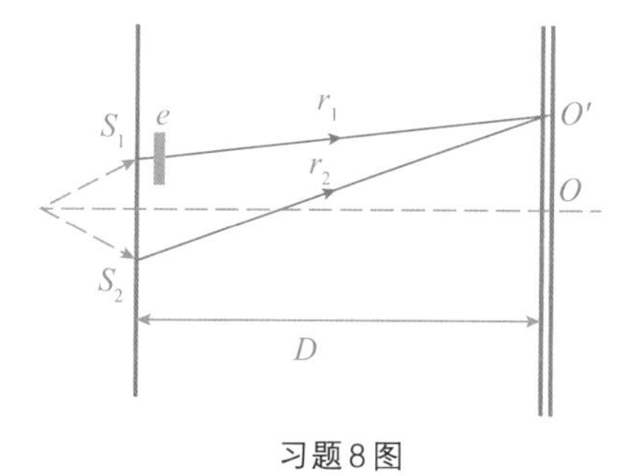

习题8图

8. 如题图所示，在双缝实验中入射光的波长为 550 nm，用一厚度为 $e=2.85\times10^{-4}$cm 的透明薄片盖住 S_1 缝，发现中央明纹移动3个条纹，向上移至 O'。试求：透明薄片的折射率。

9. 利用洛埃境实验观察干涉条纹装置如题图所示，已知从缝光源 S_1 发出的单色光波长为 600 nm，求观察屏上相邻干涉条纹的间距。

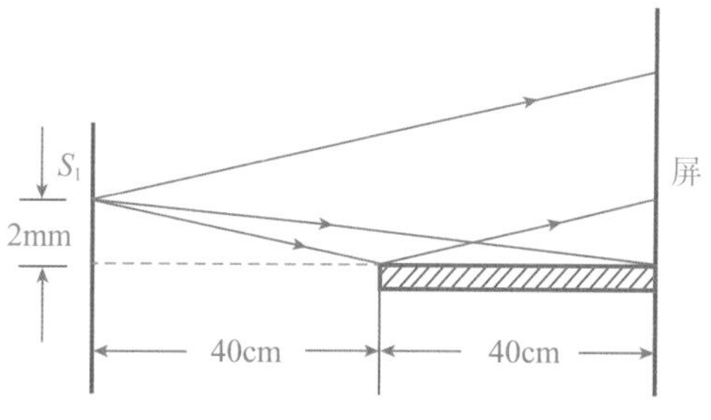

10. 在照相机镜头表面镀一层折射率为1.38的氟化镁增透膜，使太阳光的中心波长 $\lambda=550.0$ nm 的投射光增强。已知镜头玻璃的折射率为1.52，问膜的厚度最薄是多少?

S_1 屏 2mm 40cm 40cm

习题9图

11. 现代农业中已广泛使用塑料大棚，利用塑料薄膜（折射率为1.40）来调节通光的波长及光强。为了增加塑料薄膜的透射（减少反射），常在塑料膜上涂一层氟化镁（$n=1.38$）的薄膜，如果要使该塑料薄膜对波长为 570 nm 的光加强透射，则此氟化镁镀膜的厚度至少为多少?

12. 半导体Si常用于制作太阳能电池。为了使太阳能电池表面能吸收更多的太阳能，减少太阳光的反射，需在Si表面镀一层SiO薄膜。假设太阳光的中心波长为 552 nm，且垂直照射，SiO的折射率为 $n_2=1.45$，Si的折射率为 $n_3=3.50$。试求该层SiO薄膜的最小厚度 t？

13. 一种塑料透明薄膜的折射率为1.85，把它贴在折射率为1.52的车窗玻璃上，根据光干涉原理，以增强反射光强度，从而保持车内比较凉快。如果要使波长为700 nm的红光在反射中加强，则薄膜的最小厚度应该是多少？
14. 白光垂直照射到空气中一厚度 $e=380\ \mu m$ 的肥皂膜（$n=1.33$）上，在可见光的范围内（400~760 nm），哪些波长的光在反射中增强？
15. 一损坏的油船将大量石油（$n=1.20$）泄漏到波斯湾水域，在海水（$n=1.30$）面上形成了一大片油膜。(1)当太阳光在正头顶时，如果你从飞机上往下看，在厚度为460 nm油膜区域，对哪种波长的可见光由于干涉相长而反射最强？(2)如果你带着水下呼吸机在这同一油膜区域正下方，哪种波长的可见光透射的强度最强？
17. 利用劈尖的等厚干涉条纹可测量很小的角度。今在很薄的劈尖玻璃上，垂直入射波长为589.3 nm的钠光。若相邻条纹间的距离为5 mm，玻璃的折射率为1.52，求此劈尖的夹角。
18. 波长为600 nm的平行光垂直照射到12 cm长的两块玻璃片上，两玻璃片一端相互接触，另一端夹一直径为 d 的金属丝，若测得这12 cm内有141条明纹，则金属丝直径为多少？

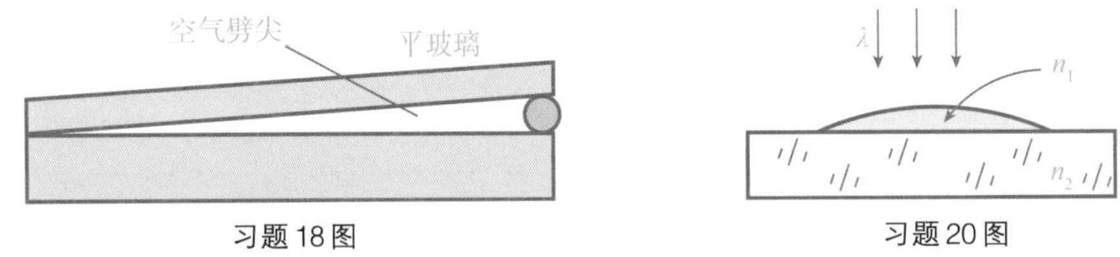

习题18图　　习题20图

19. 一牛顿环，凸透镜曲率半径为3 m，用波长 $\lambda=589.3$ nm的平行光垂直照射，求第20个暗环的半径。
20. 如题图所示，一滴油（$n_1=1.20$）放在平玻璃片（$n_2=1.52$）上，以波长 $\lambda=600$ nm的黄光垂直照射。从反射光看到有多个亮环和暗环。问：(1)最边缘处是亮环还是暗环？(2)从边缘向中心数，第5个亮环处油的厚度是多少？(3)若油滴逐渐扩大时，所看到的条纹将如何变化？

第3章　光的衍射

两束相干光在叠加区域会出现干涉现象。光通过一障碍物出来的只有一束光，这一束光会发生衍射现象。当光源离开障碍物很远，障碍物离开光屏也很远。这时，光线在光源与障碍物之间、障碍物与光屏之间可以近似地认为是平行光。这样的衍射被称为夫琅和费衍射。当光源离开障碍物、障碍物离开光屏都是有限距离时，光线在光源与障碍物之间、障碍物与光屏之间就不是平行光。这样的衍射被称为菲涅耳衍射。如果把透镜放到光源和障碍物之间、障碍物和光屏之间，可以使光通过障碍物时是平行光，这时的衍射也可以认为是夫琅和费衍射，见图4.3.1。

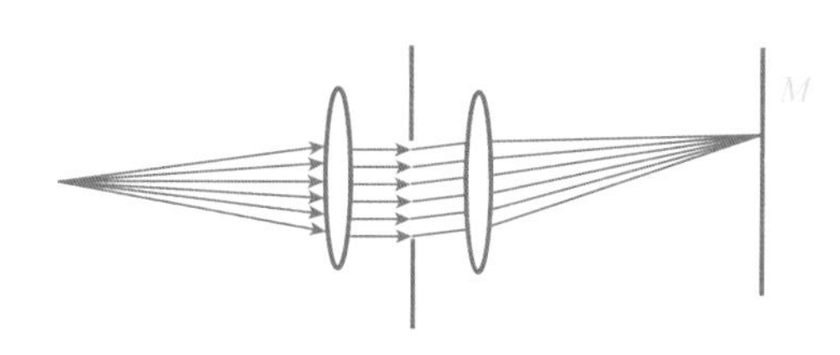

图4.3.1 夫琅和费衍射

§3-1 半波带法

根据惠更斯原理。光在传播时，光在某一时刻到达的位置被称做光的波阵面。波阵面上的各点都可看做是发射子波的波源。单缝处带宽为 a 的波阵面，可以分割成整数 N 个宽度相等的狭带，相邻两带上发出的光可以看做来自于对应点的子波。如果光从相邻两带到达叠加区域的光程差均为半个波长，相位相差 π 。这样的狭带称为半波带，见图4.3.2。由于从各个半波带所发出的光线的强度可以认为近似相等，因此两个相邻的半波带在叠加区域干涉相消。衍射光的强度相当于未被抵消部分光的强度。用这样的办法来研究光的衍射被称做菲涅耳半波带法。

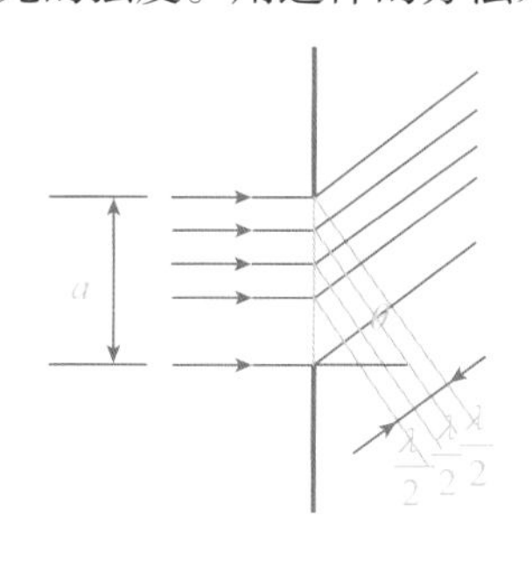

图4.3.2 菲涅耳半波带法

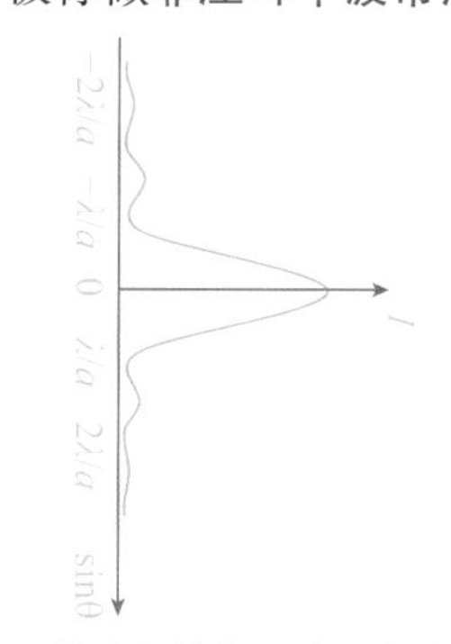

图4.3.3 单缝衍射的强度和角宽度

§3-2 单缝衍射

当光波通过一单缝，偏转角 θ 为零度时，从单缝上各子波源发射的光，到达光屏中央位置的光程是相同的。这些光通过干涉得到加强，因此光强最强，在光屏中央处的衍射条纹被称做中央明纹。偏转角 θ 不为零度时，从上到下光束的总光程差等于 $a\sin\theta$ 。如果总光程差恰好等于半波长的偶数倍，即单缝上的波阵面可被分割成偶数个半波带，所有的半波带的都两两抵消，叠加区域的光强为零，在光屏上会出现暗纹；若总光程差恰好等于半波长的奇数倍，即单缝上的波阵面可被分割成奇数个半波带，除了相邻的两个半波带两两抵消外，还留下一个半波带未被抵消，这样光屏上会出现明纹。此明纹是成对抵消后剩下的，因而它的强度大大低于中央明纹。单缝衍射图样的光强分布可以写为

$$a\sin\theta=\begin{cases}0 & \text{中央明纹}\\(2k+1)\dfrac{\lambda}{2} & \text{明纹}\\k\lambda & \text{暗纹}\end{cases}\tag{4.3.1}$$

在(4.3.1)式中，$k=\pm1,\pm2,\pm3,\cdots$根据此式，第一暗纹 $a\sin\theta$ 等于 $\pm\lambda$，第二暗纹 $a\sin\theta$ 分别等 $\pm2\lambda$。两者间的 $\sin\theta$ 相差为 $\dfrac{\lambda}{a}$。在θ角不是很大时，第一暗纹和第二暗纹的角度差 $\Delta\theta\approx\dfrac{\lambda}{a}$。第一暗纹和第二暗纹之间为第一明纹，也就是说第一明纹的角宽度 $\Delta\theta\approx\dfrac{\lambda}{a}$。同样可以证明：第二、第三……明纹的角宽度 $\Delta\theta\approx\dfrac{\lambda}{a}$。两条第一暗纹的角度差 $\Delta\theta\approx\dfrac{2\lambda}{a}$。两条第一暗纹的中间是中央明纹。中央明纹的角宽度约等于 $\dfrac{2\lambda}{a}$，或者说它的半角宽度约等于 $\dfrac{\lambda}{a}$。中央明纹的强度比其他明纹大得多，中央明纹的角宽度也是其他明纹角宽度的2倍。单缝衍射的强度和角宽度可以见图(4.3.3)。

【例4.3.1】 一束波长为500nm的单色光通过一单缝，单缝宽度 a =0.01mm，见图4.3.2。(1)当偏转角为7.2°时，从上到下总光程差等于多少？可以分成多少条半波带？(2)问第3明条纹在什么角度？(3)如果单缝离开屏的间距D=0.5m，衍射的第3明条纹在屏上什么位置？

解 (1)当偏转角为7.2°时，总光程差

$$a\sin\theta=10^{-5}\sin7.2^\circ=1.25\times10^{-6}(\text{m})$$

每一半波长

$$0.5\times500\text{nm}=2.5\times10^{-7}\text{m}$$

因此总光程差是半波长的5倍，单色光可以分成5条半波带，5是奇数，当偏转角为7.2°时，衍射光形成一明纹。

(2)根据(4.3.1)式，第3明条纹的角度可以表示为

$$a\sin\theta=(2k+1)\frac{\lambda}{2}$$

式中 k =3，即

$$\sin\theta=\frac{7\times5\times10^{-7}}{2\times10^{-5}}=0.175$$

所以 $\theta=10^\circ$。

(3)如果 y 是第3明条纹离开屏中央的距离

$$\sin\theta\approx\frac{y}{D}=0.175$$

$$y\approx0.0875\text{m}$$

【例4.3.2】 波长为 $\lambda=600\text{ nm}$ 的平行单色光垂直照射到缝宽为 $a=1.0\times10^{-4}\text{ m}$ 的单缝上，屏与缝相距 $D=1\text{ m}$，求中央明纹的线宽度。

解 中央明纹的角宽度

$$\Delta\theta\approx\frac{2\lambda}{a}$$

如果中央明纹的线宽度是 Δy ,那么

$$\frac{\Delta y}{D} \approx \frac{2\lambda}{a}$$

即 $\Delta y \approx \frac{2\lambda}{a} D$ 。把 $\lambda = 600\ \text{nm}$, $a = 1.0 \times 10^{-4}\ \text{m}$ 和 $D = 1\ \text{m}$ 代入后

$$\Delta y \approx 1.2 \times 10^{-2} \text{m}$$

【例4.3.3】 一单色平行光束垂直照射在宽为0.1 mm的单缝上,在缝后放一焦距为0.5 m的会聚透镜。已知位于透镜焦面处的屏幕上的中央明条纹宽度为2.5 mm,求入射光的波长。

解 中央明纹的角宽度

$$\Delta\theta \approx \frac{2\lambda}{a}$$

根据例4.3.2,中央明纹的线宽度:

$$\Delta y \approx \frac{2\lambda}{a} D$$

所以波长

$$\lambda = \frac{\Delta y \cdot a}{2D}$$

其中缝宽 $a = 0.1\text{mm} = 1.0 \times 10^{-4}\ \text{m}$,在缝后放一焦距为0.5 m的会聚透镜,屏与缝相距就是会聚透镜的焦距, $D = 0.5\ \text{m}$,中央明条纹宽度 $\Delta y = 2.5\text{mm} = 2.5 \times 10^{-3} \text{m}$,代入上式可以得

$$\lambda = 5.0 \times 10^{-7} \text{m} = 500\ \text{nm}$$

【例4.3.4】 水银灯发出的波长为500 nm的光垂直入射到一单缝上,缝后透镜的焦距为40 cm。已测得透镜后焦平面上中央明纹宽度为2.5 mm,求单缝的宽度。

解 根据例4.3.2,中央明纹的线宽度:

$$\Delta y \approx \frac{2\lambda}{a} D$$

所以

$$a \approx \frac{2\lambda}{\Delta y} D$$

根据已知条件

$$\lambda = 500\ \text{nm}, \Delta y \approx 2.5 \times 10^{-3} \text{m}, D = 0.4\ \text{m}$$

所以单缝的宽度

$$a = 1.0 \times 10^{-3}\ \text{m}$$

§3-3 圆孔衍射

当单色光通过一小孔,衍射光形成明暗相间的圆斑和圆环。单缝衍射的中央明纹的半角宽度为 $\frac{\lambda}{a}$;小孔衍射的中央明斑的半角宽度为1.22 $\frac{\lambda}{D}$,这里D是小孔的直径。当衍射斑聚焦在离开小孔 f 处,那么衍射的中央明斑的半径就是1.22 $\frac{\lambda \cdot f}{D}$ 。一般光学仪器,如望远镜、显微镜以及人眼的瞳孔等大多是圆形的。圆孔衍射中央明斑的半角宽度决定了光学仪器的分辨率。半角宽度越小,分辨率越高。要提高显微镜的分辨率就要增加透镜的直径,选择较短的波长。电子显微镜的电子波波长比可见光的波长短得多,因此电子显微镜的分辨率就要比普通光学显微镜的分辨率高得多。

【例 4.3.5】 有一架照相机，其物镜直径 $D=5.0$ cm，物镜焦距 $f=17.5$ cm，取波长为 550 nm，问这架相机能分辨的线条的宽度为多少？每毫米能分辨的线条数为多少？

解 小孔衍射的中央明斑的半径

$$R=1.22\frac{\lambda\cdot f}{D}$$

这也就是相机能分辨的线条的宽度，根据已知条件

$$\lambda=550\text{ nm},\ f=17.5\text{cm},\ D=5.0\text{cm}$$

那么，相机能分辨的线条的宽度

$$R=2.35\times10^{-6}\text{m}$$

照相机物镜的分辨本领以底片上每毫米能分辨的线条数来量度，用 1mm 除以 R，因此，这架照相机每毫米能分辨的线条数就是426条。

内容要点

1. 把一束光分割成整数 N 个宽度相等的狭带，相邻两个带上位置对应的点发出的子波，到达叠加区域的光程差均为半个波长，相位差为 π。这样的狭带称为半波带。两个相邻半波带在叠加区域干涉相消。用这样的办法来研究光的衍射被称作菲涅耳半波带法。
2. 当光波通过一单缝，偏转角为 θ 时，总光程差等于 $a\sin\theta$，单缝衍射的光强分布可以写为

$$a\sin\theta=\begin{cases}0, & \text{中央明纹}\\(2k+1)\dfrac{\lambda}{2}, & \text{明纹}\\k\lambda, & \text{暗纹}\end{cases}$$

   式中 k 为整数（$k=\pm1,\pm2,\pm3,\cdots$）。
3. 单缝衍射的第一、第二、第三……明纹的角宽度为 $\frac{\lambda}{a}$。中央明纹的角宽度为 $\frac{2\lambda}{a}$，它的半角宽度为 $\frac{\lambda}{a}$。中央明纹的强度比其他明纹大得多，中央明纹的角宽度是其他明纹角宽度的2倍。
4. 直径为 D 的圆孔衍射，中央明斑的半角宽度为 $1.22\frac{\lambda}{D}$。

思考题

1. 用菲涅耳半波带法解释衍射中央亮条纹的强度比其他亮条纹的强度强得多的原因。
2. 当波长为 λ 的光波通过一缝宽为 a 的单缝，中央明纹的角宽度和其他明纹的角宽度各是多少？
3. 光波通过一单缝，当单缝的缝宽变化时，试说明衍射图像的变化。
4. 当波长为 λ 的光波通过一直径为 d 的圆孔，圆孔衍射的中央明斑的半角宽度是多少？根据半角宽度来讨论提高光学器件分辨率的途径。
5. 双缝干涉中的每一束光的强度相当于一束光经过单缝衍射后的强度，考虑单缝衍射的因素，试讨论双缝干涉的强度

习 题

1. 一单色平行光束垂直照射在宽为1.0 mm的单缝上，在缝后放一焦距为2.0 m的会聚透镜。已知位于透镜焦面处的屏幕上的中央明条纹宽度为2.5 mm，求入射光的波长。
2. 波长为$\lambda=500$ nm的平行单色光垂直照射到缝宽为$a=2\times10^{-5}$ m的单缝上，屏与缝相距$D=1$ m，求中央明纹的线宽度。
3. 水银灯发出的波长为546 nm的绿色平行光垂直入射到一单缝上，缝后透镜的焦距为40 cm。已测得透镜后焦平面上中央明纹宽度为1.5 mm，求单缝的宽度。
4. 在单缝夫琅禾费衍射实验中，用单色光垂直照射缝面，已知入射光波长为500 nm，第一级暗纹的衍射角为30°。试求：(1)缝宽是多少；(2)缝面所能分成的半波带数。
5. 波长633 nm的光入射到一个狭缝上，在中央极大的一侧的第一衍射极小和另一侧的极小的夹角是1.20°，求狭缝的宽度。
6. 在单缝夫琅禾费衍射实验中，缝宽$a=5\lambda$，缝后透镜焦距$f=50$ cm。求：(1)中央明纹的宽度；(2)第一级明条纹的宽度。
7. 用单色平行光垂直照射到宽度为$a=0.5$ mm的单缝上，在缝后放置一个焦距为$f=100$ cm的透镜，则在焦平面的屏幕上形成衍射条纹。若在离屏中心点为$x=1.50$ mm的P点看到明纹。试求：(1)入射光的波长；(2) P点条纹的级数和该条纹对应的衍射角；(3)从P点来看，狭缝处波面可分为几个半波带；(4)中央明纹的线宽度。
8. 照相机物镜的分辨本领以底片上每毫米能分辨的线条数N来量度。现有一架照相机，其物镜直径$D=5.0$ cm，物镜焦距$f=17.5$ cm，取波长为550 nm，问这架相机的分辨本领为多少？
9. 在迎面驶来的汽车上，两盏前灯相距120 cm。若仅考虑人眼圆形瞳孔的衍射效应，试问在汽车离人多远的地方，眼睛才能分辨这两盏前灯。假设夜间人眼瞳孔直径约为5.0 mm，而入射光波长为$\lambda=550$ nm。

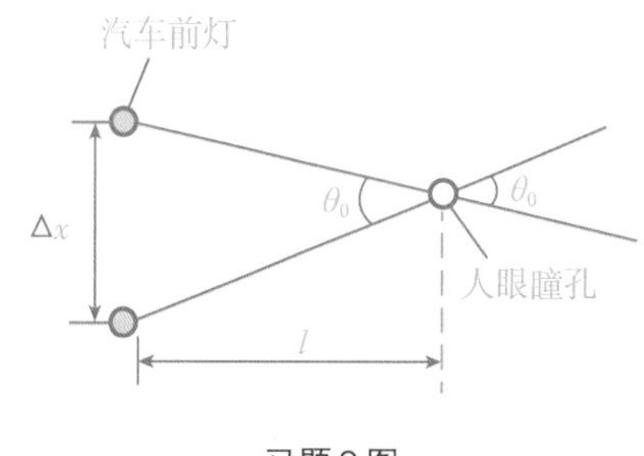

习题9图

10. 据说间谍卫星的照相机可以清楚地识别地面上汽车的牌照号码。(1)设汽车牌照上字画之间的距离为5 cm，在160 km高空的卫星上的照相机的最小分辨角应为多大？(2)此照相机的孔径需要多大？设感光波长为500 nm。

第4章　光的偏振

§4-1 偏振光与非偏振光

可见光是波长在400~700nm之间的电磁波。电磁波中电场强度矢量 E 和磁感应强度矢量 B 相互垂直，并分别与波的传播方向垂直。因此，光波可以认为是一横波。我们可以用电场强度矢量 E 的方向代表光波的振动方向，并称之为光矢量。由电子在不同能级之间的跃迁产生的一列光波的光矢量方向是一定的。通常一束可见光由无数列光波组成，它的光矢量分布在整个与光传播方向垂直的平面内，这样的可见光，称之为非偏振光或自然光。自然光的光矢量可以分解到相互正交的两个方向上。自然光的光矢量可以被认为就在这两个相互正交的方向上大小相同，它们可以分别用点和短线来表示。因此，在传播方向上画上相等数目的点和短线就可以表示一条自然光，见图4.4.1。

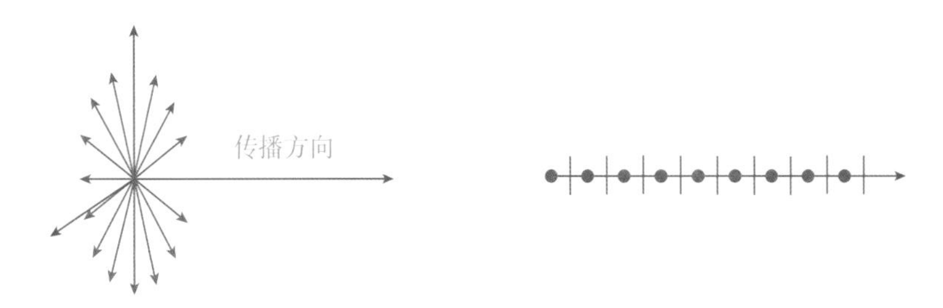

图4.4.1 自然光和自然光的表示

晶体中的原子和分子是按照一定的规律排列的。光波在通过晶体时，不同方向的光矢量与晶体的相互作用是不同的。光在通过某些晶体时，光矢量在其中一个方向的光波会在晶体内被吸收，或者说晶体只允许光矢量在另一方向的光波通过，这个方向被称做偏振化方向。光波通过这样的晶体后，它的光矢量只有一种方向。用这样的晶体做成的镜片，叫做偏振片；光矢量只是在同一方向的光波，称之为线偏振光。在传播方向上只画上点或短线就可以表示一条线偏振光。

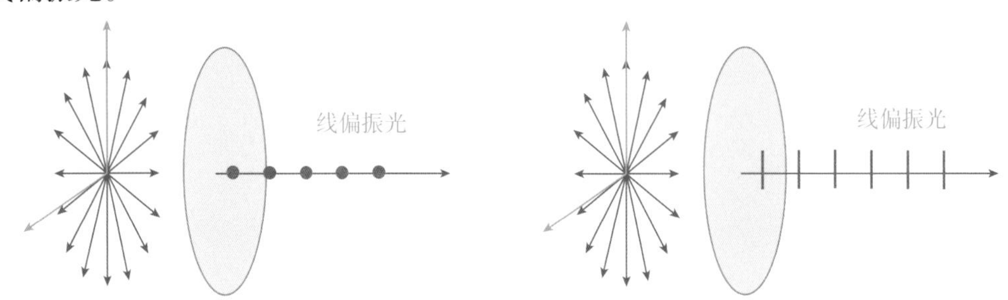

图4.4.2 线偏振光和线偏振光的表示

光波在通过晶体时，光矢量在某一方向的光波在晶体内被部分被吸收。光波通过这样的晶体后，光矢量在这一方向的光波会减弱。光矢量在相互正交的两个方向上的强度强弱不同，这样的光叫做部分偏振光。在传播方向上画的点多一些或短线多一些都可以表示一条部分偏振光，见图4.4.3。

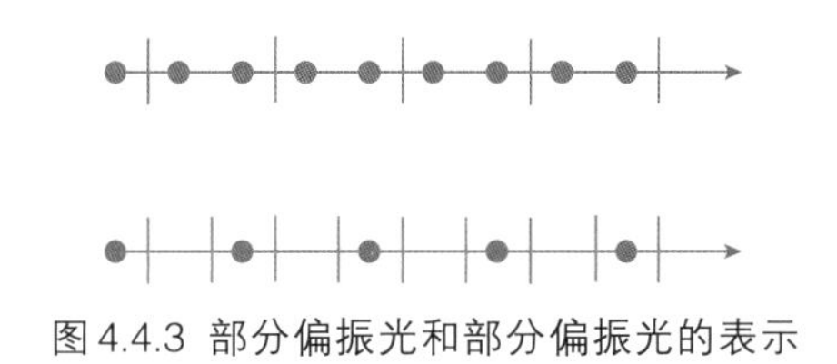

图4.4.3 部分偏振光和部分偏振光的表示

§4-2 马吕斯定律

当自然光通过偏振片时，总只有一半的光被允许通过。因此，自然光通过偏振片后，光的强度只有原来的二分之一。当线偏振光通过偏振片时，如果入射光的光矢量与偏振片的偏振化方向之间的夹角是 θ（见图4.4.4），那么出射光的振幅 A 和入射光的振幅 A_0 之间有

$$A=A_0\cos\theta$$

光的强度跟振幅的平方成正比，把上式两边分别平方后可得

$$I=I_0\cos^2\theta \tag{4.4.1}$$

式中 I 与 I_0 分别为出射光和入射光的强度，方程式（4.4.1）叫做马吕斯定律。

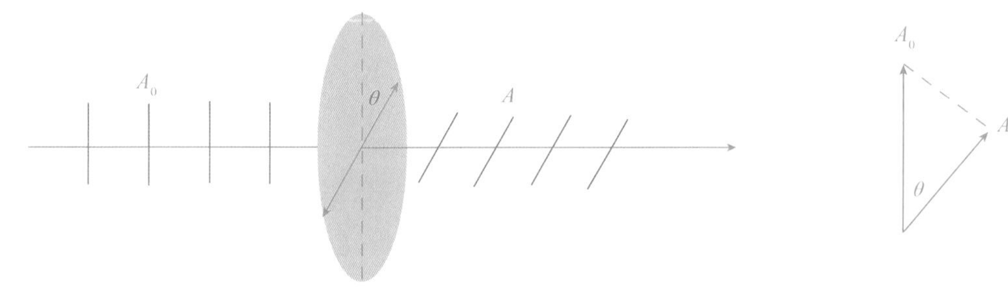

图4.4.4 线偏振光通过偏振片

【例4.4.1】 光强为 I_0 的自然光连续通过两个偏振片后，光强变为原来的五分之一，求这两个偏振片偏振化方向之间的夹角。

解 光强为 I_0 的自然光连续通过第1个偏振片后变为光强 $I_0/2$ 的线偏振光，如果它的偏振方向与第2个偏振片的偏振化方向之间的夹角为 θ，根据马吕斯定律，那么出射光的光强

$$I=(I_0/2)\cos^2\theta$$

当出射光的光强变为原来的五分之一，那么

$$I_0/5=(I_0/2)\cos^2\theta\text{，即 }\cos^2\theta=2/5$$

所以

$$\theta=50.8°$$

【例4.4.2】 当一强度为 I_0 的偏振光相继通过两个偏振片。偏振光的偏振方向与第一个偏振片的偏振化方向成50°的角，两个偏振片偏振化方向之间的夹角为40°，求通过这两个偏振片后透射光的强度。

解 根据马吕斯定律，偏振光经过第1个偏振片后的强度

$$I_1=I_0\cos^2 50°$$

两个偏振片偏振化方向之间的夹角为40°，那么，经过第2个偏振片后的强度

$$I_2 = I_1 \cos^2 40° = I_0 \cos^2 40° \cos^2 50° = 0.24 I_0$$

【例4.4.3】 当一束部分偏振光照射到偏振片上，转动偏振片，测得透射光强最大值和最小值之比等于8，求入射光中线偏振光和自然光的光强之比。

解 部分偏振光可以看作线偏振光和自然光的组合，假设入射光中线偏振光和自然光的光强分别为 I_1 和 I_2，当光照射到偏振片上，转动偏振片，自然光的透射强度始终为 $I_2/2$，线偏振光的透射强度最大为 I_1，最小为0。测得透射光强最大值和最小值之比等于8，那么

$$\frac{I_2/2 + I_1}{I_2/2} = 8$$

因此

$$I_1 : I_2 = 7 : 2$$

§4-3 布儒斯特定律

当自然光在两种媒质的界面上反射和折射时，反射光和折射光都是部分偏振光。在反射光中偏振方向垂直于入射面的光强于偏振方向平行于入射面的光；在折射光中偏振方向平行于入射面的光强于偏振方向垂直于入射面的光。当反射光和折射光相互垂直时，反射光为全偏振光（见图4.4.5）。这时的入射角 θ_p，被称为起偏角，也叫布儒斯特角。这个定律叫做布儒斯特定律。

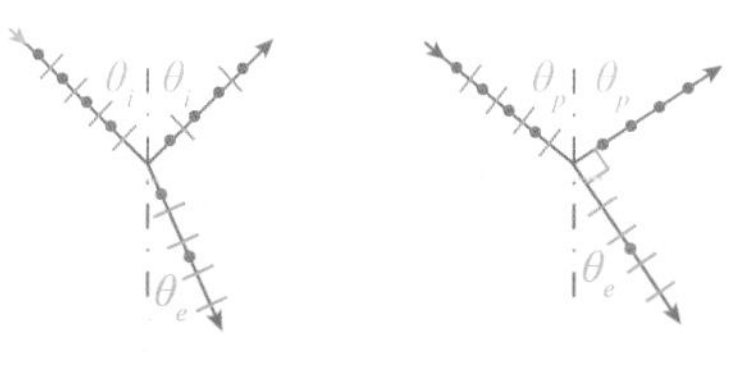

图4.4.5 反射和折射时的偏振现象

根据折射定律

$$n_1 \sin\theta_i = n_2 \sin\theta_e$$

当反射光为全偏振光时，入射角等于布儒斯特角，$\theta_i = \theta_p$，根据布儒斯特定律

$$\theta_e = 90° - \theta_p$$

代入折射公式

$$n_1 \sin\theta_p = n_2 \sin(90° - \theta_p)$$

所以

$$n_1 \sin\theta_p = n_2 \cos\theta_p \qquad 即\ \tan\theta_p = \frac{n_2}{n_1} \tag{4.4.2}$$

液晶在加或不加电压时，允许通过的偏振光是不同的。液晶显示就是利用了这个原理，允许光通过某些区域，显示文字或图像。当我们用两只眼睛看物体时，人可以感觉到物体发出的光线到达两只眼睛的微小差别，根据这个微小差别，人就可以感受到物体的立体图像。用两台摄像机摄像，然后用两台放映机分别放映。两台放映机放映的光分别是不同方向的线偏振光，如果人的眼睛戴上不同偏振片做成的眼镜，每只眼睛只能看到其中一台放映机放映的图像，这样人就能根据两只眼睛看到图像的差别，感受到物体的立体形状。现在流行的3D电影就是根据这个原理。

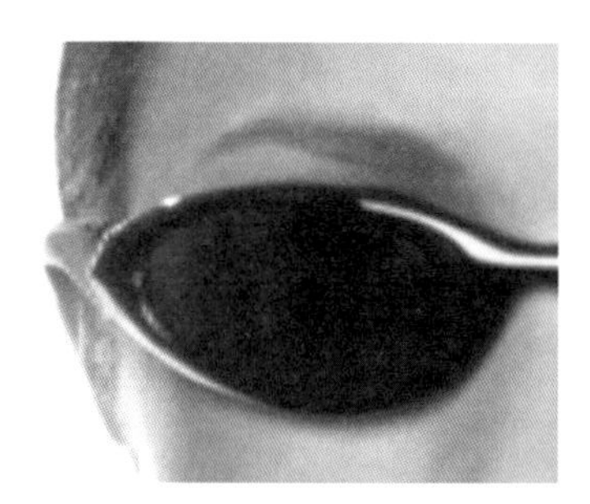

图 4.4.6 液晶显示和偏振眼镜

【例 4.4.4】 光线在空气中以 65° 角入射到某半导体材料表面，反射出来的光是线偏振光，求该半导体材料的折射率。

解 反射出来的光是线偏振光，根据布儒斯特定律，入射角为布儒斯特角，所以

$$\tan\theta_p = \frac{n_2}{n_1}$$

空气的折射 $n_1 = 1.0$，半导体材料的折射率 n_2 可以表示为

$$n_2 = \tan\theta_p = 2.14$$

【例 4.4.5】 光线在空气中入射到折射率为 1.50 的某材料表面，反射出来的光是线偏振光，求光线的入射角。

解 反射出来的光是线偏振光，根据布儒斯特定律，入射角为布儒斯特角，所以

$$\tan\theta_p = \frac{n_2}{n_1}$$

根据已知条件空气的折射 $n_1 = 1.0$，材料的折射率 $n_2 = 1.50$，所以

$$\tan\theta_p = 1.50\text{，即 } \theta_p = 56°$$

§4-4 圆偏振光

光波以某个方向通过某些晶体时，不同偏振方向的光有不同的速度，也就是说光波在这个方向上，不同偏振方向光的折射率不一样，不同偏振方向的光经过此类晶体时，虽然光经过的路程相同，但光程是不一样的。当晶体的厚度为某一数值时，两种偏振方向光的光程差为 $\frac{\lambda}{4}$，两种偏振方向光的相位差为 $\frac{\pi}{2}$。当这两种光叠加后，光矢量就会绕传播方向旋转起来。这样的光，称之为圆偏振光。和自然光一样，圆偏振光的光矢量也分布在整个与光传播方向垂直的平面内，不同的是圆偏振光的光矢量在某一时刻只是在一个方向上。光矢量在绕传播方向旋转时，在两个正交的方向上，光矢量的大小不一样，这样的光，就是椭圆偏振光。

内容要点

1. 光矢量分布在整个与光传播方向垂直的平面内，这样的可见光，称之为自然光或非偏振光。
2. 光波的光矢量只沿一个方向，这样的光称之为线偏振光；光波的光矢量在两个正交的方向上大小不相等，这样的光称之为部分线偏振光。

3. 当线偏振光通过偏振片时，光的强度依赖光矢量与偏振片的偏振化方向之间的夹角。如果入射光的强度为I_0，光矢量与偏振片的偏振化方向之间的夹角是θ，那么出射光的强度$I=I_0\cos^2\theta$。
4. 当自然光在两种媒质的界面上反射和折射时，反射光和折射光都是部分偏振光。在反射光中偏振方向垂直于入射面的光强于偏振方向平行于入射面的光；在折射光中偏振方向平行于入射面的光强于偏振方向垂直于入射面的光。当反射光和折射光相互垂直时，反射光为全偏振光。
5. 光矢量绕传播方向旋转的光，称之为圆偏振光。光矢量在旋转时，在两个正交的方向上，光矢量的大小不一样，这样的光，就是椭圆偏振光。

思考题

1. 光强为I_0的自然光连续通过两个偏振化方向相互正交的偏振片后，出射光强变为多少？
2. 如果在上题中的两个偏振片之间再插入一个偏振片，它的偏振化方向与其他两个偏振片的偏振化方向成45°角，出射光强变为多少？
3. 根据上题，阐述如何通过偏振片组改变线偏振光的偏振方向？
4. 用部分光垂直照射偏振片，然后转动偏振片，试讨论出射光强的变化规律？
5. 当自然光在空气和玻璃的界面上反射和折射时，根据布儒斯特定律，如何根据反射光为全偏振时的方向确定光的折射方向，从而确定玻璃的折射率？

习　题

1. 光强为I_0的自然光连续通过两个偏振片后，光强变为$I_0/4$，求这两个偏振片偏振化方向之间的夹角。
2. 强度为43 W/m^2、竖直偏振的水平光束相继通过两个偏振片。第一个偏振片的偏振化方向与竖直方向成70°角，第二个偏振片的偏振化方向为水平，求通过这两个偏振片后透射光的强度。
3. 自然光透射到互相重叠的两块偏振片上，若透射光的强度为入射光的1/9，求两块偏振片的偏振化方向的夹角。
4. 用线偏振光和自然光混合的光束垂直照射偏振片，然后转动偏振片，测得透射光强最大值I_{max}和最小值I_{min}之比等于5，求入射光中线偏振光和自然光的光强之比。
5. 已知某釉质材料在空气中的布儒斯特角$i_0=58°$，求它的折射率。
6. 测得从一池静水的表面反射出来的太阳光是线偏振光，求此时太阳处在地平线的多大仰角处?（水的折射率为1.33）。

第5篇 近代物理学

19世纪末，经典物理学已发展成为严密而系统的理论，成功地解释了许多物理现象，解决了许多实际问题。然而，随着物理学的进一步发展，经典物理学与实验之间的矛盾逐渐尖锐化。在研究电磁波传播的时候，遇到了所谓“以太漂移”的困惑；在研究“黑体辐射”时，遇到了辐射的波动模型与实验不相符的问题，又称“紫外灾难”。

爱因斯坦(A. Einstein)冲破了传统观念的束缚，创立了“相对论”。圆满地解释了光传播的速度问题。解决了高速运动领域中，经典力学与实验之间的矛盾。德国物理学家普朗克(Max. K. E. L. Planck)，把辐射建立在一些频率为ν、能量处于分立状态的谐振子基础上，成功地导出了一个与实验完全相符的黑体辐射公式。从光的波粒二象性到实物粒子的波粒二象性，最终形成了完整的量子物理理论。相对论和量子物理构成了近代物理学的基础，是20世纪物理学最伟大的成就。

第1章　狭义相对论时空观

经典力学是建立在绝对时空观的基础之上的。牛顿认为时间和空间都与物质运动没有联系。从这种绝对时空观出发，所得到的坐标变换关系，称为伽利略变换。

按照绝对时空观，假设 $K(Oxyz)$ 和 $K'(O'x'y'z')$ 是两个惯性坐标系，对应坐标轴互相平行。$t=0$ 时刻，两个坐标系的原点 o 和 o' 互相重合。

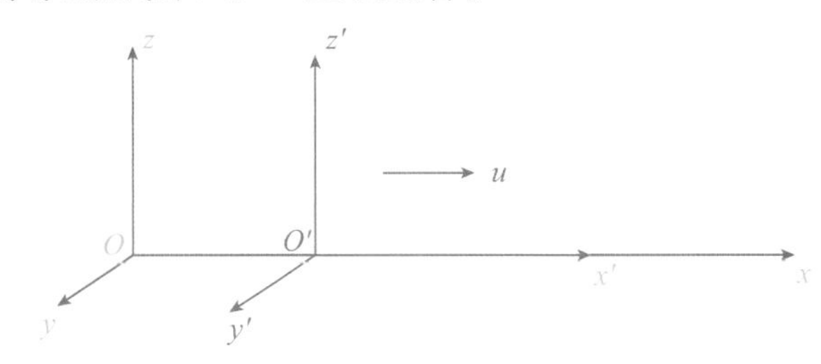

图5.1.1　$K(Oxyz)$ 和 $K'(O'x'y'z')$ 惯性坐标系

K' 系相对 K 系以速度 u 沿 x 轴的正方向做匀速直线运动。若在 K 系中某一事件于 t 时刻发生在 (x,y,z) 处，则在 K' 系中观察该事件发生的时间和地点为

$$\begin{cases} x'=x-ut \\ y'=y \\ z'=z \\ t'=t \end{cases} \quad \text{或} \quad \begin{cases} x=x'+ut' \\ y=y' \\ z=z' \\ t=t' \end{cases} \tag{5.1.1}$$

这就是伽利略坐标变换。

请注意，在伽利略坐标变换式中，时间在不同的惯性系中是相同的 $t'=t$ 或 $\mathrm{d}t'=\mathrm{d}t$，即时间或时间间隔与坐标系的选择无关，这就体现了经典物理中时间和空间是相互分离的绝对的时空观。

相应的伽利略速度变换为

$$\begin{cases} v'_x=v_x-u \\ v'_y=v_y \\ v'_z=v_z \end{cases} \quad \text{或} \quad \begin{cases} v_x=v'_x+u \\ v_y=v'_y \\ v_z=v'_z \end{cases} \tag{5.1.2}$$

绝对时空观和伽利略变换与日常经验符合甚好，日常生活中的物体速度总是远小于光速时，它的局限性才没有暴露出来，因此，长期被视为绝对真理。按照伽利略变换，显然光相对于不同坐标系的速度是不一样的。

日常生活中的物体速度总是远小于光速，当开始研究光的传播时，问题就出来了。人们最初假定“以太(ether)”是光传播的媒质。“以太”是充满在宇宙中的一种绝对静止的特殊物质。1887年由迈克耳逊(A.A. Michelson)–莫雷(E. W. Morley)所做的“以太漂移”实验是一个精密的光干涉实验。由于地球相对“以太”在运动，当迈克耳逊实验在地球上不同地点、沿不同方向进行，应该得到不同的干涉结果。但是不同的干涉结果始终没有观察到，根据实验结果找不到任何“以太”存在的证据。这一“不幸的”实验结果被英国物理学家开尔文喻为“19世纪来笼罩在经典物理学晴朗天空中的一朵乌云”。

要驱散这朵乌云，物理学家面临几种选择。① 经典物理和经典电磁学都正确，即维持经典力学的绝对时空观，“以太系”也存在，但必须修正原有的“以太”假说。采用这种观点的理论有“以太拖曳假说”和洛伦兹“以太收缩假说”等；② 经典力学正确，麦克斯韦电磁场理论及“以太假说”不完全正确，需加以修改，支持这种观点的理论有“里兹发射假说”；③ 经典力学及“以太假说”都不正确，需重新建立新的物理学理论，其代表即为爱因斯坦创立的狭义相对论。①和②中的观点实际上是采用修修补补的方法来消除“乌云”，让“乌云”变成“白云”，而③中的观点则是采用革命的方法，让“乌云”化为“暴风雨”，在经历暴风雨后，使物理学的天空重新变成崭新的艳阳天。

§1-1 狭义相对论的基本原理

爱因斯坦经过周密思考和大胆探索，摆脱了绝对时空观的束缚，意识到要深入地理解自然界，就必须抛弃旧观念，引入新观念。他指出，“以太”是根本不存在的，绝对时空观是不正确的。1905年爱因斯坦提出了狭义相对论的两条基本原理：

(1)物理定律的表达形式在所有惯性系中都相同；

(2)在所有惯性系中，真空内的光速都相等。

前者就是狭义相对论的相对性原理，后者就是光速不变性原理。相对性原理将经典力学中的伽利略相对性原理推广到了整个物理领域，即用任何物理方法都无法找到一个绝对参考系，所有惯性参考系都是等价的、相对的、平权的，这就否定了经典电磁学理论中的“以太参考系”。基于迈克尔逊-莫雷实验结果而提出的光速不变原理则抛弃了经典力学中的伽利略变换公式，从而建立起与经典时空观完全不同的相对论时空观。爱因斯坦的狭义相对论对经典物理既有继承，又有否定，更有发展。其两条基本原理既形式简单，又内涵深刻，充分体现了物理基本理论简单、统一、对称的美学特点，可以说爱因斯坦的狭义相对论是人类思维领域中一件璀璨不朽的艺术品，也是人类文明发展史上一个光辉里程碑。

艾尔伯特.爱因斯坦（Albert Einstein，1879—1955）是一位举世闻名的德裔美国科学家，现代物理学的开创者和奠基人。爱因斯坦1900年毕业于苏黎世工业大学。他创立了代表现代科学的相对论，并为核能开发奠定了理论基础。他的广义相对论扩大了不一致运动的相对性，创造了引力作用的新理论。爱因斯坦因由于发现光电效果的规律，于1921年获得诺贝尔物理学奖。爱因斯坦对于物理的贡献包括光学、力学、热学和原子物理学等多个领域，成功解释了布朗分子运动、原子跃进概率、单原子气体的量子论、地辐射密度的光的热性质(基于光子理论)，包括受激发射的放射理论、统一场论的概念。

狭义相对论的两条基本原理彻底否定了绝对时空观。爱因斯坦由此出发，确定了洛伦兹变换才是符合狭义相对论原理的坐标变换关系。在洛伦兹变换中，空间坐标变换式中包含时间坐标，时间坐标变换式中包含空间坐标，说明时间与空间是密切相关的，时空坐标需要统一地进行变换。

按照狭义相对论原理，假设 K（$Oxyz$）和 K'（$O'x'y'z'$）是两个惯性坐标系，对应坐标轴互相平行。$t=0$时刻，两个坐标系的原点 O 和 O' 互相重合。K' 系相对 K 系以速度 u 沿 x 轴的正方向做匀速直线运动。若在 K 系中某一事件于 t 时刻发生在(x,y,z)处，按照洛伦兹变换，在 K' 系中观察该事件发生

的时间和地点为

$$\begin{cases} x'=\dfrac{x-ut}{\sqrt{1-u^2/c^2}} \\ y'=y \\ z'=z \\ t'=\dfrac{t-ux/c^2}{\sqrt{1-u^2/c^2}} \end{cases} \quad 或 \quad \begin{cases} x=\dfrac{x'+ut'}{\sqrt{1-u^2/c^2}} \\ y=y' \\ z=z' \\ t=\dfrac{t'+ux'/c^2}{\sqrt{1-u^2/c^2}} \end{cases} \tag{5.1.3}$$

相应的相对论速度变换为

$$v'_x=\frac{v_x-u}{1-\dfrac{v_xu}{c^2}} \quad v'_y=\frac{v_y\sqrt{1-u^2/c^2}}{1-\dfrac{v_xu}{c^2}} \quad v'_z=\frac{v_z\sqrt{1-u^2/c^2}}{1-\dfrac{v_xu}{c^2}} \tag{5.1.4}$$

或

$$v_x=\frac{v'_x+u}{1+\dfrac{v'_xu}{c^2}} \quad v_y=\frac{v'_y\sqrt{1-u^2/c^2}}{1+\dfrac{v'_xu}{c^2}} \quad v_z=\frac{v'_z\sqrt{1-u^2/c^2}}{1+\dfrac{v'_xu}{c^2}}$$

式中 c 是光在真空中的速度。根据洛伦兹变换，可以证明，光在 K（$Oxyz$）坐标系中的速度是c，那么在 K'（$O'x'y'z'$）坐标系中的速度也是c。当 u 远小于光速 c 时，洛伦兹变换变成伽利略变换。因此，伽利略变换式其实就是在 u 远小于 c 时，洛伦兹变换的近似式。只有当物体的运动速度远小于光速时，伽利略变换才是成立的。当 u 与 c 接近时，伽利略速度变换不再适用，而必须应用洛伦兹变换。

若 $u>c$，则 $\sqrt{1-u^2/c^2}$ 为一虚数，没有实际的物理意义。这说明两参考系的相对速度不可能大于或等于光速。由于参考系总是借助于一定的物体而确定的，因此可以得出结论：真空中的光速是一切客观实体的速度上限。在北京正负电子对撞机（BEPC）的高真空管道内，电子已被加速到0.999 999 983c的速率，但始终没能超过c。

狭义相对论提出了一种崭新的时空观，在这里只有光的真空速度是不变的，其他的时空量度是相对的。

【例5.1.1】 试推导相对论中速度变换公式(5.1.4)，并由此说明在一切惯性系真空中的光速都是同一个恒量c，亦即光速不变原理。

解 设一质点沿x轴方向运动，某一时刻在K系中的时空坐标为(x,y,z,t)，速度为$v(v_x,v_y,v_z)$；在K′系中的时空坐标为(x',y',z',t')，速度为$v'(v_x',v_y',v_z')$；它们的速度分量分别为

$$v_x=\frac{dx}{dt},\quad v_y=\frac{dy}{dt},\quad v_z=\frac{dz}{dt} \qquad 及 \quad v'_x=\frac{dx'}{dt'},\quad v'_y=\frac{dy'}{dt'},\quad v'_z=\frac{dz'}{dt'}$$

对洛伦兹坐标变换(5.1.3)式，两边取微分有

$$\begin{cases} x'=\dfrac{x-ut}{\sqrt{1-u^2/c^2}} \\ y'=y \\ z'=z \\ t'=\dfrac{t-ux/c^2}{\sqrt{1-u^2/c^2}} \end{cases} \rightarrow \begin{cases} dx'=\dfrac{dx-udt}{\sqrt{1-u^2/c^2}}=\dfrac{v_x-u}{\sqrt{1-u^2/c^2}}dt \\ dy'=dy \\ dz'=dz \\ dt'=\dfrac{dt-\dfrac{u}{c^2}dx}{\sqrt{1-u^2/c^2}}=\dfrac{1-\dfrac{u}{c^2}v_x}{\sqrt{1-u^2/c^2}}dt \end{cases}$$

即得

$$v'_x=\frac{v_x-u}{1-\frac{v_x u}{c^2}},\qquad v'_y=\frac{v_y\sqrt{1-u^2/c^2}}{1-\frac{v_x u}{c^2}},\qquad v'_z=\frac{v_z\sqrt{1-u^2/c^2}}{1-\frac{v_x u}{c^2}}$$

从上式可以看出，当 $v=c$ 时，相对论的速度变换就简化为伽利略速度变换，所以伽利略速度变换是相对论速度变换在低速下的极限形式。

现讨论真空中的光速。设一束光沿 x 轴方向运动，光在 K 系中的速度为 c，根据相对论速度变换公式，光在 K' 系中的速度为

$$v'_x=\frac{v_x-u}{1-\frac{v_x u}{c^2}}=\frac{c-u}{1-\frac{cu}{c^2}}=c$$

也就是说，光相对于 K 系和 K' 系的速度相等，这个结论符合光速不变原理。

【例5.1.2】 一太空飞船以0.9c的速度飞离地球，并相对于飞船以0.9c的速度沿飞船运动方向发射一太空探测器，求探测器相对于地球的速度。

解 以地球为K系，飞船为K′系，则有 $u=0.9c$，$v'_x=0.9c$，根据相对论速度变换公式，可求得探测器相对地球的速度为

$$v_x=\frac{v'_x+u}{1+\frac{v'_x u}{c^2}}=\frac{0.9c+0.9c}{1+\frac{0.9c\times0.9c}{c^2}}=\frac{1.8}{1.81}c=0.994c$$

据说爱因斯坦在孩提时代起就在思考这样一个“简单”问题，假如你乘坐接近光速的交通工具去看一束光，你将会看到什么？根据当时经典物理的伽利略速度变换公式，这束光看起来似乎将会静止，即光束看起来应该没有运动。爱因斯坦后来回忆道“这个佯谬我在16岁时就已无意中想到：如果我以光速c追逐一束光，那我观察到的这束光应该是一个停滞不前的在空间振荡的电磁场。然而无论是基于经验还是根据麦克斯韦方程，看来都不存在这样的事情。”思考如何解决这样一个佯谬最终导致了爱因斯坦提出光速不变原理，并以相对论速度变换公式(5.1.4)代替了经典物理伽利略速度变换公式(5.1.2)。爱因斯坦证明，不管我们多么辛劳地追赶光速，我们永远也不会超过光速，光总是以相同的速度c相对我们前进。我们知道速度的定义是单位时间内物体通过空间的距离，光速不变这一“奇怪”特征，其实正是反映了时间和空间在高速世界运动时的特点。

§1–2 “同时”的相对性

按照经典力学的观点，在某一惯性系中同时发生的两个事件，在其他所有惯性系中都是同时发生的，即“同时”与参照系无关，时间是绝对的。而狭义相对论指出，一个惯性系中的两个同时的事件，在另一个惯性系中不一定是同时的，即“同时”与参照系有关，“同时”是相对的。

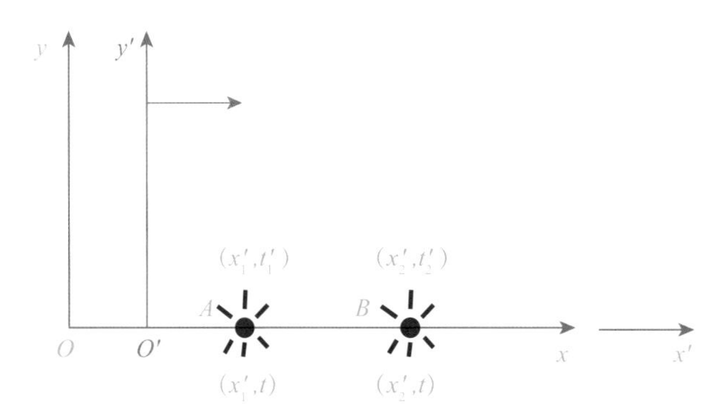

图5.1.2　同时的相对性

假定在 K（$Oxyz$）坐标系中，不同的位置 x_1 和 x_2 在时刻 t 同时发生了两个事件，如图5.1.2所示。根据(5.1.3)式，这两个事件在 K'（$O'x'y'z'$）坐标系中发生的时刻是

$$t'_1=\frac{t-ux_1/c^2}{\sqrt{1-u^2/c^2}},\quad t'_2=\frac{t-ux_2/c^2}{\sqrt{1-u^2/c^2}} \tag{5.1.5}$$

在 K' 系中，这两个事件发生的时刻是不同的。这说明 K 系中不同地点发生的两个"同时"事件，在 K' 系中是"不同时"的。事件的同时性随所选惯性系不同而异，这就是"同时"的相对性。

§1-3 长度的收缩效应

杆的长度就是杆的两个端点之间的空间间隔。按经典力学观点，一根杆的长度在所有惯性参照系中测量，都是相同的，即长度是绝对的。而狭义相对论认为，同一根杆在不同的惯性系中测量，其长度是不同的，即长度是相对的。

假设在 K'（$O'x'y'z'$）坐标系中沿 x' 轴有一静止的杆，如图5.1.3所示。两个端点的空间坐标分别为 x_1' 和 x_2'。因此，杆在 K' 系中的长度为 $x_2'-x_1'$。对于 K' 系来说，由于杆相对测量者是静止的，测量杆的两个端点坐标不论是同时进行的，还是不同时进行的，都不会影响杆长的测量结果，都有 $l_0=x_2'-x_1'$，l_0 被称为**静长**或**本证长度**，静长也就是物体相对参考系静止时的空间长度。

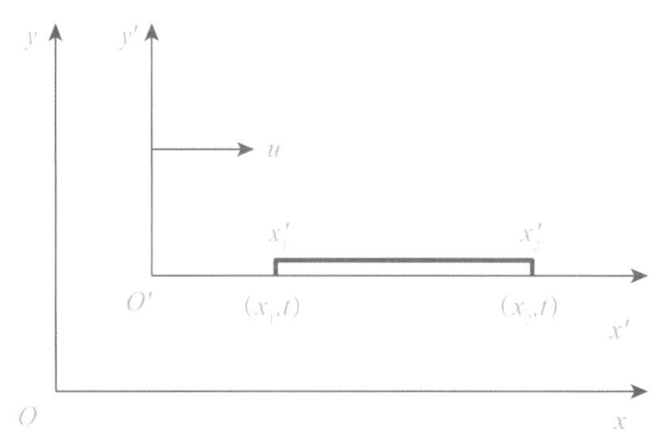

图5.1.3　长度的收缩效应

在 K（$Oxyz$）坐标系中，测量此杆的长度，必须于 K 系中的同一时刻 t，记下杆两端的空间坐标 x_1 和 x_2，根据(5.1.3)式

$$x'_1=\frac{x_1-ut}{\sqrt{1-u^2/c^2}},\quad x'_2=\frac{x_2-ut}{\sqrt{1-u^2/c^2}} \tag{5.1.6}$$

所以,此杆在 K（$Oxyz$）坐标系中的长度,

$$x_2 - x_1 = (x'_2 - x'_1)\sqrt{1-u^2/c^2} \tag{5.1.7}$$

因此,在 K（$Oxyz$）坐标系中测量杆的长度比杆在相对静止的 K'（$O'x'y'z'$）坐标系中缩短了。反之,如果杆在 K（$Oxyz$）坐标系中静止,那么杆在 K'（$O'x'y'z'$）坐标系中是运动的。这时,杆在 K（$Oxyz$）坐标系中的长度为静止长度,可以证明,杆在 K'（$O'x'y'z'$）坐标系中的长度为

$$x_2' - x'_1 = (x_2 - x_1)\sqrt{1-u^2/c^2} \quad \text{即} \quad l = l_0\sqrt{1-u^2/c^2} \tag{5.1.8}$$

杆在相对静止的惯性系中,杆的长度最长。在相对杆运动的惯性系中,杆沿运动方向的长度必定小于静长。这一相对论效应,称为**长度收缩效应**。长度收缩并非杆的内部材料结构发生了变化,而是空间间隔的测量具有相对性。

值得指出的是,长度收缩是一种测量的相对论效应,它只发生在沿物体运动的方向上,而且只有通过“测量”才能被发现,用眼睛看并不能确定。因为长度的被“测量”和被“观看”在高速运动情况下并非一回事,长度“测量”是由物体两端同时发出的光所决定,而“观看”则是由眼睛(或镜头)同时接受到光所描述。由于光的速度不是无穷大,运动物体两端同时发出的光并不能同时到达眼睛的瞳孔,反之同时到达瞳孔的光一般也不是运动物体两端同时发出的。当然在日常低速运动的情况下,“测量”和“观看”两者之间的误差可以忽略,但在高速运动情况下,其差别将是显著的。

【例5.1.3】 一导弹静止时的长度为6 m,若发射后:(1)以速度 $v=3\times10^3$ m/s ,(2)假设能以 $v=0.6c$,相对于地面做匀速直线运动,则地面上观察者测得的导弹长度各为多少?

解 导弹的静长为 $l_0=6$ m ,发射后的长度 l 为运动长度,根据相对论长度收缩效应有

(1) $l=l_0\sqrt{1-u^2/c^2}=6\times\sqrt{1-\left(\dfrac{3\times10^3}{3\times10^8}\right)^2}=6\times\sqrt{1-10^{-10}}\approx5.9999999997\approx6\,(\text{m})$

由于 $v=c$,长度收缩效应完全可忽略。

(2) $l=l_0\sqrt{1-u^2/c^2}=6\times\sqrt{1-\left(\dfrac{0.6c}{c}\right)^2}=6\times0.8=4.8\,(\text{m})$

由于 v 接近光速,相对论长度收缩效应显著。

【例5.1.4】 一细杆长为50cm,与水平方向成30°角,现在,它以0.6c的速度沿水平方向移动。问(1)在静止的地面上观察,此杆与水平方向的夹角为多少?(2)在静止的地面上观察,此杆的长度为多少?

解 在相对秆子静止的坐标系里观察,此杆长为50cm,杆在此坐标系,水平方向上的长度为:$25\sqrt{3}$cm ,垂直方向上的长度为: 25cm 。根据长度收缩效应,在静止的地面上观察,此杆在水平方向上会发生长度收缩;在于相对运动垂直的方向上,无相对运动,故不发生长度收缩,还是25cm 。

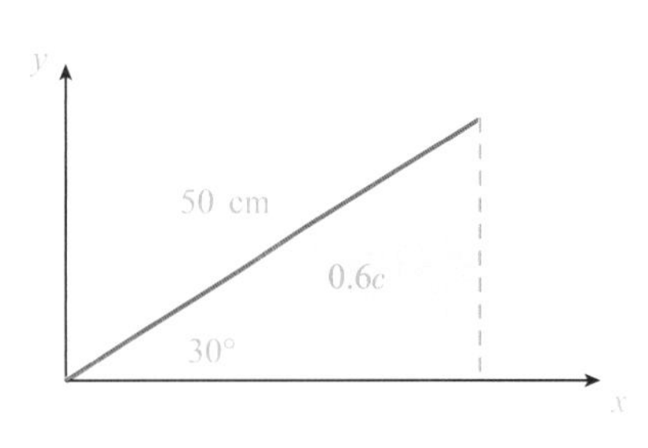

图5.1.4 斜杆的运动

在静止的地面上观察,此杆在水平方向上的长度

$$25\sqrt{3}\times\sqrt{1-0.6^2}=20\sqrt{3}(\text{cm})$$

$$\tan\theta=\frac{25}{20\sqrt{3}}=0.725$$

在静止的地面上观察，此杆与水平方向的夹角

$$\theta\approx 36°$$

在静止的地面上观察，此杆的长度

$$\sqrt{(20\sqrt{3})^2+25^2}\approx 42.7(\text{cm})$$

§1-4 时间膨胀的效应

一个过程的持续时间可看做过程的“开始”和“结束”两个事件之间的时间间隔。按经典力学观点，两个事件之间的时间间隔在任何惯性系中都是相同的，时间间隔是绝对的。而狭义相对论认为，两个事件的时间间隔在不同的惯性系中是不同的，时间间隔是相对的。

假设在 $K(Oxyz)$ 坐标系中的同一地点在 t_1 和 t_2 两个时刻先后发生两个事件，在此坐标系中，这两个事件之间的时间间隔为 t_2-t_1。由于 $K'(O'x'y'z')$ 坐标系相对于 $K(Oxyz)$ 坐标系有相对运动，因此按(5.1.3)式，在 $K'(O'x'y'z')$ 坐标系中，这两个事件的发生时刻为

$$t'_1=\frac{t_1-ux/c^2}{\sqrt{1-u^2/c^2}},\qquad t'_2=\frac{t_2-ux/c^2}{\sqrt{1-u^2/c^2}}\tag{5.1.9}$$

$K'(O'x'y'z')$ 坐标系中，这两个事件的时间间隔为

$$t'_2-t'_1=\frac{t_2-t_1}{\sqrt{1-u^2/c^2}}\tag{5.1.10}$$

因此，在 $K'(O'x'y'z')$ 坐标系中时间间隔变长了。反之，如果在 $K'(O'x'y'z')$ 坐标系中的同一地点发生两个事件，在 $K'(O'x'y'z')$ 坐标系中测得这两个事件之间的时间间隔为 $t'_2-t'_1$，那么在 $K(Oxyz)$ 坐标系中这两个事件之间的时间间隔为

$$t_2-t_1=\frac{t'_2-t'_1}{\sqrt{1-u^2/c^2}}\tag{5.1.11}$$

时间间隔也变长了。在一惯性系中，两个事件发生在同一地点，测得这两个事件的事件间隔总是最短。在其他惯性系中，这两个事件其实不是发生在同一地点，测得这两个事件的时间间隔总是大于前者。这一相对论效应，称为时间膨胀效应。时间膨胀效应已经在研究基本粒子寿命的实验中得到证实。

【例5.1.5】 一介子在离地球1000km的上空诞生，它以0.8c的速度向地面移动，此介子的寿命为 3×10^{-3}s，问它能够到达地球表面吗？

解 在相对介子静止的坐标系里看，此介子的寿命为 3×10^{-3}s，根据(5.1.11)式，从地面上看，此介子的寿命

$$t_2-t_1=\frac{t'_2-t'_1}{\sqrt{1-u^2/c^2}}=\frac{3\times10^{-3}}{\sqrt{1-0.8^2}}=5\times10^{-3}(\text{s})$$

此介子到达地球表面所需要的时间为

$$\frac{10^6}{0.8\times3\times10^8}=4.17\times10^{-3}(\mathrm{s})$$

介子到达地球表面所需要的时间小于从地面上看到介子的寿命。因此,此介子能够到达地球表面。

【例5.1.6】 A星以$0.8c$速度靠近地球,地球上观察到它发射的光强变化周期为2小时,求 A星上测得光强变化周期?在一周期中A星相对地球走的距离?

解 地球相对A星运动,根据(5.1.11)式,地球上观察到A星发射的光强变化周期要变长,A星上测得光强变化周期为最短:

$$\Delta t'=\frac{\Delta t}{\sqrt{1-\dfrac{u^2}{c^2}}}=2$$

$$\Delta t=2\sqrt{1-0.8^2}=1.2\ (\text{小时})$$

A星以 0.8c 速度靠近地球,在一周期中A星相对地球走的距离

$$\Delta s=\Delta t'\times0.8c=2.0\times3600\times2.4\times10^8=1.73\times10^{12}(\mathrm{m})$$

内容要点

1. 狭义相对论的两条基本原理:
   (1)物理定律的表达形式在所有惯性系中都相同;
   (2)在所有惯性系中,真空内的光速都相等。
2. 洛伦兹变换才是符合狭义相对论原理的坐标变换关系。
3. 在一惯性坐标系中,不同的位置同时发生了两个事件。这两个事件在另一相对运动的惯性坐标系中发生的时刻是不同的。这就是“同时”的相对性。
4. 杆在相对静止的惯性系中的长度最长。在相对杆运动的惯性系中,杆沿运动方向的长度等于静长的 $\sqrt{1-u^2/c^2}$ 倍,这一相对论效应称为长度收缩效应:
$$L'=L\sqrt{1-u^2/c^2}$$
5. 在一惯性系中,两个事件发生在同一地点,测得这两个事件的事件间隔总是最短。在其他相对运动的惯性系中,测得这两个事件的时间间隔为前者的 $\sqrt{1-u^2/c^2}$ 分之一。这一相对论效应,称为时间膨胀效应:
$$\Delta t'=\frac{\Delta t}{\sqrt{1-u^2/c^2}}$$

思考题

1. 为什么伽利略变换是不符合狭义相对论原理的坐标变换关系,试说明伽利略变换适用的条件。
2. 为什么洛伦兹变换是符合狭义相对论原理的坐标变换关系。
3. 在t=0时刻,两个坐标系的原点互相重合,当一个惯性坐标系相对另外一个惯性坐标系沿 x

方向相对运动，静止第一个惯性坐标系中的物体沿 y 和 z 方向的位置与它在另一个惯性坐标系中沿 y' 和 z' 方向的位置有什么不同?

4. 在 $t=0$ 时刻，两个坐标系的原点互相重合，当一个惯性坐标系相对另外一个惯性坐标系沿 x 方向相对运动，物体在第一个惯性坐标系中的沿 y 和 z 方向运动的速度与它在另一个惯性坐标系中沿 y' 和 z' 方向的运动速度有什么不同？为什么?
5. 根据洛伦兹变换，试说明为什么杆在相对静止的惯性系中的长度最长?
6. 根据洛伦兹变换，在一惯性系中，两个事件发生在同一地点，测得这两个事件的事件间隔为什么总是最短?

习 题

1. 观察者与米尺之间沿尺长方向有相对运动，现观察者测得米尺的长度为 0.60 m，求此米尺相对观察者的运动速度。
2. 假设飞船以 $0.99c$ 的速度飞行，飞船上的机组成员测得飞船的长度为 60 m，问地球上的观察者测得飞船的长度是多少?
3. 设北京到广州的直线距离为 1.89×10^3 km，若宇宙飞船以 $u=0.9998c$（c 为真空中光速）的速度从广州飞往北京，问宇航员测得的两地距离为多少？若是速度大小为 500m/s 的飞机呢?
4. 设 S' 系相对于 S 系以速率 0.90c 沿 S 系的 x 轴正向做匀速直线运动，在 S' 系中一根米尺与 x' 轴夹角 $30°$，问在 S 系中测得米尺的长度为多少?
5. 一列静止长度为 150 m 的火车，以 30m/s 的速度在地面上匀速直线前进。地面上的观察者发现有两个闪电同时击中车头和车尾，问火车上的观察者测得这两个闪电的时间间隔为多少?
6. 远方的一颗星以 $0.8c$ 的速度离开我们。若接收到它辐射出来的闪光按5昼夜的周期变化，固定在此星上的参考系测得的闪光周期为多少？在每一周期间相对我们走了多远?
7. π 介子是一个不稳定系统，会自发衰变为 μ 介子和中微子。已知静止的 π 介子平均寿命为 2.6×10^{-8} s。若从加速器中射出一个 π 介子，相对实验室的速度为 $0.80c$（c 为真空中光速）。问：在实验室中，此 π 介子的寿命多大？能飞行多少距离?
8. 火箭相对地面以 $0.6c$ 的速度匀速向上飞离地球，在火箭发射 10 s 后（火箭上的时钟）地面观测火箭飞行的距离是多少？若火箭中静止放置长度（平行火箭运行方向）为 4 m 的卫星，则地面观测该卫星的长度是多少?
9. 一短跑运动员在地球上以 10 s 的时间跑完了 100 m。对沿短跑方向飞行速度为 $0.98c$ 的飞船中的观察者来看，这运动员跑了多长时间和多长距离?
10. 一束光经过地球时，相对地球的速度为 c，现有一宇航员乘坐一艘飞船以 0.95c 的速度相对于地球运动。试求光相对于飞船的速率。
11. 一质点沿 S' 系的 x' 轴方向以速率 $0.40c$ 运动，S' 系相对于 S 系以 $0.60c$ 运动，问 S 系中测得的质点速率有多大?
12. (1)在地面参照系中，粒子 A 以 $0.80c$，粒子 B 以 $0.60c$ 沿相反方向飞行，试求在与粒子 A 相对静止的参照系中，粒子 B 的速度。(2)第1小题中“”改为“光子 B 以 c”，重新计算。

第2章 狭义相对论动力学

在狭义相对论中,经典牛顿力学就遇到了挑战。在经典力学中物体的质量认为是恒量。牛顿第二定律的一般形式为

$$\boldsymbol{F}=m\boldsymbol{a} \tag{5.2.1}$$

根据爱因斯坦的狭义相对论的基本原理,在所有惯性系中,真空中的光速都是相等的。假定(5.2.1)式成立,在一惯性系中对物体施一有限的恒力,物体就有一个恒定的加速度,只要施力的时间足够长,物体的速度就可以超过光速。这显然与狭义相对论的基本原理相矛盾。

§2-1 相对论中的质速关系

经典牛顿力学的错误在于把物体的质量看成是绝对的恒量。狭义相对论证明,物体的质量与自身的速度有关,质量与速度的关系为

$$m=\frac{m_0}{\sqrt{1-\frac{v^2}{c^2}}} \tag{5.2.2}$$

式中 m_0 是物体静止时的质量,称为静止质量。m 是物体以速度 v 运动时的质量。式(5.2.2)称为质速关系,它揭示了物质与运动的不可分割性。现代的高能物理实验,用加速器加速电子,观测不同速度的电子在磁场中偏转,从而测定电子质量,验证了相对论质速关系的正确性。图5.2.1显示的是物体的质量与速度的关系。物体的速度远小于光速时,$m/m_0 \approx 1$。随着物体的速度接近于光速,$m >> m_0$,物体的加速度就会趋近于零,物体的速度就只会接近光速,而不会超过光速。

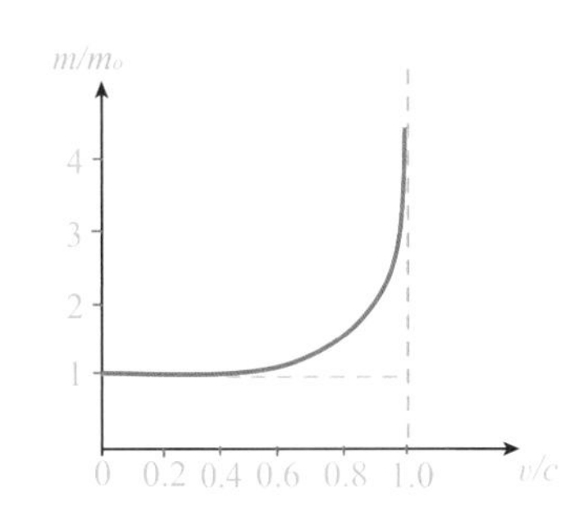

图5.2.1 物体的质量与速度的关系

§2-2 相对论中的能量与动量

在狭义相对论中,物体的质量不再是恒量。牛顿第二定律的形式为

$$\boldsymbol{F}=\frac{\mathrm{d}(m\boldsymbol{v})}{\mathrm{d}t} \tag{5.2.3}$$

狭义相对论中,物体的动量定义为

$$\boldsymbol{p}=m\boldsymbol{v}=\frac{m_0\boldsymbol{v}}{\sqrt{1-\frac{v^2}{c^2}}} \tag{5.2.4}$$

根据功能原理,外力所做的功等于物体动能的增量

$$K-0=\int\boldsymbol{F}\cdot\mathrm{d}\boldsymbol{s} \tag{5.2.5}$$

把(5.2.3)式代入(5.2.5)式

$$\begin{aligned}K-0&=\int\frac{\mathrm{d}(m\boldsymbol{v})}{\mathrm{d}t}\cdot\mathrm{d}\boldsymbol{s}\\&=\int\mathrm{d}(m\boldsymbol{v})\cdot\frac{\mathrm{d}\boldsymbol{s}}{\mathrm{d}t}\\&=\int v\mathrm{d}(mv)\end{aligned} \tag{5.2.6}$$

因此,

$$\begin{aligned}K-0&=\int_0^v v\mathrm{d}\left(\frac{m_0v}{\sqrt{1-\frac{v^2}{c^2}}}\right)\\&=\frac{m_0c^2}{\sqrt{1-\frac{v^2}{c^2}}}-m_0c^2=mc^2-m_0c^2\end{aligned} \tag{5.2.7}$$

上式就是相对论的动能表达式。从表面上看,它与经典力学中的质点动能表达式 $K=\frac{1}{2}mv^2$ 毫无相似之处,但是在 $v\ll c$ 的情况下,它们却是一致的。当 $v\ll c$ 时利用数学中的级数展开式,有

$$\frac{1}{\sqrt{1-\frac{v^2}{c^2}}}=1+\frac{1}{2}\frac{v^2}{c^2}+\frac{3}{8}\frac{v^4}{c^4}+\cdots\approx1+\frac{1}{2}\frac{v^2}{c^2}$$

代入(5.2.7)可得

$$K=m_0c^2\left(\frac{1}{\sqrt{1-\frac{v^2}{c^2}}}-1\right)\approx m_0c^2\left(1+\frac{1}{2}\frac{v^2}{c^2}-1\right)=\frac{1}{2}m_0v^2$$

(5.2.7)式右边的第一项表示的是物体的总能量,物体的总能量相当于物体以速度 v 运动时的质量乘上光速 c 的平方,即 $E=mc^2$;(5.2.7)式右边的第二项表示的是物体的静止能量,物体的静能量相当于物体的静止质量乘上光速 c 的平方。相对论中物体的动能等于物体的总能量减去物体的静止能量。这个表示式不同于在经典力学中物体的动能表达式

$$K=\frac{1}{2}mv^2 \tag{5.2.8}$$

根据相对论动能表达式(5.2.7)式，一个物体在静止的时候就有能量。物体的静能量相当于物体的静止质量乘上光速 c 的平方，这是一个很大的数值的能量。当原子聚变或裂变时，有物质质量的亏损。亏损部分的物质质量就会转化为巨大的能量，这就是核能。爆炸原子弹、氢弹就是核能的释放；和平利用核能，将是解决人类能量危机的有效途径之一。

图 5.2.2 左图为氢弹爆炸时的照片，右图为核电站外景

【例 5.2.1】 (1)设某微观粒子的动能等于它的静止能量，则其运动速度的大小为多大？(2)将一质量为 m_0 的粒子从静止加速到 $0.6c$，需要做多少功？再将其加速到 $0.8c$，需要再做多少功？

解 (1)因为某微观粒子的动能等于它的静止能量，所以根据(5.2.7)式

$$\frac{m_0c^2}{\sqrt{1-v^2/c^2}}-m_0c^2=m_0c^2$$

$$\frac{1}{\sqrt{1-v^2/c^2}}=2$$

$$\sqrt{1-v^2/c^2}=\frac{1}{2}$$

$$v=\frac{\sqrt{3}}{2}c$$

(2)将一质量为 m_0 的粒子从静止加速到 $0.6c$，需要做的功

$$W=\frac{m_0c^2}{\sqrt{1-v^2/c^2}}-m_0c^2$$

$$=\frac{m_0c^2}{\sqrt{1-0.6^2}}-m_0c^2$$

$$=0.25m_0c^2$$

再将其加速到 $0.8c$，需要再做的功

$$W=\frac{m_0c^2}{\sqrt{1-0.8^2}}-\frac{m_0c^2}{\sqrt{1-0.6^2}}$$

$$=\frac{5}{12}m_0c^2$$

【例 5.2.2】 已知电子的静止质量为 9.11×10^{-31}kg，质子的静止质量为 1.67×10^{-27}kg，试分别计算电子和质子的静能。($1eV=1.602\times10^{-19}J$)

解 电子静能：

$$E_e=m_ec^2=9.11\times10^{-31}\times(3\times10^8)^2=8.19\times10^{-14}(\mathrm{J})=0.511\times10^6(\mathrm{eV})=0.511(\mathrm{MeV})$$

质子静能：

$$E_p = m_p c^2 = 1.67\times10^{-27}\times(3\times10^8)^2 = 1.503\times10^{-9}(\text{J}) = 0.938\times10^9(\text{eV}) = 0.938\,(\text{GeV})$$

由于知道了静止质量就能算出静能，反之亦然。因此在高能物理中，常用粒子的静能来代表粒子的静止质量，如电子静止质量为 0.511MeV，质子的静止质量为 938MeV 或 0.938GeV。

【例5.2.3】 一质子的静止质量为1.67265×10^{-27}kg，中子的静止质量为1.67495×10^{-27}kg。两个质子和两个质子组成一个氦核，它的静止质量为6.64490×10^{-27}kg。求组成一个氦核放出的能量？

解 核聚变放出的能量等于它的静止质量的亏损乘以光速c的平方

$$\begin{aligned}\Delta E &= \Delta mc^2\\ &=[(1.67265+1.67495)\times2-6.64490]\times10^{-27}c^2\\ &=4.527\times10^{-12}\text{J}\end{aligned}$$

【例5.2.4】 一粒口香糖的静止质量为0.5g，它全部放出的能量相当于多少汽油（汽油的燃烧值3.65×10^7J/L）？

解 一粒口香糖的静止能量等于它的静止质量乘以光速c的平方

$$E = mc^2 = 0.5\times10^{-3}\times(3\times10^8)^2 = 4.5\times10^{13}(\text{J})$$

根据汽油的燃烧值，1L 汽油能产生3.65×10^7J 的能量，

$$\frac{4.5\times10^{13}}{3.65\times10^7} = 1.24\times10^6(\text{L})$$

因此，一粒口香糖的静止能量相当于1.24×10^6L 汽油产生的能量。

内容要点

1. m_0是物体静止时的质量，m是物体以速度v运动时的质量，质量与速度的关系为：

$$m = \frac{m_0}{\sqrt{1-\dfrac{v^2}{c^2}}}$$

2. 狭义相对论中，物体的动量定义为

$$\boldsymbol{p} = m\boldsymbol{v} = \frac{m_0\boldsymbol{v}}{\sqrt{1-\dfrac{v^2}{c^2}}}$$

3. 狭义相对论中，物体的动能定义为总能量和静能量的差值：

$$K = \frac{m_0c^2}{\sqrt{1-v^2/c^2}} - m_0c^2$$

物体的总能量为物体的动质量和c^2的乘积：

$$E = \frac{m_0c^2}{\sqrt{1-v^2/c^2}}$$

物体的静能量为物体的静质量和c^2的乘积：

$$E_s = m_0c^2$$

思考题

1. 为什么物体在一个相对固定的惯性坐标系里的质量最小？
2. 狭义相对论中，物体的动量定义是什么？
3. 狭义相对论中，物体的静止能量定义是什么？
4. 狭义相对论中，物体的动能定义是什么？
5. 狭义相对论中，物体的总能量定义是什么？
6. 狭义相对论中，一个光子的静止能量为多少？
7. 狭义相对论中，一个光子的动能和它的总能量有什么关系？

习 题

1. 地面上静止放置一质量为 m_0、长度为 L_0 的细棒，一飞船沿长度方向以 $v=0.8c$（c 为真空中的光速）相对地面疾驶，求飞船上观察者测得棒的长度 L 及棒的质量 m。
2. 一观察者测得某电子质量为 $2m_0$（m_0 表示电子的静止质量），求电子的运动速率、动量、动能和能量各为多少？
3. 已知电子的静止质量为 9.1×10^{-31} kg，问当电子的运动速率达到 $v=0.98$c 时，其质量 m 等于多少？此时电子的总能量和动能各等于多少？
4. 把电子的速度由静止加速到 $v=0.60c$（c 为真空中光速），外界需对它做功多少？（已知电子的静止质量为 9.1×10^{-31} kg）
5. （1）把一静止质量为 m_0 的粒子由静止加速到 $0.1c$ 所需做的功是多少？（2）由速率 $0.89c$ 加速到速率 $0.99c$ 所需做的功又是多少？
6. 一片规格为 5.00gr 的阿司匹林的质量是 320 mg，这一质量的能量当量能使汽车开行多少公里？假设汽车百公里耗油 0.7843 L，汽油的燃烧值为 3.65×10^{7} J/L。
7. 在一种热核反应 ${}_1^2\mathrm{H}+{}_1^3\mathrm{H}\to{}_2^4\mathrm{He}+{}_0^1\mathrm{n}$ 中，各粒子的静止质量分别为：${}_1^2\mathrm{H}$ 氘核（$m_D=3.3437\times10^{-27}$ kg），${}_1^3\mathrm{H}$ 氚核（$m_T=5.0049\times10^{-27}$ kg），${}_2^4\mathrm{He}$ 氦核（$m_{\mathrm{He}}=6.6425\times10^{-27}$ kg），中子 ${}_0^1\mathrm{n}$（$m_n=1.6750\times10^{-27}$ kg）。求：（1）这一热核反应释放的能量是多少？（2）1 kg 上述核燃料（${}_1^2\mathrm{H}$ 氘核+ ${}_1^3\mathrm{H}$ 氚核）所释放的能量是 1 *kg* 优质燃煤燃烧所释放热量（约 2.93×10^{7} J）的多少倍？
8. 两个相同粒子的静止质量为 m_0，若 A 粒子静止，B 粒子以 $0.6c$ 的速率与 A 碰撞，设碰撞是完全非弹性的，求碰撞后复合粒子的运动速度、质量、动量和能量。

第3章　光的本质

由于光的波动理论成功地解释了光的干涉、衍射和偏振等现象。光的“波动说”得到了普遍的认同，并确认可见光是波长在400~780nm之间的电磁波。直到19世纪末，在研究“黑体辐射”时，遇到了辐射的波动模型与实验不相符的问题，光的本质问题才再一次被提了出来。

§3-1 黑体辐射

物体因内部带电粒子热运动而发射电磁波的现象称热辐射。由于热运动是物质存在的基本属性，因此物体在任何温度下都会产生热辐射。当温度不太高时，物体主要辐射的是波长较长的，虽然人眼看不见、但皮肤能感受到的红外线；当温度不断升高，物体的热辐射就会处于可见光波段。一般来说，物体温度越高，热辐射就越强，其辐射的电磁波波长也越短。另外，一切物体在向外界发射辐射能的同时也吸收周围物体放出的辐射能。

为了更好地研究物体热辐射规律，物理学家引进了一种被称为绝对黑体的理想模型。如果物体在热辐射过程中，在任何温度下，全部吸收投射到其表面上的各种波长的辐射能，既不反射、也无透射，我们称这种物体为绝对黑体，简称黑体。虽然自然界中很难找到理想的绝对黑体，但人们可以在实验中构造一种相当好的近似的黑体，如图5.3.1所示。制造一个内壁粗糙且完全涂黑的闭合空腔，在此空腔上开有一小孔，这样射到小孔内的辐射经多次内壁反射和吸收，最终仍从小孔中传出的辐射几乎为零，所以此空腔即可视为一个近似的黑体。研究黑体辐射可以实现对辐射的定量研究。

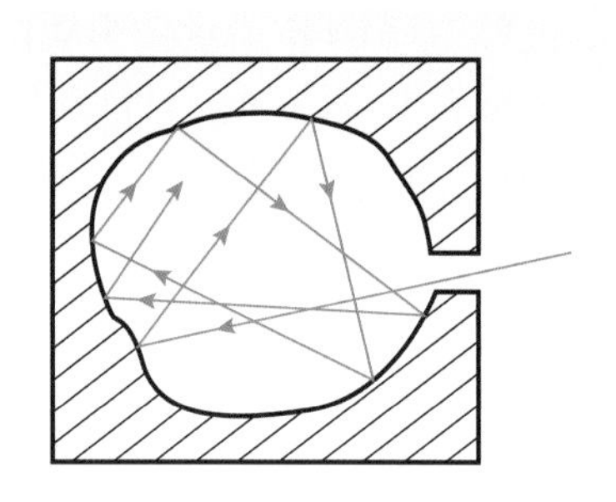

图5.3.1 空腔黑体模型

为了定量描述热辐射的性质，我们引入描述热辐射的两个物理量：

单色辐射出射度 $M_B(\lambda, T)$ 是某温度下在单位时间内、在物体单位面积上、对某波长附近单位波长间隔发射的能量（简称为单色幅出度），其单位为 $W \cdot m^{-3}$。某温度下，单色辐射出射度 $M_B(\lambda, T)$ 关于波长的函数曲线见图5.3.2。在一定温度下，每单位时间内，从物体单位面积上所发射的各种波长的总辐射能称为辐射出射度，记做 $M_B(T)$，其单位为 $W \cdot m^{-2}$。

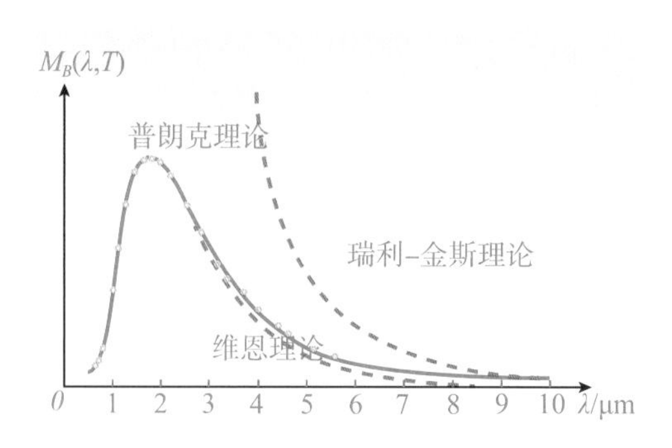

图5.3.2 单色辐射出射度与波长的关系

显然，辐射出射度与单色辐射出射度的关系是

$$M_B(T) = \int_0^{\infty} M_B(\lambda, T)\mathrm{d}\lambda \tag{5.3.1}$$

在某一温度下，辐射出射度相当于曲线下的面积，绝对黑体在一定温度下的辐射出射度与温度的关系为

$$M_B(T)=\sigma T^4 \quad (5.3.2)$$

(5.3.2)式中 σ 为常数，$\sigma=5.67\times10^{-8}\text{W}\cdot\text{m}^2\cdot\text{K}^{-4}$，称为斯特藩-波尔兹曼定律。

单色辐射出射度的曲线随温度改变而改变，见图5.3.3所示。每条曲线都有一个峰值 λ_m。在此波长时，它的辐射最强。随着温度的升高，峰值所对应的波长 λ_m 越短，即峰值位置向短波方向移动，同时辐射出射度都随温度的升高而迅速增大。1893年，维恩(W. Wien)确定了绝对黑体的峰值波长 λ_m 与其绝对温度 T 成反比关系：

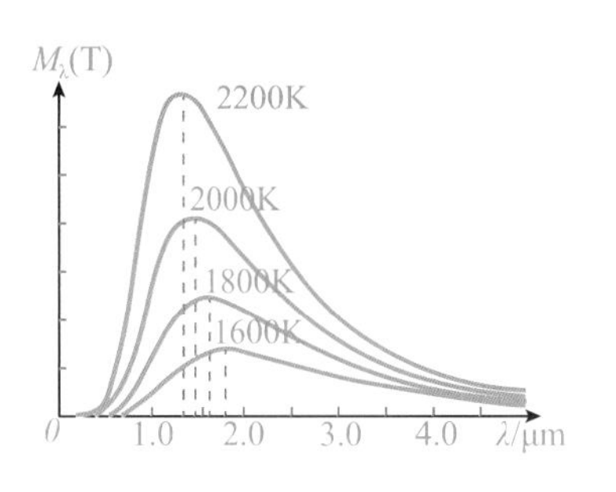

图5.3.3 不同温度下单色辐射出射度与波长的关系

$$T\lambda_m=b \quad (5.3.3)$$

(5.3.3)式中 b 为常数，$b=2.898\times10^{-3}\text{m}\cdot\text{K}$，称为维恩位移定律。

利用此关系式，可以解决许多温度与辐射相关的问题。

【例5.3.1】(1)0.01m²金属板的温度是800K, 它的辐射功率是多少? 它的辐射最强的波长是多少? (2)人体皮肤的温度约为35℃,它辐射最强的波长是多少?(3)点亮的白炽灯中,钨丝的温度为2800K,它辐射最强的波长又是多少?(4)太阳的辐射最强的波长是500nm,太阳表面的温度是多少?

解 (1)在一定温度下，单位时间内，从物体总面积0.01m²上所发射的各种波长的总辐射能称为辐射功率，根据(5.3.2)式：

$$I(T)=0.01\text{m}^2\times\sigma T^4=0.01\times5.67\times10^{-8}\times800^4=232(\text{W})$$

根据(5.3.3)式，它的辐射最强的波长：

$$\lambda_m=\frac{b}{T}=\frac{2.898\times10^{-3}}{800}=3.62\times10^{-6}(\text{m})=3.62(\mu\text{m})$$

(2)人体皮肤的温度 $T=35^\circ C=308K$，根据(5.3.3)式，它辐射最强的波长：

$$\lambda_m=\frac{b}{T}=\frac{2.898\times10^{-3}}{308}=9.41\times10^{-6}(\text{m})=9.41(\mu\text{m})$$

这一辐射位于红外波段，人的眼睛觉察不到，有些动物(比如眼镜蛇)能探测到这种波长的辐射，以至在夜间也能对人发动攻击。

(3)根据(5.3.3)式，点亮的白炽灯钨丝辐射最强的波长：

$$\lambda_m=\frac{b}{T}=\frac{2.898\times10^{-3}}{2800}=1.035\times10^{-6}(\text{m})=1.035(\mu\text{m})$$

这个波长属于近红外线，这表明白炽灯辐射出的可见光能量相对较少，只有7%～8%的电能转化为可见光，因此从节能的角度看，白炽灯不经济。

(4)根据(5.3.3)式，太阳表面的温度

$$T=\frac{b}{\lambda_m}=\frac{2.898\times10^{-3}}{500\times10^{-9}}=5.79\times10^3(\text{K})$$

19世纪末，许多科学家试图用经典理论解释黑体辐射的能谱分布。维恩利用经典热力学和统计物理推导出一个半经验的热辐射公式，称为维恩公式。

$$M_B(\lambda, T)=\frac{C_1}{\lambda^5}e^{-\frac{C_2}{\lambda T}} \tag{5.3.4}$$

式中 C_1 和 C_2 均为常数。维恩的公式在短波方面和实验结果符合得很好,但是在长波方面和实验结果不相符,见图(5.3.2)。

英国物理学家瑞利(L.W. Rayleigh)和金斯(J.H. Jeans)从电磁场基本规律以及分子运动论中能量按自由度均分原理出发,也导出了一个热辐射公式,称为瑞利–金斯公式。

$$M_B(\lambda, T)=\frac{2\pi c}{\lambda^4}\bar{\varepsilon}=\frac{2\pi c}{\lambda^4}kT \tag{5.3.5}$$

式中 $\bar{\varepsilon}=kT$ 是在能量连续变化前提下,求得的辐射电磁波线性谐振子的平均能量。瑞利和金斯的公式在长波方面和实验结果符合,但是在短波方面和实验结果不相符,见图(5.3.2)。尤其是在 $\lambda\to 0$ 的短波长区是发散的,辐射的能量密度趋向于无穷大显然是荒谬的,因而被称为"紫外灾难"(紫外位于短波长区域)。

如何从理论上求出一条曲线在短波和长波方面都与实验结果相符呢?1900年,德国物理学家普朗克(M. Plank)注意到维恩公式在短波长区与实验相符而瑞利–金斯公式则在长波长区与实验相符,利用数学插值方法将两个公式拼接拟合成一个新的公式,称为普朗克公式:

$$M_B(\lambda,T)=\frac{2\pi hc^2}{\lambda^5(e^{\frac{hc}{\lambda kT}}-1)} \tag{5.3.6}$$

式中 c 为光速,k 为玻尔兹曼常数 $k=1.38\times10^{-23}\,\mathrm{J/K}$,$h$ 是一个新的恒量,称普朗克常数,实验测得其值为 $h=6.63\times10^{-34}\,\mathrm{J\cdot s}$。普朗克公式在整个波长范围内都与实验曲线符合得很好,见图(5.3.2)。通过简单的数学运算不难证明:在短波长极限下,普朗克公式回到了维恩公式,而在长波长极限下,普朗克公式又回到了瑞利–金斯公式。

虽然普朗克公式成功解决了"紫外灾难"难题,但在对普朗克公式的物理解释方面,经典物理却遇到了极大的困难,因为根据经典物理理论只能得出包含有"紫外灾难"的瑞利–金斯公式而无法得到普朗克公式,这也正是开尔文当初将"紫外灾难"称之为"一朵乌云"的原因所在。普朗克经过深入思考和探索后发现,如果打破经典物理中能量是连续变化的观念,假设辐射电磁波的线性谐振子的能量是量子化的。

$$\varepsilon_n=nh\nu \quad (n=0, 1, 2, 3\cdots)$$

其中 h 为普朗克常数,ν 为振动频率 $\nu=\frac{c}{\lambda}$,则根据统计物理可以证明在普朗克能量量子化假设下,线性谐振子的平均能量为

$$\bar{\varepsilon}=\frac{\sum\varepsilon_n N_i}{\sum N_i}=\frac{h\nu}{e^{\frac{h\nu}{kT}}-1}=\frac{hc}{\lambda\left(e^{\frac{hc}{\lambda kT}}-1\right)}$$

将此 $\bar{\varepsilon}$ 表达式代入(5.3.5)中,即可得到普朗克公式(5.3.6)。

普朗克能量量子化假说,说明频率为 ν 的谐振子能量只能处于一些分立的状态。谐振子在辐射或吸收能量时,必须是以能量子 $h\nu$ 的整数倍一份一份地失去或获得能量的,这不仅从理论上圆满解释了黑体辐射的规律,更重要的是首次引入了"能量子(简称量子)"这一革命性的概念,宣告了量子论的诞生,为此普朗克荣获了1918年的诺贝尔物理学奖。

普朗克对黑体辐射的解释是辐射"能量量子化"的开始,之后有不同的实验验证了辐射的

能量量子化，光电效应和康普顿散射实验是其中两个比较重要的实验。

§3-2 光电效应

在光的照射下，电子从金属表面逸出的现象称光电效应，发射出的电子称为光电子。1887年，德国物理学家赫兹（H.R.Hertz）在做放电实验时偶然观察到光电效应现象，但直到20世纪初，才由伟大的物理学家爱因斯坦从理论上做出科学的解释，光电效应的实质为金属中的电子吸收了入射光的能量后，挣脱束缚从金属表面逸出。根据爱因斯坦的理论，光也是具备了粒子的属性。

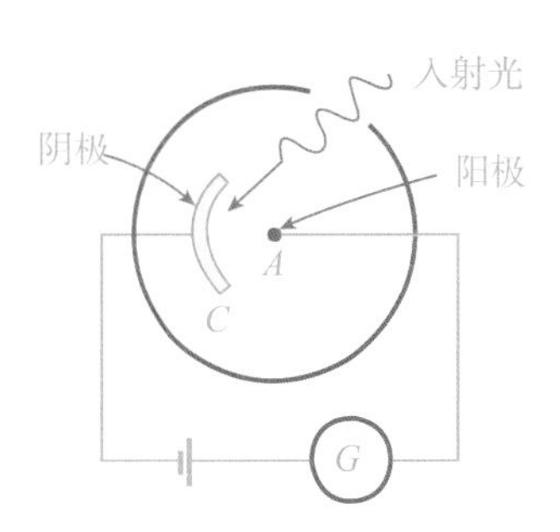

图5.3.4 光电效应装置

观察光电效应的实验装置如图5.3.4所示。真空管中装有阴极C和阳极A，两级间用电源维持一定的电势差。当用适当波长的单色光通过石英玻璃窗照射阴极C时，就有光电子从其表面逸出，光电子经电场加速后被阳极A收集，形成光电流。改变电极间的电势差U_{CA}，测出相应的光电流I，画出伏安特性曲线，如图5.3.5所示。

从图5.3.5可见，光电流I随加速电压U_{CA}的增大而增大，但当U_{CA}增至一定值后，光电流达到饱和值。此时，单位时间内从阴极逸出的光电子将全部到达阳极。实验表明，饱和电流，即单位时间内从阴极C发射的光电子数，与入射光的强度成正比。光电流是随加速电压的减少而减少的，但当U_{CA}=0时，光电流却不为零，只有在两极间加上反向电势差，并达到一定值U_a时，光电流才降为零。U_a称遏止电势差（或遏止电压）。此时，光电子从阴极逸出的最大初动能应等于光电子反抗遏止电场力所做的功。实验发现：遏止电压的大小与入射光的强弱无关；当入射光的频率小于某个数值，不论入射光的强弱如何，都不能观察到光电子的逸出；从光线开始照射到光电子逸出金属，所需时间不超过10^{-9}s，没有明显的时间延迟。

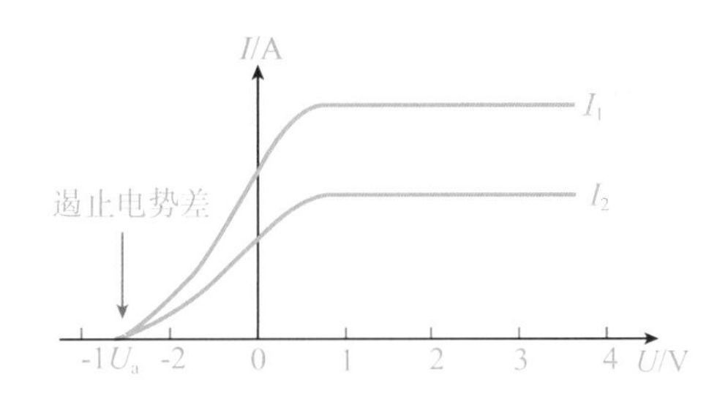

图5.3.5 光电流的伏安特性

1905年，爱因斯坦在普朗克能量量子化假设的基础上提出了关于光的本性的光子理论，并利用这一理论成功地解释了光电效应。爱因斯坦认为，电磁辐射的能量在空间传播时是一份一份的形式存在，而不是连续分布的。每一份的电磁辐射能量称为一个光子。一束光就是以光速运动的光子流。爱因斯坦假设单个光子携带的能量为

$$\varepsilon = h\nu \tag{5.3.7}$$

式中ν为光的频率，h是普朗克常数。入射光的强度I取决于单位时间内垂直通过单位面积的光子数n，因此可表示为$I = nh\nu$。

单个光子动量为

$$p = \frac{\varepsilon}{c} = \frac{h\nu}{c} = \frac{h}{\lambda} \tag{5.3.8}$$

在例5.3.1中，太阳辐射最强的波长是500nm，每个这样光子的能量就是

$$h\nu = \frac{hc}{\lambda} = \frac{6.63\times10^{-34}\times3\times10^{8}}{500\times10^{-9}} = 3.98\times10^{-19}(\text{J})$$

每个这样光子的动量就是

$$p=\frac{h}{\lambda}=\frac{6.63\times10^{-34}}{500\times10^{-9}}=1.33\times10^{-27}(\mathrm{kg\cdot m/s})$$

爱因斯坦将光子概念应用于光电效应时认为，一个光子的能量 $h\nu$ 不能再分割，只能做为一个整体被一个电子全部吸收，其中一部分用于光电子从金属中逸出时为克服表面阻力所需的逸出功 ϕ。如果电子在逸出前未因碰撞而损失能量，那么其余部分能量则成为了电子逸出金属后的最大初动能K。按照能量守恒定律，得到爱因斯坦光电效应方程式，即

$$h\nu=K+\phi \tag{5.3.9}$$

公式(5.3.9)很好地解释了光电效应。一个光子作为一个整体被一个电子吸收，就没有时间延迟问题。入射光的强度大也就是光子数目多，产生的光电子数目也多，因此饱和光电流大。光电子数目多不等于每个光电子能量大，这就解释了遏止电势差（或遏止电压）在增大入射光的强度时并无改变的事实。入射光的频率小，每个光子能量小，每个电子得到的能量就小。当光电子的动能小于克服表面阻力所需的逸出功。这样不论入射光的强弱如何，都不能观察到光电子的逸出了。

【例 5.3.2】 铜表面脱出一个电子至少需要4.3eV的能量，今有波长为120nm的紫外光投射到铜表面，试求铜表面上出射的光电子的最大和最小动能？试求铜的截止波长？

解 铜表面脱出一个电子至少需要4.3eV的能量，也就是光电子从铜表面逸出时所需的逸出功

$$\phi=4.3\mathrm{eV}=6.88\times10^{-19}(\mathrm{J})$$

波长为120nm的紫外光的光子能量

$$h\nu=\frac{hc}{\lambda}=\frac{6.63\times10^{-34}\times3\times10^{8}}{120\times10^{-9}}=1.66\times10^{-18}(\mathrm{J})$$

铜表面上出射的光电子的最小动能当然就是零。根据(5.3.8)式，铜表面上出射的光电子的最大动能：

$$K=h\nu-\phi=9.70\times10^{-19}\mathrm{J}$$

根据(5.3.9)式，当光电子的动能正好等于克服表面阻力所需的逸出功，是能够发生光电效应的条件，光的最小频率：

$$0=h\nu-\phi$$

$$\nu=\frac{\phi}{h}$$

能够发生光电效应的光，它的最长波长（红限波长）：

$$\lambda=\frac{c}{\nu}=\frac{ch}{\phi}=\frac{3\times10^{8}\times6.63\times10^{-34}}{6.88\times10^{-19}}=2.89\times10^{-7}(\mathrm{m})$$

因此，铜的截止波长为2.89×10^{-7}m

【例 5.3.3】 用波长300nm、强度3W/m^{2}的紫外光照射金属钠表面，金属钠的逸出功为2.29eV。求(1)每个光子的能量和动量；(2)所发射光电子的最大动能；(3)每秒从金属钠表面单位面积所发射的最大电子数。

解 (1)每个光子的能量为

$$\varepsilon=h\nu=\frac{hc}{\lambda}=\frac{6.63\times10^{-34}\times3\times10^{8}}{300\times10^{-9}}=6.63\times10^{-19}(\mathrm{J})=4.14\,(\mathrm{eV})$$

每个光子的动量为

$$p=\frac{h}{\lambda}=\frac{6.63\times10^{-34}}{300\times10^{-9}}=2.21\times10^{-27}(\text{kg}\cdot\text{m/s})$$

(2)由爱因斯坦光电效应方程式 $h\nu=K+\phi$,有

$$K=h\nu-\phi=\frac{hc}{\lambda}-\phi=4.14-2.29=1.85\,(\text{eV})$$

(3)每个光子最多只能释放一个电子,则每秒从金属钠表面单位面积所发射的最大电子数为

$$N=\frac{3}{6.63\times10^{-19}}=4.52\times10^{18}/\text{m}^2\cdot\text{s}$$

§3-3 康普顿效应

1923年,美国物理学家康普顿(A. H. Compton)发现,当单色X射线投射到石墨晶体及其他材料上时,会产生散射现象。散射光中不仅有与入射光相同波长的成分,更有波长大于入射光波长的成分,且散射的波长会随偏转角的变化而变化。

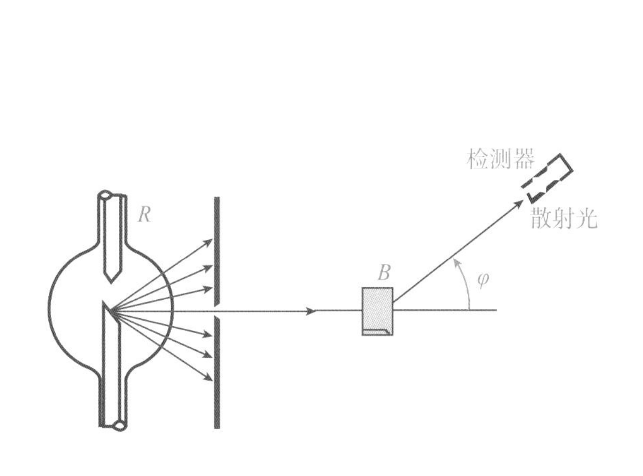

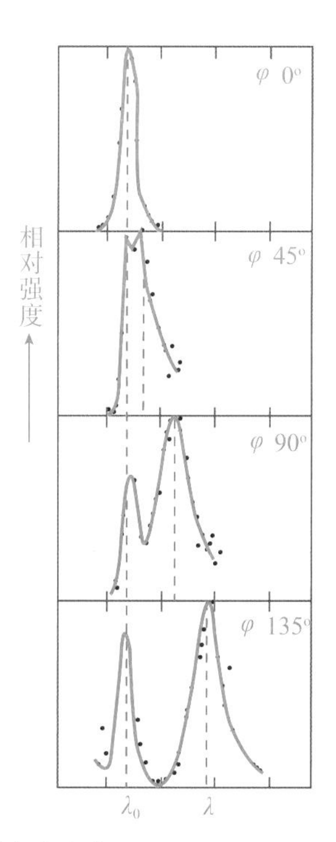

图5.3.6 康普顿散射装置和散射的波长随偏转角的变化

若把光看成是波动,就无法解释这种散射现象。如果把光当做粒子,当它与物质中的电子相互作用过程中表现出的粒子一样性质,具有能量和动量,遵循粒子的能量和动量守恒定律,这样就能解释康普顿效应。根据光子与电子碰撞时动量和能量守恒的原理,散射光的波长改变:

$$\Delta\lambda=\lambda-\lambda_0=\frac{h}{mc}(1-\cos\varphi) \tag{5.3.10}$$

随着散射角 ϕ 的变大,散射光的波长变长。

1923–1926年，我国物理学家吴有训参与了康普顿的X射线散射实验。为了证明这一效应的普遍性，吴有训做了不同物质的X射线散射实验，发现都存在康普顿效应的现象，并且证实：在同一散射角下波长的偏移量 $\Delta\lambda$ 与散射体的材料性质无关，为康普顿效应的确认作出了重大贡献。

从黑体辐射到光电效应，再到康普顿效应，这些实验都显示了光具有粒子的特性。这些实验并没有光的波动属性。因此，光是具有波动和粒子这两方面属性的物理实体，我们称这种双重性为光的波粒二象性。1928年，丹麦物理学家尼尔斯·玻尔提出了互补原理，从而解决了粒子和波的矛盾。玻尔认为：粒子图像和波动图像是同一事物的两个互补描述。光的某一方面性质不可能同时由这两种图像来描述，从这个意义上说两者是互斥的；要全面反映光的性质，只有把这两种图像结合起来，才能形成对光的完备描述，从这个意义上来说两者又是互补的。光在传播中显著地表现出它的波动性，而光在与物质相互作用时，则更多地表现为粒子性。

内容要点

1. 绝对黑体的辐射出射度与温度的关系为

$$M_B(T)=\sigma T^4$$

式中 σ 为常数，$\sigma=5.67\times10^{-8}\mathrm{W}\cdot\mathrm{m}^2\cdot\mathrm{K}^{-4}$。

2. 绝对黑体的峰值波长 λ_m 与其绝对温度 T 成反比关系

$$T\lambda_m=b$$

式中 b 为常数，$b=2.898\times10^{-3}\mathrm{m}\cdot\mathrm{K}$

3. 爱因斯坦光电效应方程式：

$$h\nu=K+\phi$$

一个光子的能量 $h\nu$，作为一个整体被一个电子全部吸收，其中一部分为克服金属表面阻力所需的逸出功 ϕ，其余能量则成为了电子逸出金属后的最大初动能 K。

4. 光具有波粒二象性，单个光子的能量为：

$$\varepsilon=h\nu$$

单个光子动量为：

$$p=\frac{h}{\lambda}$$

式中 ν 为光的频率，λ 为光的波长，h 是普朗克常数。

5. 根据光子与电子碰撞时动量和能量守恒的原理，康普顿散射中散射光的波长的改变：

$$\lambda-\lambda_0=\frac{h}{mc}(1-\cos\varphi)$$

思考题

1. 绝对黑体的辐射出射度与温度的关系是什么？

2. 绝对黑体的峰值波长 λ_m 与其绝对温度 T 的关系是什么？
3. 普朗克根据什么准确推导出热辐射公式？
4. 爱因斯坦光电效应方程式中，$h\nu$ 代表什么？ ϕ 代表什么？ $h\nu-\phi$ 代表什么？
5. 为什么根据爱因斯坦的光电效应方程式可以把光作为一个粒子？
6. 光作为一个粒子，单个光子的能量和动量是多少？
7. 在康普顿散射中，散射光在什么出射角时，波长的改变最大？
8. 康普顿效应理解为光子与电子的碰撞过程，理论上讲对于任何光的散射都会出现康普顿效应，但是为什么人们从来没有发现过可见光的康普顿效应呢？

习　题

1. 测量星体表面温度的方法之一是将其看做黑体，测量它的峰值波长 λ_m，利用维恩定律便可求出 T。已知太阳、北极星和天狼星的 λ_m 分别为 0.50×10^{-6} m，0.43×10^{-6} m 和 0.29×10^{-6} m，试计算它们的表面温度。
2. 热核爆炸中，火球的瞬时温度达到 10^7 K，求：(1)辐射最强的波长；(2)这种波长的光子的能量是多少？
3. 已知地球和金星的大小差不多，金星的平均温度约为 773 K，地球的平均温度约为 293 K。若把它们看做是理想黑体，这两个黑体向空间辐射的能量之比为多少？
4. 从钠中脱出一个电子至少需要 2.3 eV 的能量，今有波长 400.0 nm 的光投射到钠表面上，问：(1)钠的截止波长为多少？(2)出射光电子的最大动能为多少？(3)出射光电子的最小动能为多少？
5. 已知一单色光照射在金属钠表面上，测得光电子的最大初动能为 1.2 eV，而金属钠的红限波长是 540 nm，求入射光的波长？
6. 从铝中移出一个电子需要 4.2 eV 的能量，今有波长为 200 nm 的光投射到铝表面。试问：(1)从铝表面发射出来的光电子的最大动能 E_K 是多少？(2)铝的红限频率 ν_0 为多大？
7. 在一个光电效应实验中测得，能够使钾发射电子的红限波长为 562.0 nm。(1)求金属钾的逸出功；(2)若用波长为 250.0 nm 的紫外光照射钾金属表面，求发射出的电子的最大初动能。
8. 光电管的阴极用逸出功为 2.3 eV 的金属制成，今用波长为 λ 的单色光照射光电管，阴极发射出的光电子的最大初动能是 5.0 eV，求入射光的波长。
9. 今用波长 $\lambda=400$ nm 的单色光照射铯（逸出功为 1.94 eV），求铯放出的光电子的最大初速度。
10. 在一定条件下，人眼视网膜能够对5个蓝绿光的光子（$\lambda=500$ nm）产生光的感觉。此时视网膜上接收的光能量为多少？如果每秒中都能吸收5个这样的光子，则到达眼睛的功率为多少？
11. 若一个光子的能量等于一个电子的静止能量，试问该光子的频率、波长和动量分别是多少？在电磁波谱中属于何种射线？
12. 由于太阳光在其外表面引起光电效应，一个运行中的卫星可能带电，设计卫星时必须尽可能减小这种带电。设一个卫星表面镀铂（铂是一种逸出功非常大的金属，逸出功为

5.32 eV),求能从铂的表面逐出电子的入射光的最大波长。

13. 氦氖激光器发射波长为632.8 nm的激光。若激光器的功率为1.0 mW,试求每秒钟所发射的光子数。
14. 单色光被照相底片吸收而被记录下来。光子被吸收只有在光子能量等于或大于离解底片上的AgBr分子所需的最小能量2.6 eV时,才能发生。能被底片记录的光的最大波长是多少?在电磁波谱中这一波长在什么波段内?
15. 已知硅的禁带宽度为1.14eV,金刚石的禁带宽度为5.33eV,求能使之发生光电导的入射光最大波长。
16. 发光二极管的半导体材料能隙为1.9 eV,求它所发射光的波长。
17. 用波长为0.10 nm的光子做康普顿实验,(1)若某散射的波长为0.1024 nm,求对应的散射角的大小;(2)分配给这个散射电子的动能又多少电子伏特?
18. 在康普顿散射中,波长1×10^{-10}m的X射线被自由电子散射。当散射角是30°时,求:(1)散射X射线的波长改变量;(2)反冲电子的动能。
19. 一个静止电子在与一能量为4.0×10 eV的光子碰撞过程中获得了最大可能的动能。求此种情况下:(1)光子散射角;(2)光子在散射过程中,波长的增加量$\Delta\lambda$;(3)散射光子的能量ε;(4)反冲电子获得的最大动能E_K。

第4章　物质的波粒二象性和量子力学基础

§4-1 实物粒子的波粒二象性

实物粒子指的是静止质量不为零的粒子。电子、质子、中子、原子、分子习惯上都可以当做经典微粒来处理，也就是当做实物粒子来处理。在19世纪，人们只注意到它们的粒子特性，而忽略了它们的波动特性。上一章介绍的实验：黑体辐射、光电效应和康普顿效应在不否定光的波动属性的同时显示了光的粒子属性，也就是光具有波粒二象性。实物粒子除了它的粒子属性，也有波动性。也就是实物粒子也具备了波粒二象性。

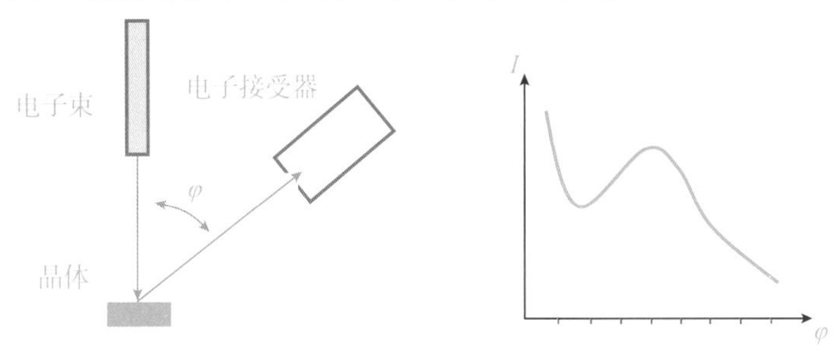

图5.4.1 电子波的衍射

图5.4.1显示：当一束电子打到一块晶体上，电子束被晶体散射后，在一些角度上电子束的强度明显比其他角度大。实验结果类似光的衍射。在合适的条件下，电子束打到一块晶体上可得到相当漂亮的衍射图像，这样的衍射图像非常类似光照射到同一块晶体上得到的衍射图像。图5.4.2显示的是X光打到金属箔上衍射装置和衍射图像。用电子束代替X光可以得到相似的衍射图像，见图5.4.3。

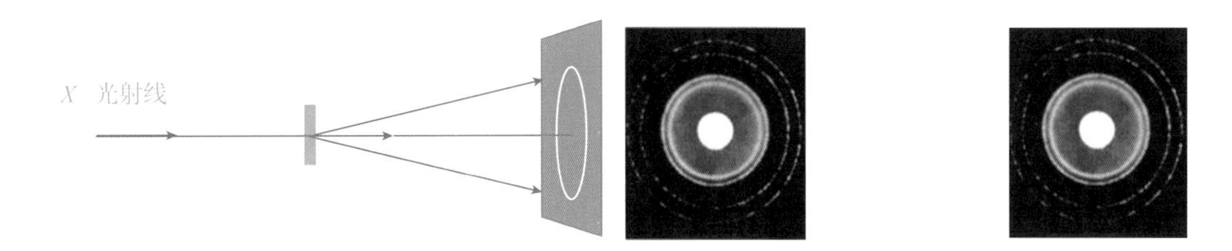

图5.4.2 X光打到金属箔上的衍射装置与图像　　图5.4.3 电子束打到金属箔上的衍射图像

大量的实验证实了实物粒子具有波动的特性，在具有波动的特性的同时，也保留了它们的粒子属性。1924年，法国物理学家德布罗意（L. de.Broglie）在光的波粒二象性的启示下，大胆提出实物粒子同样具有波粒二象性的假设。根据5.3.7式，一个光子的能量：$\varepsilon=h\nu$。如果一个实物粒子的能量为ε，那么这个粒子的频率就是

$$\nu=\frac{\varepsilon}{h} \tag{5.4.1}$$

式中，h为普朗克常数。

根据式(5.3.8)，一个光子的动量为：$p=\frac{h}{\lambda}$。如果一个实物粒子的动量为 p，那么这个粒子的波长就是

$$\lambda=\frac{h}{p} \tag{5.4.2}$$

实物粒子具有波动性，后来人们把这种波称为德布罗意波或物质波。(5.4.1)式给出了一个实物粒子的频率，(5.4.2)式给出了一个实物粒子的波长，这个实物粒子的波长也叫做德布罗意波波长。

【例 5.4.1】一个质量为 m=0.01 kg、以速度 v=10 m/s 运动的乒乓球的度布罗意波长为多少？一个灯丝发射的电子经 10000V 高压加速后，其德布罗意波长又为多少？

解 对于乒乓球，$p=mv$

$$\lambda=\frac{h}{p}=\frac{h}{mv}=\frac{6.63\times10^{-34}}{0.01\times10}=6.63\times10^{-33}(\text{m})$$

对于电子，静止质量 $m_e=9.11\times10^{-31}\text{kg}$，经 10000V 高压加速后电子的动能

$$K=10000\text{eV}=10000\times1.6\times10^{-19}=1.6\times10^{-15}(\text{J})$$

$$K=\frac{1}{2}m_e v^2=\frac{(m_e v)^2}{2m_e}=\frac{p^2}{2m_e} \quad \rightarrow \quad p=\sqrt{2m_e K}$$

$$\lambda=\frac{h}{p}=\frac{h}{\sqrt{2m_e K}}=\frac{6.63\times10^{-34}}{\sqrt{2\times9.11\times10^{-31}\times1.6\times10^{-15}}}=1.2\times10^{-11}(\text{m})$$

上述计算表明，宏观物体(如乒乓球)由于其动量较大，因此德布罗意波长很短，完全可以忽略其波动性；而微观粒子(如电子)的德布罗意波长与金属的晶格间距可比拟，因此可显现出波动的衍射特征。

【例 5.4.2】(1) α 粒子的静止质量 m_0 =6.68×10^{-27} kg，该粒子的速度 v =5×10^5 m/s。求 α 粒子的德布罗意波长；(2)中子的静止质量 m_0 =1.67×10^{-27} kg，中子的德布罗意波长和 α 粒子相同，求中子的速度；(3)如果一中子的动能为 20eV，求此中子的德布罗意波长。

解 (1)根据式(5.4.2)，α 粒子的德布罗意波长

$$\lambda=\frac{h}{p}=\frac{h}{m_0 v}=\frac{6.63\times10^{-34}}{6.68\times10^{-27}\times5\times10^{5}}=1.99\times10^{-13}(\text{m})$$

(2)中子的德布罗意波长和 α 粒子相同，中子的速度可以根据下式计算

$$\frac{h}{m_0 v}=1.99\times10^{6}\text{m/s}$$

$$v=\frac{6.63\times10^{-34}}{1.67\times10^{-27}\times1.99\times10^{-13}}=2.0\times10^{6}(\text{m/s})$$

(3)中子的动能为 20eV，即

$$K=20\times1.6\times10^{-19}=3.2\times10^{-18}(\text{J})$$

那么它的动量

$$p=\sqrt{2mK}=\sqrt{2\times1.67\times10^{-27}\times3.2\times10^{-18}}=1.07\times10^{-22}(\text{kg}\cdot\text{m/s})$$

中子的德布罗意波长

$$\lambda=\frac{h}{p}=\frac{h}{m_0 v}=6.20\times10^{-12}\text{m}$$

§4-2 测不准关系

光和实物粒子都有它们的粒子属性和它们的波动属性。也就是光和实物粒子都具备了波粒二象性，波粒二象性是所有物质的普遍规律。但德布罗意物质波并不是经典意义上的波，1926年德国物理学家玻恩（M.Börn）提出了对德布罗意物质波的统计解释：微观粒子的运动具有不确定性，在时刻t，空间某点$\bar{r}$附近粒子出现的概率与此时、此刻物质波的强度成正比。

在经典力学中，一个粒子在某时刻的位置和动量都可以精确地确定。当受力条件一定的情况下，就可以通过求解运动方程，确定粒子的后继运动，包括它的位置和动量。通过改进测量仪器、提高测量技术，物理量测量的精确度是可以不断得到提高，原则上不存在测量精度的极限度。

对于具有波粒二象性的微观粒子来说，它具有波动的属性。一束由微观粒子组成的粒子流经过一单缝，衍射图像应该如图4.3.3，衍射强度的分布可以写为：

$$a\sin\theta=\begin{cases}0, & \text{中央明纹}\\(2k+1)\dfrac{\lambda}{2}, & \text{明纹}\\k\lambda, & \text{暗纹}\end{cases}\tag{5.4.3}$$

假定，单缝沿x方向，单缝宽度为Δx。不考虑其他明纹，就考虑中央明纹，它分布的范围由下式确定：

$$\Delta x\cdot\sin\theta=\pm\lambda\tag{5.4.4}$$

如果，微观粒子的动量为p，动量沿x方向的分量为p_x，那么

$$\sin\theta=\frac{\Delta p_x}{p}\tag{5.4.5}$$

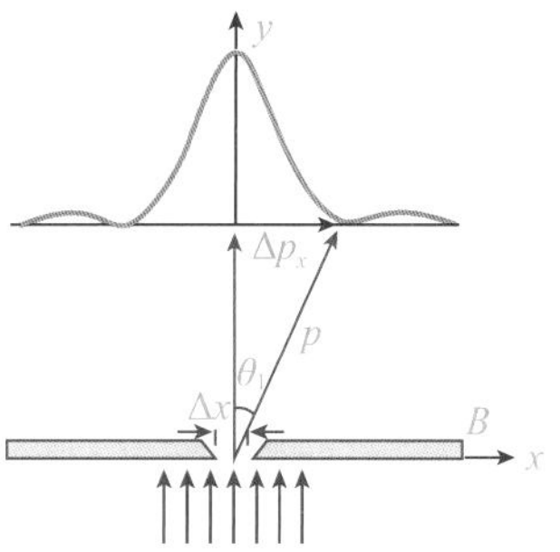

代入（5.4.4）式得

$$\Delta x\cdot\frac{\Delta p_x}{p}=\pm\lambda\tag{5.4.6}$$

因为微观粒子的德布罗意波长$\lambda=\dfrac{h}{p}$，所以

$$\Delta x\cdot\Delta p_x=\pm h$$

图5.4.4 电子束衍射强度分布

上式只考虑了衍射的中央极大，如果考虑衍射的其他极大，则

$$\Delta x\cdot\Delta p_x>h\tag{5.4.7}$$

根据（5.4.7）式，在x方向上，位置与动量可取值的乘积是大于一个数值的，也就是说，我们不能在同一时刻，用实验同时确定其位置和动量。（5.4.7）式被称为位置和动量的不确定性关系，微观粒子的位置和动量是不可能同时准确地确定的。

§4-3 微观粒子的概率描述

由于微观粒子的测不准关系，描述微观粒子的位置和动量不能按照经典力学的方法进行，图5.4.5是一个电子束双缝干涉实验的装置图。图5.4.6中，

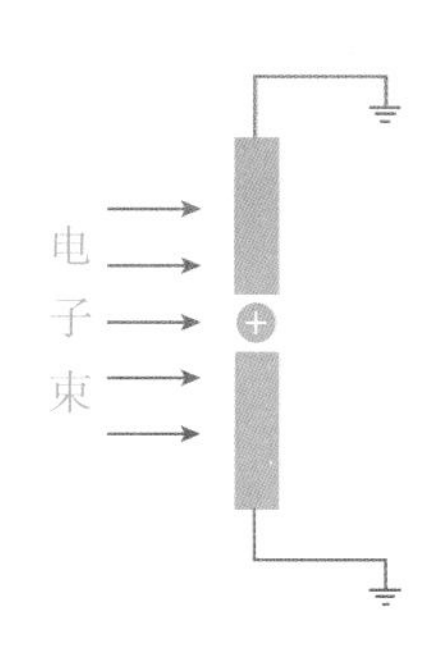

图5.4.5 电子束双缝干涉实验装置图

图 A、B、C、D 分别是100个、3000个、20000个和70000个电子通过电子双缝后的干涉图像。图中白色的小点代表了电子所在位置。100个电子通过电子双缝后,电子位置分布基本上是随机的。随着电子数目的增加,电子的分布有些地方多、有些地方少。在白色的条纹处,电子的分布多;在黑色的条纹处,电子的分布少。显然光的干涉图像也是明暗相间,它代表了光在不同区域光的强弱。按照光的波粒二象性,光的强弱也可以代表了在不同区域光子数的多少。

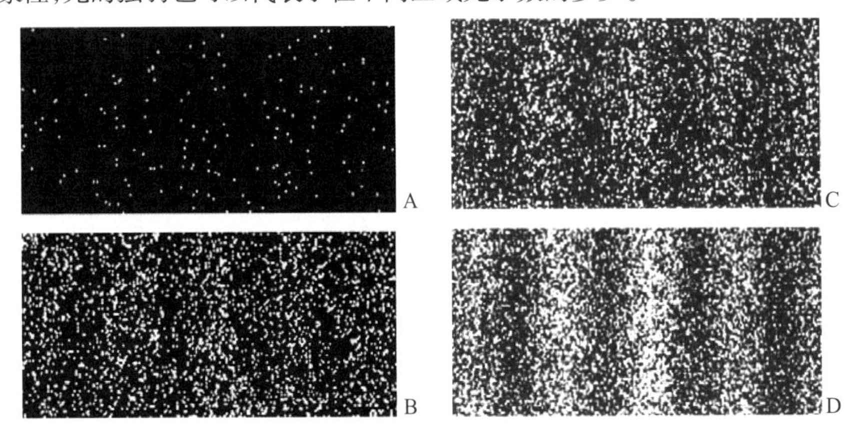

图 5.4.6 电子束双缝干涉图像

由于微观粒子的波动属性,它的位置和动量是不可能同时准确地确定,只能按照一定概率大小出现在不同的位置。在量子物理学中引入了波函数来描述它的概率大小

$$\psi(r,t)=\psi(r)\mathrm{e}^{-ikt}$$

某一位置上波函数绝对值的平方就是该位置上微观粒子在单位空间内的概率。量子物理学就是通过解薛定格方程,解得到波函数,再用波函数的平方(即概率)来描述一个物理体系。量子物理学为研究微观世界提供一条正确的路径。

内容要点

1. 实物粒子除了它的粒子属性,也有波动性,实物粒子也具备了波粒二象性。

   具有能量 ε 的实物粒子的频率: $\nu=\dfrac{\varepsilon}{h}$

   具有能量 p 的实物粒子的波长(德布罗意波长): $\lambda=\dfrac{h}{p}$

2. 根据实物粒子的波动性,可以观察到实物粒子的干涉和衍射现象
3. 根据实物粒子的波动性,实物粒子的位置和动量是不可能同时准确地确定,它只能按照一定的概率大小出现在不同的位置。
4. 由于实物粒子的不确定性,在量子物理学中引入了波函数

   $$\psi(r,t)=\psi(r)\mathrm{e}^{-ikt}$$

   量子物理学就是通过解薛定格方程,得到波函数,用波函数绝对值的平方可以描述微观粒子的概率。

思考题

1. 根据什么实验可以证明实物粒子除了它的粒子属性,也有波动性?
2. 实物粒子具备了波粒二象性,具有能量 ε 的实物粒子的频率为多少?
3. 具有能量 p 的实物粒子的波长(德布罗意波长)为多少?
4. 为什么说实物粒子的位置和动量是不可能同时准确地确定,它只能按照一定的概率大小出现在不同的位置?
5. 由于微观实物粒子的不确定性,如何描述微观粒子的概率?

习　题

1. 试求下列粒子相应的德布罗意波长:(1)一质量为 1.0×10^{-15} kg、速度为 2.0×10^{-3} m/s 运动的病毒分子;(2)动能为 120 eV 的电子。
2. 花粉粒子做布朗运动。已知花粉粒子的质量为 1.0×10^{-13} kg,速度为 1.0 m/s,问花粉粒子的德布罗意波长为多少?花粉粒子的能察觉得到吗?
3. 计算下列物体具有 10 MeV 动能时的物质波波长,(1)电子;(2)质子。
4. 计算在彩色电视显像管的加速电压作用下电子的物质波波长,已知加速电压为 25.0 kV,(1)用非相对论公式;(2)用相对论公式。
5. 电子和光子的波长均为 0.2 nm,试求它们相应的动量和动能。

第1篇 力学答案

质点运动学

1. (1) $x_3=4\,\mathrm{m}$;(2) $\Delta x_{0\sim3}=x_3-x_0=3\,\mathrm{m}$;(3) $s_{0\sim3\,s}=5\,\mathrm{m}$

2. (1) $\Delta x=x_5-x_3=33.6\,\mathrm{m}$;(2) $v=16.8\,\mathrm{m/s}$;(3) $v|_{t=5\,s}=21\,\mathrm{m/s}$, $a|_{t=5\,s}=4.2\,\mathrm{m/s^2}$

3. (1) $y=2-\dfrac{x^2}{4}$,抛物线;(2) $\Delta\boldsymbol{r}=(2\boldsymbol{i}-3\boldsymbol{j})\,\mathrm{m}$;(3) $\left|\begin{array}{l} v_{t=1\,s}=(2\boldsymbol{i}-2\boldsymbol{j})\,\mathrm{m/s} \\ v|_{t=2\,s}=(2\boldsymbol{i}-4\boldsymbol{j})\,\mathrm{m/s}\end{array}\right.$, $\boldsymbol{a}|_{t=1\,s}=\boldsymbol{a}|_{t=2\,s}=-2\boldsymbol{j}\,\mathrm{m/s^2}$

4. (1) $\boldsymbol{r}|_{t=2\,s}=4\boldsymbol{i}+11\boldsymbol{j}$;(2) $\Delta\boldsymbol{r}=2\boldsymbol{i}-6\boldsymbol{j}$, $\bar{v}=2\boldsymbol{i}-6\boldsymbol{j}$;(3) $v|_{t=2\,s}=2\boldsymbol{i}-8\boldsymbol{j}$, $\boldsymbol{a}|_{t=2\,s}=-4\boldsymbol{j}$

5. (1) $\boldsymbol{r}|_{t=10\,s}=(10\boldsymbol{i}+100\boldsymbol{j})\,\mathrm{m}$, $\Delta\boldsymbol{r}=\boldsymbol{r}_2-\boldsymbol{r}_1=(10\boldsymbol{i}+100\boldsymbol{j})\,\mathrm{m}$;(2)轨迹方程 $y=x^2$,抛物线;
(3) $v|_{t=5\,s}=(\boldsymbol{i}+10\boldsymbol{j})\,\mathrm{m}$, $\boldsymbol{a}|_{t=5\,s}=2\boldsymbol{j}\,\mathrm{m/s^2}$ 6. $v|_{t=3\,s}=23\,\mathrm{m/s}$ 7. $x=(t^3+t+5)\,\mathrm{m}$

8. $v=v_0\mathrm{e}^{-kt}$, $x=x_0+\dfrac{v_0}{k}(1-\mathrm{e}^{-kt})$ 9. $\dfrac{1}{v}-\dfrac{1}{v_0}=\dfrac{1}{2}kt^2$ 10. $x=\dfrac{x_0}{1-kx_0t}$

11. $v=5\,\mathrm{m/s}$, $a_t=-1\,\mathrm{m/s^2}$, $a_n=0.5\,\mathrm{m/s^2}$, $a=1.1\,\mathrm{m/s^2}$ 12. $a_t=16t\,\mathrm{m/s^2}$, $a_n=32t^4\,\mathrm{m/s^2}$

13. (1) $a_t=-b$, $a_n=\dfrac{(v_0-bt)^2}{R}$;(2) $a=\sqrt{b^2+\dfrac{(v_0-bt)^4}{R^2}}$;(3) $t=\dfrac{v_0}{b}$ 14. (1) $s=\dfrac{1}{3}ct^3$;(2) $a_t=2ct$, $a_n=\dfrac{c^2t^4}{R}$

15. (1) $y=\dfrac{1}{4b}x^2$,抛物线;(2) $v=2b\boldsymbol{i}+2bt\boldsymbol{j}$, $\boldsymbol{a}=2b\boldsymbol{j}$,(3) $a_t=\dfrac{2bt}{\sqrt{1+t^2}}$, $a_n=\dfrac{2b}{\sqrt{1+t^2}}$

16. (1) $100\,\mathrm{m/s}$, $-g$;(2) $1.02\times10^3\,\mathrm{m}$ 17. (1) $v=\dfrac{v_0\cos\alpha}{\cos\theta}$;(2) $a_t=-g\sin\theta$, $a_n=g\cos\theta$;(3) $\rho=\dfrac{v_0^2\cos^2\alpha}{g\cos^3\theta}$

18. $v=v_0\sqrt{1+\dfrac{h^2}{s^2}}$, $a=\dfrac{h^2v_0^2}{x^3}$ 船体做变加速直线运动 19. $\dfrac{Hv_0}{H-h}$,沿人的前进方向。

20. $v_{风}=11.2\,\mathrm{m/s}$,东偏北 26.6^0

牛顿运动定律的微积分解析

1. $f_r=m(g-9B\mathrm{e}^{-3t})$ 2. $x=x_0+\dfrac{F_0}{\omega^2m}(1-\cos\omega t)$

3. (1) $a_1=2.39\,\mathrm{m/s^2}$, $a_2=4.78\,\mathrm{m/s^2}$;(2) $T_1=2.7\,\mathrm{N}$, $T_2=1.35\,\mathrm{N}$

4. ① $a=\dfrac{mg-F-mv}{m}$;② $v_{\max}=\dfrac{mg-F}{k}$;③ $v=\dfrac{mg-F}{k}\left(1-\mathrm{e}^{-\frac{k}{m}t}\right)$ 5. (1) $v=\dfrac{v_0}{1+k'v_0t}$;(2) $x=\dfrac{1}{k'}\ln(1+k'v_0t)$

6. $y_{\max}=\dfrac{m}{2k}\ln\dfrac{mg+kv_0^2}{mg}$ 7. (1) $f=\mu m\dfrac{v^2}{R}$;(2) $a_t=-\mu\dfrac{v^2}{R}$;(3) $t=\dfrac{2R}{\mu v_0}$

8. $a'=\dfrac{(m_1-m_2)(g-a)}{m_1+m_2}$, $T=\dfrac{2m_1m_2(g-a)}{m_1+m_2}$

动量守恒和能量守恒定律

1. (1) $\boldsymbol{p}=-a\omega m\sin\omega t\,\boldsymbol{i}+b\omega m\cos\omega t\,\boldsymbol{j}$;(2) $\boldsymbol{I}=-2mb\omega\boldsymbol{j}$ 2. $\boldsymbol{F}=12\,\mathrm{N}$

3. $\boldsymbol{F}=-8\times10^3\,\mathrm{N}$,负号表示与投出时的速度方向相反 4. $\boldsymbol{F}=3184\,\mathrm{N}$ 5. $\boldsymbol{F}=2.22\times10^3\,\mathrm{N}$

6. (1) $I=0.6\,\mathrm{N\cdot s}$;(2) $m=2\,\mathrm{g}$ 7. $W=16\,\mathrm{J}$ 8. $W=-22.5\,\mathrm{J}$ 9. $W=690\,\mathrm{J}$ 10. $v=2.3\,\mathrm{m/s}$

11. $d=3.5\times10^{-2}(\mathrm{m})$ 12. $v=\sqrt{\dfrac{2}{m}\left(\dfrac{k}{x}-\dfrac{k}{x_0}\right)}$ 13. 800 J 14. $W=32\,\mathrm{J}$

15. (1) $v=\sqrt{\dfrac{2Pt}{m}}$;(2) $x=\dfrac{2}{3}\sqrt{\dfrac{2p}{m}}t^{3/2}$ 16. (1) $E_k=\dfrac{GMm}{6R}$,(2) $E_p=-G\dfrac{Mm}{3R}$,(3) $E=-\dfrac{GMm}{6R}$

17. $R\dfrac{2GM}{c^2}=2.94\times10^3\,\mathrm{m}$ 18. $\dfrac{1}{3}D(x^3-A^3)$ 19. $F=2ax-b$ 20. $a=-\dfrac{k}{m}x+\dfrac{4\alpha}{m}x^3$

21. $v=1\,\mathrm{m/s}$ 22. $v_0=350.7\,\mathrm{m/s}$

角动量守恒定律

1. $L=m\sqrt{GMR}$ 2. 105 $kg\cdot m^2/s$ 3. (1) $L_2=4m\omega l^2$；(2) $L=14m\omega l^2$ 4. 12 rad/s

5. $v_2=3.03\times10^4$ m/s 6. $L_B=1\ kg\cdot m^2/s$，$v_B=1$ m/s 7. $u=\frac{v}{2}$

刚体定轴转动

1. $\omega=40\pi$ rad/s，$v_1=12.56$ m/s，$v_2=31.4$ m/s 2. (1) 18.85 m/s，3948 m/s^2；(2) 0.698 rad/s^2，0.063 m/s^2

3. (1) $\omega=25$ rad/s；(2) $\alpha=39.825\ rad/s^2$；(3) $t=0.628$ s 4. $I_O=\frac{5}{12}ml^2$

5. $I_O=\frac{1}{3}ml^2+\left[\frac{1}{2}MR^2+M(l+R)^2\right]$ 6. $I_O=\frac{1}{4}kl^4$ 7. $M=1.26\times10^3\ N\cdot m$

8. (1) $\alpha=2.5\ rad/s^2$，(2) $v=12.5$ m/s 9. (1) $I_O=\frac{3}{4}ml^2$；(2) $M=\frac{mgl}{4}$，$\alpha=\frac{g}{3l}$

10. $\alpha=0.485\ rad/s^2$，$a=0.097\ m/s^2$，$T=0.97$ N 11. (1) $\alpha=\frac{3g}{2l}$，(2) $a_t=\frac{3}{2}g$

12. $T_1=m_1a_1$，$T_2R-T_1R=\frac{1}{2}MR^2\alpha$，$m_2g-2T_2=m_2a_2$，$\alpha R=2a_2=a_1$

13. $m_1g-T_1=m_1a$，$T_2-m_2g=m_2a$，$T_1R_1-TR_1=I_1\alpha_1$，$TR_2-T_2R_2=I_2\alpha_2$，$I_1=\frac{1}{2}M_1R_1^2$，$I_2=\frac{1}{2}M_2R_2^2$，$a=R_1\alpha_1=R_2\alpha_2$

14. $a=6.53\ m/s^2$ 15. $F=100\pi=314(N)$ 16. $t=\frac{I}{k}\ln 2$

17. $I=9.83\times10^{37}\ kg\cdot m^2$，$E_k=2.62\times10^{29}$ J 18. $I=0.03\pi\ kg\cdot m^2$，$E_k=4460$ J

19. (1) $x_c=\frac{2}{11}$ m，$y_c=-\frac{3}{11}$ m；(2) $I_O=143\ kg\cdot m^2$；(3) $E_k=2574$ J 20. $v=2\sqrt{\frac{m_1gh}{2m_1+m_2}}$

21. $v=R\sqrt{\frac{2mgl\sin\alpha-kl^2}{I}}$

22. (1) $I=\frac{1}{3}m_1l^2+m_2l^2$；(2) $E_K=\frac{1}{2}\left(\frac{1}{3}m_1l^2+m_2l^2\right)\omega^2$；(3) $M=m_1g\frac{l}{2}\sin\alpha+m_2gl\sin\alpha$

23. (1) $I_O=\frac{7}{3}ml^2$；(2) $\alpha=\frac{15g}{14l}$；(3) $\omega=\sqrt{\frac{15g}{7l}}$

24. $\omega'=3\omega_0$ 25. $\omega=7.14$ rad/s 26. $v=2\omega_0r$ 27. $\omega=\frac{v}{2R}$

28. (1) $\omega_f=4.1$ rad/s；(2) $E_{k_i}=880$ J，$E_{k_f}=1800$ J 29. $v=\sqrt{3gl}$ 30. (1) $m_0=3m$；(2) 48.2°

31. $v_0=v+\frac{2m_0}{3m}\sqrt{3gl}$ 32. (1) $\omega=4.5$ rad/s；(2) 71.87° 33. $v=\left(\frac{M-3m}{M+3m}\right)v_0$，$\omega=\left(\frac{12m}{M+3m}\right)\frac{v_0}{l}$

34. (1)瞬间处于静止状态 $\omega=0$，此后将绕一端转动；(2) $T=Mg/4$ 35. $x=\frac{2}{3}l$

机械振动

1. $\nu=4$ Hz，$T=0.25$ s，$A=0.1$ m，$\varphi=\frac{2}{3}\pi$，$v_{max}=2.5$ m/s，$a_{max}=63\ m/s^2$

2. (1) $A=0.1$ m，$\gamma=10$ Hz，$\omega=20\pi$ rad/s，$T=0.1$ s，$\varphi=\frac{\pi}{4}$；(2) $y=7.07\times10^{-2}$ m，$v=-4.44$ m/s，$a=-280\ m/s^2$

3. $\nu=1.18$ Hz 4. $\nu=\frac{1}{2\pi}\sqrt{\frac{k_1+k_2}{m}}$ 5. (1) $\nu=2$ Hz；(2) $E=1.97\times10^{-2}$ J；(3) $F_{max}=0.789$ N

6. 0.5 s 7. (1) $x=0.02\cos(4\pi t+\pi)$；(2) $x=0.02\cos\left(4\pi t-\frac{\pi}{2}\right)$；(3) $x=0.02\cos\left(4\pi t+\frac{\pi}{3}\right)$

8. $y=2\times10^{-2}\cos\left(10\pi t-\frac{\pi}{2}\right)$ 9. (1) $A=0.1$ m，$\varphi=\frac{\pi}{2}$；(2) $\nu=0.5$ Hz；(3) $x=0.1\cos\left(\pi t+\frac{\pi}{2}\right)$ m

10. $A=4\times10^{-2}$ m，$\omega=\frac{\pi}{2}$，$\varphi=\pm\pi$，$y=4\times10^{-2}\cos\left(\frac{\pi}{2}t\pm\pi\right)$ m 11. $y=2\times10^{-2}\cos\left(\frac{2\pi}{3}t+\frac{\pi}{3}\right)$ m

12. (1) $A=0.04$ m，$\varphi=-\frac{\pi}{3}$；(2) $\omega=\frac{\pi}{3}$；(3) $x=0.04\cos\left(\frac{\pi}{3}t-\frac{\pi}{3}\right)$ m

13. (1) $y=0.08\cos\left(\frac{\pi}{2}t+\frac{\pi}{3}\right)$ m ;(2) $y=-0.069m$, $F=1.70\times10^{-3}$ N ;(3) $\Delta t=0.667$ s

14. (1) $x=0.24\cos\left(\frac{\pi}{2}t-\frac{\pi}{3}\right)$ m ;(2) $x=0.2078$ m , $F=5.12\times10^{-3}$ N ;(3) $\Delta t=2$ s

15. (1) $T=2\pi\sqrt{\frac{m+m'}{k}}$;(2) $x=\frac{m'v_0}{\sqrt{k(m+m')}}\cos\left(\sqrt{\frac{k}{m+m'}}t+\frac{\pi}{2}\right)$ 16. $A_{合}=0.02$, $y=0.02\cos\left(4\pi t+\frac{\pi}{3}\right)$

17. (1) $A=0.078$ m , $\varphi=84.8^{\circ}$;(2) $\varphi_3=\frac{3}{4}\pi+2k\pi$;(3) $\varphi_3=\frac{5}{4}\pi+2k\pi$

18. $A=0.12$ m , $\varphi=\frac{2}{3}\pi$, $y=0.12\cos\left(\frac{\pi}{2}t+\frac{2}{3}\pi\right)$ m 19. $x=0.346\cos\left(4\pi t+\frac{\pi}{3}\right)$(SI)

20. (1) $\varphi_1=\pi$, $\varphi_2=\frac{3\pi}{2}$或$-\frac{\pi}{2}$, $\Delta\varphi=\varphi_2-\varphi_1=\frac{\pi}{2}$;(2) $x=5\sqrt{2}\cos\left(\frac{\pi}{2}t-\frac{3\pi}{4}\right)$ cm

机械波

1. $\nu=6.22\times10^{-4}$ Hz , $t=10.8$ h 2. $\lambda_{空}=0.331$ m ; $\lambda_{水}=1.483$ m 3. (1) $\Delta x=0.117$ m ;(2) $\Delta\varphi=\pi$

4. (1) $A=0.05$ m , $\nu=5.0$ Hz , $T=0.2$ s , $u=2.5$(m/s) , $\lambda=0.5$ m ;(2) $v_{max}=1.57$(m/s) , $a_m=49.3\left(\text{m/s}^2\right)$;(3) $\varphi=9.2\pi$

5. (1) $T=8.33\times10^{-3}$ s , $\lambda=0.25$ m ;(2) $y=4\times10^{-3}\cos\left[240\pi\left(t-\frac{x}{30}\right)\right]$

6. (1)沿 x 轴负方向传播;(2) $\lambda=\frac{2\pi}{3}$ m , $\nu=\frac{4}{\pi}$ Hz , $u=\frac{8}{3}$m/s

7. (1) $y=0.06\cos(\pi t+\pi)$ m ;(2) $y=0.06\cos\left[\pi\left(t-\frac{x}{2}\right)+\pi\right]$ m ;(3) $\lambda=4$ m

8. (1) $y=0.1\cos(4\pi t-2\pi x)$ m ;(2) $y=0.1\cos(4\pi t-\pi)$ m ;(3) $\Delta\varphi=0.40\pi$ rad

9. (1) $y_0=0.8\cos\left(\frac{\pi}{2}t+\frac{\pi}{3}\right)$ m ;(2) $y=0.8\cos\left(\frac{\pi}{2}t-\frac{\pi}{10}x+\frac{\pi}{3}\right)$ m

10. (1) $y_O=5\times10^{-2}\cos\left(\frac{\pi}{2}t+\frac{\pi}{2}\right)$ m ,(2) $y=5\times10^{-2}\cos\left(\frac{\pi}{2}t-\frac{\pi}{2}x+\frac{\pi}{2}\right)$ m 11. $y=A\cos\left(\omega t+\frac{\omega}{u}x+\varphi_0-\frac{\omega}{u}x_0\right)$

12. (1) $y_O=0.5\cos\left(\frac{\pi}{2}t-\frac{\pi}{2}\right)$;(2) $y=0.5\cos\left(\frac{\pi}{2}t+\pi x-\frac{\pi}{2}\right)$ 13. $y=0.40\cos\left[\frac{\pi}{6}(t+x)-\frac{\pi}{3}\right]$ m

14. (1) $y=A\cos\left[\omega\left(t-\frac{x}{u}\right)+\varphi\right]$,(2) $y=A\cos\left[\omega\left(t+\frac{x}{u}\right)+\varphi\right]$,(3) $y=A\cos\left[\omega\left(t-\frac{x-l}{u}\right)+\varphi\right]$,
(4) $y=A\cos\left[\omega\left(t+\frac{x-l}{u}\right)+\varphi\right]$

15. (1) $\lambda=0.20$ m ;(2) $\Delta\varphi=0$;(3) $A=0.4$ m 16. $\Delta\varphi=0$ 17. $x=2k+15$, $k=0$, ±1, ±2, $\cdots$, ±7

18. $x=0$, $x=2$, $x=4$ 干涉静止 19. $y_{反}=0.1\cos(200\pi t+\pi x-5.5\pi)$

20. (1) $A=0.01$ m , $\lambda=0.4$ m , $\gamma=50$ Hz , $u=20$ m/s ;(2) 0.2 m 21. $\nu'=706$ Hz 22. $v_s=31.4$m/s

23. (1) $\nu'=713$ Hz ;(2) $\nu'=619$ Hz 24. $\nu'=500$ Hz 25. 17.5 kHz 26. $v=56.8$km/h

第2篇 热学答案

气体分子的热运动

1. 25个/cm^3

2. ① $n=2.41\times10^{25}\left(\text{m}^{-3}\right)$;② $m=4.65\times10^{-26}$ kg ;③ $\rho=1.12$kg/m^3 ;④ $\sqrt{\boldsymbol{v}^2}=517$m/s ;⑤ $\boldsymbol{\varepsilon}_i=6.21\times10^{-21}$ J 。

3. ① $\boldsymbol{\varepsilon}=2.07\times10^{-15}$ J$=1.29\times10^4$ eV ;② $\sqrt{\boldsymbol{v}^2}=1.57\times10^6$ m/s

4. (1) 9.54×10^6 m/s ,(2) 1.83×10^2 m/s ,(3) 1.61×10^{-4} m/s

5. $v_p=390$m/s 6. $T=120$ K , $\bar{v}=1.13\times10^3$m/s , $\sqrt{\boldsymbol{v}^2}=1.22\times10^3$m/s

7. $\bar{\lambda}=1.74\times10^{-7}$ m , $\bar{Z}=1.02\times10^{10}$次/s 8. $\bar{v}=2\bar{v}_0$, $\bar{Z}=2\bar{Z}_0$, $\bar{\lambda}=\bar{\lambda}_0$

9. (1) 3 ;(2) 3/2 ;(3) $\sqrt{6}/2$

热力学第一定律和热力学第二定律

1. $W=5.74\times10^3$ J 2. $W=2.72\times10^3$ J

3. (1) $W=405.2$ J ;(2) $\Delta E=0$;(3) $Q=W=405.2$ J 4. $W=500$ J

5. (1) $W=877$ J ;(2) $Q_1=6550$ J ;(3) $\eta=13.4\%$ 6. $\eta=15.4\%$

7. (1) $T_2=320$ K ;(2) $\eta_{卡}=20\%$ 8. (1) $W=600$ J ;(2) $Q_2=1.8\times10^3$ J

9. $W=3p_0V_0$, $Q=\frac{9}{2}p_0V_0$, $\Delta E=\frac{3}{2}p_0V_0$, $\Delta S=\frac{7}{2}R\ln 2$

第3篇 电磁学答案

电荷和电场

1. 3.8 N 2. $\boldsymbol{E}_O=\frac{3q}{4\pi\varepsilon_0 d^2}\boldsymbol{i}-\frac{3q}{4\pi\varepsilon_0 d^2}\boldsymbol{j}$ 3. $E=\frac{q}{2\pi\varepsilon_0 a^2}$, $-x$ 方向

4. $\frac{q}{\pi\varepsilon_0 a^2}$,场强与 x 轴夹角为 45° 5. $\boldsymbol{E}=\frac{Q}{2\pi^2\varepsilon_0 R^2}\boldsymbol{i}$

6. $\frac{\lambda}{2\pi\varepsilon_0 R}$,方向在与直径垂直的方向上

高斯定理

1. $\Phi_E=0.15$k 2. $n=6.64\times10^5$ 个$/\mathrm{cm}^2$ 3. ① $E=\frac{kR^5}{5\varepsilon_0 r^2}$,② $E=\frac{kr^3}{5\varepsilon_0}$

4. $\lambda=5.0\times10^{-8}$C/m 5. $\boldsymbol{E}_{P_1}=-\frac{\lambda}{\pi\varepsilon_0 d}\boldsymbol{i}$, $\boldsymbol{E}_{P_2}=\frac{\lambda}{3\pi\varepsilon_0 d}\boldsymbol{i}$ 6. $\boldsymbol{E}_I=-\frac{\sigma}{\varepsilon_0}\boldsymbol{i}$, $\boldsymbol{E}_{II}=0$, $\boldsymbol{E}_{III}=\frac{\sigma}{\varepsilon_0}\boldsymbol{i}$

电 势

1. $\frac{qQ}{4\pi\varepsilon_0}(\frac{1}{r_1}-\frac{1}{r_2})$

2. (1) $U_O=0$, $U_D=-\frac{qq_0}{6\pi\varepsilon_0 R}$;(2) $W_{OD}=\frac{qq_0}{6\pi\varepsilon_0 R}$;(3) $W_{D\infty}=\frac{qq_0}{6\pi\varepsilon_0 R}$;(4)移动一周,电场力做功为 0

3. ① $V_D=\frac{q}{2\pi\varepsilon_0 a}$, $V_C=\frac{q}{2\sqrt{2}\pi\varepsilon_0 a}$, $\Delta V=V_C-V_D=\frac{q}{4\pi\varepsilon_0 a}\left(\sqrt{2}-2\right)$,

② $W_{CD}=\frac{q}{4\pi\varepsilon_0 a}\left(\sqrt{2}-2\right)$ 4. $V_P=\frac{\sqrt{2}q}{\pi\varepsilon_0 a}$ 5. $V_O=\frac{1}{4\pi\varepsilon_0}\cdot\frac{Q}{R}$, $W_{O\infty}=\frac{1}{4\pi\varepsilon_0}\cdot\frac{qQ}{R}$

6. $\frac{1}{4\pi\varepsilon_0}(\frac{q}{r}+\frac{Q}{R})$ 7. $U=\frac{Q\lambda}{4\pi\varepsilon_0}\ln 2$ 8. $V=\frac{q}{4\pi\varepsilon_0 l}\ln\frac{a+l}{a}$ 9. $V_O=\frac{\lambda}{2\pi\varepsilon_0}\ln 2+\frac{\lambda}{4\varepsilon_0}$

10. (1) $E_O=0$, $V_O=\frac{q}{2\pi\varepsilon_0 l}$;(2) $E_O=\frac{q}{2\pi\varepsilon_0 l^2}$, $V_O=0$

11. (1) $V_1=900$ V ;(2) $V_2=450$ V 12. (1) $q_1=6.7\times10^{-10}$ C , $q_2=-1.3\times10^{-9}$ C ,(2) $r=0.1$ m

13. $V_{ab}=49.9$ V 14. $\boldsymbol{E}=E_x\boldsymbol{i}+E_y\boldsymbol{j}+E_z\boldsymbol{k}=-2ax\boldsymbol{i}-2ay\boldsymbol{j}-2bz\boldsymbol{k}$ 15. $\boldsymbol{E}=66\boldsymbol{i}+66\boldsymbol{j}$(N/C)

静电场中的导体和电介质

1. (1) $V_{球}=V_O=\frac{q}{4\pi\varepsilon_0 l}$ (2) $q'=-\frac{R}{l}q$(负号表示感应电荷与点电荷 q 的符号相反)

2. (1) $E'=\frac{q}{4\pi\varepsilon_0 r^2}$,方向由 O 指向点电荷 $+q$;(2) $V_{球}=V_O=\frac{q}{4\pi\varepsilon_0 r}$;(3) $q'=-\frac{R}{r}q$

3. $\sigma_1=\sigma_4=\frac{q_A+q_B}{2S}$, $\sigma_2=-\sigma_3=\frac{q_A-q_B}{2S}$, $E_{左}=-\frac{q_A+q_B}{2\varepsilon_0 S}$, $E_{中}=\frac{q_A-q_B}{2\varepsilon_0 S}$, $E_{右}=\frac{q_A+q_B}{2\varepsilon_0 S}$

4. 球壳内表面带电量为 $q_1=-q=-4\times10^{-10}$ C，分布不均匀；球壳外表面带电量为 $q_2=q=4\times10^{-10}$ C，分布均匀；球壳的电势 $V=120$ V

5. （1）$Q_{内}=-1.0\times10^{-8}$ C，$Q_{外}=1.0\times10^{-8}$ C；（2）$V_B=360$ V；（3）$V_P=510$ V；（4）$V_P=360$ V

6. $\sigma=2.04\times10^{-6}\,\mathrm{C/m^2}$　　7. ① $E=\dfrac{q}{4\pi\varepsilon_0\varepsilon r^2}$，② $V=\dfrac{q}{4\pi\varepsilon_0\varepsilon r}$

8. $D=\sigma_0=4.5\times10^{-5}\,\mathrm{C/m^2}$，$E=2.54\times10^6$ N/C　　9. $S=7.37\,\mathrm{m^2}$　　10. $\varepsilon=6283$

11. $C_1=4.43\times10^{-12}$ F，$C_2=17.72\times10^{-12}$ F　　12. $\varepsilon=3$　　13. $\varepsilon=7.2$

14. 相等，$C=7.1\times10^{-4}$ F　　15. ① $D_1=\sigma, E_1=\dfrac{\sigma}{\varepsilon_0\varepsilon_1}$；② $D_2=\sigma, E_2=\dfrac{\sigma}{\varepsilon_0\varepsilon_2}$；③ $C=\dfrac{2\varepsilon_0\varepsilon_1\varepsilon_2 S}{(\varepsilon_1+\varepsilon_2)d}$

16. 略　　17. ① $C=120(\mathrm{pF})$，② $\begin{cases}V_1=600(\mathrm{V})\\V_2=400(\mathrm{V})\end{cases}\to C_1$先被击穿，然后$C_2$也被击穿

18. （1）$Q=5.0\times10^{-9}$ C；（2）$E=10.5$ kV/m　　19. $Q_{上}=5.0\times10^{-7}$ C，$Q_{下}=1.5\times10^{-6}$ C

稳恒磁场

1. $B=4\times10^{-3}$ T　　2. （1）$B=1.44\times10^{-5}$ T，（2）$\dfrac{B}{B_{地}}=24\%$

3. （a）$B=\dfrac{\mu_0 I}{8a}$，方向：垂直纸面向里；（b）$B=\dfrac{\mu_0 I}{4a}+\dfrac{\mu_0 I}{2\pi a}$，方向：垂直纸面向外；（c）$B=\dfrac{2\sqrt{2}\mu_0 I}{\pi a}$，方向：垂直纸面向外　　4. $B=\dfrac{\mu_0 I(a+b)}{4ab}$，方向：垂直纸面向里

5. $B_1=1.6\times10^{-4}$ T，$B_2=5.3\times10^{-5}$ T　　6. $B_O=\dfrac{3\mu_0 I}{8R}+\dfrac{\mu_0 I}{2\pi R}=2.8\times10^{-5}$ T，方向：垂直纸面向里

7. $B_O=\dfrac{\mu_0 I}{2R}-\dfrac{\mu_0 I}{2\pi R}$，方向：垂直于纸面向里　　8. 略　　9. $B_P=\dfrac{\sqrt{2}\mu_0 i}{8\pi a}$，方向：垂直纸面向里

10. $B=\dfrac{\mu_0 I}{2\pi a}\ln 2$，方向：垂直纸面向里　　11. $B_O=\dfrac{1}{2}\mu_0\sigma\omega R$，方向：垂直于盘面向上

12. （1）$\boldsymbol{\Phi}_B=-4.0\times10^{-3}$ Wb，（2）$\boldsymbol{\Phi}_B=0$，（3）$\boldsymbol{\Phi}_B=4.0\times10^{-3}$ Wb

13. $\oint_a \boldsymbol{B}\cdot\mathrm{d}\boldsymbol{l}=-3\mu_0$；$\oint_b \boldsymbol{B}\cdot\mathrm{d}\boldsymbol{l}=-2\mu_0$；$\oint_c \boldsymbol{B}\cdot\mathrm{d}\boldsymbol{l}=\mu_0$

14. $B=5.02\times10^{-3}$ T　　15. $B=11.6$ T　　16. $B=\dfrac{\mu_0 I}{2\pi r}\ (r>R)$，$B=\dfrac{\mu_0 Ir}{2\pi R^2}\ (r<R)$

17. （1）$B=1.26\times10^{-7}$ T；（2）$B=1.41\times10^{-7}$ T　　18. $B=2.0\times10^{-5}$ T

19. $B=5.0\times10^{-16}$ T，方向垂直纸面向内　　20. $F=\dfrac{\mu_0 II'}{2\pi}\ln\dfrac{d+l}{d}$　　21. $I=9.9\times10^{-5}$ A

22. $M=0.157$ N·m，方向竖直向上

23. （1）n 型（电子导电）半导体；（2）$n=2.86\times10^{20}$ 个/m³　　24. $B=1.34\times10^{-2}$ T

25. $v=0.63$ m/s

26. 正电荷向 b 板积聚，负电荷向 a 板积聚；b 板电势高于 a 板；两极板电势差 $U_b-U_a=dvB$

磁介质

1. 顺磁质、抗（逆）磁质、铁磁质　　2. $\dfrac{NI}{l}$　　3. $B=1.06$ T，$H=200$ A/m

4. $H=5.0\times10^3$ A/m，$B=3.1$ T　　5. $B=0.05$ T　　6. $\mu=1271$　　7. $I=2.6\times10^4$ A

8. $I=8.0$ A

电磁感应

1. （1）$\varepsilon_i=-\pi\cos 10\pi t(\mathrm{V})$；（2）$\varepsilon_i=-3.14(\mathrm{V})$　　2. $\varepsilon_i=31$ V，方向：顺时针

3. （1）$\varepsilon_i=5.15$ V，方向：顺时针；（2）$I=1.58$ A　　4. （1）$\varepsilon=21.74$ V；（2）逆时针

5. $\varepsilon_i = 4\times10^{-3}$ V，方向：逆时针　6. $\varepsilon_i = -8\times10^{-9}$ V，方向：顺时针

7. $\varepsilon_i = -2klvt$，方向：顺时针　8. $\varepsilon_i = 14.4$ V，方向：逆时针　9. $\varepsilon_i = 2\times10^{-6}$ V

10. $\varepsilon_i = 8.7\times10^{-5}\cos100\pi t$　11. $\varepsilon_i = -3.84\times^{-6}$ V，方向由 $B\to A$，A 端电势高

12. $\varepsilon_i = -1.1\times^{-5}$ V，方向由 $B\to A$，A 端电势高　13. $\varepsilon = 1.0$ V

14. $v = 0.5$ m/s　15. $\varepsilon_i = 0.4$ V，方向由 $O\to A$，A 端电势高

16. $\varepsilon_{ab} = -\frac{1}{6}\omega Bl^2$，$O$ 点电势最高

17. (1) $U = \varepsilon_i = \frac{1}{2}B\omega R^2$；(2) $U = 1.27$ V；(3)盘边的电势高于盘心的电势。当圆盘反转时，盘心的电势高于盘边的电势。

18. $\varepsilon_{Oab} = -\frac{5}{2}B\omega R^2$，方向从 $b\to a\to O$，即 O 点电势高

19. $E_a = -2.5\times10^{-3}$ V/m，$E_b = -3.33\times10^{-3}$ V/m　20. (1) $L = 7.6\times10^{-3}$ H，(2) $\varepsilon_L = 2.3$ V

21. $4\pi\times10^{-7}$ V，$2\pi\times10^{-7}$ A　22. (1) $N = 356$；(2) $\varepsilon_L = 0.04$ V

23. $B = 0.314$ T，$L = 0.37$ H　24. $M = \frac{\mu_0 l}{2\pi}\ln\frac{a+b}{a}$　25. $M = 12.5$ H

26. (1) $\omega_m = 2.5\times10^2$ J/m^3；(2) $E = 7.5\times10^6$ V/m；显然，如此强的电场在实验上是很难实现的。

27. $\omega_e = 5.6\times10^{-17}$ J/m^3，$\omega_m = 0.21$ J/m^3

电磁场与电磁波

1. (1) $I_D = 2.8$ A，(2) $B_r = \varepsilon_0\mu_0\frac{r}{2}\frac{\mathrm{d}E}{\mathrm{d}t}$，$B_R = 5.6\times10^{-6}$ T　2. $I_{D\max} = 1.256\times10^{-5}$ A

3. $I_D = -\frac{\varepsilon_0\pi r^2 E_0}{RC}\mathrm{e}^{-\frac{t}{RC}}$，方向与电场强度方向相反

4. (1) $I_D = \frac{A\varepsilon_0 V_0\omega}{d}\cos\omega t$，(2) $B_r = \frac{\varepsilon_0\mu_0 V_0\omega r}{2d}\cos\omega t$　5. $B = \frac{\mu_0 kr}{2}$　6. $\frac{2k\varepsilon_0\varepsilon_r S}{d}t$

7. (1) $\nu = 10^8$ Hz，$\lambda = 3$ m，(2)沿 x 轴正向传播，(3) $B = 2.0\times10^{-10}$ T，沿 z 轴方向

8. (1) 303 m；(2) 14.99 m；(3) 1.63 m　9. 4.33×10^{-11} F ~ 39×10^{-11} F

10. (1) 10^{10} Hz；(2) $H = 7.96\times10^{-2}$ A/m

第4篇　光学答案

惠更斯原理

1. 41.8°　2. 41.4°

3. 像离球面反射镜的距离为0.375m，倒立实像　4. 3m/s的速度离开球面反射镜

5. 像在第二块薄透镜后0.6m处　6. 透镜组的焦距0.067m

光的干涉

1. (1)频率相同、振动方向相同和相位差恒定；(2)不能

2. $\lambda = 545$ nm　3. $\lambda = 633.1$ nm　4. $d = 1.48\times10^{-4}$ m

5. (1) $\delta = nd - d = (n-1)d$，(2) $\delta = [(d-x)+nx] - d = (n-1)x$

6. $\delta = D + (n-1)d - 2l + \frac{\lambda}{2}$　7. $e = 6.64\times10^{-6}$ m　8. $n = 1.58$　9. $\Delta x = 1.2\times10^{-4}$ m

10. $e_{\min} = 99.6$ nm　11. $e_{\min} = 103.26$ nm　12. $t_{\min} = 95.2$ nm　13. $d_{\min} = 94.6$ nm

14. 673.9 μm 和 404.3 μm　15. (1) 552 nm；(2) 442 nm，736 nm

17. $\theta \approx \sin\theta = 3.88\times10^{-5}$ rad　18. $d = 4.2\times10^{-5}$ m　19. $r = 5.80$ mm

20. (1)亮环；(2) $e_5 = 1$ μm；(3)条纹间距扩大；里面圆条纹逐渐收缩，外面圆条纹逐渐向外扩张。

光的衍射

1. $\lambda=625\text{ nm}$　2. $\Delta x_0=5\times10^{-2}\text{ m}=50\text{ mm}$　3. $a=2.912\times10^{-4}\text{ m}$
4.（1）$a=1\ \mu\text{m}$；（2）2个半波带　5. $a=60.4\ \mu\text{m}$　6.（1）$\Delta x_0=0.2\text{ m}$；（2）$\Delta x_1=0.1\text{ m}$
7.（1）$\lambda=500\text{ nm}$；（2）$\theta=0.086^\circ$；（3）3个半波带；（4）$\Delta x=2\text{ mm}$
8. 425.8条/mm　9. $l=8.94\text{ km}$　10.（1）$\theta_{\min}=3\times10^{-7}$ rad，（2）$D\approx2\text{m}$

光的偏振

1. $\theta=\pm45^\circ$　2. 4.4 W/m^2　3. $61.87^\circ(61^\circ52')$　4. $I_{线}:I_{自}=2:1$　5. $n_2=1.60$
6. 太阳处在地平线 36.9° 仰角处。

第5篇　近代物理学答案

狭义相对论时空观

1. $v=0.8c=2.4\times10^8\text{ m/s}$　2. 8.46 m　3. $l=37.8\text{ km}$，$l_{动}=l_{静}$　4. 0.626 m
5. 5×10^{-14} s　6. $T=3$ 昼夜，$l=1.04\times10^{14}$ m　7. $\Delta t=4.33\times10^{-8}$ s，$\Delta x=10.4$ m
8. $s=2.25\times10^9\text{m}$，$l=3.2\text{m}$　9. $t'_2-t'_1=50.25$ s，$x'_2-x'_1=-1.48\times10^{10}$ m　10. c
11. 0.81c　12.（1）$v'_x=-0.95c$；（2）$v'_x=-c$

狭义相对论动力学

1. $L=0.6L_0$，$m=\frac{5}{3}m_0$　2. $v=0.866c$，$p=1.732m_0c$，$E_k=m_0c^2$，$E=2m_0c^2$
3. $m=4.58\times10^{-30}$ kg，$E=4.1\times10^{-13}$ J，$E_k=3.28\times10^{-13}$ J
4. $W=2.05\times10^{-14}$J 5.（1）$0.005m_0c^2$；（2）$4.9m_0c^2$　6. 1.01×10^8 km，约 2500 个地球周长
7.（1）2.799×10^{-12} J；（2）1.15×10^7 倍
8. $v'=\frac{1}{3}c=0.33c$，$M=2.25m_0$，$p=0.75m_0c$，$E=2.25m_0c^2$

光的本质

1. 5796 K；6740 K；9993 K　2.（1）$\lambda_m=0.2898$ nm；（2）$E=6.86\times10^{-16}$ J
3. 48.4　4.（1）$\lambda_0=540.5$ nm；（2）$E_{\max}=1.29\times10^{-19}$ J；（3）$E_{\min}=0$
5. $\lambda=355$ nm　6.（1）$E_K=3.23\times10^{-19}$ J；（2）$\nu_0=1.01\times10^{15}$ Hz
7.（1）2.21 eV；（2）2.75 eV　8. $\lambda=1.73\times10^{-7}$m　9. $v_{\max}=6.56\times10^5$ m/s
10. $E=1.99\times10^{-18}$ J，$P=1.99\times10^{-18}$ W
11. $\nu=1.24\times10^{20}$ Hz，$\lambda=2.43\times10^{-3}$ nm，$p=2.73\times10^{-22}$ kg·m/s，X 射线　12. 233 nm
13. 3.18×10^{15}　14. $\lambda_{\max}=477$ nm，可见光　15. 1.09×10^{-6} m，2.33×10^{-7} m
16. 6.54×10^{-7} m　17.（1）$\varphi=90^\circ$；（2）$E_K=291$ eV
18.（1）$\Delta\lambda=\frac{h}{mc}(1-\cos\varphi)=3.26\times10^{-13}$m；（2）$E_k=hc\frac{\Delta\lambda}{\lambda\lambda_0}=6.43\times10^{-18}$J
19.（1）$\theta=180^\circ$；（2）$\Delta\lambda=4.86\times10^{-12}$ m；（3）$\varepsilon=6.31\times10^{-16}$ J $=3940$ eV；（4）$E_K=9.61\times10^{-18}$ J $=60$ eV

物质的波粒二象性和量子力学基础

1.（1）$\lambda=3.32\times10^{-7}$ nm；（2）$\lambda=0.112$ nm
2. $\lambda=6.63\times10^{-21}$ m，故察觉不到花粉粒子的波动性　3. 1.2×10^{-13} m，9.1×10^{-15} m
4. 7.76×10^{-12} m，7.67×10^{-12} m
5. $p_{光}=p_{电}=3.32\times10^{-24}$ kg·m/s，$E_{k光}=6.23$ keV，$E_{k电}=37.9$ eV

附录Ⅰ 基本物理常量表

物理量	符号	供计算用值	单位
真空中光速	c	3.00×10^{8}	m/s
万有引力常量	G	6.67×10^{-11}	$\mathrm{m^3/(s^2\cdot kg)}$
标准重力加速度	g	9.8	$\mathrm{m/s^2}$
阿伏伽德罗常量	N_A	6.02×10^{23}	1/mol
玻尔兹曼常量	k	1.38×10^{-23}	J/K
摩尔气体常量	R	8.31	$\mathrm{J/(mol\cdot K)}$
标准状态下理想气体摩尔体积	V_m	22.4×10^{-3}	$\mathrm{m^3/mol}$
基本电量	e	1.60×10^{-19}	C
电子静止质量	m_e	9.11×10^{-31}	kg
质子静止质量	m_p	1.67×10^{-27}	kg
中子静止质量	m_n	1.68×10^{-27}	kg
真空电容率	ε_0	8.85×10^{-12}	F/m
真空磁导率	μ_0	$4\pi\times10^{-7}$	H/m
斯特藩-玻尔兹曼常量	σ	5.67×10^{-8}	$\mathrm{W/(m^2\cdot K^4)}$
普朗克常量	h	6.63×10^{-34}	$\mathrm{J\cdot s}$

附录Ⅱ　主要物理量符号表

符号	物理定义　单位符号	符号	物理定义　单位符号
l	长度，m	$\bar{\lambda}$	平均自由程，m
t	时间，s	$\bar{Z}$	碰撞频率，1/s
r	半径，矢径，m	Q	热量，J
s	路程，m	η	热机效率，
v,u	速度，波速，m/s	S	熵，J/K；　面积，m^2
θ	平面角，rad；　角位移，rad	q	电量，C
R	半径，m；　电阻，Ω	E	电场强度，N/C；　能量，J
a	加速度，m/s^2	j	电流密度，A/m^2
ω	角速度，rad/s；　角频率，rad/s	ν	频率，Hz
α	角加速度，rad/s^2	λ	电荷线密度，C/m；
m	质量，kg		质量线密度，kg/m；　波长，m
F	力，N	σ	电荷面密度，C/m^2；
G	重力，N		电荷面密度，kg/m^2
P	功率，W	ρ	电荷体密度，C/m^3；
L	角动量，$kg\cdot m^2/s$；　自感，H		质量体密度，kg/m^3；
I	冲量，N·s；　转动惯量，$kg\cdot m^2$；		曲率半径，m
	电流强度，A	D	电位移，C/m^2
W	功，J	Φ_e	电通量，Wb
E_k	动能，J	Φ_m	磁通量，Wb
U_P	势能，J	Φ_D	电位移通量，C
M	力矩，F·m；　互感，H	ε_i	电动势，V
k	劲度系数，N/m	C	电容，F
f	摩擦力，N	ε	相对电容率
A	振幅，m	μ	相对磁导率率
n	分子数密度，$1/m^3$；　折射率	I_d	位移电流强度，A
N	分子总数	B	磁感应强度，T
p	压强，Pa；　动量，kg·m/s	H	磁场强度，A/m
V	体积，m^3；　电势，V	U_e	电场能量，J
T	温度，K；　张力，N；	U_m	磁场能量，J
	周期，s	ω_e	电场能量密度，J/m^3
M	摩尔气体质量，kg/mol	ω_m	磁场能量密度，J/m^3
m_0	单个气体分子质量，kg	M_λ	单色幅出度，W/m^3
v_p	最概然速率，m/s	$M(T)$	辐射出射度，W/m^2
$\bar{v}$	平均速率，m/s		
$\sqrt{v^2}$	方均根速率，m/s		

参考书目

1. Halliday D, Resnick R, Krane K S. *PHYSICS* I. New York:John Wiley & Sons (ASIA) Pte Ltd,2001.
2. Halliday D, Resnick R, Krane K S. *PHYSICS* II. New York:John Wiley & Sons (ASIA) Pte Ltd,2001.
3. Randall D. *PHYSICS*. New York:Knight Pearson,2007.
4. Young H D, Freedman R A. *UNIVERSITY PHYSICS*. New York:Pearson,2010.
5. 程守洙,江之永.普通物理学(上、下册)·第6版.北京:高等教育出版社,2010
6. 诸葛向彬主编.工程物理学·2版.杭州: 浙江大学出版社,2003
7. 吴泽华,陈治中,黄正东.大学物理(上、中、下册)·3版.杭州:浙江大学出版社,2006.

特别说明：

本书在编撰过程中参考使用一些公开出版的图片。因时间仓促，无法一一核实出处。如书中所用图片涉及版权问题，敬请版权所有者与编者联系，并提供可靠证明，编者将根据国家有关法规合理支付报酬。